Was heißt hier „fremd"?

Studien und Materialien der Interdisziplinären Arbeitsgruppe
Die Herausforderung durch das Fremde
der BERLIN-BRANDENBURGISCHEN AKADEMIE DER WISSENSCHAFTEN

Was heißt hier „fremd"?
Studien zu Sprache und Fremdheit

Herausgegeben von
Dirk Naguschewski
und Jürgen Trabant

Akademie Verlag

Die Deutsche Bibliothek – CIP-Einheitsaufnahme

Was heißt hier „fremd"? : Studien zu Sprache und Fremdheit / hrsg. von Dirk Naguschewski und Jürgen Trabant. – Berlin : Akad. Verl., 1997
 (Studien und Materialien der Interdisziplinären Arbeitsgruppe Die Herausforderung durch das Fremde der Berlin-Brandenburgischen Akademie der Wissenschaften)
 ISBN 3-05-003185-9

© Akademie Verlag GmbH, Berlin 1997
Der Akademie Verlag ist ein Unternehmen von WILEY-VCH.

Gedruckt auf chlorfrei gebleichtem Papier.
Das eingesetzte Papier entspricht der amerikanischen Norm ANSI Z. 39.48 – 1984 bzw. der europäischen Norm ISO TC 46.

Alle Rechte, insbesondere die der Übersetzung in andere Sprachen, vorbehalten. Kein Teil dieses Buches darf ohne schriftliche Genehmigung des Verlages in irgendeiner Form – durch Photokopie, Mikroverfilmung oder irgendein anderes Verfahren – reproduziert oder in eine von Maschinen, insbesondere von Datenverarbeitungsmaschinen, verwendbare Sprache übertragen oder übersetzt werden.
All rights reserved (including those of translation into other languages). No part of this book may be reproduced in any form – by photoprinting, microfilm, or any other means – nor transmitted or translated into a machine language without written permission from the publishers.

Druck und Bindung: GAM Media GmbH, Berlin

Printed in the Federal Republic of Germany

Inhalt

VORWORT   7

Fremdheit und Sprache

BRIGITTE JOSTES
Was heißt hier *fremd*?
Eine kleine semantische Studie   11

BERND LADWIG
„Das Fremde" und die Philosophie der normalen Sprache   77

JÜRGEN TRABANT
Fremdheit der Sprache   93

Sprache und Nation

HERFRIED MÜNKLER
Sprache als konstitutives Element nationaler Identität im Europa des späten Mittelalters   115

KATHRIN MEYER
Die *questione della lingua*
Auf der Suche nach der einen Sprache für die Nation   137

BODO GUTHMÜLLER
Die italienische Übersetzung in der Renaissance   151

Fremdes Deutsch

ROBERT CHARLIER
Der Jargon des Fremdlings
Fiktive Sprechweisen als Mittel der Gesellschaftskritik im 18. Jahrhundert   163

HORST STENGER
Gleiche Sprache, fremder Sinn
Zum Konzept kultureller Fremdheit im Ost-West-Kontext   181

HORST DIETER SCHLOSSER
Fremdheit in einer scheinbar vertrauten Sprache
Sprachliche Folgen der Teilung Deutschlands   197

Französisch in Afrika

JÁNOS RIESZ
„Le français sans danger"
Zu einem Topos der kolonialen Sprachpolitik Frankreichs   207

DIRK NAGUSCHEWSKI
Von der fremden Sprache zur eigenen?
Einstellungen zum Französischen in Kamerun   229

Japanischer Okzidentalismus

IRMELA HIJIYA-KIRSCHNEREIT
Okzidentalismus
Eine Problemskizze   243

VIKTORIA ESCHBACH-SZABO
Ueda Kazutoshi und die moderne japanische Sprachwissenschaft   253

Vorwort

Die Arbeit in einer interdisziplinären Arbeitsgruppe erfordert in erster Linie das Einlassen auf andere – fremde – Denkweisen. Die Arbeitsgruppe *Die Herausforderung durch das Fremde*, die drei Jahre lang (von 1994 bis 1997) an der Berlin-Brandenburgischen Akademie der Wissenschaften bestand, vereinte Politologen, Soziologen, Ethnologen, Germanisten, Romanisten und Japanologinnen, von denen jeder die Methoden und Überzeugungen seines Faches mit in die gemeinsame Arbeit brachte. Schon bald stellte sich indessen heraus, daß es nicht immer einfach ist, eine gemeinsame Sprache zu finden, um die Unterschiede gerade zwischen den geisteswissenschaftlichen und den sozialwissenschaftlichen Projekten überbrücken zu können. Auch die Beschäftigung der Mitarbeiter mit französischen, japanischen, lateinischen oder italienischen Texten war für jene, die dieser Sprachen jeweils nicht mächtig waren, nur mit Hilfe von zusätzlichen Übersetzungen möglich. Zwei Herausforderungen: fremdes Denken, fremde Sprachen.

So entstand in dem Teilprojekt zur Sprache (das sich ansonsten mit der Fremdheitsproblematik in den französischen Sprachgemeinschaften beschäftigte) die Idee, eine Arbeitstagung zu veranstalten, bei der jedes Projekt mit seinen Methoden und spezifischen Schwerpunktsetzungen einmal auf die Herausforderung durch jenes Fremde reagieren sollte, das sich durch Sprache bzw. Sprachen bemerkbar macht. Zusätzlich zu den Mitgliedern und Mitarbeitern der Arbeitsgruppe wurden externe Spezialisten eingeladen, um bestimmte Fragestellungen zu vertiefen. Die Tagung fand dann unter dem Titel „Was heißt hier 'fremd'? Nationen – Sprachen – Konzeptionen" am 5. und 6. Juli 1996 in der Berlin-Brandenburgischen Akademie der Wissenschaften statt. Es erwies sich, daß es bei entsprechendem Engagement der Teilnehmer durchaus möglich ist, den anderen zu verstehen. Aus dieser Tagung ist der nun vorliegende Band entstanden.

„Was heißt hier fremd?" lautete unsere bewußt umgangssprachlich formulierte Ausgangsfrage. Ungehalten vorgetragen (die Betonung liegt auf 'fremd') spielt sie auf die kaum noch zu überschauende Produktion von Aufsätzen, Büchern, Filmen etc. zum Thema „fremd" an, die sich oftmals durch ein verklärtes Verständnis von 'fremd' oder 'Fremdheit' auszeichnen. Betont man jedoch das 'hier' so führt die Frage direkt ins Zentrum einer wissenschaftlichen Diskussion von Fremdheit. Denn nicht nur fällt es bereits einigermaßen schwer, eine verbindliche Definition für unser Hier, in diesem Fall die deutsche Sprache bzw. Deutschland, zu finden. Darüber hinaus wird schnell klar, daß eine mögliche Definition nur in ihrer einzelsprachlichen Bezogenheit Gültigkeit haben kann. Verändert sich der Ort, das Hier, verändert sich auch die Bedeutung. Die Arbeitsgruppe war sich dieses Problems spätestens seit dem Moment bewußt, als sie versuchte, ihren Namen *Die Herausforderung durch das Fremde* ins Englische bzw. Französische zu übersetzen und nur mit Entsprechungen aufwarten konnte, die dem deutschen Titel zwar nahe kamen, aber doch von allen als unbefriedigend empfunden wurden, da sich offenbar das, was uns Fremdheit bedeutet, nicht ohne weiteres in anderen Sprachen wiedergeben ließ. *Brigitte Jostes* greift in ihrer semantischen Untersuchung diese Frage direkt auf: Mag die englische Übersetzung „The Challenge of Otherness" wenigstens sprachlich einwandfrei sein, scheint es im Französischen fast unmöglich, eine akzeptable Übersetzung zu finden, die nicht allzu sehr von der deutschen Konstruktion sowie den Wörtern 'Herausforderung' und 'das Fremde' absehen muß. Denn nicht nur das Wortfeld der Fremdheit ist im Französischen, wie Jostes zu zeigen vermag, anders strukturiert, auch die Übersetzung der 'Herausforderung' gestaltet sich aufgrund syntaktischer Restriktionen in der Sprache unserer unmittelbaren Nachbarn anders.

Die Aufsätze von Brigitte Jostes, Bernd Ladwig und Jürgen Trabant behandeln das allgemeine Verhältnis von Fremdheit und Sprache. Jostes' Beitrag gibt eine im strengen Sinne sprachwissenschaftliche Antwort auf die von uns gestellte Frage. In ihm wird unternommen, was *Bernd Ladwig* unter Berufung auf die *ordinary language philosophy* einfordert: Wollen wir verstehen, was ein Wort zu einer bestimmten Zeit an einem bestimmten Ort bedeutet, so müssen wir uns seinen Gebrauch in der Alltagssprache vor Augen führen. Ladwig macht dabei die Beobachtung, daß dem Prädikat 'fremd' offenbar zwei Bedeutungsdimensionen zugrunde liegen, die von allen Autoren in unterschiedlicher Gewichtung aufgegriffen werden. So kann 'fremd' sowohl Nicht-Zugehöriges wie auch Unvertrautes bezeichnen, eine Beobachtung, die von Jostes bestätigt wird. Es scheint, daß es gerade diese Doppelpoligkeit des Wortes 'fremd' ist, die seine Übersetzung so schwierig macht. Radikal erweitert wird der Zusammenhang von Sprache und Fremdheit dann von *Jürgen Trabant*, wenn er von einer allgemeinen Fremdheit der Sprache schreibt, die die Fremdheit der 'nur anderen' Sprache übersteigt. Nicht allein die Sprachen, die wir nicht beherrschen oder nicht kennen, sind uns demzufolge fremd, sondern jede Rede, die aus dem Munde selbst jener Menschen kommt, mit denen wir eine Sprache teilen, enthält eine fundamentale Fremdheit. Diese gilt es nicht außer Kraft zu setzen, sondern wissend auszuhalten.

Herfried Münkler, Kathrin Mayer und Bodo Guthmüller thematisieren das Verhältnis von Sprache und Fremdheit anhand von Beispielen aus der Periode des Übergangs vom Mittelalter zur Neuzeit. Ausgehend von der Überlegung, daß die Konstruktion nationaler Identitäten mittels einer Bestimmung des Eigenen im Gegensatz zum Fremden geschieht, untersucht *Herfried Münkler* die Rolle der Sprache bei der Konsolidierung der *nationes* in Konzilien, Kaufmannsorganisationen, Ritterorden und Universitäten und kann dabei zeigen, wie das Vorhandensein fremder Sprachen in einigen politischen Institutionen als Kriterium durchaus von entscheidender Bedeutung sein kann, daß es dies aber nicht zwangsläufig sein muß. Die gemeinsame Sprache kann Gemeinschaft herstellen, Gemeinschaft läßt sich aber auch mit Bezug auf andere Kriterien etablieren. Eine paradigmatische Suche nach der sprachlichen Identität einer Nation zeichnet *Kathrin Mayer* nach: die *questione della lingua*, in deren Verlauf sich die italienischen Gelehrten des 16. Jahrhunderts Gedanken darüber machen, welche Sprache der italienischen Nation als *koinè* dienen solle. Die Modernen wenden sich dabei von der Gelehrtensprache Latein ab und propagieren die Volkssprache, das Volgare, als Nationalsprache. Der Übergang vom Lateinischen zum Italienischen wird auch von *Bodo Guthmüller* in seiner Analyse von Übersetzungen zur Zeit der Renaissance thematisiert. Denn den Übersetzern stehen im allgemeinen zwei Möglichkeiten zur Verfügung. Entweder sie versuchen, der eigenen Sprach- und Kulturgemeinschaft durch eine weitgehend originalgetreue Übersetzung ein behutsames Verständnis des Fremden zu eröffnen, oder aber sie passen den fremden Text ihren eigenen Gewohnheiten (rücksichtslos) an.

Von einer Besonderheit der „Übersetzung" berichtet *Robert Charlier*, wenn er anhand von deutschen Briefromanen des 18. Jahrhunderts verschiedene Strategien analysiert, die über eine Fiktion der Fremdheit die Kritik am Eigenen ermöglichen. Denn um der Zensur zu entgehen, ließen die Schriftsteller fiktive Fremde sprechen, deren ursprünglich fremde Sprachen sich unter ihrer Federführung in ein „fremdes Deutsch" verwandelte, durchsetzt von Xenismen, Exotismen und Pseudo-Exotismen. Anders als bei dieser spielerischen Verfremdung der deutschen Sprache durch die Romanautoren, geht es bei *Horst Stenger* und *Horst Dieter Schlosser*, die sich mit den Erfahrungen von sprachlicher Femdheit ostdeutscher Wissenschaftler im west-deutschen Wissenschaftssystem nach 1989 beschäftigt haben, um die Erfahrung einer Entfremdung. Das Gefühl der Fremdheit entsteht bei diesen Wissenschaftlern nicht aus der Konfrontation mit einer gänzlich anderen Sprache, sondern aus dem Zusammenprall verschiedener „kommunikativer Stile", die sich in den verschiedenen politischen Systemen innerhalb ein und derselben Sprachgemeinschaft ausgebildet hatten. Als „kulturelle Fremdheit" bezeichnet der Soziologe Stenger das Erleben dieser anderen Sinnordnung, die zwar sprachlich problemlos zugänglich erscheint, aber gerade wegen kaum merklicher Verschiebungen auf der Ebene der Semantik und des kommunikativen Verhaltens zu Irritationen führt. Nicht zwei Sprachgemeinschaften waren im Zuge der deutschen Teilung entstanden, sondern zwei Kommunikationsgemeinschaften, wie auch der Germanist Schlosser bestätigt. Doch er geht noch einen Schritt weiter, wenn er vermutet, daß sich im Gefolge verschiedener Kommunikationsstile auch distinkte Lebensstile entwickelt haben, die eine Überwindung der „Mauer in den Köpfen" um so schwerer werden läßt.

Deutschland mag manchen nah und doch unvertraut erscheinen, Afrika und Japan sind beinahe jedem fern und fremd zugleich. Über Japan glauben wir zwar einiges zu wissen, haben aber dennoch die Befürchtung, nicht wirklich zu verstehen, über Afrika glauben wir – überspitzt formuliert – gar nicht so viel wissen zu müssen, da es ohnehin wenig zu verstehen gibt. Daß dem nicht so ist, zeigen die verschiedenen Beiträge, die versuchen, das Fremde (und hier meint es einmal umgekehrt den Westen, Europa, die europäischen Sprachen) in Beziehung zum Eigenen zu setzen. *János Riesz* untersucht einen Topos der französischen Sprachpolitik, der schon während der Kolonialzeit von besonderer Bedeutung war: „le français sans danger". Dieser drückt die Befürchtung der französischen Kolonialisten aus, daß ihre Sprache von den Afrikanern korrumpiert werden könne und daß dies sowohl für die Qualität, d. h. die Reinheit des Französischen, wie für die politische Stabilität des kolonialen Systems, wie auch für die Identität der Afrikaner weitreichende Folgen haben könne. Trotzdem ließ Frankreich allein das Französische als Unterrichtssprache zu, was dazu führte, daß die afrikanischen Staaten, die dem französischen Kolonialreich angehörten, auch nach der Unabhängigkeit an dieser einstmals fremden Sprache festhielten und sie sich somit, zumindest institutionell, zu eigen machten. Den Konsequenzen dieses Entschlusses geht *Dirk Naguschewski* am Beispiel Kamerun nach. Zwar ist dort die französische Sprache „langue officielle" und gehört somit als Bestandteil der politischen Institutionen zum Eigenen des Landes. Doch Einzelanalysen von Sprachbewertungen zeigen, daß Kameruner nicht immer willens sind, die französische Sprache auch als Bestandteil ihrer Identität zu reklamieren. So haftet der französischen Sprache auch heute noch der Makel des Fremden an.

Das Fremdheit ein relationaler Begriff ist, zeigt *Irmela Hijiya-Kirschnereit*, die in ihren Ausführungen parallel zum vieldiskutierten Begriff des Orientalismus, wie ihn Edward Said entwickelt hat, den japanischen Okzidentalismus problematisiert. *Viktoria Eschbach-Szabo* belegt an einem konkreten Beispiel, wie ein japanischer Sprachwissenschaftler, Ueda Kazutoshi, um die Jahrhundertwende sein Denken an den Ideen und Impulsen der europäischen Sprachwissenschaft geformt hat und mit seinen so gewonnenen Vorstellungen von der Sprache diese neue Disziplin in seinem Land maßgeblich mitgestaltete. An seinem Werk läßt sich die interessante Beobachtung machen, wie manche Eigenheit der ursprünglich unbekannten Wissenschaft von der Sprache als vertraut erscheint und dadurch problemlos rezipiert werden kann, anderes hingegen ausdrücklich als fremd kategorisiert und zurückgewiesen wird. Beide Strategien dienen der eigenen Identitätsfindung.

Verschiedenste Räume und Ebenen, Beziehungen und Grade sprachlicher Fremdheit sind auf unserer Tagung ausgelotet worden. Was nicht nur hier, sondern auch dort 'fremd' heißt, ist dabei in vielfältiger Weise zur Sprache gekommen. Unsere Annahme, daß Sprache oder Sprachliches in allen Teilbereichen der „Herausforderung durch das Fremde" eine fundamentale Rolle spielt, hat sich dabei bestätigt. Über die Darstellung der Diversität der besprochenen Fremdheiten von Sprache hinaus hat sich dabei gezeigt, daß sprachliche Fremdheit – wie lästig und bedauerlich, wie anregend und interessant sie auch immer erfahren wird – unumgänglich ist. Fremdheit ist einfach konstitutiv für das Sprechen überhaupt. Das Fremde nistet also gleichsam ebenso wesentlich in der Sprache wie sein Gegenteil, das Eigene.

Dirk Naguschewski / Jürgen Trabant

BRIGITTE JOSTES

Was heißt hier *fremd*?
Eine kleine semantische Studie[1]

„Fremde wohnen doch nur in Afrika" (Marvin, 4 Jahre alt)

1. Einleitung: Was heißt hier *fremd*?

1.1. Was heißt *heißen*?

Auf die Frage, was eine sprachliche Bedeutung ist und wie sie beschrieben werden kann, gibt es so viele Antworten wie linguistische Schulen. Da sich die Studie nicht ausschließlich an Linguisten wendet, werden derlei sprachtheoretische Fragestellungen in dieser Arbeit nicht grundsätzlich diskutiert. Nur soviel vorab: Die Fragestellung lautet „Was *heißt* hier fremd?" und nicht „Was *ist* hier fremd?" D. h., daß das Wort *fremd* den Ausgangspunkt dieser Studie darstellt (sie ist damit eine semasiologische Sudie) und keine außersprachlichen Phänomene.[2] Es wird davon ausgegangen, daß ein Wort nicht notwendig nur eine einzige, sondern eventuell auch mehrere Bedeutungen haben kann (polysem sein kann). Aber auch die Frage, inwieweit für die hier so genannten „Bedeutungsvarianten" von *fremd* von Polysemie gesprochen werden kann, wird nicht diskutiert. Diese Arbeit handelt also „nur" von Sprache und Sprachen. Die Lektüre wird hoffentlich zeigen, daß das schon recht viel ist.

1.2. Was heißt *hier*? (Thesen)

Einzelsprachen sind keine homogenen Systeme, sondern jeweils Gefüge funktioneller Sprachen. Daher impliziert die Frage nach dem *Wo?* für jede semantische Studie die Fragen nach

---

[1] Diese Arbeit, Ergebnis eines Werkauftrags der AG *Die Herausforderung durch das Fremde* der Berlin-Brandenburgischen Akademie der Wissenschaften, ist als Vorstudie zu einer größeren Arbeit zur Semantik von *fremd* zu verstehen.

[2] Ein Beispiel für eine eher als onomasiologisch zu bezeichnende Studie in diesem Bereich wäre die Arbeit von Spieles (1993). Spieles nimmt ein außersprachliches Phänomen – Ausländer in Deutschland – zum Ausgangspunkt und fragt, wie diese in der deutschen Sprache bezeichnet wurden und werden.

dem *Wann?*, *Für wen?* und *In welcher Situation?* (vgl. Coseriu 1970). Im Zentrum dieser Studie steht die Semantik des Lexems *fremd* im Hochdeutschen der Gegenwart mit dem Schwerpunkt auf dem schriftsprachlichen Gebrauch. Beobachtungen zur Verwendung in der gesprochenen Sprache, die die Arbeit an solch einer Studie zwangsläufig mit sich bringt, legen die Vermutung nahe, daß das Lexem *fremd* insgesamt nicht besonders häufig verwendet wird. Zu hören ist es vornehmlich in adverbialer Verwendungsweise, etwa *das kommt mir fremd vor* oder in prädikativer Verwendung mit Dativergänzung, z. B. *diese indische Musik ist mir völlig fremd*. Der Beobachtung (die zu verifizieren wäre), daß das Adjektiv *fremd* sowie die Substantivierungen *die Fremde, der Fremde, das Fremde* zumindest in der gesprochenen Sprache immer seltener verwendet werden und gerade in der attributiven Verwendung oft archaisierend wirken, steht die Tatsache gegenüber, daß dieses Lexem im kulturwissenschaftlichen Diskurs Hochkonjunktur hat. Wierlacher (1993: 33) spricht in diesem Zusammenhang davon, daß das Fremde ein „Kulturthema" sei, womit er natürlich die außersprachlichen Phänomene (wie Interkulturalität usw.) meint, die unter diesem Stichwort diskutiert werden. Betrachtet man die Flut thematisch völlig divergierender Publikationen, denen das Lexem *fremd* im Titel gemeinsam ist, so liegt die Vermutung nahe, daß daneben aber auch dieses Wort allein einen ungeheuren Reiz ausübt, daß es, anders formuliert, zumindest in dieser Diskurswelt ein Wort ist, das sehr in Mode ist.

Der Frage *Was heißt 'hier'?* (und damit auch *Wo ist hier?*) wird zudem aufgrund der spezifischen Semantik von *fremd* im folgenden eine besondere Bedeutung zukommen. Immer wieder wird in der Diskussion um Fremdes darauf verwiesen, daß *fremd* ein relativer bzw. relationaler Ausdruck sei. Im folgenden wird die These vertreten, daß dieser Aspekt der Relativität nicht mit den verschiedenen Bedeutungen von *relativ*, wie sie in der Diskussion um Klassifizierungen von Adjektiven kursieren, zu fassen ist. Die spezifische Relativität von *fremd* rührt daher, daß *fremd* eine deiktische Bedeutung inkorporieren kann. *Fremd* kann, so wie alle Shifter, auf die Origo des Sprechens verweisen, weil es eine Beziehung zum Anderen ausdrückt, der oder das nur in bezug auf ein Ich-jetzt-hier der oder das Andere ist.[3]

Als verweisender Ausdruck kann sich *fremd* nicht nur auf die Äußerungssituation beziehen, sondern auch anaphorisch auf ein anderes Zeichen im Text verweisen. Die Möglichkeiten der Zeigemodi von *fremd* werden besonders mit denen von *eigen* und *ander-* zu vergleichen sein. Interessant ist hier die Beobachtung, daß die nicht verweisende, absolute Bedeutung von *eigen* einer Bedeutungsvariante von *fremd* ('fremdartig', 'seltsam') nahestehen kann. Auch die hier interessierenden Lexeme der anderen Sprachen lassen vermuten, daß Bedeutungsaspekte wie 'seltsam', 'merkwürdig' um so mehr in den Vordergrund treten, je weniger der verweisende Bedeutungsaspekt vorhanden ist (vgl. engl. *strange*).

Dieser verweisende Bedeutungsaspekt von *fremd* wird vielfach erahnt („Wir sind alle Ausländer – fast überall", „Fremd ist der Fremde nur in der Fremde", „Das Fremde und das Unsere") und auch angesprochen, so z. B. von Waldenfels mit seinem Hinweis auf die

---

[3] Eines der anschaulichsten und zugleich berühmtesten Beispiele für das Phänomen der sprachlichen Deixis ist (zufällig?) der Beginn des Romans *Der Fremde* von Camus: „Heute ist Mama gestorben. Vielleicht auch gestern, ich weiß es nicht. Aus dem Altersheim bekam ich ein Telegramm: 'Mutter verschieden. Beisetzung morgen. Vorzügliche Hochachtung.' Das besagt nichts. Vielleicht war es gestern." (Camus 1957: 5). Dies ist ein Beispiel für die temporale Deixis: Meursault kann diesem Telegramm nicht entnehmen, wann seine Mutter gestorben ist und wann die Beisetzung stattfindet, weil das „morgen", das in diesem Telegramm benutzt wird, durch kein Datum oder einen anderen Hinweis mit Inhalt gefüllt wird. „Morgen" erhält seine Bedeutung nur durch das Jetzt des Sprechers.

"okkasionelle" Bedeutung (Husserl) von *fremd* (vgl. Waldenfels 1995: 612), ist jedoch bislang nicht genauer linguistisch beschrieben worden.

Fremd kann also zum einen über den oder das Andere(n) auf ein "ich-hier-jetzt" verweisen, es interpretiert den oder das Andere(n) aber zusätzlich mit Bezug auf etwas Drittes (vgl. Waldenfels 1995: 615). Analog zu kulturwissenschaftlichen Bestimmungen kann Fremdheit daher auch aus semantischer Sicht als ein "Interpretament der Andersheit" (vgl. Weinrich 1985: 197, Wierlacher 1993: 62) beschrieben werden. Die Interpretation mit Bezug auf ein Drittes bedingt die weiteren Bedeutungsaspekte von *fremd*. Während man die Ergänzungen *jemandem (fremd)* oder *an einem Ort (fremd)* eventuell als (extrapolierte) Dimensionen der Origo interpretieren könnte (nämlich die personale und die lokale), wird unter "Drittes" der Aspekt verstanden, unter dem der oder das Andere interpretiert wird (z. B. Kenntnis, Vertrautheit, Zugehörigkeit).

Die hier ausgehend von Bühlers Ich-Jetzt-Hier-Origo so bezeichneten Dimensionen der Origo lassen sich auch etymologisch begründen. *Fremd* läßt sich, wie viele andere Lexeme der Fremdheit (lat. *peregrinus, extraneus, externus,* franz. *étranger, importé, immigrant,* engl. *foreign, strange, extrinsic, extraneous*), die nicht auf eine Ableitung oder ein Kompositum mit dem noch erkennbaren eindeutigen Shifter *ander-* zurückzuführen sind (griech. *allotrios, allogenos, allophylos,* lat. *alienigena, alienus,* franz. *autrui, allochtone,* engl. *alien*), auf eine räumliche Präposition/Adverb zurückführen.

Lexeme des Raumes lassen nicht nur häufig zwei Lesarten zu (die intrinsische und die deiktische), sie zeichnen sich auch durch eine große Metaphernfreundlichkeit aus. Die Übertragung räumlicher Lexeme auf die zeitliche Dimension wird bereits seit langem diskutiert. Auf die noch weitergehende Metaphernfreundlichkeit wurde besonders von Lakoff / Johnson (1980) verwiesen (vgl. *jemandem nahestehen*).

Nicht nur die Aspekte, unter denen der oder das Andere interpretiert werden, können in Synonymen und in anderen Einzelsprachen anderweitig lexikalisiert sein, auch die Dimensionen der Origo können in anderen Lexemen bereits in deren lexikalischer Bedeutung spezifiziert sein, vgl. z. B. die Possessiva *sein, ihr* (personal) vs. *ausländisch* (lokal), lat. *alienus* (personal) vs. *peregrinus* (lokal).

1.3. Wie läßt sich diese Frage beanworten?

Gäbe es keine wie auch immer gearteten Vermutungen über Zusammenhänge zwischen sprachlichen Phänomenen auf der einen Seite und Wahrnehmungs- oder Denkgewohnheiten auf der anderen Seite, würden kaum semantische Analysen unternommen. Wäre eine Arbeitsgruppe mit dem Namen "Die Herausforderung durch das Fremde"[4] auch im Kontext einer Sprache denkbar, die diesen Sinnbezirk völlig anders gliedert? D. h., wird die Arbeitsgruppe durch ein Wort zusammengehalten, das nur in der deutschen Sprache verschiedene Bedeutungsaspekte (zufällig?) in einem Lexem versammelt? Auffällig an der Konzeptualisierung von Fremdheit, wie sie in der Arbeitsgruppe vorgenommen wurde, ist z. B., daß die Unterscheidung in soziale und kulturelle Fremdheit zwei Bedeutungsaspekte des deutschen Lexems *fremd* widerspiegelt ('nicht zugehörig' vs. 'unvertraut'), die beispielsweise im Griechischen eher getrennt lexikalisiert sind.

---

[4] In diesem Zusammenhang möchte ich mich ganz besonders bei Dirk Naguschewski für seine anregende Betreuung bedanken.

Im Zentrum dieser Arbeit stehen die gegenwartssprachlichen Gebrauchsweisen des Wortes *fremd*. Dennoch sollen – quasi als Exkurse – sowohl Ausblicke auf die klassischen Sprachen, auf die deutsche Sprachgeschichte, als auch auf andere gegenwärtige Sprachen gegeben werden. Im folgenden Kapitel werden ausgehend von Wörterbuchartikeln die Wortfelder im Griechischen und Lateinischen skizziert. Hierbei werden bereits die Grenzen eines solchen Vorgehens deutlich und auch leitende Fragen für das weitere Vorgehen aufgeworfen. Im dritten Kapitel wird dann ausführlicher die für das Deutsche relevante Arbeit von Beul (1968) vorgestellt und kommentiert, in der das Alt- und Mittelhochdeutsche behandelt wird.

Im vierten Kapitel werden nach einer Analyse der Einträge zum Lemma *fremd* in gegenwartssprachlichen Wörterbüchern kursierende Klassifikationen von Adjektiven besonders im Hinblick auf ihre Aussagekraft für die immer wieder betonte Relativität bzw. Relationalität von *fremd* untersucht. Die Überprüfung der Gültigkeit der angeführten Kriterien geschieht nicht allein vor dem Hintergrund der Wörterbuchartikel und eigener sprachlicher Intuitionen, sondern vornehmlich ausgehend von einem Korpus. Dieser methodische Aspekt verweist zugleich auf eine spezielle Konzeption von Bedeutung:

> „Die Bedeutung eines Wortes ist die Gesamtheit seiner Gebrauchsweisen in Äußerungsformen. Diese Gebrauchsweisen im einzelnen zu erfassen, erfordert in der Tat eine immense empirische Beschreibungsarbeit. Dennoch: 'Wie ein Wort funktioniert, kann man nicht erraten, man muß seine Anwendung *ansehen* und daraus lernen' (Wittgenstein 1958: 414). Ich plädiere also für ein wortsemantisches Programm, das alle Verwendungsweisen der Wörter erfaßt, d. h. das System ihrer Lesarten explizit macht." (Hundsnurscher 1993: 246)

Die Archive des Grimm-Wörterbuches in Berlin und vor allem in Göttingen haben für diese Studie Einblick in die gesammelten Belege zum Eintrag *fremd* gewährt.[5] Insgesamt 321 Belege wurden nach syntaktischen Kriterien und semantischen Merkmalen der Bezugswörter geordnet.

Im fünften Kapitel werden unter dem Aspekt der verweisenden (deiktischen und anaphorischen) Funktion dann *fremd, eigen,* die Possessiva und *ander-* verglichen. Exemplarische Analysen und Vergleiche mit den Bildungsparadigmen werden im sechsten Kapitel vorgenommen, wobei der Schwerpunkt auf dem Thema „Fremdheit der Sprache" liegt. Auf der Grundlage des Modells, das ausgehend von den Wörterbucheinträgen und vor dem Hintergrund dieser Adjektivklassifikationen bis dahin entworfen wurde, wird im siebten Kapitel ein Ausblick auf die gegenwartssprachlichen Wortfelder im Englischen und Französischen gegeben.

An dieser Stelle sei noch eine Bemerkung zum potentiellen Leserkreis gemacht. Sicherlich ist dies eine linguistische Arbeit und einige Abschnitte werden für Leser, die aus anderen Disziplinen kommen, nur schwer zugänglich sein. Da die Ergebnisse dieser Arbeit aber für alle von Interesse sein dürften, die sich mit Themen im Umfeld der „Xenologie" beschäftigen, sei diesen Lesern empfohlen, die Lektüre nicht bei den ersten allzu linguistischen Ausführungen abzubrechen, sondern diese statt dessen gemäß dem Motto „wait and see" fortzuführen. Durch Modelle, Beispiele und eingeflochtene Zwischenergebnisse sollte eine Lektüre auch für Nicht-Linguisten lohnend sein.

---

[5] Mein herzlicher Dank für die freundliche Unterstützung bei der Suche nach den Belegen gebührt den Mitarbeitern und Mitarbeiterinnen der beiden Archive, insbesondere möchte ich jedoch Herrn Schlaefer vom Göttinger Archiv für seine Hilfsbereitschaft danken.

2. Die klassischen Sprachen

2.1. It sounds Greek to me

Xenologie nennt sich die relativ junge Fremdheitsforschung und greift damit (in traditionell akademischer Manier) zur Selbstbezeichnung auf die griechischen Begriffe zurück. Aber entspricht die Bedeutung von *xenos* eigentlich der Bedeutung von *fremd*? Schon ein kurzer Blick in die Wörterbücher und die einschlägigen Artikel in den Begriffslexika zeigt, daß auch im Griechischen und Lateinischen eine eindeutige Abgrenzung der einzelnen Wortbedeutungen in den Sinnbezirken der Fremdheit Schwierigkeiten macht. So schreibt Fascher zum Schluß seines Artikels „Zum Begriff des Fremden", in dem er nach den Übersetzungen vom Griechischen der Septuaginta und des Neuen Testament ins Lateinische der Vulgata fragt, „daß die behandelten Begriffe [das sind in erster Linie *xenos* und die verschiedenen Komposita mit *allos*, B. J.], wie ihre auswechselbare Übersetzung ins Lateinische zeigt, inhaltlich nicht sehr verschieden voneinander sind" (Fascher 1971: 168).

Die folgenden Ausführungen zu den Wortfeldern im Griechischen und Lateinischen können diese Problematik nur skizzieren. Sie werden vermutlich aber auch sehr deutlich die Probleme aufzeigen, die sich einer Wortfeldbeschreibung stellen, die vornehmlich auf Wörterbücher zurückgreift und bei der eben nicht die Verwendungen verglichen werden können. Im Wörterbuch von Pape z. B. werden die Bedeutungen von *xenos* folgendermaßen unterschieden:

> „1. der Gastfreund, mit dem man sich zu gegenseitiger gastlicher Aufnahme für sich und die Nachkommen unter dem Schutz des *Zeus xenios* durch gewisse heilige Gebräuche verband" (Pape 1954: 271).

Mit dem Wort wird also eine Wechselbeziehung zum Ausdruck gebracht: *Xenos* steht für denjenigen, mit dem man durch das Band der Gastfreundschaft (*xenia*) verbunden ist. Dieses Band, das sich auch auf die Nachfahren der Gastfreunde übertrug, wurde durch einen geteilten Gegenstand symbolisiert (*symbolon*), dessen zwei Hälften als Erkennungszeichen fungierten. Homer gebraucht dieses Wort besonders häufig für den Gast, im Gegensatz zum Wirt oder Gastgeber (*xenodochos*), doch auch, und dies soll hier betont werden, für den Wirt oder Gastgeber.

Als weitere Bedeutung gibt Pape an:

> „2. der Fremde, der auch nicht auf frühere Verträge sich berufend die Gastfreundschaft in Anspruch nimmt und nach dem Brauch der homerischen Zeit gastliche Aufnahme finden muß, weil auch er unter dem Schutze des *Zeus xenios* steht, [...]" (Pape 1954: 271).

Ausgehend vom Brauch der Gastfreundschaft bezeichnet *xenos* also ebenfalls den Fremden, d. h., es steht für den Gegensatz zum einheimischen Bürger. Baslez spricht in diesem Zusammenhang von einer „évolution sémantique", einer „semantischen Evolution". Es habe eine fortschreitende Degradierung (*dégradation*) vom Begriff des Gastes zu dem des Fremden und zu dem des Söldners gegeben. Nach Baslez ist diese semantische Evolution bezeichnend für die Mentalität der Griechen, die sich zugleich durch Gastfreundschaft und Mißtrauen auszeichne und in der sich die Wünsche miteinander verbänden, sowohl Bande zu knüpfen als auch Unterschiede zu bestätigen (vgl. Baslez 1984: 19). Sie bringt diese semantische Entwicklung in Verbindung mit der Entstehung der griechischen Stadtstaaten. Mit der Ausbildung des Begriffs des Bürgers wird auch der *xenos* politisch definiert: Er ist der Nicht-Bürger (vgl. Baslez 1984: 20). Anders beurteilt Stählin das Verhältnis der beiden Bedeutungen dieses griechischen Begriffs:

> „*Xenos* ist zum ersten der Fremde. Der Fremde und seine Umgebung stehen zueinander in gegenseitiger Spannung; der Fremde wirkt als der Anderswoherstammende, Andersartige, Nichtdurchschaubare befremdend, beängstigend, unheimlich [...]. Aber zum anderen ist *xenos* der Freund, der mit dem andern in der schönen Gegenseitigkeit der Gastfreundschaft verbunden ist [...]. Dieser merkwürdige Gegensatz im Begriff von *xenos* löst sich bei näherer Betrachtung in ein kulturgeschichtliches Nacheinander auf. Ursprünglich ist in jedem Volke der Fremde zugleich ein Feind; [...]." (Stählin 1954: 2f.)

Die Tötung sei der einfachste Weg, um der Bedrohung durch den Fremden zu entgehen. Aber der Mensch habe noch einen anderen Weg gefunden, „um des feindseligen Fremden Herr zu werden, nämlich die Freundschaft" (Stählin 1954: 3). Stählin scheint hier unter Berufung auf einen möglichen Ursprung der Gastfreundschaft für eine Bedeutungsentwicklung zu argumentieren, die von 'der Fremde' zum 'Gastfreund' gegangen ist. Auch Bietenhard verweist auf diese kulturgeschichtliche Entwicklung: Es komme

> „zur Verbindung mit dem Fremden, die ursprünglich auch aus der Furcht erwuchs: Der Fremde kommt von den Göttern her, ist deren 'Bote'. Aus Furcht vor den Göttern nimmt man sich des Fremden hilfreich an, nimmt ihn 'gastlich' in das Haus auf, und so wird der Fremde Schützling von Religion und Recht." (Bietenhard 1972: 373)

Die scheinbaren Widersprüche hinsichtlich der Bedeutungen von *xenos* lassen sich folgendermaßen erklären und auflösen: Stählin fragt in seinem Artikel nach der Spannung im „Begriff" *xenos*. Es geht ihm also zunächst gar nicht um Bedeutungen oder Bedeutungsvarianten eines Wortes (obwohl es sich hier um ein Wörterbuch handelt!), sondern um diese schwer faßbare und gerade in den letzten Jahren ausgiebig kritisierte Entität „Begriff". Für die Frage nach der Entwicklung der Wortbedeutung sind Spekulationen über vorgeschichtliche Fremdenabwehr und Gastfreundschaft jedoch irrelevant.

Wenn Baslez mit ihrem Befund recht hat, zeigt sich in den ersten sprachlichen Belegen die Hauptbedeutung 'Gastfreund'. Diese tritt mehr und mehr hinter die Bedeutung 'Fremder' zurück. Leider verweist Baslez in ihrer schönen Darstellung über den Fremden im antiken Griechenland jedoch zu selten auf sprachliche Aspekte und es bleibt bisweilen unklar, wer denn nun der *étranger* ist, von dem sie gerade spricht. Es zeigt sich einmal mehr, wie semantische Verschiebungen immer mit konkreten geschichtlichen Bedingungen verzahnt sind. Auch gute Wörterbücher können kaum einen Einblick in die Dynamik dieses Wandels geben. Die bereits von Baslez erwähnte Bedeutung 'Söldner' wird von Pape wiederum an dritter Stelle angeführt:

> „3. heißt *xenos* der Fremde, der sich für Sold einem Hauswesen anschließt, einem Anderen verdingt, Miethling, Od. 14, 102; vorzugsweise von den in Sold genommenen Ausländern, Miethssoldaten, [...]" (Pape 1954: 271).

Stählin macht auf die analoge Verschiebung für die weibliche Form *xenos* aufmerksam:

„durch ein ähnliches Feilbieten der eigenen Person wird, wie *xenos* zum Söldner, *xené* zur Dirne; unter den Prostituierten waren bereits im Altertum bes viele fremde Elemente (sic!)." (Stählin 1954: 6)[6]

Pape gibt noch eine vierte Bedeutung zum Substantiv:

„4. von Hom. an ist *ó xene* eine ganz allgemeine Anrede an Personen, deren Namen man nicht kennt od. nicht sagt, mein Freund, mein Lieber." (Pape 1954: 271)

Zum Adjektiv findet sich bei Pape nur ein Haupteintrag, und zwar mit der Übersetzung *fremd*. Bei den aufgeführten Übersetzungsmöglichkeiten fällt auf, daß im Gegensatz zum Substantiv der Aspekt der Gastfreundschaft nicht erwähnt wird. Die Beispiele und die nicht als einzelne Bedeutungsvarianten voneinander getrennten Übersetzungsmöglichkeiten zeigen, daß das Adjektiv *xenos* hier in seinen Verwendungsmöglichkeiten dem deutschen Wort *fremd* sehr nahe zu stehen scheint. Wenn Pape das Beispiel *in fremdem Lande* anführt, kann natürlich ohne Kontext die Fremdheit des Landes nicht näher bestimmt werden (Ist es z. B. das unbekannte Land oder jedes Land, das nicht das eigene ist?) Als weitere Übersetzungsmöglichkeiten gibt Pape an: *unbekannt damit, unerhört, ich bin unbekannt damit, befremdend, fremdartig*.

Ausgehend vom (deutschen?) Begriff des Fremden führt Fascher als „klassisches Beispiel" der Ausdrucksmöglichkeiten eine Stelle aus dem Neuen Testament an (Apg 17, 18-21), die auf jeden Fall einen Eindruck von den Verwendungsmöglichkeiten des Lexems *xenos* gibt (für das im folgenden immer das deutsche Wort *fremd* steht). In Athen erscheint Paulus den epikureischen und stoischen Philosophen als Verkünder fremder Gottheiten, seine Lehre enthält Befremdendes. Ein Verlangen nach Neuigkeiten zeigen nicht nur die Athener, sondern auch die sich vorübergehend in Athen aufhaltenden Fremden (vgl. Fascher 1971: Sp. 161f.).

Im Gegensatz zu Pape spricht Bietenhard übrigens auch von einer adjektivischen Verwendung im Sinne von 'Gastfreund', 'Gastwirt'. Er führt neben der Vokabel *xenos*, die nach ihm die größte Spannweite hat, die Vokabel *allotrios* an:[7]

„Es [xenos] kann neben der vorherrschenden Bedeutung *Fremder, Ausländer* auch *Gastfreund, Gastwirt* (auch adjektivisch) heißen; so steht es einerseits – den Unterschied zum Einheimischen und Vertrauten betonend – parallel zu *paroikos*, andererseits – die Zuwendung hervorhebend – parallel zu *philos* = Freund. Als *paroikos* wird der *Nachbar*, der *Schutzgenosse* bezeichnet; das Wort ist neben *metoikos* term. techn. für den *Nichtbürger*, aber im Gegensatz zu diesem ist der *paroikos* mit (u. U. käuflich erworbenen) Rechten ausgestattet. Wo nicht eine solche Zu- und Einordnung, sondern die Zugehörigkeit zu einem anderen (*allos*) betont werden soll, findet *allotrios* Verwendung; seine Bedeutung reicht von *fremd, seltsam* bis *feindlich*." (Bietenhard 1972: 370f.)

Neben *allotrios* führt Bietenhard noch zwei weitere Komposita auf: *allogenés* als Kompositum mit *genos* = 'Art', 'Geschlecht', das er mit 'fremd', 'fremdartig' übersetzt, und *allophylos* als Kompositum mit *phylé* = 'Stamm', dessen Bedeutung er mit 'fremdstämmig', 'volksfremd', 'fremd' wiedergibt.

Die semantische Nähe all dieser Wörter wird nicht nur durch die immer wiederkehrende deutsche Übersetzung *fremd* deutlich, sondern auch im Hinblick auf die hebräischen Wörter,

---

[6] Ein schlichtes „sic" ist wohl noch zu schwach, um auf diesen sprachlichen Skandal zu verweisen: in einem Theologischen Wörterbuch aus dem Jahre 1954 werden Menschen verächtlich als „fremde Elemente" bezeichnet!

[7] Die bei Bietenhard jeweils zusätzlich aufgeführte griechische Schreibweise wird ausgespart.

die mit diesen griechischen Wörtern in der Septuaginta übersetzt wurden. So steht für hebr. *nokri* = 'ausländisch', urspr. 'auffallend', sowohl *allotrios* als auch *xenos*. *Allotrios* steht gelegentlich aber auch für hebr. *zar* = 'fremd', 'artfremd', welches seinerseits wiederum meistens mit *allogenés* übersetzt wird.

Neben *xenos*, den Komposita mit *allos*, den Wörtern *paroikos* und *metoikos*, die die ansässigen Fremden bezeichnen, sei hier noch auf das Wort *parepidémos* hingewiesen: Es bezeichnet den Menschen, der sich für kurze Zeit an einem fremden Ort aufhält.

Weiterhin darf natürlich bei dieser Skizzierung des griechischen Wortfeldes das schillernde Wort *barbaros* nicht fehlen. Als „asymmetrischer Gegenbegriff" zum Hellenen (vgl. Koselleck 1984) erscheint dieses Wort erst in der Zeit der Perserkriege. *Barbaro-phónos* bezeichnet bei Homer zunächst nur lautmalerisch die harte und rauhtönende Sprache der Einwohner Kleinasiens, und noch im 5. Jahrhundert wird mit diesem Wort eine langsame, schwerfällige oder falsche Sprechweise sowohl der Griechen als auch der Nicht-Griechen benannt.

Als erste der drei Bedeutungen, die Pape anführt, erscheint 'ausländisch', und zwar einmal mit Bezug auf die Sprache (*glossa*), und einmal mit Bezug auf das Land (*gé*). Nach der Bedeutung 'unverständlich' (in Bezug auf die Sprache), wird als dritte Bedeutung 'roh', 'ungebildet' im Gegensatz zur griechischen Bildung angegeben.

Wenn dieses Wort also seit der Zeit der Perserkriege zum Gegenbegriff zum Hellenen wird, so bezieht es sich auf eine sprachliche und kulturelle Fremdheit, die nicht wertfrei ist. Denn im Zusammenhang mit der griechischen Philosophie, die im Gebrauch eines artikulierten und intelligiblen Diskurses die Grundlage des Verständnisses der Ordnung der Welt sieht (die Mehrdeutigkeit des Wortes *logos* reflektiert diese Auffassung), werden alle nicht-griechischen Völker mit ihren Sprachen und Kulturen nicht als andere Kulturvölker, sondern einfach als die kulturlosen Völker angesehen, die ununterschieden den Griechen gegenüberstehen. Diese These wird auch durch die Analyse des griechischen Vokabulars der Akkulturation von Dubuisson bestätigt. Er zeigt, daß hinsichtlich dieses Vokabulars zwei Ebenen unterschieden werden können: die ethnische und die kulturelle. Nach Dubuisson bezieht sich das Wort *mixellén* auf ein Phänomen des kulturellen Bereiches. Es sei die Kultur, die es erlaube, Grieche zu werden. Unabhängig von seiner Herkunft könne sich ein jeder hellenisieren, indem er die Werte und das für die griechische Kultur charakteristische Verhalten erwerbe. Im Gegensatz dazu sei das Wort *mixobarbaros* nicht aus dem Vokabular der Akkulturation hervorgegangen. Der Grieche könne ein Halb-Barbar einzig durch seine Abstammung von einem gemischten Elternpaar werden, also durch eine Mischung der Rassen (vgl. Dubuisson 1982: 15).

Die „*barbarisation*" bezieht sich also nicht auf einen kulturellen, sondern nur auf einen ethnischen Prozeß. Weder für einen möglichen kulturellen Prozeß der „*barbarisation*", noch für einen möglichen ethnischen Prozeß der Hellenisierung finden sich im Griechischen Vokabeln. Diese terminologische Lücke (Dubuisson 1982: 15, „lacune terminologique") ist ein überzeugender Beleg für die Gleichsetzungen von Griechisch = Kultur und Barbarisch = Nicht-Kultur. Denn kulturelle Zugehörigkeiten sind durch Kenntnis und Vertrautheit bestimmt, die bei einem Wechsel nur über einen Lernprozeß erworben werden können. Da es bei den Barbaren nichts zu lernen gibt, gibt es folgerichtig auch keine Akkulturation. Die

Griechen hingegen beziehen ihr Selbstverständnis aus ihrem Kulturbesitz, und daher kann eine Zugehörigkeit nur über diesen Lernprozeß erworben werden[8].

Bis hierher beziehen sich diese Ausführungen weitgehend auf die griechischen Wörter für den *fremden Menschen*. Hier liegt auch der Schwerpunkt der zu Rate gezogenen Artikel und natürlich des Buches von Baslez. Mit einem Blick auf die Übersetzungsmöglichkeiten des deutschen Wortes *fremd*, bzw. *Fremde*, wie sie in einem deutsch-griechischen Wörterbuch angegeben werden, soll diese Skizze abgeschlossen werden.

Neben *xenos* wird für *fremd* im Sinne von 'ausländisch' angegeben: *othneios, ekdémos, allophylos* (von fremdem Stamme), *allodapos* (aus fremdem Lande), *barbaros* (mit verächtlichem Nebenbegriff). Für *fremd* im Sinne von 'einem anderen gehörig' steht *allotrios, to allón*. Für die Bedeutung 'auffallend', 'ungewöhnlich' steht *allokotos, xenos, allotrios*. Für *die Fremde* in der Bedeutung von 'das fremde Land' steht *allotria, (xóra), xené, yperoria* (vgl. Güthling 1963: 178). Hier wird noch einmal die Aussage von Bietenhard bestätigt: Der Aspekt der Zugehörigkeit wird durch *allotrios* ausgedrückt. Nun muß aber das einem anderen Gehörige nicht notwendig unbekannt oder gar ungewöhnlich sein. Daß dieser Aspekt dann durch das Wort *xenos* stärker betont wird, kann hier nur vermutet werden.

2.2. Ich bin mit meinem Latein am Ende

Für den Übergang zur Skizzierung des lateinischen Wortfeldes sei hier zunächst auf die Ausführungen Faschers zur Übersetzung der griechischen Wörter ins Lateinische hingewiesen. Sowohl *allogenés* als auch *allophylos* werden in der Vulgata mit *alienigena* übersetzt. Fascher erklärt hierzu, daß *alienigena* immer der jeweils Volksfremde sei. Mit einem Zitat von Livius unterstreicht er, „daß der Schwerpunkt dabei weniger auf der räumlichen Entfernung als auf der Unterschiedlichkeit von Sprache und Sitte beruht" (Fascher 1971: Sp. 163). Als 'der im Ausland Geborene' steht *alienigena* im Gegensatz zu *indigena*.

Umfangreicher nach Vorkommen und Bedeutung sei *allotrios*, welches bis auf eine Stelle mit *alienus* wiedergegeben werde:

> „Bedeutungsmäßig wird es vom fremden Besitz über volks- und landfremd bis zu fremdartig und feindselig, von Personen und Sachen gebraucht, ob es sich um fremde Mühsal (2Kor 10,15), fremde Sünden (1.Tim 5,22), fremden Baugrund (Röm 15,20) oder fremdes Opferblut (Hebr 9,25) handelt" (Fascher 1971: Sp. 164)

Als 'einem anderen gehörig' steht *alienus* im Gegensatz zu *meus, tuus, suus, proprius* (vgl. George 1962: Bd. 1, Sp. 307). Als das, was dem Geiste fremd ist, kann es auch 'verwirrt', 'verrückt' bedeuten.

Das Wort *xenos* wird nach Fascher je nach Zusammenhang mit *hospes, peregrinus* oder *novus* übersetzt. Das Wort *hospes* (und die Diskussion um dieses Wort) ist höchst interessant und verlangt daher einige Anmerkungen. Folgende Übersetzungen werden von George gegeben:

---

[8] Überträgt man diese Auffassung auf die deutsche Diskussion um die Staatsangehörigkeit, so hieße dies, daß sich die Deutschen als kulturloses Volk verstehen, da eine Zugehörigkeit nicht über einen Lernprozeß erworben werden kann (auch in Deutschland lebende Türken der dritten Generation sind keine Deutschen). Eine Zuschreibung von Zugehörigkeit erfolgt nur aufgrund der von außen zu bestimmenden ethnischen Kriterien.

„I) subst.: A) der Fremde, Fremdling, der sich eine Zeitlang irgendwo aufhält als Gast, u. insofern er mit dem Wirt in Gastfreundschaft steht = der Gastfreund [...] – in der Anrede an einen uns fremden Menschen, salve hospes! grüß Gott, guter Freund! [...] übtr., ein Fremdling = unbekannt, unerfahren in usw., [...] B) der, der einen Fremdling als Gast aufnimmt u. bewirtet, der Wirt, u. insofern er mit dem Fremdling in Gastfreundschaft steht = der Gastfreund, [...] II.) adj.: A) fremd, ausländisch [...] B) gastlich, wirtlich" (George 1962: Bd. 1, Sp. 3085f.)

Die Bedeutungen von *hospes* scheinen denen von *xenos* also weitgehend zu entsprechen. Auch für die Römer steht der *hospes* unter dem Schutz eines Gottes, des *Jupiter hospitalis*. Als Zeichen für die Bindung der Gastfreundschaft wurden Bronzebilder von Widderköpfen mit der Aufschrift *hospes* ausgetauscht, von denen vermutet wird, daß sie auf ein Opfer verweisen, das diese Bindung bestätigte (vgl. Fascher 1972: Sp. 323).

Wie verhält es sich aber mit dem Wort *hostis*, aus dem *hospes* entstanden ist? Beispielhaft zeigt die Diskussion um die Etymologie dieses Wortes sowohl den Reiz als auch die Gefahren einer jeden Etymologie. Denn obwohl doch allgemein bekannt ist, daß die Etymologie trotz ihres Namens nichts über die Wahrheit sagen kann, kann man gerade an dieser Diskussion beobachten, wie leicht der Versuchung nachgegeben wird, die Etymologie in Dienst zu nehmen, um anthropologische Konstanten zu suggerieren. Das Wort *hostis* (und seine Geschichte) bietet den gegensätzlichsten Standpunkten hinsichtlich einer ursprünglichen menschlichen Reaktion auf Fremde Argumentationsmaterial. Die Spannbreite liegt hier zwischen der Gleichsetzung von *Fremder = Feind* (der in der schlimmsten Version nicht nur bekämpft, sondern gar geschlachtet und verzehrt wird) und der Version *Fremder = Freund* (der als Gast empfangen und auch beschenkt wird). Eine Verwandtschaft von *hostis*, das wie das deutsche Wort *Gast* und das englische Wort *guest* auf das indoeuropäische Wort **ghostis* (= 'Fremder', 'Gast') zurückgeführt werden kann, mit dem griechischen Wort *xenos* ist übrigens nicht mit Sicherheit zu behaupten (vgl. Pokorny 1959: S. 640).

In seinen Ausführungen zum Ursprung der Gastfreundschaft verweist Stählin darauf, daß ursprünglich jedem Volke der Fremde zugleich der Feind sei, und daß sich hieraus erkläre, daß manche Sprachen nur ein Wort für *fremd* und *feind* aufwiesen. Als Beleg verweist er auf das Wort *hostis* „mit der urspr. selbstverständlichen Unterbdtg *Feind*" (Stählin 1954: 3). Auch in diesem Fall scheint Stählin der Wortgeschichte und dem Bedeutungswandel nicht viel Aufmerksamkeit geschenkt zu haben. Fascher zumindest verweist darauf, daß diese Vorstellung von der Doppelbedeutung von *hostis* heute allgemein zurückgewiesen werde:

„Hostis bezeichnete ursprünglich den Gastfreund (vgl. griech. xenos, deutsch Gast; engl. guest; altkirchensl. gosti). Alle diese Wörter bezeichnen den Gast u. nicht den Feind [...]. Der Feind hieß perduellis [...]. Hostis nahm erst die Bedeutung 'Feind' an, als hospes zur Bezeichnung des Gastfreundes aufkam." (Fascher 1972: Sp. 308)

Für den ursprünglichen Umgang mit Fremden schließt Fascher (1972: Sp. 308) dann (ganz im Gegensatz zu Stählin): „So ist F[remden]feindlichkeit bei ursprünglichen Gesellschaftsformen keineswegs die Regel. Auch die Begünstigung des F[remden] gab es zu allen Zeiten." Die These von der ursprünglichen Feindschaft ließe sich mit dem Blick auf die Etymologie noch weiter illustrieren. So findet sich im Wörterbuch von Grimm unter dem Stichwort *Gast* der Verweis auf die Wurzel *ghas*, welche 'verzehren', 'verschlingen', 'fressen' bedeutet. Die Zusammenhänge werden im Folgenden erläutert:

„[...] soll es mit *ghas* richtig sein, so sehe ich von seiten der bedeutung nur die eine möglichkeit, dasz *hostis, gast* ursprünglich der fremde ist, der nach der sitte, die noch in sagen nachklingt, als feind den göttern geopfert, zugleich aber, wie jedes blutige opfer, von den opfernden als frommes mahl verzehrt wurde als *hostia humana*, und der anklang von *hostis* und *hostia* kann diese annahme wol stützen; auch *hostire* schlachten und sühnen, *hostimentum* sühnmittel begriffen sich aus dem opfer besser [...]" (Grimm 1878: Bd. 4, Sp. 1454)

Hostis wird hier also in Zusammenhang gebracht mit *hostia* = 'Opfertier', 'Opfer' und mit *hostire*. Die Polysemie dieses Verbs scheint der Ausgangspunkt für die widersprüchlichen Deutungen von *hostis* und die sich daran anschließenden Assoziationen zu sein. So werden im Wörterbuch von George nicht zwei Bedeutungen, sondern zwei Verben *hostire* unterschieden. 'Schlagen', 'treffen', 'verletzen' werden als Übersetzungen des einen Verbs aufgeführt und 'gleichmachen', übertr. 'vergelten' als Übersetzungen des zweiten.

Nach Hofmann (1938: Bd. 1, 661) ist die Etymologie von *hostia* unsicher, ein Zusammenhang mit *hostire* im Sinne von 'vergelten', 'gleichmachen' dränge sich aber auf. Die Beziehung von *hostia* und *hostis* entspricht nach seiner Auffassung der Beziehung von *xenia* ('Gastlichkeit', 'Gastfreundschaft', 'Gastrecht') zu *xenos*:

„[...] doch ist die Beziehung von *hostia, hostire, hostus* auf *hostis*, die schon von den Alten gelehrt wird [...] vom lat. Standpunkte die nächstliegende, so unklar die schon vorliterarisch abgeschlossene Bed.-Entwicklung ist. Jedenfalls ist dabei *hostia* (Bildung wie gr. *thysia:thytos*?) nicht als 'das beim Gastempfang dargebrachte Opfer' [...] zu verstehen, sondern als 'Vergeltung' in bezug auf den Geschenkaustausch zwischen Gast und Gastgeber, Gabe und Gegengabe; entsprechend *hostire* 'vergelten', 'ausgleichen' als Denominativ von *hostis* [...]" (Hofmann 1938: Bd. 1, 661f.)

Daß die Verbindung zu indogermanisch *ghos = 'essen', 'fressen', 'verzehren', wie sie im Wörterbuch von Grimm angesprochen wird, jedoch nicht völlig abwegig ist, zeigt auch ein Blick in das Wörterbuch von Pokorny (1959: 640), der unter *ghos das lateinische Wort *hostia* mit Verweis auf *hostire* im Sinne von *ferire* (= 'stoßen', 'hauen', 'stechen', 'schlagen') anführt und es (mit Fragezeichen versehen) als „Opferschmaus, das zu verzehrende Opfer" deutet. Eine Verwandtschaft mit *ghostis wird jedoch weder bei ihm noch anderswo behauptet.

Es mag für das Wort *hostia* nicht mit Sicherheit zu entscheiden sein, ob nun die Bedeutung 'Verzehren' oder 'Ausgleichen' zugrunde liegt. Mit Sicherheit liegt aber dem Wort *hostis* das letztere zugrunde. Dieser Gedanke wird von Benveniste weiter ausgeführt:

„Ursprünglich bedeutet der Begriff *hostis* Gleichheit durch Ausgleich: *hostis* ist derjenige, der meine Gabe durch eine Gegengabe ausgleicht und vergilt. *Hostis* war also einmal, genauso wie die gotische Entsprechung *gasts*, die Bezeichnung für den Gast. Die klassische Bedeutung 'Feind' ist wohl aufgetaucht, als die Tauschbeziehungen von Sippe zu Sippe durch Ausgrenzungsbeziehungen von *civitas* zu *civitas* abgelöst wurden (vgl. gr *xenos* „Gast" > „Fremder")" (Benveniste [1969] 1993: 71)

Wie bereits erwähnt, ist das Wort *hospes* jüngeren Datums. Das zweite Glied des rekonstruierten Kompositums **hosti-pet-*, das *hospes* zugrundeliegt, bedeutet nach Benveniste (1993: 71) „ursprünglich die persönliche Identität" und dann „der Herr". *Hospes* meint dann denjenigen, „der in hohem Grad die Gastfreundschaft personifiziert".

Diese Diskussion um *hostis* und *hospes* zeigt zum einen, wie wichtig für eine Bedeutungsbeschreibung die Abgrenzung verschiedener Sprachzustände ist. Sie zeigt aber auch die Versuchung, (falsche oder auch richtige) Aussagen über die Sprache und ihre Etymologie für außersprachliche Argumentationen zu instrumentalisieren.

Doch nun weiter zu *peregrinus*, das nach Fascher auch als Übersetzung von *xenos* zu finden ist. *Peregrinus* als Adjektiv und Substantiv läßt sich zurückführen auf das Adverb *peregre*, das seinerseits aus *per* = 'durch', 'über' und *ager* = 'Feld' entstanden ist. *Peregre* bedeutet also 'außerhalb der Stadt', 'über Land', und kann so auch 'in der Fremde', 'im Ausland' bedeuten. *Peregrinus* bedeutet daher 'fremd', 'ausländisch' und steht im Gegensatz zu *indigena, vernaculus, patrius, domesticus*. Als Substantiv kann es neben der allgemeinen Bedeutung 'der Fremde' auch die spezifischere Bedeutung 'der Nichtbürger', 'der Insasse' haben. Denn obwohl Rom im Gegensatz zu Griechenland freigiebiger in der Vergabe des Bürgerrechts war, regelten doch eine Vielzahl von Gesetzen den rechtlichen Status der Fremden. Hinsichtlich dieser Gesetzgebung steht *peregrinus* für den Provinzbewohner, der andere Rechte hat als z. B. der *latinus*. Im übertragenen Sinne kann *peregrinus* auch stehen, um 'die Fremdheit, die Unwissenheit in etwas' zu bedeuten.

Weiterhin wird *xenos* nach Fascher auch mit *novus* übersetzt. Das *Neue* in diesem Sinne ist nicht das objektiv Neue, sondern das 'bis dahin Unbekannte'.

Die Bildungen mit dem Präfix und der Präposition *ex* stellen den etymologischen Ursprung für die zentralen Lexeme in den gegenwartssprachlichen romanischen Wortfeldern dar. Hier ist zunächst das Adjektiv *exter* (mit der Variante *exterus*) zu nennen, das 'außen befindlich', 'auswärtig' und 'äußerlich' bedeutet. Adverb und Präposition *extra* steht für 'außerhalb', 'von außen' und 'äußerlich'. Aus *exter* ist das Adjektiv *externus* entstanden, zu dem im George zwei Hauptbedeutungen unterschieden werden: 1. 'äußerlich', 2. 'auswärtig', 'ausländisch', 'fremd'. Als Substantiv kann es den 'Auswärtigen', 'nicht zum Hause gehörenden' bezeichnen und auch für 'auswärtige Dinge' stehen. Für das Adjektiv *extraneus* werden zwei Bedeutungen angeführt: 1. 'nicht zum Wesen einer Sache gehörig', 'äußerer', 'äußerlich', 'außerhalb liegend' mit dem Gegensatz *proprius*; 2. 'nicht in Beziehung zum Hause oder zur Familie, zu unserer Person, zu unserem Lande stehend' mit dem Gegensatz zu *domesticus, suus* aufgeführt.

Das altfranzösische *estrange* hat neben dieser Bedeutung die Bedeutung 'seltsam'. Im 14. Jahrhundert wird eine Ableitung auf -*arius* gebildet, die die Bedeutung 'fremd' hat und bis zur Mitte des 17. Jahrhunderts *étrange* ganz aus dieser Bedeutung verdrängt. Andere romanische Sprachen bilden diese Ableitung nach: italienisch *straniero*, spanisch *extranjero*, katalanisch *estranger*.

Eine wichtige Beobachtung soll diese Skizzierung abschließen: Sowohl im Griechischen als auch im Lateinischen erweitern viele der angesprochenen Lexeme ihre Bedeutung um den Aspekt des 'Ungewöhnlichen', 'Seltsamen'. Und dies unabhängig davon, ob es sich um das einem anderen Gehörige (wie griechisch *allotrios*) oder um das Ausländische (wie griechisch *xenos*) handelt. Mesrobjan (1964) beschreibt diese Bedeutungserweiterungen für das Englische. Die Adjektive *strange, singular, peculiar, quaint, unique, eccentric* und *uncouth* hätten allesamt über den Zwischenschritt 'ungewohnt', 'ungewöhnlich' ihre Bedeutung auf den Aspekt 'seltsam' hin erweitert.[9] Und auch das deutsche Lexem *fremd* ist diesen Weg gegangen. Im Kapitel 5 wird gezeigt, wie in den romanischen Sprachen durch die Aufspaltung des Bedeutungskontinuums in zwei Lexeme die Bedeutungsspanne z. B. von *étranger* durch *étrange* begrenzt wird.

Zum Thema Gastfreundschaft seien hier noch zwei interessante inhaltliche Anmerkungen gemacht. Von Grimm wird vermutet, daß das deutsche Wort *Gastfreund* eine Lehnbildung von Josua Maaler für sein Deutsch-Lateinisches Wörterbuch sei, um diese Wechselbeziehung, wie sie auch im lat. Wort *hospes* vorhanden ist, auszudrücken (vgl. Grimm 1878: Bd. 4, Sp. 1476). Das Französische tradiert sprachlich diese Wechselbeziehung durch die

---

[9] An dieser Stelle sei Manfred Ringmacher für die Übersetzung und die hilfreiche Kommentierung des Textes von Mesrobjan herzlich gedankt.

Polysemie von *hôte*. Besonders interessant ist die Beobachtung, daß, während sowohl für *xenos* als auch für *hostis* die Bedeutungsentwicklung vom 'Gast' zum 'Fremden' gegangen ist, für das Französische in Afrika eine umgekehrte Entwicklung festzustellen ist: Dort kann *étranger* die Bedeutung „Personne que l'on accueille chez soi, hôte" haben (Robert 1985, Bd. 4: 206).

3. Forschungslage zum Deutschen

„Über die Geschichte des Wortes 'Gast' wird im Deutschen die antike Verknüpfung von Fremdheit und Gastfreundschaft vermittelt, die noch heute den Rechtsstatus Landes- und Ortsfremder mitbestimmt. Dennoch gibt es kaum sprachwissenschaftliche Forschungen im Umkreis kulturwissenschaftlicher Xenologie." (Wierlacher 1993: 72)

Wo auch immer die Grenzen dieses „Umkreises" liegen, ein Blick in eine einschlägige sprachwissenschaftliche Bibliographie (Gipper / Schwarz 1962-1989) zeigt, daß eine nicht geringe Anzahl sprachwissenschaftlicher Arbeiten zum Thema Fremdheit vorliegt. Die meisten Arbeiten behandeln die Wörter *Barbaros* und *Xenos*. Für das Deutsche liegt aber in der Tat nur eine semantische Studie vor[10], nämlich die Dissertation von Beul (1968), *Fremd. Eine semantische Studie*. Sie behandelt die Sprachstufen des Alt- und Mittelhochdeutschen (sowie das Gotische in einer ausführlichen Anmerkung). Man könnte ihre Arbeit als sehr dokumentaristisch bezeichnen, da sie zu weiten Teilen aus einer Ansammlung von Belegstellen besteht, die nicht allzu ausführlich kommentiert werden (und zudem nie übersetzt werden), weshalb sich ihre Ergebnisse nicht ganz mühelos zusammenfassen lassen. Neben einer Beschreibung der verschiedenen Kontexte versucht Beul immer, die jeweiligen Konnotationen von *fremd* zu erfassen.[11]

Ein Problem ergibt sich bei der Lektüre ihrer Arbeit insofern, als bei den Aussagen, die über konkrete Textstellen hinausgehen, nicht immer der Gültigkeitsbereich dieser Aussagen benannt wird. Dennoch bekommt man in ihrer Arbeit natürlich aufschlußreiche Informationen über die Wortgeschichte von *fremd*, die zunächst unkommentiert wiedergegeben werden soll.

Neben dem Lexem *fremd* (ahd. *framadi*, mhd. *vremede*) behandelt sie zwei zum gleichen Sinnbezirk gehörende Lexeme. Da die Verbindung *fremdes Land* im Althochdeutschen und auch noch im Mittelhochdeutschen kaum vertreten ist und sich die Auseinandersetzung mit diesem im Wort *Elend* (ahd. *elilenti*, mhd. *ellende* = 'anderes Land') spiegelt, widmet sie *Elend* zwei ausführliche Kapitel. Beul zeigt, wie dieses Wort bereits im Althochdeutschen nicht nur das 'andere Land' bedeutet, sondern zugleich für die Entbehrungen steht, die das Individuum erleidet, wenn seine natürlichen Bindungen zu einer Gemeinschaft aufgehoben sind.[12] Nachdem sich *ellende*, bereichert noch um einen theologischem Inhalt, mit dieser

---

[10] Außer der bereits erwähnten, onomasiologischen Studie von Spieles (1993).
[11] Zu ihrem theoretischen Konzept gibt Beul gewissermaßen verschlüsselte Hinweise, indem sie auf die Namen Oksaar und Maier verweist. Damit steht sie zwar in der Tradition der Wortfeldforschung (Trier, Weisgerber), jedoch insofern mit kritischer Haltung, als die wechselnden Beziehungsgefüge, in denen das Wort steht, besondere Beachtung finden.
[12] Hier zeigt sich bereits der Aspekt von Zugehörigkeit, der über räumliche Komponenten hinaus auch die deutschen Worte „Heimat" und „Fremde" prägt.

affektiven Bedeutung aus der Stelle von 'ausländisch' zurückgezogen hat, trat dann *fremdez lant* an diese Stelle.

Das andere Lexem, das Beul behandelt, weil es häufig an Stellen auftritt, an denen *vremede* zu vermuten wäre, ist *wild* (ahd. *wildi*, mhd. *wilde*). Die Aspekte, die die Bedeutungen dieser beiden Lexeme unterscheiden, können als Subjektivität vs. Objektivität gefaßt werden:

> „Wir sehen in 'vremede', wenn mit diesem Wort nicht nur der eigene Besitz und die eigene Familie abgegrenzt werden, das subjektiv Unbekannte, das außerhalb des Erfahrungsbereichs der individuellen Person Liegende, ausgedrückt; in 'wilde' dagegen fassen wir stärker das objektiv Unbekannte im Sinne des Ungeordneten und Nichtüberschaubaren, d. h. des in den Erfahrungsbereich der Gesamtheit der individuellen Personen nicht Integrierten." (Beul 1968: 205)

Für das althochdeutsche *framadi* verweist Beul zunächst darauf, daß es in der Glossenarbeit für folgende lateinische Vokabeln steht: „Alienus (ac alienigenus), peregrinus, extraneus, externus, barbarus" (ebd.: 28). Belegstellen, die sie bei Notker findet, lassen sie schließen: „die Eigenschaft 'fremd' wird an Personen stärker bemerkt als an Dingen" (ebd.: 30). Zusammenfassend sagt sie zum Althochdeutschen:

> „Das ahd. Adj. 'framadi, fremede' bezeichnet den Gegensatz zum eigenen, zu dem, was einer Person oder Sache zugehört. Es wird auch zur abwertenden Bezeichnung der Heiden verwendet. [...] Das Adj. bildet früh ein Vb. aus, das deutlich geschiedene Bedeutungen annimmt: 1) sich von (dem rechten) Gott abwenden; (jmd.) (rechtmäßigen Besitz) entwenden. Ein Subst. ist nicht belegt." (38)

Zur mittelhochdeutschen Verbindung *vremedez lant* stellt Beul fest, daß ein so benanntes Gebiet in der Regel dem Erzähler bzw. seinen Hauptgestalten unbekannt sei, sie nicht dort heimisch seien oder sich nicht auskennen würden, und daß namentlich genannte Länder selten so bezeichnet würden (ebd.: 106). Aus den Stellen, an denen *fremd* auf Personen bezogen ist, schließt Beul:

> „Im Hinblick auf Personen ist 'fremd' sehr viel enger gebraucht als im Hinblick auf Länder. Der Fremde ist in erster Linie derjenige, der nicht zur Familie gehört. Insofern, als er nicht dazugehört, kann er auch ein Unbekannter, auch ein Ausländer sein. Aber schon der Nachbar, der Nächste im Sinne des räumlichen Nebeneinanders kann dieser Fremde sein." (ebd.: 116)

Beul verweist in diesem Zusammenhang in einer Anmerkung auf die Substantivierungen. Als Verkürzung von *der vremede man/ritter/knecht* sei die maskuline Form zu finden, während die feminine Form in dieser Bedeutung außerordentlich selten gebraucht werde, da *diu vremde, vremede* (vom Wortbildungstyp *hart-Härte, kalt-Kälte*) semantisch anders besetzt sei (vgl. ebd.: 295).

Die Verfasserin geht dann mit einer Belegstelle, in der von einem *fremden Stein* die Rede ist, über zu einer Aussage, die sowohl für Personen als auch Dinge Gültigkeit haben soll:

> „[...] in der Sicht des sprechenden Ich ist 'fremd' das 'dem eigenen Ungleiche', das je andere. Daraus wird leicht übertragen: das 'dem anderen Zugehörige'. Wenn 'vremede' in diesem Sinn gebraucht wird, bedeutet es durchaus nicht etwas Unbekanntes, sondern etwas Bekanntes, das zu einem anderen gehört oder von einem anderen ausgeht." (ebd.: 116)

Nach einer Reihe von Belegstellen, in denen sich *fremd* sowohl auf Dinge, Geschehnisse als auch Personen bezieht, interpretiert Beul die Reaktion auf „das Fremde", womit sie wohl auch fremde Personen meint. Während *das Fremde* als das (bekannte) Andere nicht bewertet werde, sehe es anders aus, wenn das, was anders ist, zugleich unbekannt ist:

> „Dann ist das Fremde zugleich das Unsichere, das erst durch Erkennen in Bekanntes = Sicheres umgewandelt werden kann. In der Reaktion auf das Ungewisse gibt es Unterschiede, und erst aus dem Kontext läßt sich ablesen, ob 'vremede' positive oder negative Reaktionen evoziert." (ebd.: 118)

Positive Reaktionen löst z. B. die interessante feste Verbindung mit *maere* aus. Neben der Bedeutung 'Neuigkeiten' könne *vremeden maeren* auch für Berichte über Außergewöhnliches, Unerhörtes stehen und darüber hinaus gar eine Umschreibung für Lügengeschichten sein (vgl. ebd.: 121).

Dem Substantiv *die Fremde* (vom Typ *fern – Ferne*) könne stärker als dem Adjektiv die Vorstellung von räumlicher Distanz innewohnen (vgl. ebd.: 212). Aber so wie *Heimat* an personale Beziehungen gebunden sei, könne auch *die Fremde* nur für psychische Distanzierung stehen:

> „'Heimat' ist nicht ein Ort an sich, sondern der Ort, an dem Freunde und Angehörige leben. Schon hier hat 'vremede' einen im wesentlichen personalen Bezug. Das schließt ein, daß 'vremede' vollkommen unabhängig von räumlicher Distanz eintreten kann. Das Wort bezeichnet dann nicht physische Distanz, sondern psychische Distanzierung. Allerdings wird gelegentlich die erstere zum Ausdruck der letzteren." (ebd.: 214)

Für das Verb *vremeden* verweist Beul darauf, daß es für das Mittelhochdeutsche nicht im Hinblick auf Sachen, sondern nur auf zwischenmenschliche Beziehungen belegt sei. Es stehe für ein Verhalten, welches anzeige, daß eine bisher harmonische Liebesbeziehung oder ein freundschaftliches Verhältnis durch eine Wandlung der inneren Disposition gestört sei (vgl. ebd.: 220, 233). Dagegen bezeichne *entvremeden* u. a. das Wirken einer dritten Person, das auf eine solche Störung abziele (vgl. ebd.: 233). Es könne zudem die Bedeutung 'jmd. etwas wegnehmen' haben (vgl. ebd.: 235).

Beuls ursprünglicher Plan war die Erstellung einer Begriffsgeschichte von *entfremden/ Entfremdung* und *verfremden/Verfremdung*. Die vorliegende Arbeit sei hierzu als Vorstudie aufzufassen. Ganz am Schluß ihrer Arbeit kommt sie dann zum Substantiv *vremdunge*, das die Diskrepanz abdecke zwischen der Realität, die ein Sprecher vorfinde und dem idealen Zustand, den er konzipiere (vgl. ebd.: 241).

Kommentar: In der Arbeit Beuls wird immer wieder auf den im Vordergrund stehenden Bedeutungsaspekt 'Zugehörigkeit' verwiesen. Geht man über ihren rein textinterpretatorischen Ansatz hinaus, so werden die Bedeutungsaspekte von *fremd* noch verständlicher. Wie bereits erwähnt, läßt sich *fremd* auf ein räumliches Lexem zurückführen. Für das rekonstruierte germanische Wort **fram*, das sich auf eine Variante von indoeuropäisch **per* zurückführen läßt, wird die Bedeutung 'entfernt', 'fern' (Pfeifer 1993: 373) bzw. 'fern von', 'weg von' (Kluge 1995: 285) angenommen. Dieser räumliche Aspekt ist auch in den hier behandelten Sprachstufen nicht nur im Substantiv *die Fremde* noch gegenwärtig. Die enge Verbindung von Räumlichkeit und Zugehörigkeit, wie sie in *fremd* tradiert wird, kann auch im Zusammenhang gesehen werden mit einer Raum- und Zeitauffassung, die von unserer heutigen gänzlich verschieden ist. Für Gurjewitsch (1986) (dessen Ansatz an die Episteme Foucaults erinnert) sind Raum und Zeit zwei der „Kategorien des Weltmodells", die für den mittelalterlichen Menschen gänzlich anders ausgeprägt sind als für den neuzeitlichen. Im Mittelalter sei kein abstrakter Raumbegriff vorhanden und der uns selbstverständlich erscheinende Gegensatz „Mensch – natürliche Umwelt" sei unbekannt. Der Mensch sehe sich als Teil seiner natürlichen Umwelt; die anthropomorphen Maßeinheiten „Fuß", „Elle", „Spanne", „Morgen" überliefern diese Verbundenheit. Räume seien nicht neutral, sondern emotional und wertmäßig durchdrungen, sie könnten gut oder böse, günstig, gefährlich oder feindselig sein. Die enge Verbundenheit des Menschen und seiner Familie oder Sippe mit dem bearbeiteten und bewohnten Land führe zu einer Übertragung der menschlichen Eigenschaften auf den Boden.[13] Sie spiegele sich z. B. in der Übertragung der Namen der Bewohner auf den Hof und umgekehrt.

> „Die räumlichen Vorstellungen im Mittelalter sind untrennbar von der Erkenntnis der Natur, zu der sich der Mensch in spezifischen, intimen Beziehungen befand und der er sich noch nicht ganz klar gegenüberzustellen vermochte. Indem er der Natur die eigenen Merkmale und Eigenschaften übertrug, wähnte er gleichzeitig auch sich selbst ihr in allem ähnlich. Der Mensch fühlt seine innere Verbindung mit einem bestimmten Teil des Raumes, welcher sich in seinem Besitz befand und seine Heimat bildete." (Gurjewitsch 1986: 77)

Diese Reflexionen zur Raumauffassung machen die von Beul für das Alt- und Mittelhochdeutsche beschriebene vorrangige Bedeutung 'Zugehörigkeit' verständlich: Das, was nicht hier ist (bzw. nicht von hier stammt), würde demnach primär nicht als räumlich Distanziertes aufgefaßt, sondern eher als das, was nicht zu diesem Ort und der ihn bewohnenden Gemeinschaft gehört. Sprachlich zeigt sich diese Verbindung von Örtlichkeit und Zugehörigkeit zum einen noch deutlich in dem *fremd* gegenüberstehenden Wort *Zuhause*. Der örtliche Ursprung ist hier noch genau zu erkennen (Haus), die Bedeutung geht jedoch ebenso wie bei *fremd* dahingehend über diese Örtlichkeit hinaus, als *Zuhause* durch Zugehörigkeit, Vertrautheit usw. bestimmt wird. Und natürlich hat auch *Heimat* etymologisch eine rein räumliche Bedeutung. Das *Heim* ist gotisch *haims* 'Dorf', althochdeutsch und mittelhochdeutsch *heim* 'Wohnsitz', 'Haus'.

Die Verschiebungen vom Physischen zum Psychischen und vom objektiv Beobachtbaren zum subjektiv Wahrnehmbaren, die hier beobachtet werden können, bestätigen sich damit wieder als allgemeine Tendenzen des lexikalischen Wandels.[14] Räumlich und damit physisch Entferntes wird zu psychisch Entferntem, zu dem was einem eben nicht *nahesteht*. Des weiteren kann das, was entfernt ist und also nicht dazugehört, auch die Qualität der Unvertrautheit und Unbekanntheit besitzen. Diese Bedeutungsentwicklung (genauer gesagt: das Hinzutreten dieser weiteren Bedeutung) ließe sich als eine mögliche Art der „Metonymisierung" beschreiben.[15] Das Nicht-Zugehörige hat oft die Qualität des Unvertrauten und so kann dieser „Teil des Ganzen" zu einer eigenen Bedeutung werden.

Das germanische Wort *fram* war ein deiktischer Ausdruck. Dies besagt, daß sich das Wort auf die Person-Raum-Zeitstruktur der jeweiligen Äußerungssituation bezieht. Ein

---

[13] Nach Gurjewitsch verweise gar eine „ursprüngliche Bedeutung" von „eigen" auf diese Verbundenheit, indem es „ursprünglich nicht das Eigentum an Gegenständen bezeichnete, sondern die Zugehörigkeit des Menschen zu einem Kollektiv, und danach erst auf den Besitz erweitert wurde. (Gurjewitsch 1986: 47). Hier könnte eine sozialistische Gesinnung dazu geführt haben, die Wortgeschichte ein wenig umzuschreiben. Etymologische Wörterbücher verzeichnen alle die Entstehung aus einem gemeingermanischen Verb *eigan* = 'besitzen'.
[14] Interessanterweise scheint die Bedeutungsentwicklung des Verbs *wohnen* aber in ihrer Verschiebungsrichtung eine Ausnahme darzustellen. Bei diesem Wort ging die Bedeutungsentwicklung von einer affektiven Bedeutung (als Ausgangsbedeutung wird 'lieben', 'schätzen' angenommen) zu einer räumlichen Bedeutung. *Wohnen* bekam seine heutige Bedeutung 'seinen Wohnsitz haben' über die althochdeutsche Bedeutung 'sich aufhalten', 'bleiben', 'gewohnt sein'. Man bleibt an einem Ort, den man liebt, an dem man zufrieden ist, sich wohl fühlt, den man eben (in heutiger Bedeutung) gewohnt ist. Daher ist auch heute noch ein Ort, der *wohnlich* ist, ein Ort, an dem man sich gerne aufhält.
[15] Für diesen Hinweis danke ich Richard Waltereit.

fernes Land ist also immer nur vom Ort der Äußerung aus gesehen *fern* und *entfernt*. Es stellt sich daher die Frage, was im Laufe des Bedeutungswandels aus diesem deiktischen (d. h. verweisenden) Potential geworden ist. Die Vermutung liegt nahe, daß das Adjektiv *fremd* bis heute einen Teil dieses deiktischen Potentials bewahrt hat und daß hiermit die immer wieder betonte Relativität von *fremd* zu erklären ist. Nimmt man nämlich zum Problem der sprachlichen Deixis auch die diachrone (d. h. die historische) Dimension in den Blick, so wird eine systematische Trennung von Symbolfeld der Sprache auf der einen Seite und Zeigefeld der Sprache auf der anderen Seite unplausibel (vgl. Bühler 1934). Vielleicht ließe sich die Semantik vieler Lexeme – insbesondere der Adjektive – adäquater beschreiben, wenn man deiktische Potentiale in Betracht zieht.

4. Annäherung an ein Adjektiv

Kaum ein Artikel zum Thema „Xenologie" beginnt nicht mit Aussagen zur Semantik von *fremd*. Diese (nicht immer linguistisch fundierten) Ausführungen scheinen mittlerweile den Status eines Topos zu besitzen. Immer wieder wird dort auf die Relativität oder Relationalität dieses Adjektivs verwiesen. Beim Versuch, diese näher zu beschreiben, werden dann häufig die verschiedenen sprachlichen Ebenen nicht klar geschieden.[16] Oberste Prämisse ist natürlich zunächst die systematische Trennung von Sprache und außersprachlicher Wirklichkeit.

Fremd ist ein Wort der Wortart „Adjektiv" – und damit ist bereits ein Bedeutungsaspekt gegeben, nämlich die kategorielle Bedeutung. Mit Adjektiven werden Eigenschaften zugeschrieben, außersprachliche Erscheinungen werden sprachlich als Eigenschaften gefaßt. Es ist daher nicht richtig, zu sagen, man könne mit Adjektiven auf Eigenschaften referieren: Die Sprache erst faßt außersprachliche Phänomene als Eigenschaften (vgl. Bickes 1984: 11, Goes 1993: 12).

In diesem Kapitel soll die Semantik des deutschen gegenwartssprachlichen Adjektivs *fremd* untersucht werden. Dies geschieht zunächst über eine Analyse von Wörterbucheinträgen. Diese Einträge werden in einem Modell zusammengefaßt, um eine strukturelle Vorstellung von den in den Wörterbüchern unterschiedenen Bedeutungen zu bekommen. Anschließend werden die in der Adjektivdiskussion kursierenden Klassifikationen im Hinblick auf ihre Aussagekraft zur Semantik von *fremd* diskutiert. Dabei wird sich zeigen – soviel sei an dieser Stelle schon gesagt –, daß die diffuse Redeweise von einer Relativität oder Relationalität dieses Adjektivs nicht allein ein Problem von Nicht-Linguisten ist. Eine systematische Darstellung möglicher Relativitäten und Relationalitäten und ihrer Abhängigkeiten untereinander scheint in der Adjektivforschung noch auszustehen.

---

[16] So schreiben z. B. Münkler / Ladwig (1997: 14), daß es „Fremdheit" nicht unabhängig von der „sprachlichen Bezugnahme auf Fremdheit" gäbe, daß sich Fremdheit insofern von „Baum" unterscheide, und daß dies „am grundsätzlich relationalen Charakter von Fremdheit" liege. Referierten wir dagegen auf einen Baum, so die Verfasser, unterstellten wir eine „äußere Faktizität". Hier liegt natürlich die Frage nahe, wie es sich denn wohl mit dem „Baum der Erkenntnis" oder auch mit den „Stammbäumen" verhält. Die Frage nach einer „äußeren Faktizität" ist eine Frage nach der außersprachlichen Wirklichkeit. Derlei Fragen müssen in jedem Fall konsequent von semantischen Fragestellungen getrennt bleiben.

4.1. Wörterbucheinträge

Anders als in einer Fremdsprache, wo bereits das Verstehen eines Wortes große Schwierigkeiten bereiten kann, werden Worte in der Muttersprache in der Regel auch dann gut verstanden, wenn eine Umschreibung oder Paraphrasierung der Bedeutung schwer fällt. Hier deutet sich vermutlich der Übergang vom technischen Wissen, als das Coseriu die Sprachkompetenz bezeichnet, zum reflexiven Wissen, das den Linguisten zu eigen ist, an. Diese Annäherung an das Adjektiv geschieht also zum einen vor dem Hintergrund einer Erfahrung der verschiedenen Gebrauchsweisen und damit eines intuitiven Wissens um die möglichen Gebrauchs- oder Verwendungsweisen. Da die erste Reaktion auf die Frage *Was heißt eigentlich x?* natürlich ein Blick in ein Wörterbuch ist (dieser Blick in ein Wörterbuch der eigenen Muttersprache ist ein erster Schritt zum reflexiven Wissen), geschieht diese Annäherung außerdem vor dem Hintergrund der Kenntnis der verschiedenen Wörterbuchartikel.

Bereits im Grimmschen Wörterbuch werden zwei Hauptvorstellungen unterschieden, deren geschichtlicher Zusammenhang im vorangehenden Kapitel angesprochen wurde. Unterschieden werden das 'fernher sein' und das 'nicht eigen sein, nicht angehören' (Grimm 1878, Bd. 4: 125). Zur Dokumentation seien zunächst die Bedeutungsangaben der gegenwartssprachlichen Wörterbücher unkommentiert wiedergegeben.

Klappenbach / Steinitz (1967): Wörterbuch der deutschen Gegenwartssprache
fremd, Adj.
1. /nur attr./ *einem anderen Land, Volk, Ort, einer anderen Gegend angehörend, aus einem anderen Land, Volk, Ort, einer anderen Gegend stammend*
2. /nur attr./ *nicht sein eigen* a.) *einem anderen gehörend, einen anderen angehend, anderer Leute*
b.) unter fremden (*angenommenem*) Namen schreiben
3. *nicht bekannt, nicht vertraut,*
4. nicht zu etw., jmdm. passend, nicht in etwas gehörig

Wahrig (1981): Deutsches Wörterbuch
fremd (Adj.)
1. (24/60) *aus einem anderen Land, einer anderen Stadt, aus einem anderen Volk, einer anderen Familie stammend*
2. (24/60) *einem anderen gehörend, einen anderen betreffend*; →a.*eigen (1)*
3. *unbekannt, ungewohnt, unvertraut,*
3.1 *andersartig, fremdartig, seltsam*

Duden (1993)
fremd (Adj.; -er, -este)
1. *nicht dem eigenen Land oder Volk angehörend, von anderer Herkunft*
2. *einem anderen gehörend, nicht die eigene Person, den eigenen Besitz betreffend*
3. a.) *unbekannt, nicht vertraut*
b.) ungewohnt; nicht zu der Vorstellung, die man von jmdm., etw. hat, passend; andersgeartet

Paul (1992)
fremd
1. >einem anderen Land, Ort, Haus angehörig<
2. >nicht befreundet oder vertraut<
3. >unbekannt<
(in der älteren Sprache auch oft >ungewöhnlich, seltsam<

Langenscheidts Großwörterbuch Deutsch als Fremdsprache (1993)
fremd, *fremder, fremdest-; Adj.*
1. *mst attr*; zu e-m anderen Land od. Volk als dem eigenen gehörend

2. *(j-m) f.* (j-m) von früher her nicht bekannt
3. nicht der Vorstellung, Erinnerung entsprechend, die man von j-m/etw. hat
4. auf e-e andere Person bezogen od. zu ihr gehörend →eigen
5. *j-m f. werden,* sich so verändern, daß kein Interesse od. keine herzliche Beziehung mehr vorhanden ist

Humboldt-Bedeutungswörterbuch (1992)
fremd (Adj.):
1. *nicht bekannt, nicht vertraut*
sinnv.; andersartig, fremdartig, anders geartet, neu, unbekannt, ungeläufig, ungewöhnlich. Zus.: wildfremd
2. *von anderer Herkunft,* sinnv: ausländisch, von außerhalb, auswärtig, von auswärts, exotisch, fremdländisch, orientalisch, Zus.: landes-, ortsfremd
3. *einem anderen gehörend, einen anderen betreffend*
4. nicht zu der Vorstellung, die man von jmdm/etw. hat, passend, sinnv.: anders, neu, ungewohnt

In der Einleitung wurde auf die von Weinrich und Wierlacher gegebene Definition von Fremdheit als „Interpretament der Andersheit" verwiesen. Diese Definition kann als Modell dienen, die Einträge der ersten drei „großen" Wörterbücher zusammenzufassen. In ihren ersten beiden Einträgen werden Personen oder Orte – die hier „Bezugspunkte" genannt werden sollen – aufgeführt, die jeweils als „andere" charakterisiert werden. Zu diesen Bezugspunkten werden verschiedene Relationen – die hier auch Interpretamente genannt werden – benannt, so z. B. „angehörend", „stammend", „gehörend" usw. Die Einträge 3 und 4 scheinen nicht in dieses Modell zu passen:

1. Eintrag: Interpretament oder Relation (angehörend, stammend, Herkunft) zu Bezugspunkt (Land, Volk, Ort, Gegend, Stadt, Familie), der ein anderer ist.
2. Eintrag: Interpretament oder Relation (gehörend, angehend, besitzend, betreffend) zu Bezugspunkt (einem, Leute, Person), der ein anderer ist.
3. Eintrag: nicht bekannt, nicht vertraut, unbekannt, unvertraut, ungewohnt, andersgeartet
4. Eintrag: nicht zu etw., jemandem passend, andersartig, fremdartig, seltsam.

Die Ähnlichkeit der Einträge sowohl in ihrer Unterscheidung der Bedeutungen als auch in ihrer Reihenfolge ist weder nur zufällig noch nur auf Faulheit zurückzuführen. Hier zeigt sich einerseits ein grundlegendes Phänomen sprachlicher Bedeutungen, das mit dem bildlichen Ausdruck „Palimpsest"[17] sehr schön erfaßt werden kann, und andererseits eine darin liegende Falle für die Lexikographie.

Die Abfolge der Bedeutungsunterscheidungen spiegelt die Bedeutungsentwicklungen wieder, wobei die jeweils ältere Bedeutung weiterexistierte. Diese diachrone Perspektive wird im Wörterbuch von Paul explizit zur Begründung der Einträge herangezogen. Die oben gegebenen Ausführungen im Anschluß an die Arbeit von Beul werden mit dem Eintrag im Paul sehr schön bestätigt. Das, was entfernt ist und daher nicht dazugehört, kann außerdem nicht vertraut sein, es kann gar unbekannt sein, oder, in einem noch weiteren Schritt, gar abweichend vom Gewohnten, Normalen als merkwürdig oder seltsam empfunden werden. Diese Eigenschaften oder Interpretationen, die das Nicht-Eigene haben bzw. erfahren kann, sind zu

---

[17] „Wenn wir den Mund aufmachen, reden stillschweigend immer schon 10000 Tote mit, wie Hofmannsthal sagte. [...] Jedes Wort ist in seiner wesenhaften Mehrdeutigkeit – ein Blick ins Grimmsche Wörterbuch genügt – ein Palimpsest, erzählt, meist unbemerkt und in aller Stille, zwischen seinen Silben eine kleine Geschichte, 'petites mémoires involuntaires'." (Wohlfart 1995: 114)

Bedeutungen des Lexems *fremd* geworden. Daß diese Bedeutungen synchron nebeneinander existieren, zeigt sich daran, daß Fremdes als Nicht-Eigenes nicht notwendig unvertraut oder gar unbekannt sein muß, und daß auf der anderen Seite auch das Unbekannte, Unvertraute dann als *fremd* bezeichnet werden kann, wenn es das Eigene ist. Ein gegenwartssprachliches Wörterbuch darf die synchrone und die diachrone Perspektive jedoch auf keinen Fall miteinander vermengen. Da sprachgeschichtlich ältere Bedeutungen (wie der räumliche Aspekt bei *fremd*) aber durchaus neben den neuen weiter existieren können – und dies ist bildlich gesprochen der sprachliche Palimpsest –, liegt die Versuchung nahe, diachrone Aspekte in eine synchrone Darstellung einzubringen. Auch wenn geschichtlich frühere Bedeutungen weiterexistieren, kann eine gegenwärtige Hauptbedeutung eine andere sein. So führt das Humboldt-Bedeutungswörterbuch die Bedeutung 'nicht bekannt', 'nicht vertraut' an erster Stelle auf und erst dann schließen sich die beiden anderen Bedeutungen an.

Ein wichtiger Aspekt zur deiktischen (verweisenden) Komponente von *fremd* wird durch die oben gegebene Zusammenfassung der Wörterbucheinträge bereits deutlich. Ebenso wie *hier* und *dort* im Deutschen in ihrer Ausdehnung völlig unbestimmt sind, zeigt sich bei der Auflistung möglicher Bezugspunkte (Land, Volk, Ort, Gegend, Stadt, Familie) der jeweils konkret zu bestimmende Umfang des Bezugspunktes. So kann z. B. das, was soeben noch als *dort* bezeichnet wurde, ohne Ortsveränderung des Sprechers als *hier* bezeichnet werden. Klein (1978: 30) gibt dazu das Beispiel *Hier sitzt man bequemer als dort. Aber überhaupt ist hier zu schlecht geheizt.* Die Parallelität von *fremd* zu *dort* im Hinblick auf diese Unbestimmtheit zeigt sich besonders schön in einem Beleg aus dem Grimm-Wörterbucharchiv, in dem *hiesig* dem Adjektiv *fremd* – das hier quasi als Ersatz für *dortig* oder das außer Gebrauch gekommene *dasig* anzusehen ist – antonymisch gegenübersteht.[18]

> g 1922
> Könnt's glauben, was hier zu Kramen gekommen ist seit dem Bittfahrtstag her, <u>fremde</u> Bauersleut und auch <u>hiesige</u>, das redet nichts anderes mehr als Schreckzeichen Gottes und Zorn und Gericht, daß es einem kann angst und bang dabei werden.
> Lulu v. Strausz u. Torney: D. jüngste Tag, 1922, S. 109.

Die Grenzen von *hier* und *hiesig* werden durch den Kontext bestimmt als die Grenzen des Ortes Kramen. Jenseits dieser Grenze liegt das *dort* bzw. *fremde*. So wie sich *hier* aber auch auf Europa oder gar diese Welt beziehen kann, kann der Umfang des Bezugspunktes auch sehr viel größer sein. Dies zeigt ein Beleg, in dem *heimisch* dem Adjektiv *fremd* antonymisch gegenübersteht:

> g 1901
> Auch die Kunst lernten sie (die Araber) von den Griechen und Persern; den <u>fremden</u> Meistern zu Anfang folgten später <u>heimische</u>.
> Th. Lindner: Geschichtsphilosophie 1901, S. 91.

Aus der Verbindung von Räumlichkeit und Zugehörigkeit resultiert auch die Unbestimmtheit des Bezugspunktes hinsichtlich Örtlichkeit (Land, Ort, Gegend) oder Gemeinschaft bzw. Person (Volk, Familie, einem, Leute). Anders als im Bühlerschen Modell der Origo, wo *ich*

---

[18] Die Belege aus dem Göttinger Archiv wurden mit einem kleinen „g" versehen. Belege ohne „g" stammen aus dem Berliner Archiv. Die Jahreszahlen wurden vorangestellt, um eine schnelle zeitliche Einordnung zu erleichtern. Die Belegnachweise wurden unverändert übernommen. In jedem Beleg wurden Wörter oder Phrasen gesucht und kenntlich gemacht, die *fremd* im jeweiligen Kontext antonymisch gegenüberstehen (= doppelte Unterstreichung) oder synonymisch zur Seite stehen (= Kursivschreibung).

und *hier* für die voneinander trennbaren Arten der personalen und lokalen Deixis stehen, bleibt auch die Art des Bezugspunktes von *fremd* unbestimmt, kann nur im Kontext näher bestimmt werden und zeigt meistens eine Verbindung beider Aspekte mit jedoch unterschiedlicher Gewichtung. Während also zum einen ein *hiesig* oder auch *heimisch* als Antonym stärker auf die lokale Bedeutungskomponente und Zeigart von *fremd* verweist, belegen die *fremd* antonymisch gegenüberstehenden Possessiva die personale Komponente und Zeigart. Hierzu zwei Belege:

g 1951
Sie sprang auf und lief ans Fenster, aber es waren nicht seine Schritte, die sich da auf dem Kiesweg näherten. Es waren fremde Schritte, die sie *nicht kannte*.
H. W. Richter: Sie fielen, 1951, S. 243.

g 1968
..., mit dem Schlüssel soll man also seine Sachen absperren, alle Laden und Schränke der Zöglinge haben ein Schloß, zu denen der Schlüssel paßt, aber da passen auch manche fremde Schlüssel, und das ist schlecht, weil viel im Kasten geklaut wird, doch hat man seinen Schlüssel verloren, dann geht man in die Kanzlei, wo einem der Buchhalter einen neuen gibt, und er schreibt es auf die Rechnung.
Adler: Panorama, 1968, S. 134.

In den Wörterbucheinträgen werden die Aspekte Räumlichkeit und Personalität zum Anlaß genommen, zwei Varianten zu unterscheiden, nämlich die erste und die zweite. Jedoch zeigen nicht nur die Bezugspunkte (im ersten Eintrag werden neben *Land, Ort, Gegend* auch *Volk* und *Familie* genannt, im zweiten *einem anderen, nicht die eigene Person*) sondern auch die Relationen in beiden Varianten (neben der *Herkunft* wird die Relation *angehörend* in der ersten Variante aufgeführt und *gehörend* in der zweiten) eine sehr große Nähe zueinander. Daher werden in folgendem Modell die ersten beiden Varianten zusammengefaßt. Neben der strukturellen Ähnlichkeit der ersten beiden Varianten soll dieses Modell auch zeigen, daß die Differenz zwischen den ersten beiden Varianten und der dritten Variante – zumindest strukturell – nur oberflächlich betrachtet groß ist. Bei den ersten beiden Varianten verweist der Bezugspunkt dadurch, daß er „ein anderer ist" quasi spiegelbildlich auf ein Relatum, und zwar in gleicher Weise, wie jedes *du* implizit auf ein *ich* verweist. In der dritten Variante geschieht dieser Verweis nicht spiegelbildlich, sondern direkt, d. h. *fremd* in der Bedeutung 'unbekannt' usw. ist etwas oder jemand immer jemandem, zum Beispiel einem *ich*. Dieses Relatum kann auch in Form einer Dativergänzung explizit gemacht werden: *Dieser Mann ist mir fremd*. Während also in den ersten beiden Varianten der Bezugspunkt gewissermaßen eine Negation dadurch erfährt, daß er „ein anderer ist", wird in der dritten Variante das Interpretament durch ein vorangestelltes „nicht" oder „un-" negiert. Die Summe – bildlich gesehen – bleibt durch diesen Vorzeichentausch die gleiche. Nun kann natürlich auch mit diesem Vorzeichentausch experimentiert werden. Könnte man etwa auch sagen, daß z. B. eine *fremde Sprache* 'eine Sprache ist, die einem anderen Volk vertraut oder bekannt ist'? Schon diese Formulierung zeigt, daß zwischen den ersten beiden und der dritten Variante ein Perspektivenunterschied besteht: Ob eine Sprache einem anderen Volk vertraut ist, kann nur derjenige sagen, der das Verhältnis dieses Volkes zu dieser Sprache kennt. Auf jeden Fall macht diese Formulierung das Bedeutungskontinuum, in das die Grenzen der Variantenbereiche hineingeschrieben werden, spürbar. Denn die durchaus vorhandene Differenz zwischen den Interpretamenten der ersten beiden Varianten (Zugehörigkeit im weiteren Sinne) und der dritten Variante (kognitiver Bereich) wird durch die Verknüpfung mit einem je anders „gepolten" Bezugspunkt zu einem fließenden Übergang.

Wenn im folgenden der Versuch unternommen wird, die kursierenden Adjektivklassifizierungen auf ihre Aussagefähigkeit zur Semantik von *fremd* zu beleuchten, so soll dabei das Lexem *fremd* nicht als eine Einheit behandelt werden, sondern die vier in den Wörterbüchern unterschiedenen Varianten die Einheiten darstellen.[19] Bereits die Hinweise in Klappenbach / Steinitz zur ausschließlich attributiven Verwendung von *fremd* mit den ersten beiden Bedeutungen zeigt an, daß sich die Varianten z. B. auch syntaktisch anders verhalten.

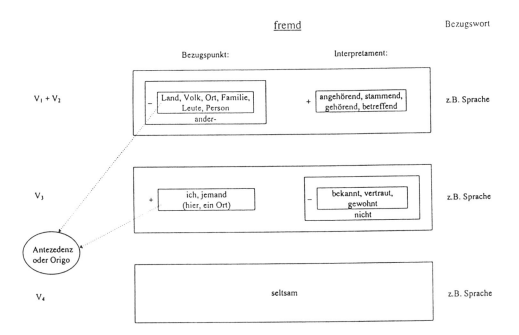

---

[19] Nicht nur für die Hilfe bei der technischen Realisierung der Modelle danke ich ganz herzlich Hiltrud Schweitzer. Sie wird das Maß des Dankes, das ich ihr für die Unterstützung bei der Erstellung dieser Studie schulde, selbst am besten einzuschätzen wissen.

4.2. Adjektivklassifikationen

Welche Klassifikationen von Adjektiven gibt es in der Literatur und wie läßt sich *fremd* jeweils einordnen? Jede dieser kursierenden Unterscheidungsversuche wirft neue Fragen und Zweifel auf. Hier soll es nicht um diese grundsätzlichen linguistischen Diskussionen selbst gehen, sondern um den Versuch, diese Unterscheidungen und die hinter ihnen stehenden Reflexionen zur Funktionsweise von Adjektiven nutzbar zu machen, um zu Aussagen über die spezifische Semantik von *fremd* zu gelangen.

4.2.1. Absolut vs. relativ

Zunächst sei auf die wohl meistdiskutierte Unterscheidung von absoluten vs. relativen Adjektiven hingewiesen. Während absolute Adjektive den benannten Gegenständen Eigenschaften zuordneten, die ihnen an sich zukommen (Farben, Formen, Materialität), drückten relative Adjektive Qualitäten aus, die dem bezeichneten Gegenstand nur in bezug auf andere Gegenstände zukommen. Besonderes Interesse finden hier als eine Gruppe der relativen Adjektive die Dimensionsadjektive (vgl. Bierwisch / Lang 1987). Eine *kleine Maus* wäre also eine Maus, die für Mäuse klein ist. Die Frage ist, ob hier implizit eine Norm oder ein Durchschnitt zugrunde liegt, der für die betreffenden Gegenstände gilt. Diese Überlegung hilft bei der Erfassung der immer wieder betonten Relativität bzw. Relationalität von *fremd* zumindest für die ersten drei Bedeutungen kaum weiter. Die Frage, ob ein fremdes Land fremder als ein fremder Mann ist, wäre genauso unsinnig wie die Frage, ob ein schönes Land schöner als ein schöner Mann ist, während klar ist, daß sogar ein kleines Land größer als ein großer Mann ist. Sicherlich ist *fremd* jedoch keine Eigenschaft, die einem Gegenstand an sich zukommt; es gibt keine Klasse aller fremden Gegenstände. Insofern ist *fremd* zumindest in den ersten drei Varianten relativ, jedoch auf eine andere Art als *klein* und auch *schön*.

Interessant an dieser Diskussion über die Dimensionsadjektive für die Semantik von *fremd* ist jedoch der Hinweis von Weydt / Schlieben-Lange (1995: 733), daß *fern* (und damit auch *nah*) im Gegensatz zu *lang*, *kurz* usw. ein Distanzadjektiv sei. „Distanz" verweist in diesem Fall auf die Entfernung vom Sprecher aus (wenn der Bezugspunkt nicht anderweitig explizit gemacht ist).[20] *Ferne Länder* sind immer nur von einem bestimmten Standpunkt aus fern. Man mag einwenden, daß doch auch *gut*, *lecker*, *schön* usw. immer nur für den jeweiligen Sprecher gelten. Jedoch ist leicht zu erkennen, daß die Bedingung für eine intersubjektive Gültigkeit von *nah* und *fern* von einer ganz anderen Art ist. Eine notwendige Bedingung ist nämlich der Aufenthalt am identischen Ort.

4.2.2. Semantisch-qualitativ vs. semantisch-relativ

Nach Admoni (1982: 142f) werden semantisch-qualitative und semantisch-relative Adjektive unterschieden. Qualitative Adjektive bezeichnen dieser Unterscheidung zufolge eine den Dingen innewohnende Eigenschaft, während relative Adjektive das Verhältnis des durch das

---

[20] Auch hier wäre vermutlich eine Relativität im gerade genannten Sinne vorhanden, da das, was Ameisen gemeinhin als nah empfinden, sicherlich einer anderen Größenordnung entspricht, als das, was eine Stewardeß als nah bezeichnen würde.

Beziehungswort bezeichneten Dinges zu einem anderen Ding angeben.[21] *Gut, klug, heilbar, blau, hoch* wären demnach qualitative Adjektive, und *hiesig, politisch, väterlich, deutsch, gestrig* wären relative Adjektive. Diese Unterscheidung wird sowohl von Helbig / Buscha (1984: 309) als auch von Eisenberg übernommen, wobei Eisenberg (1986: 231) den Terminus „relativ" durch „relational" ersetzt. Nach Sommerfeldt / Schreiber (1977: 13) seien semantisch-relative Adjektive nicht komparierbar und könnten nur attributiv verwendet werden.[22]

Zunächst zur Unterscheidung „Eigenschaft" vs. „Beziehung", wobei die Formulierung „innewohnend" nicht weiter diskutiert werden soll. Während die dritte Variante 'unvertraut', 'unbekannt' und auch die vierte Variante 'seltsam' als Eigenschaften zu fassen wären, drücken die ersten beiden Varianten eine Beziehung aus. Diese Beziehung ist jedoch von anderer Art, als die hier beispielhaft angeführten. Die spezielle Art der Beziehung wird durch die Beispiele, die der Duden zu den von ihm so genannten „relationalen" Adjektiven gibt, deutlich. Der Duden (Bd. 4, 1995: 254) unterscheidet „u. a." vier Bedeutungsgruppen nach Eigenschaftstypen: 1. sensorische (= mit den Sinnen erfaßbare) Eigenschaften, 2. qualifizierende (= bewertende) Eigenschaften, 3. relationale (= eine Zugehörigkeit bezeichnende) Eigenschaften, 4. klassifizierende (= eine Klasse bzw. einen Typus bezeichnende) Eigenschaften.

Die Beispiele des Dudens zu den relationalen Eigenschaften kommen aus den Bereichen der Geographie (*afrikanisch, asiatisch, kontinental*), des Staates, des Volkes, der Sprache (*englisch, französisch, spanisch*) und der Religion (*katholisch, evangelisch, islamisch*). Obwohl der Duden keine Erläuterungen zu dieser Typenunterscheidung gibt, ist bei diesem Typ (zusammen mit dem Typ der klassifizierenden Eigenschaften) eine Nähe zur Gruppe der „semantisch-relativen Adjektive" nach Admoni erkennbar. Während nun in dem Ausdruck *ein afrikanisches Kind* durch das Adjektiv die Beziehung oder Zugehörigkeit eines Kindes zu Afrika ausgedrückt wird, wird in dem Ausdruck *ein fremdes Kind* (in den ersten beiden Bedeutungen) ebenfalls eine Beziehung oder Zugehörigkeit ausgedrückt, die jedoch nicht positiv gefaßt und explizit gemacht wird, sondern vielmehr negativ, und zwar im Hinblick auf andere Beziehungen oder Zugehörigkeiten. Nun ist dieser negierende Aspekt auch in einem Adjektiv wie *außereuropäisch* vorhanden. Das Besondere an *fremd* ist, daß auch die negierte oder gegenüberstehende Zugehörigkeit unbestimmt bleibt. Denn auch mit *eigen*, das ja zumindest in der zweiten Variante *fremd* antonymisch gegenübersteht, wird eine Zugehörigkeit zu etwas ausgedrückt, das anders als bei *europäisch* im Adjektiv *außereuropäisch* nicht im Lexem selbst benannt wird.

An diesem Punkt der Analyse trifft man auf die weitergehende und auf einer anderen Ebene gelagerte Relationalität von *fremd* und *eigen*, die eingangs als deiktische bezeichnet

---

[21] Die Gegenüberstellung „Eigenschaft" vs. „Beziehung" scheint der Aussage zu widersprechen, daß alle Adjektive die kategorielle Bedeutung „Eigenschaft" tragen. Die Formulierung des Dudens („relationale Eigenschaft") macht deutlich, daß diese Unterscheidung Admonis nur auf einer anderen Ebene liegt und daß das Wort „Eigenschaft" damit gewissermaßen doppelt besetzt wird.

[22] Genaugenommen unterscheidet Admoni in der hier angeführten vierten Auflage seines Buches die „semantisch-relativen" Adjektive noch von den „etymologisch-relativen". Diese beiden Arten werden von den oben genannten Autoren nicht unterschieden. Hentschel / Weydt (1990: 179) verweisen aus diesem Grunde darauf, daß die etymologische Aussage über das Entstehen des Wortes und seine semantische Funktion vermischt würden. Da hier die gängigen Klassifikationen – und die Kategorie „etymologisch-relativ" ist nicht gängig – nur im Hinblick auf ihre Aussagekraft zur Semantik von *fremd* überprüft werden sollen, werden derartige weiterführende Diskussionen nicht weiter verfolgt.

wurde und die theoretisch von der hier diskutierten unterschieden werden muß, praktisch natürlich zusammenfällt. Beide Lexeme füllen (wie *ander-*) ihre Leerstellen, die durch die Gegenüberstellung mit *außereuropäisch* und *afrikanisch* deutlich werden, wie ein Shifter jeweils neu. Die Frage ist dann, ob die Besetzung dieser Leerstellen bei beiden Lexemen in gleicher Weise geschieht. In Frage kommen der Ko-Text (Anaphorik) und der Kontext (Deixis). So wird z. B. bei einem verweisenden Relativpronomen die Leerstelle durch den Ko-Text ausgefüllt: *Das Buch, das ich gerade lese, ist unverständlich.* Das Relativpronomen „das" funktioniert hier wie ein Verweis: Verwiesen wird auf etwas zuvor im Text Genanntes (das Antezedenz), hier ist es „das Buch". Fällt hingegen in einem Gespräch der Satz *Ich rufe morgen an,* so verweisen die Wörter „ich" und „morgen" nicht auf etwas zuvor Gesagtes, sondern auf die Äußerungssituation (auf die Ich-Jetzt-Hier-Origo). „Ich" verweist auf den Sprecher und „morgen" verweist auf den Zeitpunkt der Äußerung. Fände man einen Zettel mit diesem Satz, so könnte man weder das „ich" noch das „morgen" sinnvoll verstehen, und es erginge einem wie Camus' Meursault. Der Frage, inwieweit *fremd* auf den Ko-Text oder den Kontext verweist, wird weiter unten (in Kap. 5) nachgegangen.

Es geht an dieser Stelle zunächst um den Übergang vom „Relativen" zum „Qualitativen", der ja auch an anderen Lexeme zu beobachten ist. Denn natürlich kann man *päpstlicher als der Papst* oder *noch deutscher als Heidegger* sein. In diesen Fällen hat das Adjektiv jedoch eine Bedeutung, die eine Eigenschaft ausdrückt, etwa 'dem Papst gemäß'. Im Falle von *fremd* und *eigen* ist dieser Wechsel zur qualifizierenden Eigenschaft, wie er bei *fremd* an den Varianten 3 und 4 zu beobachten ist, dann auch immer mit einem Verlust der verweisenden (deiktischen bzw. anaphorischen) Relationalität verbunden.

Auch die Bedeutungen von *eigen* lassen sich unter diesem Aspekt unterscheiden. Auf der einen Seite steht das angesprochene Antonym von *fremd* als ebenfalls „semantisch-relatives" Adjektiv. *Eigen* hat aber auch eine nicht-verweisende Variante, die 'eigentümlich', 'seltsam' bedeutet und als „semantisch-qualitativ" zu charakterisieren wäre (*das Kind ist eigen*). Wie in einem Bedeutungsbogen berühren sich also Bedeutungen dieser Lexeme an dem Punkt, an dem sie ihren verweisenden Aspekt vollständig verloren haben und Eigenschaften im oben genannten Sinne bezeichnen. Jedoch kommt bei dieser rein qualitativen Adjektivgruppe (*eigentümlich, eigenartig, seltsam, fremd*) noch eine weitere semantische Dimension hinzu, die weder bei der Bedeutung 'zugehörig' noch bei 'vertraut' gegeben ist. Es ist dies gewissermaßen die Dimension oder der Aspekt des Normalen. Ein Beleg aus dem Grimm-Archiv soll diese mögliche Synonymik von *fremd* und *eigen* in ihrer nicht-verweisenden, qualitativen Verwendung illustrieren:

g 1901
Und bald da wußt ich nicht mehr, was du sprachst,
Ganz <u>fremd</u> erschien mir heut dein junger Körper.
Und als auf einmal tief ich Atem holte,
Da schwiegst auch du und sahst mich *seltsam* an,
heiß wurde deine Hand in meiner Hand,
Und unser junges Blut verstand sich jäh.

Und plötzlich wars, als sträubten deine Glieder,
Die ungelenken Knabenglieder sich
In meinem Arm, leis löstest du die Hand,
Das Rot stieg heiß in meine, deine Wangen,
Rasch standst du auf und gingest stumm hinaus,
Und in der Thüre noch sahst du so *eigen*,

> So *seltsam* fremd mich an, *wie nie zuvor.*
> B.V. Münchhausen: Balladen 1901, S. 82.

Nun zu den weiteren syntaktischen und morphologischen Eigenarten der „semantisch-relativen" Adjektive. Sie können zum einen nur attributiv verwendet werden (*das fremde Kind*). Diese Eigenschaft wird für die ersten beiden Bedeutungen von *fremd* in Klappenbach / Steinitz vermerkt. Auch *eigen* wird vornehmlich attributiv verwendet. Eine prädikative Verwendung mit dieser Bedeutung der 'Zugehörigkeit' ist nur in Verbindung mit einem das Relatum explizit machende Dativ möglich (*dieses Lachen ist ihm eigen*).

Des weiteren sind „semantisch-relative" Adjektive nicht komparierbar. Auch dieses Charakteristikum trifft sowohl für die ersten beiden Bedeutungsvarianten von *fremd* als auch für die eine Zugehörigkeit ausdrückende Variante von *eigen* zu. Die Varianten 'vertraut', 'bekannt' und 'seltsam' hingegen sind komparierbar (*fremd, fremder, am fremdesten*). Allerdings scheint von der Komparation eher selten Gebrauch gemacht zu werden. So finden sich in den insgesamt 321 Belegen des Grimm-Wörterbucharchivs nur vier Komparative und ein Superlativ. In dem einen Fall des Komparativs mit dem Kopulaverb *werden* steht *fremd* eindeutig dem Bekannten gegenüber und zeigt durch ein parallel stehendes, ebenfalls gesteigertes *seltsamer* eine Nähe zu dieser rein qualitativen Bedeutung:

> g 1974 (Komparativ)
> „Mich bedrückt etwas, das ist wahr", antwortete Haid. „Ich kann es dir jedoch nicht erzählen, denn wenn ich es dir erzählte, würde ich dir fremd werden."
> „Du glaubst also, daß du mir nur deshalb nicht fremd bist, weil ich dich nicht kenne."
> „Ja."
> „Dann glaubst du auch, daß sich die Menschen um so fremder werden, *je besser sie sich kennen.*"
> „Auf eine bestimmte Weise ist es so."
> „Ich habe dich seltsam in Erinnerung, aber wenn ich dir zuhöre, dann bemerke ich, daß du noch *seltsamer* geworden bist, als du warst. Ich fürchte mich nicht vor dir, aber du hast etwas *Unheimliches an dir, etwas, das mich verunsichert ...*"
> Roth: Horizont, 1974, S. 159.

Auch in den drei weiteren Belegen mit dem Komparativ handelt es sich um eine prädikative Verwendung, dabei noch einmal mit dem Verb *werden*. Da im Falle des vorkommenden Superlativs *fremd* attributiv verwendet wird, kann syntaktisch nicht erkannt werden, welche Variante vorliegt.

> 1949 (Superlativ)
> So wie er früher auf Sterne aus war, so ist er jetzt auf die fremdesten Länder aus.
> Anna Seghers: Die Toten bleiben jung. Berlin 1950, S. 507.

Neben dem Superlativ verweist hier die Analogie zu den „Sternen" auf die dritte Variante. Je mehr *eigen* die Bedeutung 'eigentümlich', 'von besonderer Art' trägt, umso „möglicher" wird die Komparation. Dies zeigt natürlich, daß die hier ausgehend von den Wörterbüchern unterschiedenen Varianten gewissermaßen als Schnitte betrachtet werden müssen, die durch ein Bedeutungskontinuum gezogen wurden. Daß diese nicht völlig willkürlich sind, zeigen eben die angeführten Kriterien Komparation und syntaktisches Verhalten.

Ausgehend von den Wörterbucheinträgen und im Hinblick auf die Unterscheidung „semantisch-qualitativ" vs. „semantisch-relativ" läßt sich die Bedeutungsspanne von *fremd* und *eigen* bis hierher wie ein Bogen vorstellen, der sich zwischen zwei Polen spannt. Diese Pole sind *fremd* und *eigen* in ihrer verweisenden, eine Zugehörigkeit bedeutenden und damit „semantisch-relativen" Variante. An diesen Polen gibt es, dem „Ich/hier" vs. „Er/dort" vergleichbar, kein mehr oder weniger (keine Komparation), eine stark verweisende (anaphorische bzw. deiktische) Bedeutung und nur eine attributive Verwendung (sieht man von der Variante von *eigen* mit Dativ ab). Auf dieser Ebene finden sich viele Synonyme und Antonyme, die mit Präpositionen gebildet wurden und die ebenfalls eine verweisende Bedeutung haben (*ausländisch, auswärtig, einheimisch, inländisch*). Auf dem Scheitelpunkt des Bogens, der diese Pole miteinander verbindet, stehen *eigen* und *fremd* als „semantisch-qualitative" Varianten mit den Bedeutungen 'seltsam', 'merkwürdig'. Diese sind nicht verweisend, komparierbar und in ihrer syntaktischen Verwendung uneingeschränkt. Das Kontinuum, das den Bogen zwischen den Polen ausfüllt, läßt sich mit Adjektiven erfassen, die immer weniger verweisend und immer qualitativer werden. Dabei handelt es sich bei der „Bogenseite" von *fremd* um Synonyme, da *fremd* diesen ganzen Bedeutungsbereich abdecken kann. Das Lexem *eigen* hingegen kann den mittleren Bereich nicht abdecken. Bildlich ließe sich dieses Bedeutungskontinuum wie folgt darstellen:

eigen→zugehörig→vertraut→bekannt→gewohnt→eigentümlich→eigenartig
→eigen/fremd ('seltsam')→
fremdartig→ungewohnt→unbekannt→unvertraut→nicht zugehörig→fremd

Es sei an dieser Stelle betont, daß es sich hierbei um ein Bild bzw. Modell handelt, das aus dieser ersten Annäherung gewonnen wurde und nicht als abgeschlossene Aussage zu den gegenwartssprachlichen Bedeutungen von *fremd* und *eigen* aufzufassen ist. Interessant ist an diesem Modell vor allem die Parallelität zu den Wortfeldern der anderen Sprachen. Auch dort gehen – zunächst diachron betrachtet – viele Bedeutungsentwicklungen von verweisenden räumlichen Bedeutungen zur Bedeutung 'seltsam'. Synchron betrachtet muß dann gefragt werden, wo und in welcher Variante ein Lexem auf dieser Skala Stellen besetzen kann bzw. seinen Bedeutungsschwerpunkt hat. So ist z. B. für das Französische durch die Abspaltung von *étranger* und die Weiterexistenz von *étrange* mit der Bedeutung 'seltsam', 'merkwürdig' diese rein qualitative, nicht-verweisende Stelle gewissermaßen blockiert.

Der bildlich gemachte Übergang von semantischer Relativität (verbunden mit verweisender Relationalität) zu semantischer Qualifizierung bringt noch eine weitere Veränderung mit sich, die die semantische Beziehung zum Bezugswort betrifft.

4.2.3. „Noun-neutrality" vs. „noun-dependence"[23]

Vendler (1968: 85-108) unterscheidet neun Adjektivklassen, wobei ein Adjektiv durchaus mehreren Klassen zugeordnet werden kann. Ausgangspunkt seiner Klassifikation sind die Transformationsoperationen, die beim Wechsel vom attributiven zum prädikativen Gebrauch notwendig sind. Diese Transformationsoperationen sollen Gesetzmäßigkeiten der Attributfolge erklären. Posner (1980: 62) exemplifiziert die vier ersten Klassen:

(i) ein roter Hut – ein Hut, der rot ist
(ii) ein kleines Pferd – ein Pferd, das für Pferde klein ist
(iii) ein guter Tänzer – ein Tänzer, der gut tanzt
(iv) ein leichtes Problem – ein Problem, das leicht zu lösen ist
eine schwierige Sprache – eine Sprache, die schwierig zu lernen ist

---

[23] Der Begriff „noun-dependence" als Gegenbegriff zur Vendlerschen „noun-neutrality" wurde hier gewählt, um in Analogie zu den anderen Kriterien eine Opposition herstellen zu können. Nicht-Linguisten sei zu folgendem Abschnitt noch einmal die Strategie „wait and see" empfohlen.

Man mag zu Transformationsoperationen im Stile der generativen Transformationsgrammatik stehen wie man will, jede Umformung der Nominalphrase *eine fremde Sprache*, die nicht der ersten Klasse entspricht, erscheint mit Abstand willkürlicher als die genannten Beispiele (eine fremde Sprache – eine Sprache, die fremd zu sprechen ist? – eine Sprache, die fremd klingt?) Interessant in diesem Zusammenhang ist jedoch der Hinweis von Vendler (1968: 109) auf die „noun-neutrality, i. e., the possibility of transfer from noun to noun".

Während die von Vendler als A1 bezeichneten Adjektive von einem Substantiv auf ein anderes übertragbar seien, gelte dies für die von ihm als A3 bezeichneten Adjektive nicht. Diese Übertragbarkeit oder „noun-neutrality" illustriert er an dem Beispiel *rot*: Da alle Äpfel Früchte seien, müsse ein roter Apfel zugleich eine rote Frucht sein. In gleicher Weise sei ein *wooden house* immer auch ein *wooden building* und eine hungrige Katze ein hungriges Tier. Anders verhalte es sich bei den Adjektiven der Gruppe A3: Obwohl alle Könige Männer sind, ist ein schwacher König nicht notwendig ein schwacher Mann. Auch sind nicht alle guten Mütter notwendig gute Frauen und gute Diebe in der Regel keine guten, sondern schlechte Bürger. Dieses Phänomen erklärt Vendler damit, daß die Adjektive der Gruppe A1 direkt dem *subject* (als Referenzträger) zugeschrieben würden, während die Adjektive der Gruppe A3 in Hinsicht auf eine Reihe von Aktivitäten zugeschrieben würden, die mit dem Substantiv verbunden sind, das für das *subject* verwendet wird (vgl. Vendler 1968: 94).

Gegen den generativen Ansatz gewandt, der von oberflächengrammatischen Erscheinungen abstrahiert, erklärt Bickes diese Phänomene des semantischen Bezugs der Adjektive referenzsemantisch mit ihrer syntaktischen Position. Er kommt zu folgendem interessanten Schluß:

> „Während mittels attributiv und prädikativ verwendbarer Adjektive bei ihrer attributiven Verwendung infolge des Fehlens eines verbalen Elementes prinzipiell sowohl der durch das Bezugsnomen denotierte Eigenschaftsträger als auch das ihn charakterisierende Merkmal spezifiziert werden kann, beziehen sich prädikativ verwendete Adjektive (mit Ausnahme bestimmter, in 3.4 [„gut" und „schön", B. J.] und 3.5 [„alt", „neu" und „jung", B. J.] exemplarisch behandelter Lexeme) gerade wegen der spezifischen Funktion der Kopula vorzugsweise auf den Eigenschaftsträger; entsprechend kann mittels nicht prädikativ verwendbarer Adjektive nur auf die charakteristische Eigenschaft Bezug genommen werden" (Bickes 1984: 127f).

Bickes entwickelt diese These sehr einleuchtend am Beispiel *der starke Raucher* (Bezug: charakterisierendes Merkmal oder Eigenschaftsträger) vs. *der Raucher ist stark* (Bezug: Eigenschaftsträger).[24]

Die Abhängigkeit der semantischen Bezüge von der syntaktischen Position wird nicht nur für das Deutsche diskutiert, sondern z. B. auch für das Französische, wo theoretisch drei Positionen möglich sind. Nach Goes (1993: 13) wird durch das vorangestellte Attribut nur eine Lesart nahegelegt (*un vieil ami – l'ami est vieux en tant qu'ami*), während das prädikative Adjektiv den „sens 'intersectif'" nahelege. So bedeute der Satz *Ce politicien est intelligent*,

---

[24] Mit dem Hinweis auf die Ausnahmen spricht er jedoch indirekt die Problematik der zweiten Adjektivklasse (nach Vendler) an: Er verweist auf die Besonderheit der wertenden Adjektive (hier *gut*) und erklärt deren Möglichkeit, sich auch in prädikativer Verwendung auf das charakterisierende Merkmal und nicht den Eigenschaftsträger zu beziehen, mit der „extreme[n] Spezifizierungsbedürftigkeit dieses Lexems und seine[r] daraus resultierende[n] Kontextabhängigkeit" (Bickes 1984: 105). Referenzsemantisch betrachtet sind dann vielleicht auch die Dimensionsadjektive (*groß, klein, lang*) spezifizierungsbedürftig, wie ließe sich sonst erklären, daß die Größenverhältnisse zwischen großen Mäusen und kleinen Elefanten auch bei prädikativer Verwendung nicht ins Wanken geraten?

daß dieser Politiker ein intelligenter Mensch ist, daß er also zur Menge der intelligenten Menschen gehört. Das nachgestellte Attribut könne mehrdeutig sein und stünde damit, so ließe sich schlußfolgern, hinsichtlich der semantischen Bezüge parallel zum deutschen attributiven Adjektiv.

Was heißt dies für das Adjektiv *fremd*? Zunächst sei daran erinnert, daß die ersten beiden Varianten von *fremd* nach Klappenbach / Steinitz und auch Sommerfeldt / Schreiber (1977: 197) nur attributiv verwendet werden können. Mit Bickes müßte man daraus schließen, daß sich diese Varianten auf die charakteristische Eigenschaft beziehen. Dieser Schlußfolgerung kann jedoch nicht zugestimmt werden. Vielmehr scheint zunächst für alle Varianten die „noun-neutrality" nach Vendler zu konstatieren zu sein, denn genauso wie ein deutscher Tänzer ein deutscher Mann, Mensch, Künstler usw. ist, ist ein fremder Tänzer ein fremder Mann, Mensch, Künstler usw. Dies würde nach Bickes bedeuten, daß nicht die charakterisierte Eigenschaft, sondern der Eigenschaftsträger spezifiziert würde. „Noun-neutrality" könnte man somit auch als semantische Unabhängigkeit vom Bezugswort definieren. Interessant ist hier, daß diese semantische Unabhängigkeit am oben skizzierten Scheitelpunkt des Bedeutungsbogens, an dem die qualitativen Adjektive wie *seltsam, eigenartig, fremdartig, merkwürdig* usw. stehen, nicht gilt. Ein eigenartiger Tänzer muß eben kein eigenartiger Mensch sein.

Die Frage lautet hier sicherlich, inwieweit *fremd* attributiv oder prädikativ verwendet wirklich diese Bedeutung 'seltsam' noch haben kann. Im Paul (1992: 292) wird der Hinweis auf die Bedeutungen 'ungewöhnlich', 'seltsam' mit dem Zusatz „in der älteren Sprache" versehen. Auffällig ist aber, daß *fremd* in Verbindung mit den Kopula im weiteren Sinne (z. B. *erscheinen*) bzw. adverbial verwendet (z. B. *fremd liegen*) diese Bedeutung auf jeden Fall haben kann und dann nicht mehr unabhängig vom Bezugswort ist. Hierfür spricht bereits das oben angeführte Münchhausen-Zitat, in dem *fremd* und *eigen* parallel zum ebenfalls erwähnten *seltsam* stehen und eben abverbial verwendet werden. Ein weiterer Beleg soll diese Bedeutungsvariante (hier mit dem Verb *erscheinen*) belegen:

g 1930
Da kam eine Bewegung in all die Menschen um mich, und als ich aufblickte, saß ein Herr an dem Flügel und spielte, und ein anderer Herr stand dort, dessen Gesicht mir ebenso *seltsam geheimnisvoll* <u>fremd</u>, *ungewöhnlich* und doch <u>vertraut</u> erschien wie alles sonst an diesem Abend.
Miegel: Ge. W. 1952, 5, S. 79.

Besonders nahe liegt diese Bedeutungsvariante, wenn *fremd* adverbial nicht als Ergänzung, sondern als freie Angabe verwendet wird. Auch hierzu ein Beleg:

g 1976
Draußen flogen schwarze Tempelstädte vorbei, ein Urwald, eine Mauer, ein Bahnhofsgebäude. Eine schwarze, leere Strandbucht, denn wir flogen hier den Golf von Bengalen entlang. Mein Gefährte schlief derweil ruhig, sein Kopf mit der braunen Haut und dem Haarknoten lag *seltsam* fremd auf einem kleinen rosa Seidenkissen, das er sich mitgebracht hatte.
Augustin: Raumlicht, 1976, S. 132.

Diese potentielle, oben als qualitative Variante bezeichnete Bedeutung zeichnet sich wie *seltsam* usw. zudem also dadurch aus, daß sie nicht mehr „noun-neutral" ist. Die Tatsache, daß diese Bedeutungsvariante gerade dann naheliegt, wenn verweisende Bezüge nur schwer auszumachen sind – dies kann bei der adverbialen Verwendung als Ergänzung noch über die Struktur des Verbs geschehen – verweist also darauf, daß die Unabhängigkeit der Semantik von *fremd* vom Bezugswort nur dann gegeben ist, wenn die anderweitige Abhängigkeit gegeben ist, die hier als deiktische oder verweisende Relationalität bezeichnet wird. Das oben entworfene Modell des Bedeutungsbogens müßte also durch die Zusätze „noun-neutrality" an den Polen und „noun-dependence" am Scheitelpunkt ergänzt werden.

4.2.4. Stative Prädikate vs. Prozeßprädikate

Immer wieder wird betont, daß Fremdheit aufgehoben oder überwunden werden kann; z. B. durch Inklusion oder Lernen, wie eine der Arbeitshypothesen der Arbeitsgruppe lautete. Linguistisch gesehen verweist dieser Aspekt auf die Unterscheidung von stativen Prädikaten auf der einen Seite und Prozeßprädikaten auf der anderen Seite (vgl. Helbig / Buscha 1994: 308). Adjektive, die im prädikativen Gebrauch mit dem Kopulaverb *sein* verbunden werden, bilden stative Prädikate, z. B.: *Ich bin hier fremd*. Wird das Adjektiv mit dem Kopulaverb *werden* gebraucht, so wird ein Prozeßprädikat gebildet, z. B. *Mein Mann ist mir in der letzten Zeit so fremd geworden*. Das Kopulaverb *bleiben*, so könnte man schlußfolgern, verweist auf einen möglichen Prozeß, der jedoch zum einen in die andere Richtung verweist (nämlich auf die Negierung oder Aufhebung des Prädikats) und zum anderen nicht stattfindet bzw. stattgefunden hat, z. B. *Eigentlich sind mir unsere Nachbarn in all den Jahren fremd geblieben*. Nicht mit allen Adjektiven lassen sich Prozeßprädikate bilden. So kann man weder **tot werden* noch **tot bleiben*.

Bereits ein erster Blick in das Material aus dem Grimm-Wörterbucharchiv zeigt, daß *fremd* sehr häufig mit *werden* und *bleiben* verbunden wird, also im Rahmen eines Prozeßprädikats verwendet wird (wenn man durch den impliziten potentiellen Prozeß auch Prädikate mit *bleiben* als Prozeßprädikate bezeichnen will). Hier handelt es sich natürlich immer um die dritte bzw. vierte Variante mit der Bedeutung 'seltsam', da ja nur diese prädikativ verwendet werden können. In diesen Fällen wird aber in der Regel *fremd* mit einer Ergänzung verwendet, z. B. *Sie ist mir fremd geworden* Die Verwendung ohne Ergänzung wirkt wie eine Stileigenart. Sie findet sich in zwei Belegen von Härtling:

g 1978
Sie gehen schlafen. Er ist die schmale, bei jeder Bewegung wackelnde Liege nicht mehr gewöhnt. Er sieht Barbaras Schatten vorm Fenster, sieht zu, wie sie sich auszieht. Er möchte ihr sagen: Bleib einen Augenblick so stehen, die Arme über dem Kopf. Er wagt es nicht, nachdem sie beschlossen hat, fremd zu werden, oder die Fremde, die sich zwischen ihnen nie gelöst hatte, endlich auszusprechen.
Härtling: Hubert, 1978, S. 242.

g 1978
Im Wohnzimmer, das nicht sonderlich aufgeräumt ist, wird Anna wieder fremd, eine junge Dame, die *auf Distanz* hält, Tochter eines Hoteliers, wenn auch in Prerau, das zwischen Leipzig und München kein Mensch kennt.
Härtling: Hubert, 1978, S. 98.

Während in der Diskussion um Fremdes immer wieder der Prozeß der Aufhebung von Fremdheit thematisiert wird, läßt sich sprachlich mit dem Adjektiv *fremd* nur der Prozeß ausdrücken, der auf das Fremdsein zielt (bzw. die Nichtaufhebung ausdrückt). Hervorzuheben ist hier, daß es sich dabei nicht um ein spezielles Phänomen des Adjektivs *fremd* handelt, sondern um ein prinzipielles Phänomen der Prädikation. Soll die Aufhebung oder Negation einer Eigenschaft ausgedrückt werden, so kann dies nicht direkt durch ein Kopulaverb geschehen. Entweder kann dieser Prozeß als abgeschlossener (und damit einen

Zustand bezeichnenden) durch eine Negation, z. B. *Diese Stadt ist mir nicht mehr fremd* oder durch ein Prozeßprädikat mit einem Antonym ausgedrückt werden: *fremd sein – vertraut werden – vertraut sein – vertraut bleiben.* Häufig wird auch der Komparativ des Antonyms verwendet: *Sie wird mir von Tag zu Tag vertrauter.*

Welche Prozeßprädikate mit den Antonymen von *fremd* sind also möglich, d. h. wie werden – in der Terminologie der Arbeitsgruppe – Inklusion und Lernen sprachlich mit diesen Adjektiven realisiert? Ebenso wie *fremd*, wenn es eine Zugehörigkeit negiert, kann auch *eigen* zumindest ohne Ergänzung nicht prädikativ verwendet werden, wobei die Frage nach prozessual vs. stativ obsolet ist. Mit der Dativergänzung nähert sich *eigen* jedoch auch an die Bedeutung 'charakteristisch' an. Ein Prozeßprädikat ist möglich – zumindest mit dem Komparativ –, wirkt jedoch ein wenig veraltet: *Diese Art zu denken wird ihm immer eigener.* Mit seiner absoluten Bedeutung 'seltsam' kann es Prozeßprädikate bilden. Die Adjektive *zugehörig* und *angehörig*, die prädikativ verwendet eine Dativergänzung fordern, sind kaum als Prozeßprädikate mit *werden* denkbar. Auch *inländisch* und *einheimisch* – wenn sie mit Ergänzungen prädikativ verwendet werden – können nur Prozeßprädikate bilden, wenn sich ihre Bedeutung ähnlich wie das erwähnte Beispiel *väterlich* zu einer qualitativen verändert.

Mit dem Antonym *vertraut* ließe sich sich ein Prozeßprädikat bilden: *Wir werden uns mehr und mehr vertraut.* Im Falle von *bekannt* scheint man unterscheiden zu müssen, ob keine Ergänzung vorliegt, und somit 'allgemein bekannt' gemeint ist, oder ob das Relatum explizit gemacht wird. Diese Überlegungen zeigen die Notwendigkeit, sprachliche Intuitionen empirisch zu überprüfen. Je näher sich die Semantik der aufgeführten Adjektive also an den Polen des Bedeutungsbogens befindet, desto unmöglicher ist die Bildung eines Prozeßprädikats – was natürlich vornehmlich durch die rein attributive Verwendung bedingt ist. Im Bild des Bedeutungsbogens würde dies heißen, daß, wenn sich *eigen* und *fremd* wie *ich/hier* und *er/dort* gegenüberstehen, sprachlich kein Prozeß realisiert werden kann, der einen Übergang von einem Pol zum anderen ausdrückt – also den Prozeß der Inklusion sprachlich realisiert. Prozesse finden sich bei den mehr und mehr qualitativen Adjektiven. Stellt also der Bogen den Übergang zwischen den Polen dar, könnte er die Interpretation nahelegen, daß – zumindest sprachlich – Inklusion den Umweg über das Lernen nehmen muß.

Mit den Prozeßprädikaten ist vermutlich der äußerste Punkt einer Adjektivdiskussion erreicht. Paraphrasierungen von Sätzen mit Prozeßprädikaten machen die kategoriell-semantische Nähe zu Verben deutlich. Der Prozeß der Aufhebung von Fremdheit kann auch als Tätigkeit gefaßt werden, z. B. *sich vertraut machen.* Aber auch Verben alleine können diesen Prozeß bezeichnen: *sich etwas aneignen.* Nicht zufällig ist dieses Verb aber zum einen nicht auf Menschen beziehbar und bedeutet zum anderen in Verbindung etwa mit Sprache 'lernen'.

Interessanterweise drückt das Präfix *ent-* in Wörtern wie *entdecken, entwirren, entzaubern, enteignen, entschlüsseln* entweder ein Rückgängigmachen dessen, was das einfache Verb besagt, oder ein Wegnehmen des durch das Substantiv bezeichneten Gegenstandes aus, während *ent-* in *entfremden, entfernen, entfliehen, entstammen, entweichen* die spätere Bedeutung 'von etwas weg' trägt (vgl. Paul 1992: 221). Obwohl theoretisch von der Wortbildung her möglich, steht also auch das Verb *entfremden* nicht für den Prozeß der Aufhebung von Fremdheit. Obgleich bereits im Mittelhochdeutschen das jetzt nicht mehr vorhandene Verb *vremeden* ('abfallen', 'meiden') vornehmlich auf personale Beziehungen angewendet wurde,[25] scheint diese Bildung die Entstehung von *fremd* aus einer räumlichen Präposition/Adbverb wieder zu verdeutlichen. Bei der Mehrzahl dieser Verben steht der Gegenstand, von dem die Entfernung stattfindet, im Dativ (teilweise kommen auch die Präpositionen *von, aus* vor). Dieser Dativ, der im Falle dieser Gruppe von Verben den Ausgangspunkt einer Entfernung ausdrückt, leitet über zu einer letzten, für die Semantik von *fremd* besonders bedeutsamen Klassifizierung von Adjektiven.

4.2.5. Syntaktisch-relativ vs. syntaktisch-absolut

Ein syntaktisch relatives Adjektiv unterscheidet sich dieser Unterscheidung zufolge (nach Behagel 1923: 144) von einem absoluten dadurch, daß es einen Kasus regiert. Während also z. B. *tot* ein absolutes Adjektiv ist, weil es außer dem Bezugswort keinen weiteren Aktanten verlangt, ist *gebürtig* ein relatives Adjektiv, da es ein Präpositionalobjekt verlangt. So einleuchtend diese Unterscheidung auch ist, schon erste Versuche der Zuordnung von Ajektiven zeigen prinzipielle Probleme (die aus der Diskussion um die Verbvalenz hinlänglich bekannt sind). Die wohl größte und immer noch ungelöste Schwierigkeit besteht in der Abgrenzung fakultativer Aktanten (oder Ergänzungen) von freien Angaben. Doch dazu unten mehr.

Als Beispiel für den Satzbauplan „Subjekt + Prädikat + Artergänzung + Dativobjekt 2. Grades" gibt der Duden (Bd. 4, 1995: 668) (zufällig) einen Satz an, in dem das Dativobjekt vom Adjektiv *fremd* regiert wird: *Ich bin diesem Mann fremd*. Zu dieser Gruppe von Adjektiven gehören z. B. *ähnlich, analog, bekannt, benachbart, eigen, feind, fern, freund, lieb, nahe, treu, untertan, verwandt, zugetan, zuwider*. Da auch Sätze mit *fremd* ohne dieses Dativobjekt gebildet werden können, spricht man hier (im Gegensatz zur obligatorischen Ergänzung) von einer fakultativen.

Sommerfeldt / Schreiber (1977: 197) unterscheiden in ihrem Valenzwörterbuch drei Bedeutungsvarianten von *fremd*. Variante 1 mit der Bedeutung 'anders' sei demnach einwertig (verlange also nur das Bezugswort) und sei attributiv zu verwenden (Beispiele: *die fremden Städte, fremde Menschen/Tiere/Pflanzen, fremde Möbel/Früchte/Kleider, ein fremder Ausdruck, eine fremde Sprache, fremdes Wortgut*). Auch Variante 2 mit der Bedeutung 'einem anderen gehörend' sei einwertig und nur attributiv zu verwenden. (Beispiele: *das fremde Auto, ein fremder Hund, ein fremdes Pferd/Huhn, fremder Schmuck, ein fremdes Heft/Auto, fremder Besitz, fremdes Eigentum*). Variante 3 mit der Bedeutung 'nicht bekannt' sei zweiwertig, wobei die zweite Ergänzung fakultativ sei, und könne sowohl attributiv, prädikativ als auch adverbial verwendet werden (Beispiele: *ein ... fremder Mensch, ... fremde Gesichter/Tiere/Pflanzen, eine ... fremde Maschine/Einrichtung, ein ... fremdes Wesen, ... Vorstellungen/Begriffe/Gedanken*, die Punkte wären durch ein Dativobjekt wie *mir* zu ersetzten).

Während somit in den ersten beiden Varianten die Bezüge quasi durch die verweisende Eigenschaft von *fremd* selbst geregelt werden, kann in dieser dritten Variante der Verweis explizit gemacht werden (was wiederum durch ein Pronomen und damit einen Shifter geschehen kann). Daß es sich dabei um eine fakultative Ergänzung handelt, ist ein Hinweis auf das angesprochene Bedeutungskontinuum. *Fremd* kann auch die Bedeutung 'unbekannt' ohne diese Ergänzung haben und die Frage *Wem?* wird in gleicher Weise wie bei der

---

[25] „Wo 'vremeden' in epischen Texten nicht auf Minnebeziehungen angewendet wird, wo jedoch ebenfalls personale Beziehungen beurteilt werden, zeigt es ebenso eine Störung ehemals harmonischer, freund-(schaft)licher Verhältnisse durch Wandlung der inneren Disposition, nicht durch widrige Umstände, an." (Beul 1968: 233)

Variante 'zugehörig' durch den Ko- oder Kontext beantwortet. Wie bereits angesprochen, kann *fremd* vornehmlich dann den Bedeutungsaspekt 'seltsam' haben, wenn es adverbial und damit ohne Ergänzung verwendet wird.

Somit läßt sich das Bild des Bedeutungsbogens an dieser Stelle noch weiter ergänzen. Während auf der Ebene der 'Zugehörigkeit' die Bezüge verweisend geregelt werden, kann sich auf der Ebene 'Bekanntheit' oder 'Vertrautheit' ein expliziter Bezugspunkt in Form einer Ergänzung finden. Auf der rein qualitativen Ebene, die zusätzliche Seme der Dimension 'Normalität' trägt, finden sich keine impliziten oder expliziten Bezugspunkte und damit gewissermaßen Gültigkeitsbeschränkungen mehr. Solch eine Bedeutungsdivergenz aufgrund der syntaktischen Struktur findet sich natürlich auch bei den anderen Verben dieser mittleren Ebene. So bedeutet *bekannt* ohne Ergänzung 'von vielen gekannt' (wer auch immer diese *vielen* sind), es kann mit Dativergänzung 'persönlich nicht fremd' bedeuten und mit der Präpositionalergänzung bedeutet es gar 'persönlich näher kennend': *der mit uns bekannte Maler* (vgl. Sommerfeldt / Schreiber 1977: 78f).

Nun wurde bereits kurz das Problem angesprochen, freie Angaben von Ergänzungen zu unterscheiden. Während Ergänzungen durch die Leerstellen des Adjektivs regiert würden, träten freie Angaben syntaktisch beliebig auf (vgl. Helbig / Buscha 1996: 620). Um freie Angaben von Ergänzungen zu unterscheiden, wird häufig neben dem „Eliminierungstest" die „Aufspaltung in zwei Prädikationen" empfohlen (vgl. Schweitzer 1995: 17). Für Beispielsätze mit *fremd* ließen sich nach diesem Modell folgende Aufspaltungen bilden:

Er ist mir in den letzten Jahren so fremd geworden. →
Er ist mir fremd geworden. Dies geschah in den letzten Jahren.

In den letzten Jahren wäre damit eine freie Angabe. Eine solche Abspaltung der Dativergänzung wäre dieser Auffassung zufolge nicht möglich:

Er ist mir so fremd geworden. →
Er ist fremd geworden. Dies geschah mir.

Wenn man dieser Probe zustimmt (auch diese Transformationen sollen hier nicht prinzipiell diskutiert werden), stellt sich die Frage, welchen Status z. B. ein Ortsadverbial in Verbindung mit *fremd* hat:

Ich bin hier fremd. →
Ich bin fremd. Dies ist hier der Fall.

Diese Abspaltung scheint in gleicher Weise unmöglich wie die vorangehende. Demnach müßte es sich auch bei den mit *fremd* verbundenen Ortsadverbialen um Ergänzungen handeln. Das Beispiel *ledig* zeigt noch deutlicher als das Beispiel *bekannt*, daß Varianten eines Lexems, die sich hinsichtlich ihrer Valenz unterscheiden, zumeist auch deutlich voneinander zu unterscheidende Bedeutungen tragen: *Er ist ledig.* vs. *Er ist aller Sorgen ledig.*

Daher sollen auch in dieser Studie die Varianten, die sich hinsichtlich ihrer syntaktischen Struktur unterscheiden, separat behandelt werden. Dieses Vorgehen ist natürlich nicht neu, denn auch in anderen semantischen Studien wird nach der Distribution oder den Kollokationen gefragt, wobei diese syntaktischen Fragen ebenfalls eine Rolle spielen.

Neben der Beleggruppe von *fremd* mit Dativergänzung (*jemandem fremd* und *einer Sache fremd*) ergibt sich aufgrund dieser Überlegungen also die Gruppe *an einem Ort fremd*. Dieses Ergebnis bestätigt die oben gemachte Beobachtung von der Undeterminiertheit von *fremd* hinsichtlich Personalität und Örtlichkeit. Wie bereits gezeigt, hat *fremd* ohne Ergänzung die Möglichkeit, auf eine Person oder einen Ort zu verweisen (als Antonyme fanden sich sowohl die Possessiva als auch *hiesig* und *heimisch*). Beschreibt man nun die Ergänzungen als Extrapolationen der ansonsten inkorporierten Bezugspunkte, so trifft man wieder auf diese beiden Möglichkeiten der Bezugnahme: Neben dem Bezug auf Sachen (*einer Sache fremd*) kann sowohl ein personaler Bezugspunkt extrapoliert werden (*jemandem fremd*) als auch ein örtlicher (*an einem Ort fremd*). Während also gewissermaßen im Falle der Verwendung ohne Ergänzung die enge Verbindung von Örtlichkeit und Personalität (durch den Aspekt der Zugehörigkeit) erhalten bleibt und nur der Ko- oder Kontext einen Schwerpunkt auf eine der Dimensionen der Origo setzen kann, werden diese Dimensionen extrapoliert deutlicher unterschieden: *jemandem fremd* verweist auf die personale Dimension und *an einem Ort fremd* auf die lokale. Der personale Aspekt, der auch bei dieser Konstruktion mit lokaler Ergänzung vorhanden ist, erscheint im Bezugswort: Es ist immer eine Person, die an einem Ort fremd ist.

Nun ergibt sich im Modell Bühlers die Origo aus dem Schnittpunkt dieser beiden und einer weiteren Dimension, nämlich der temporalen (*ich, jetzt, hier*). Die im oben angeführten Beispiel zu findende Adverbialbestimmung *in den letzten Jahren* wurde (im Rahmen der Valenztheorie) als freie Angabe bestimmt. Denn so, wie alle Prädikationen zeitlich näher bestimmt werden können, kann natürlich auch ein Fremdsein oder -werden zeitlich verortet werden. Interessanterweise wird aber mit dem Wort *fremd* selbst die temporale Dimension nicht angesprochen. Und dies obwohl doch die Übertragung räumlicher Lexeme auf die Dimension der Temporalität gerade sprachgeschichtlich so vielfältig zu beobachten ist. (Man denke hierzu nur an die gesamten Präpositionen wie *in, nach, vor* usw.) Das einzige Synonym, das ein wenig auf diese Dimension verweist, lautet *neu* im Gegensatz zu *alt*. Mögliche Antonyme wie *gegenwärtig, heutig, jetzig* sind jedoch nicht belegt. Auch finden sich unter den Bezugswörtern, die ja ebenfalls durch ihre semantischen Merkmale auf eine der Dimensionen verweisen können, keine Wörter mit dem Merkmal Temporalität (z. B. *fremde Zeiten, Epochen, Jahrhunderte*). Es scheint daher so, daß das Wort *fremd* in seiner Geschichte über den Aspekt der Zugehörigkeit die Erweiterung von der räumlichen Dimension auf die personale vollzogen hat, jedoch nicht auf die temporale.

Die syntaktisch begründete Unterscheidung der Bedeutungsvarianten soll diese Adjektivdiskussion abschließen. Das Modell einer Semantik von *fremd*, das hier auf der Grundlage dieser Diskussionen sukzessive entworfen und erweitert wurde, sei abschließend noch einmal in seiner Gesamtheit dargestellt und erläutert: Die Semantik von *fremd* und *eigen* läßt sich wie ein Bogen vorstellen, der sich zwischen zwei Polen spannt und das Bedeutungskontinuum nachzeichnet, das diese beiden Lexeme abdecken. Auf der untersten Ebene stehen sich die Pole *eigen* und *fremd* antonymisch gegenüber. *Fremd* kann auf dieser Ebene nicht nur antonymisch *eigen* und den Possessiva gegenüberstehen, sondern auch parallel zu *auswärtig, ausländisch* usw. stehen (Bedeutungsvarianten eins und zwei). Tendenziell gemeinsam ist den Lexemen dieser Ebene, die zumeist etymologisch aus Präpositionen entstanden sind, daß sie semantisch-relativ sind, daß sie verweisend sind, nur attributiv verwendet werden können (und daher auch keine Prozeßprädikate bilden können), nicht komparierbar sind, unabhängig von der Semantik des Bezugswortes (noun-neutral) und syntaktisch-absolut sind.

Was heißt hier 'fremd'?

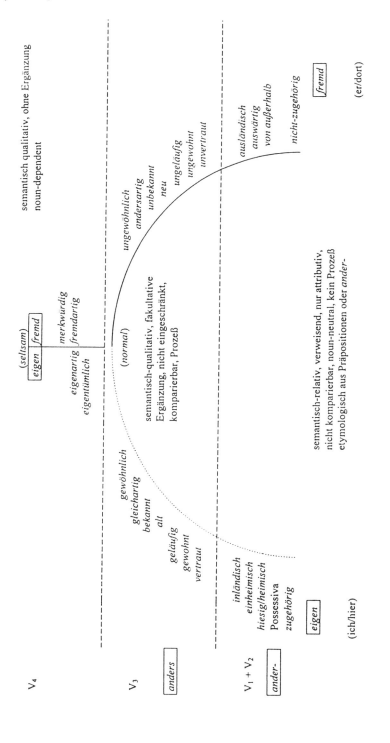

Auf der Spitze des Bogens treffen sich *eigen* und *fremd* (in der vierten Bedeutungsvariante) als Synonyme: die auf dieser Ebene anzutreffenden Lexeme wie *seltsam, merkwürdig* usw. sind semantisch-qualitativ, nicht verweisend, syntaktisch nicht eingeschränkt, komparierbar, abhängig von der Semantik des Bezugsworts (noun-dependent), sie können Prozeßprädikate bilden, und sie sind ebenfalls syntaktisch-absolut. Die mittlere Ebene, die die dritte Bedeutungsvariante von *fremd* umfaßt ('unvertraut', 'unbekannt'), kann auf der gegenüberliegenden Seite vom Lexem *eigen* nicht abgedeckt werden. Die Lexeme dieser Ebene sind semantisch-qualitativ, nicht verweisend, syntaktisch nicht eingeschränkt, mit Einschränkungen lassen sich Prozeßprädikate bilden, sie sind komparierbar, sie sind mehr oder weniger abhängig von der Semantik des Bezugswortes und sie sind syntaktisch-relativ.

An dieser Stelle muß auch auf die Grenzen des Schaubilds verwiesen werden: Durch die Bogenform könnte man den Eindruck gewinnen, daß sich die Antonyme der mittleren Ebene näher stehen als die Antonyme der unteren Ebene. Dies ist nicht der Fall. *Bekannt* und *unbekannt* stehen sich in gleicher Weise antonymisch gegenüber wie etwa *inländisch* und *ausländisch*. Trotz dieser „ikonischen" Schwäche soll aber am Bogenmodell festgehalten werden, zeigt das Modell doch überaus anschaulich, wie sich die Adjektive auf der Bogenspitze nicht mehr antonymisch gegenüberstehen. *Eigenartig* und *fremdartig* sind eben keine Antonyme sondern Synonyme. Nun kann hier sicher gefragt werden, ob sich diese Adjektive nicht noch in ihrer perspektivischen Ausrichtung – gewissermaßen als Erben ihrer verweisenden Vorfahren – unterscheiden. Ein *fremdartiges Verhalten* würde sich dann von einem *eigenartigen Verhalten* dadurch unterscheiden, daß es aus der Perspektive des Betrachters 'fremd' und 'merkwürdig' wäre. Sicherlich spielen verweisende Reste hier noch eine gewisse Rolle. Da aber alle Adjektive dieser Ebene die Bedeutungsaspekte 'merkwürdig', 'sonderbar' usw. tragen, kann durchaus von Synonymie gesprochen werden. Dieses Phänomen kann auch mit der Geschichte des Wortes *Idiot* verdeutlicht werden. Der *Idiot* war ursprünglich der 'Privatmann', also die 'Einzelperson' im Gegensatz zum Staat. Derjenige jedoch, der ganz im Eigenen bleibt, wird für die anderen unverständlich und der völlig Unverständliche wird zum Verrückten.

Als These ließe sich formulieren, daß aus diesem Modell Grundprinzipien menschlichen Verstehens abzulesen sind. Fremdes als Nicht-Eigenes weckt Neugier und Interesse, will verstanden werden. An dem Punkt, wo Fremdes als Sonderbares, nicht Normales, Seltsames oder in einem nächsten Schritt gar Verrücktes interpretiert wird, liegt ein Verzicht auf Interpretation und Bemühen um Verständnis vor, hier liegt die Grenze des Verstehens.[26]

Handelt es sich bei dieser These nicht um einen unzulässigen Wechsel von der semantischen Analyse zur außersprachlichen Wirklichkeit? Hierzu sei noch einmal auf das Erklärungsmodell zum Bedeutungswandel von *fremd* verwiesen. Das Adjektiv – und viele vergleichbare Adjektive in anderen Sprachen – erweiterte seine Bedeutung 'zugehörig' um die Bedeutung 'unbekannt', weil die beiden in einer metonymischen Relation stehen, d. h., weil

---

[26] Keller (1995: 199) illustriert dies an folgendem Beispiel: Ein Mann sitzt angelnd an einem See, von dem jeder – auch bekanntermaßen der Angler selbst – weiß, daß er absolut frei von lebenden Fischen ist. Wie kann sein Tun interpretiert werden? „Ich kann daraus erstens schließen: 'Der Mann ist verrückt.' [...] Die erstere der beiden Optionen heben wir uns üblicherweise auf, bis wir wirklich keine andere Wahl mehr haben. Denn sie ist nicht etwa eine unfaire Interpretation des Handelns eines Mitmenschen, sondern der Verzicht auf Interpretation. Anzunehmen, daß der Mann verrückt ist, heißt, sich mit der Uninterpretierbarkeit seines Tuns abfinden. Das heißt aber zugleich, sich mit der eigenen Unfähigkeit, zu einer Interpretation zu gelangen, mit dem eigenen Unverständnis abzufinden".

in der außersprachlichen Wirklichkeit häufig Nicht-Zugehöriges und Unbekanntes in Verbindung miteinander auftreten. In gleicher Weise erfolgte die Bedeutungserweiterung auf der nächsten Ebene. Weil Unbekanntes häufig mit Sonderbarem oder Eigenartigem zusammentrifft, erweiterte sich die Bedeutung auch um diesen Aspekt. Die Beobachung, daß auch viele Lexeme anderer Sprachen diesen Weg genommen haben, wirft dann natürlich die Frage auf, warum denn diese Eigenschaften so häufig gemeinsam auftreten. Insofern ist die These in der Tat eine These zur außersprachlichen Wirklichkeit, die auf eine Einordnung der Ergebnisse der semantischen Analyse in den umfassenderen Bereich menschlicher Handlungen zielt.

Dieses Modell der Semantik des Lexems *fremd* soll im folgenden als Grundlage für den Ausblick auf das Französische und Englische dienen. Zuvor wird die immer wieder angesprochene verweisende Funktion von *fremd* noch einmal näher betrachtet und eine exemplarische Analyse des Belegmaterials vorgenommen.

5. Wem fremd? Anaphorik und Deixis

5.1. *fremd*

Valenz wird in der Linguistik als die Fähigkeit von Verben, Adjektiven und Substantiven verstanden, „bestimmte Leerstellen im Satz zu eröffnen, die besetzt werden müssen bzw. besetzt werden können" (Helbig / Buscha 1996: 620). Im Falle von *fremd* kann diese Leerstelle von einer Dativergänzung oder, wie gezeigt, von einem Ortsadverbial besetzt werden. Da es sich um fakultative Ergänzungen handelt, kann diese Leerstelle aber auch unbesetzt bleiben. Die an diesem Punkt interessierende Frage ist, was in Sätzen geschieht, in denen diese Leerstelle von *fremd* unbesetzt bleibt. Dabei sei zunächst daran erinnert, daß ja nur in bezug auf die Bedeutungsvariante 'unbekannt', 'unvertraut' von Ergänzungen gesprochen wird. Es wurde bereits erwähnt, daß *bekannt* ohne Ergänzung die Bedeutung 'von vielen gekannt' tragen soll. Sicherlich könnte man fragen kann, wer denn diese „vielen" sind (Mickey Mouse und Paul die Ratte sind beide bekannte Comicfiguren, jedoch mit völlig verschiedenen Grenzen der Bekanntheit). Die Frage ist hier aber, ob *fremd* in dieser dritten Variante parallel zu *bekannt* seinen Gültigkeitsbereich in gleicher Weise auf eine wie auch immer geartete Allgemeinheit ausweitet.[27] Hierzu sei ein Beleg angeführt, in dem *fremd* ohne Ergänzung erscheint und in dem die Synonyme auf die dritte Variante verweisen:

---

[27] Kant diskutiert in der *Kritik der Urteilskraft* (1. Teil, 1. Abschnitt, 1. Buch, § 7) die Frage nach der Notwendigkeit einer solchen Dativergänzung für seine Unterscheidung vom Angenehmen und Schönen: „In Ansehung des Angenehmen bescheidet sich ein jeder: daß sein Urteil, welches er auf ein Privatgefühl gründet, und wodurch er von einem Gegenstande sagt, daß er ihm gefalle, sich auch bloß auf seine Person beschränke. Daher ist er es gern zufrieden, daß, wenn er sagt: der Kanariensekt ist angenehm, ihm ein anderer den Ausdruck verbessert und ihn erinnere, er solle sagen: er ist mir angenehm. [...] Mit dem Schönen ist es ganz anders bewandt. Es wäre (gerade umgekehrt) lächerlich, wenn jemand, der sich auf seinen Geschmack etwas einbildete, sich damit zu rechtfertigen gedächte: dieser Gegenstand [...] ist für mich schön" (Kant 1963: 81f).

> g 1925
> In Gasthöfen, vor denen der Postkutscher die Pferde tränkte und sich auch der Kurier einen Imbiß genehmigte, sprach man eine <u>fremde</u> Sprache, die im Tonfall wie russisch klang. Das dürfte Mährisch sein, dachte Bolkonski, und daran, daß *er noch nie von der Existenz einer mährischen Sprache etwas gehört hatte*. Natürlich, das hatte er in der Moskauer Kriegsakademie *nicht gelernt*!
> E. E. Kisch: Reporter, 1930, S. 295.

Anders als im Falle von *bekannt* kann man hier nicht eine Bedeutung wie 'für viele unbekannt' formulieren und daher bleibt die Frage *Wem fremd?* zu beantworten. In diesem konkreten Falle lautet die Antwort „Bolkonski", hinter dem sich aufgrund der auktorialen Erzählweise gewissermaßen ein *ich* verbirgt. Dieser Bezug könnte somit durch ein *ihm* explizit gemacht werden. Nun kann in diesem Beleg *fremd* auch im Gegensatz zu *eigen* stehen, da diese Sprache nicht nur ihm unbekannt ist, sondern zugleich nicht seine eigene ist. Hieran zeigt sich, daß die Schnitte, die durch das Bedeutungskontinuum gezogen wurden, um Varianten zu unterscheiden, selbstverständlich Konstruktionen sind. Die Sprache selbst legt für das Wort *fremd* gewissermaßen einen Bereich nahe, wo ein solcher Schnitt anzusetzen wäre, in ihr selbst gibt es jedoch diese Schnitte nicht, sondern fließende Übergänge. Daher wäre zu diskutieren, inwiefern hier schon von Polysemie gesprochen werden kann. Eine solche Breite der Bedeutung liegt z. B. oft in den Fällen vor, wo *fremd* ohne Ergänzung attributiv verwendet wird. In diesen Fällen kann es auch völlig unbestimmt im Hinblick auf Vertrautheit sein und nur das Nicht-Zugehörige bezeichnen. Damit fällt dann die nicht besetzte Leerstelle der theoretisch unterschiedenen dritten Variante mit der Leerstelle der verweisenden zweiten (und auch ersten) Variante zusammen, die durch den Ko- oder Kontext gefüllt werden muß. Wie wird also die Leerstelle in dem angeführten Beleg gefüllt, d. h., worauf verweist *fremd*? Wäre dieser Text in der ersten Person verfaßt, könnte man eindeutig sagen, daß *fremd* hier auf den Kontext, genauer gesagt auf die Sprechsituation, verweist und damit eine deiktische Bedeutung hat. Durch die auktoriale Erzählperspektive ist die Origo des Sprechens in gewisser Weise versteckt hinter dieser dritten Person. Würde *fremd* in diesem Beleg anaphorisch verweisen, hieße dies, daß dem zuvor genannten *man* die Sprache fremd wäre. Ein solcher anaphorischer Bezug kann beobachtet werden, wenn an dieser Stelle *fremd* gegen sein Antonym *eigen* ausgetauscht wird: *In Gasthöfen sprach man eine eigene Sprache*. Natürlich ist die Unterscheidung dieser Zeigemodi Anaphorik und Deixis nicht so unproblematisch, wie sie hier erscheint (vgl. hierzu Morel / Danon-Boileau 1992). So könnte man im Falle des deiktischen Verweisens z. B. auch argumentieren, *fremd* verweise anaphorisch auf ein *ich*, das dann (zufällig) seinerseits deiktisch auf den Sprecher verweist. Dies soll hier nicht weiter grundsätzlich diskutiert werden. Sind die Bezüge durch den Kotext gegeben, so wird hier von Anaphorik gesprochen; verweist *fremd* auf den Kontext bzw. die Sprechsituation, so wird, unabhängig davon, ob dieser Sprecher zuvor genannt wurde, von Deixis gesprochen. Dieser deiktische Aspekt wird schon in einem einfachen Satz wie *Heute stand ein fremder Mann vor der Tür* deutlich: Der Mann ist dem Sprecher fremd und dieser muß keineswegs davon ausgehen, daß der Mann auch dem Hörer fremd ist. Ein weiterer Beleg, in dem *fremd* in einem Text mit explizitem Sprecher verwendet wird, soll die Möglichkeit des deiktischen Verweisens noch deutlicher illustrieren:

> g 1937
> An einem Nachmittag, als Käthe uns ungewohnt lange auf sich warten ließ, kam sie den Heckenweg entlang mit einem <u>fremden</u> kleinen Mädchen an der Hand. Wir liefen ihnen neugierig entgegen, um *die Neue* zu sehen.

„Das ist Erika!" sagte jemand. Nicht Käthe. Irgendwo aus den rauschenden Kieferwipfeln kam der Name.
Miegel: Ges. W., 1954, 5, S. 51.

Theoretisch wären hier sowohl eine anaphorische als auch eine deiktische Lesart denkbar: Anaphorisch gelesen wäre dieses kleine Mädchen Käthe fremd. Deiktisch gelesen (und durch den folgenden Kotext bestätigt) ist das kleine Mädchen *uns* und damit dem Sprecher fremd. Um diese mögliche Mehrdeutigkeit in Texten, die als „discours" im Sinne Benvenistes verfaßt sind, d. h., die auf die Äußerungssituation verweisen, zu vermeiden, kann der Bezugspunkt durch die Dativergänzung auch explizit gemacht und damit eine Disambiguierung der Bezüge von *fremd* vorgenommen werden. Eine solche Disambiguierung der Bezüge von *fremd* durch die Dativergänzung ist in einem Beleg zu beobachten, in dem die *fremde Sprache*, von der die Rede ist, zugleich die Muttersprache des Sprechers ist. Es erscheint die sonst äußerst seltene attributive Verwendung mit Dativergänzung:

g 1912
Ich möchte bei Hauser nicht übersetzen lassen, finde aber sein Wagnis, eigene Gedichte in fremde Idiome zu übersetzen, sympathisch. Mit den Übersetzern ist's eine eigene Sache. Sie glauben immer, es genüge, wenn sie die *andere* Sprache können [...] Übersetzt er sie (Gedichte von Li-Tai-Po) in eine ihm fremde Sprache, so ist es ein Trugschluß, zu glauben, sie seien nun *deutsch* geworden, weil sie nicht mehr chinesisch sind.
Karl Kraus: W., 6, S. 280, Fischer.

Dieser Beleg ist natürlich auch im Hinblick auf die Wörterbucheinträge interessant. Diese *ihm fremde Sprache* ist ihm nämlich keineswegs unvertraut oder gar unbekannt (sonst könnte er nicht in sie übersetzen), sie ist einfach nur nicht seine (Mutter)Sprache. Die Dativergänzung dient in diesem Fall also der Disambiguierung der Bezüge und ist keineswegs ein sicheres Zeichen für die dritte Variante.

Ein weiterer Beleg sei angeführt, um eine anaphorische Lesart von *fremd* zu belegen. Auch in diesem Fall wird durch einen Zusatz eine Disambiguierung vorgenommen. Dies geschieht, indem *die fremden Gifte* näher bestimmt werden als *die Unsrigen*. Aufgrund des Perspektivenwechsels, der einmal durch die Anaphorik von *fremd* und einmal durch die Deixis von *Unsrigen* gegeben ist, kann das Possessivum *Unsrigen* gemeinsam mit dem ihm ansonsten antonymisch gegenüberstehenden *fremd* auf den gleichen Referenten verweisen:

g 1939
Aber als fremde Gifte, *nämlich die Unsrigen*, amerikanische und ozeanische Stämme in epidemischer Form zugrunde richteten, da verlor auch Kawa und Koka für die Eingeborenen seine milde und friedliche Art. [...]
Kawa, Koka, es könnte auch das Somabier sein, besaßen keinen Sinn mehr, und damit will ich sagen, daß diese Gifte einstmal, vor der fremden, mörderischen Rauschinvasion, einen Sinn besaßen.
Schenk: Schatten d. Nacht, 1948, S. 33.

Ist ein Text so strukturiert, daß er Verweise auf die Äußerungssituation enthält, so verweist die deiktische Lesart von *fremd* auf den Sprecher. Bei der anaphorischen Lesart hingegen müssen die Bezüge (das jeweilige Antezedenz) jeweils neu im Text ausfindig werden. Bei dem folgenden Beleg kann man zwar wieder fragen, ob sich hinter dem *er* ein verstecktes *ich* verbirgt, dennoch wird sehr schön deutlich, wie beim Adjektiv *fremd*, hier zweimal kurz aufeinanderfolgend, die Bezüge jeweils neu bestimmt werden. Einmal sind *die Füße* der *Bergkuppe fremd* und das andere mal ist der Schritt *ihm*, d. h. *Amadeus* fremd:

g 1950
Jakob kommt und Kelley, aber sie gehen wieder, und es ist, als liege diese Bergkuppe über der irdischen Welt, und die <u>fremden</u> Füße hinterließen keine Spur auf ihr.
Und erst zur Sonnenwende geschieht etwas. Um die Abendzeit bekommt Amadeus Besuch. Er hört einen <u>fremden</u> Schritt vor der Türe, einen langsamen und zögernden, und wie ein Wolf aus dem Lager ist ...
Wiechert: Missa sine nomine, 1950, S. 100.

Diese Möglichkeiten des Verweisens von *fremd* werden von Max Frisch in seinem Roman *Mein Name sei Gantenbein* erzähltechnisch genutzt. Die folgende Szene wird aus der Ich-Perspektive erzählt: Ein Mann sitzt in einer Bar und wartet auf jemanden. Es regnet draußen. Die Frau des Erwarteten betritt die Bar und entschuldigt ihren Mann, der sich in London befinde. Der Mann lädt die Frau ein, etwas mit ihm zu trinken, woraufhin sie sagt: „Ich will sie wirklich nicht aufhalten-". Die beiden kommen miteinander ins Gespräch. Der Ich-Erzähler berichtet: „Sie trinkt ihr Gingerale, als habe sie plötzlich Eile. Sie will den fremden Herrn nicht aufhalten. Ich erkundige mich nach Peru, aber sie will den fremden Herrn wirklich nicht aufhalten ..." Mit dieser Formulierung „den fremden Herrn" übernimmt der Erzähler – hier nur ganz kurz – die Perspektive der Frau. In einem weiteren Schritt führt dann diese Aufspaltung der Perspektiven zu einer Aufspaltung des Erzähler-Ichs in zwei Rollen:

„Ich bin jetzt, wie durch einen Alarm, plötzlich sehr nüchtern; nur der fremde Herr, den sie nicht aufhalten will, ist nach wie vor betrunken, nicht schlimm, immerhin so, daß ich mich von ihm unterscheide. Peru sagt er, sei das Land der Hoffnung." Das Ich beobachtet im folgenden mit Distanz, wie dieser fremde Herr der Frau begegnet. Ihm selber ist dieser fremde Herr jedoch nicht fremd: „Es hilft nichts, daß ich jetzt den fremden Herrn genau beobachte. Wie erwartet (ich kenne ihn!) redet er jetzt mit spielerischer Offenheit, intimer, als mir zumute ist, gradaus über Lebensfragen." (Frisch 1966: 92ff)

Sicherlich wäre eine solche Aufspaltung der Rollen auch ohne das Adjektiv *fremd* möglich und könnte einfach dadurch vollzogen werden, daß das Ich von sich selbst als „dem Mann" spricht. Durch das Adjektiv *fremd* jedoch distanziert sich das Erzähler-Ich nicht einfach von irgendwelchen Verhaltensweisen dieses Mannes, sondern ausschließlich von dem Verhalten dieses Mannes der Frau gegenüber. Das Ich ist für diese Frau ein fremder Mann, und mit der Distanzierung von diesem fremden Mann distanziert sich das Ich von allem weiteren, was dieser Mann für diese Frau ist und wie er ihr begegnet.

Bis hierher wurde argumentiert, daß *fremd*, wenn es ohne Ergänzung verwendet wird, sowohl auf den Kotext, als auch, wenn vorhanden, auf den Kontext, bzw. die Sprechsituation verweisen kann. In all den in diesem Kapitel aufgeführten Belegen wird *fremd* attributiv verwendet und könnte damit – zumindest potentiell – antonymisch *eigen* gegenüberstehen. Und in der Tat findet sich in den Untergruppen des Belegmaterials, in denen aufgrund der Semantik der Bezugswörter der Aspekt der Zugehörigkeit vor allem in Richtung auf Besitz im weiteren Sinne möglich ist, sehr häufig das Antonym *eigen*. Vor der Analyse der Bezüge von *eigen* und den nahestehenden Possessiva soll zunächst noch auf die Bezüge bei den anderen Verwendungsweisen ohne Ergänzung eingegangen werden.

Die prädikative Verwendung findet sich ohne Ergänzung im Belegmaterial äußerst selten. Interessanterweise lassen viele der Synonyme in dieser Verwendung auf einen starken räumlichen Aspekt schließen (*wie abwesend du jetzt immer bist; ließen etwas Raum um mich; die auf Distanz hält; von außen kommende; aus Südamerika; drüben, ganz fern*). Die Bezüge scheinen in gleicher Weise wie bei der attributiven Verwendung sowohl im Ko- als auch im Kontext auszumachen sein.

Bei der adverbialen Verwendung ist zunächst auf die Nähe einiger Verben zu den Kopula-Verben zu verweisen (*erscheinen, wirken, vorkommen, anmuten*). Erscheint *fremd* als Ergänzung des Verbs, so ist zu beobachten, daß es sich zumeist um Verben handelt, die noch eine weitere Ergänzung fordern, z. B. *etwas fremd finden, sich fremd fühlen, jemandem fremd vorkommen* usw. In diesen Fällen werden die Bezüge von *fremd* gewissermaßen durch die Valenz des Verbs geregelt. Bei dem Verb *klingen*, das neben *fremd* außer dem Subjekt keine weitere Ergänzung fordert, ist zweimal die interessante Beobachtung zu machen, daß ein Dativ den Bezug explizit macht, der syntaktisch vielleicht als vom Adverb *fremd* regierter oder als freier (vielleicht Dativus Iudicantis) zu interpretieren wäre. Hierzu ein Beleg:

g 1909
[...] und rief leise den Namen meiner Schwester. Ich rief sie immer dringender mit all den Kosenamen, die sie so gern hatte. Es blieb totstill, meine Stimme klang mir fremd und *ängstigend* und das Schlüsselloch stierte böse und drohend auf mich.
Stehr: Ges. W. 1924, 5, S. 70.

Eine Verwendung von *fremd* als freie Angabe, die nur sehr selten belegt ist, erscheint zumeist wie eine Stileigenart, so z. B. bei Rilke:

g 1922
Wagen umrollten uns fremd, vorübergezogen,
Häuser umstanden uns stark, aber *unwahr*, – und *keines
kannte uns je*. Was war wirklich im All?
Rilke: Ges. W., 1927, 3, S. 348.

In diesem Beleg hängt *fremd* quasi beziehungslos im Satz. Man sucht nach den Bezügen und der Kotext legt die Interpretation nahe, daß ein *wir* der Bezugspunkt ist, dem das *uns Umrollen der Wagen fremd* ist. Es zeigt sich aber, daß *fremd* mit seiner Bedeutung um so näher an die rein qualitativen Adjektive wie *seltsam* usw. rückt, je schwieriger ein solches interpretatorisches Ausmachen der Bezüge ist. So auch in folgendem Beleg:

1922
George dachte fremd: „Dies alles ließe sich beschreiben [...] wie die Szenerie einer Südseeinsel."
Ina Seidel: Das Labyrinth. Jena 1922, S. 305.

Mit diesem Beleg ist im Rahmen des entworfenen Modells die nicht-verweisende Spitze der qualitativen Adjektive erreicht (*eigen* und *fremd* in der Bedeutung 'seltsam'), von der aus die beiden Schenkel des Bogens zu den verweisenden Bedeutungen von *eigen* und *fremd* als Antonyme gehen. Diese verweisende Bedeutung von *eigen* soll im folgenden noch näher betrachtet werden.

5.2. *eigen* und die Possessiva

Die im Paul (1992: 197) zu findende Bemerkung zu den Bezügen von *eigen* wird durch das Material bestätigt:

„Gewöhnl. ist e*[igen]* relativ, es bezeichnet also, daß sich etwas im Besitz einer bestimmten Person (übertr. auch einer Sache), und nicht einer anderen befindet: *den hohen Göttern ist er e.* Schi[ller]. Daß eine solche Beziehung vorliegt, braucht nicht eigens ausgedrückt zu sein; dann geht sie in der Regel auf das Subj.: *ich habe dort einen eigenen Diener* (Kafka, Proceß 34), *sie kamen aber nicht in der offnen Schlacht durch eigne Hand um* (Hölderlin, Hero), doch auch auf einen anderen

Satzteil: *Wohl aber ist es den Advokaten verboten, irgendetwas in dem Zimmer auf eigene Kosten ändern zu lassen* (Kafka, Proceß 153).“ (Paul 1992: 197)

Das Subjekt oder ein anderer Satzteil, auf den sich *eigen* bezieht, kann natürlich auch ein *ich* sein, womit noch einmal die prinzipielle Schwierigkeit angesprochen ist, Anaphorik und Deixis zu unterscheiden. Im Vergleich zu *fremd* fällt jedoch zweierlei auf: Eine Äußerung, in der textuell kein Bezugspunkt auftaucht, und in der sich *eigen* auf den Sprecher bezieht, läßt sich weder im Material finden noch erdenken. Während also in einem Satz wie *Da steht ja wieder das fremde Auto vor der Garage* der Bezug zum Sprecher deiktisch hergestellt wird, geschieht dies in einem Satz wie *Da steht ja wieder das eigene Auto vor der Garage* nicht. Die zweite und mit der erstgenannten zusammenhängende Auffälligkeit ist die Nähe von *eigen* zu den Possessiva. So wird *eigen* nicht nur häufig durch ein Possessivum ergänzt (womit auch die Bezüge expliziter gelenkt werden), es finden sich im Belegmaterial auch viele Belege, in denen Possessiva alleine *fremd* antonymisch gegenüberstehen:[28]

> g 1975
> Ich mag ihn nicht. Ein kleiner Mann mit Glatze und rotem Gesicht, er tut so, als gehöre ihm die ganze Straße. Wenn ein <u>fremdes</u> Auto vor <u>seinem</u> Haus parkt, gibt es Krach.
> Nossack: Mensch, 1975, S. 36.

Im Hinblick auf das, was ausgehend von der Analyse der Wörterbuchartikel unter 3.2 „Interpretament" genannt wird, zeigen die Possessiva eine ähnliche Bedeutungsbreite wie *eigen*. Denn obwohl sie namentlich auf das Interpretament *gehörend* verweisen (lat. *possidere* 'besitzen', „besitzanzeigendes Fürwort"), werden mit ihnen generell Beziehungen der Zugehörigkeit angezeigt. Auch in bezug auf die Possessiva zeigt sich in der Diskussion um Anaphorik und Deixis immer wieder die Problematik der Grenzziehung: Sind alle Formen der dritten Person als anaphorisch im Gegensatz zu den deiktischen ersten beiden Personen zu bezeichnen? Auf jeden Fall wird der Shiftercharakter (also der verweisende Charakter) von *fremd* durch diese mögliche Antonymie zu den Possessiva – die eindeutig als Shifter zu qualifizieren sind, weil sie ohne Ko- oder Kontext nicht sinnvoll zu verstehen wären – sehr deutlich.

Ein Beleg für die Parallelität von *fremd* auch mit der deiktischen Verwendung der Possessiva findet sich bei Botho Strauss (1993) in dem kontrovers diskutierten Essay „Anschwellender Bocksgesang".

> „Intellektuelle sind freundlich zum Fremden, nicht um des Fremden willen, sondern weil sie grimmig sind gegen das Unsere und alles begrüßen, was es zerstört [...]" (Strauss 1993: 203)

Strauss stellt nicht nur an dieser Stelle der substantivierten Form *das Fremde*[29] nicht das unbestimmte Antonym *das Eigene* gegenüber, sondern die auf ein *wir* (nämlich 'wir Deutschen') verweisende substantivierte Form *das Unsere*. Während er also das Possessivum verwenden muß, um *das Eigene* zu konkretisieren als das, *was uns eigen ist*, muß er *das Fremde* nicht als *das uns Fremde* konkretisieren, da *fremd* diesen Sprecherbezug bereits aus sich heraus herstellen kann.

---

[28] Zwei Beispiele hierzu wurden schon unter 3.2. angeführt.
[29] Es bleibt an dieser Stelle offen, ob *der Fremde* oder *das Fremde* gemeint ist. Für beide Interpretationen ließen sich Argumente anführen. Die Frage nach dem Genus berührt aber nicht die hier interessierende Nähe von *fremd* zu den Possessiva.

Was heißt hier 'fremd'?

Gerade im Hinblick auf die Übersetzungen von *fremd* wird immer wieder nach dem Verhältnis von *ander-* zu *fremd* gefragt. Dieses Verhältnis läßt sich vor dem Hintergrund der bis hierher entworfenen Modelle und dem Aspekt der verweisenden Funktionen näher bestimmen.

5.3 *ander-*

Zunächst sei noch einmal an das erste, aus der Analyse der Wörterbuchartikel entworfene Modell zur Semantik von *fremd* erinnert. Nach den jeweils ersten beiden Einträgen wurde *fremd* analysiert als ein Interpretament (angehörend, stammend, usw.) zu einem Bezugspunkt (Land, Volk. usw.), *der ein anderer ist*. Die graphische Darstellung zeigte, daß sich die dritte Variante nur oberflächlich betrachtet strukturell unterscheidet, daß es sich dabei jedoch um eine Art immanenten Vorzeichenwechsel handelt, der sich gewissermaßen summarisch betrachtet neutralisiert.

Wie funktioniert nun also dieses Wort *ander-*, durch das ja (versprachlicht man die Seme) der Shiftercharakter von *fremd* bedingt ist?

Ander- kann etymologisch zurückgeführt werden auf einen Pronominalstamm (indogermanisch **eno* oder **ono*, verwandt mit *jener*) und ein Suffix (**tero*), das der Gegensatzbildung dient. Ursprünglich und noch frühneuhochdeutsch war *ander-* auch Ordinalzahl (noch erhalten in *anderthalb*), wurde in dieser Funktion aber von dem Wort *zweite* verdrängt. *Ander-* stellt die Grammatiker mit seiner heutigen Bedeutung scheinbar vor einige Bestimmungsprobleme, zumindest herrscht keine einheitliche Terminolgie. So wird *ander-* sowohl als „zurückverweisendes Demonstrativpronomen" (Helbig / Buscha 1994: 256), als „unbestimmtes Zahladjektiv" (Helbig / Buscha 1996: 335) und als „indefinites Zahladjektiv" (Duden 1995: 275), oder auch als „ausgrenzendes Indefinitpronomen" (Hentschel / Weydt 1990: 229) bestimmt. Diese Bestimmungen geben einen ersten Eindruck davon, daß es sich bei *ander-* keineswegs einfach nur um ein herkömmliches Adjektiv handelt. Im Paul wird eine Bedeutung von *ander-* wie folgt umschrieben:

> „2 In subst. u. adj. Gebrauch hat sich *a.* zum Ausdruck dafür erhalten, daß ein Gegenstand nicht derselbe ist wie einer, dem er gegenübergestellt wird, häufig als Ggs. zu *ein: der eine – der andere* [...] oft mit Ellipse des Bezugsworts: *ein Wort gab das andere* [...]" (Paul 1992: 32).

Zunächst sei hier auf die syntaktische Anmerkung verwiesen: diese Bedeutung beschränkt sich auf die substantivische und adjektivische Verwendung. Um die Bedeutung 'nicht derselbe' haben zu können, verlangt *ander-* also immer eine Gegenüberstellung. Hierdurch ist der verweisende Aspekt gegeben. Nun ist etwas, das nicht dasselbe ist, häufig – aber nicht notwendig – verschieden. Die neunte Auflage eines Buches ist eine andere als die achte, sie ist aber – wenn es sich um eine unveränderte Neuauflage handelt – nur durch diesen Hinweis von der achten zu unterscheiden (vgl. Descombes 1981: 5).

Mit der Möglichkeit, neben der erstgenannten, rein verweisenden Bedeutung auch eine qualitative zu besitzen, erinnert *ander-* an das hier entworfene zweite Modell zur Semantik von *fremd*. So kann durch *ander-* auch in dieser Verwendung auf die Verschiedenheit der Qualität verwiesen werden:

> „3 In anderen Fällen ist die Verschiedenheit insb. auf die Qualität bezogen: *er ist ein anderer Mensch geworden; es sind jetzt andere Zeiten; ich bin anderes Sinnes geworden; Von anderem wollte ich reden* [...]" (Paul 1992: 32).

Während der Aspekt der Verschiedenheit oder Differenz in dieser substantivischen und adjektivischen Verwendung nur ansatzweise vorhanden ist, steht er beim Adverb *anders*, das auch prädikativ verwendet werden kann, im Zentrum. Man kann daher durchaus die Frage stellen, ob die andere Auflage eines Buches denn anders sei.[30] Auch kann man bezüglich einer anderen Sprache fragen, was denn anders (also verschieden) und was gleich oder identisch ist. Denn zu betonen ist, daß eine andere Sprache zwar immer anders oder verschieden ist (und dieser Aspekt wurde und wird allzu oft vergessen), daß eine andere Sprache in vielerlei Hinsicht aber auch der eigenen gleichen kann.[31]

Es wurde in der Analyse der Wörterbucheinträge zu *fremd* bereits darauf hingewiesen, daß sowohl der Umfang des Bezugspunktes als auch die Art (Personalität oder Lokalität) nur im Ko- oder Kontext näher bestimmt werden. Der Bezugspunkt zeichnet sich aber immer dadurch aus, daß er ein anderer ist. Es scheint nun so, daß die Bedeutungsspanne von *ander-*, wie sie gerade skizziert wurde, auch in *fremd* zu finden ist, das ja, modellhaft gesehen, ein solches *ander-* enthält. So spielt nämlich bei der stark verweisenden, eine Zugehörigkeit ausdrückenden Variante das Kriterium „Verschiedenheit" keine Rolle. Dies ist im Zusammenhang damit zu sehen, daß ja auch das Kriterium „Kenntnis" auf dieser Ebene gar nicht vorhanden ist:

> g 1932
> Aber die Mutter sagt das nur zu ihrem Kind, weil es „ihr" Kind ist; sie ist parteiisch, ungerecht, partikulär. Es ist schon etwas ganz anderes als Mutterliebe da, wo eine Mutter ein <u>fremdes</u> Kind mit gleicher Liebe behandelt wie das <u>eigene</u>.
> E. Brunner: Gebot, 1932, S. 316.

Man könnte die Opposition wie folgt formulieren: *ein Kind, das einer anderen Familie angehört* vs. *ein Kind, das ihrer Familie angehört*. Wenn das Kriterium „Kenntnis" hier keine Rolle spielt, kann auch das Kriterium „Verschiedenheit" keine Rolle spielen. Es bleibt einfach offen, ob diese andere Familie in irgendeiner Hinsicht *anders* ist, sie ist einfach nur eine *andere*.

Anders sieht es auf der nächsten Ebene des Modells aus, wo sich die Synonyme *unvertraut, ungewohnt, unbekannt* finden. Im Modell taucht zwar dieses „ander-" in der dritten Variante nicht mehr auf, es ist aber natürlich insofern vorhanden, als das, was mit dem Bezugswort bezeichnet wird, dem impliziten Bezugspunkt (z. B. „mir") als Anderes gegenübersteht. Im Rahmen dieses Modells könnte man argumentieren, daß mit der möglichen prädikativen Verwendung von *fremd* auch das modellhaft enthaltene *ander-* seine qualitative Bedeutung bekommt, die in der attributiven Verwendung potentiell vorhanden ist und bei der prädikativen und adverbialen im Zentrum steht:

> g 1954
> Selbst dort, wo wir das Gesprochene einer Sprache hören, die uns völlig <u>fremd</u> ist, hören wir niemals bloße Laute als nur sinnlich gegebene Schälle, sondern wir hören *unverständliche* Worte. Doch zwischen dem unverständlichen Wort und dem akustisch abstrakt erfaßten bloßen Schall liegt ein Abgrund der Wesensverschiedenheit.
> Heidegger: Was heißt Denken?, 1954, S.89

---

[30] Im Englischen wird dieser Unterschied durch *other* oder *else* auf der einen Seite und *different* auf der anderen ausgedrückt.

[31] Trabant (in diesem Band) warnt daher sowohl davor, den Aspekt der Verschiedenheit zu übersehen, als auch davor, diesen Aspekt zu übertreiben.

Hier ist die Sprache, die anderen Völkern oder Menschen angehört, nicht nur eine andere, sie ist auch *anders* als die eigene und daher *unverständlich*.

Sowohl im Humboldt-Bedeutungswörterbuch als auch im Valenzwörterbuch von Sommerfeldt / Schreiber fand sich *anders* als Synonym oder Bedeutung von *fremd*. *Ander-* und *anders* können in der Tat als Synonyme von *fremd* bezeichnet werden, wenn man sich dabei vor Augen hält, daß mit Synonymie immer eine partielle Bedeutungsgleichheit gemeint ist. Kein Wort zeigt in jeder Gebrauchsweise all das, was es potentiell kann. Und so können auch die Seme, die den anderen Bezugspunkt interpretieren, in einer konkreten Anwendung nur schwach vorhanden sein. Eben dann stehen sich *ander-* oder *anders* und *fremd* sehr nahe.

6. Exemplarische Analyse des Materials

6.1. Ordnungskriterien

Durch die Einbeziehung der syntaktischen Struktur ergibt sich für diese Arbeit eine Art zweifache Gliederung: Zuerst wird das Belegmaterial hinsichtlich der Kriterien einwertig (d. h. ohne Ergänzung) und mehrwertig (mit Ergänzungen) grob in zwei Gruppen eingeteilt. Die mehrwertigen Varianten werden in einem weiteren Schritt nach der Art der Ergänzung unterschieden. Hierbei wird gleich die Gruppe mit Dativergänzung unterteilt in die Varianten *jemandem fremd* und *einer Sache fremd*. In der nächsten Untergruppe findet sich *fremd* mit einem Ortsadverbial, also *an einem Ort fremd*. Schon der Versuch der Zuordnung zu diesen Untergruppen bringt interessante Ergebnisse. Zum einen ist hier auf die bereits angesprochenen metaphorisch verwendeten Ortsergänzungen (z. B. Betriebswelt) zu verweisen. *Fremd* scheint aber noch weitergehend seine räumlichen Wurzeln zu verdeutlichen: Auch Ergänzungen, bei denen das Substantiv auf nichts Räumliches (auch nicht im übertragenen Sinne) verweist, werden mit der ursprünglich räumlichen Präposition *in* verbunden und bekommen so räumlichen Charakter, wie z. B. in folgendem Beleg:

> g 1918
> ..., denn freilich ist die intellektuale Geistigkeit, in welcher wir alt sind, uns vertrauter; im Leben der Seele sind wir *kindlich jung, fast unerwacht, zaghaft* und fremd.
> Rathenau: Ges. Schr. 1918, 2, S. 220.

Besonders interessant sind die Ergänzungen, die ebenfalls mit *in* gebildet werden und praktisch den Aspekt des Bezugsworts näher bestimmen, der von diesem Fremdsein betroffen ist. Sie stehen in dieser Hinsicht parallel zu dem Adverb *blutsmäßig*, das in einem Beleg das Adjektiv *fremd* näher bestimmt. Zu diesen Konstuktionen mit *in* sei hier ein Beleg als Beispiel angeführt:

> g 1977
> Uns Schülern blieben sie in ihrer lateinischen Strenge fremd: jemand, der – es mochte Stalingrad fallen und Tobruk verloren gehen – einzig der Grammatik mit Leidenschaft anhing.
> Grass: Butt, 1977, S. 206.

Neben den Hauptgruppen einwertig und mehrwertig werden in einer dritten Gruppe die adverbialen Verwendungen von *fremd* eingeordnet. Hier wird unterschieden, ob *fremd* selbst eine Ergänzung oder eine freie Angabe ist. Dieses Kriterium ist aufschlußreich, weil zu beobachten ist, daß im Falle von *fremd* als Ergänzung, wie erwähnt, die Bezüge von *fremd* durch die Struktur des Verbs geregelt werden. Bis hierher handelt es sich also vornehmlich um syntaktische Kriterien. Die so entstandenen Gruppen wurden dann hinsichtlich der semantischen Merkmale der Bezugswörter weiter untergliedert. So entstanden sowohl unter der Hauptgruppe „einwertig" als auch unter der Gruppe *jemandem fremd* folgende Untergruppen: *Menschen, Menschliches, Sprache, Orte, Belebtes, weitere*. Als feststehende Wendung wurde die Verbindung *fremde Elemente* in einer eigenen Untergruppe gesammelt. Als weiteres Gliederungskriterium wurde nun nach attributiver oder prädikativer Verwendung unterschieden. Bei prädikativer Verwendung wurde zudem nach den Kopula *(sein, werden, bleiben)* unterschieden. Die folgende Darstellung gibt für insgesamt 321 Belege eine Übersicht über die Anzahl der jeweiligen Belegstellen.

einwertig

1. Menschen
1.1. attributiv (40)
1.2. prädikativ
1.2.1. Kopula: sein (3)
1.2.2. Kopula: werden (3)
1.2.3. Kopula: bleiben (1)

2. Menschliches
2.1. attributiv (45)
2.2. prädikativ
2.2.1. Kopula: sein (2)
2.2.2. Kopula: werden (1)

3. Sprache
3.1. attributiv (14)
3.2. prädikativ
3.2.1. Kopula: sein (1)

4. Orte
4.1. attributiv (26)

5. Belebtes
5.1 attributiv (4)

6. weitere
6.1. attributiv (52)
6.2. prädikativ
6.2.1. Kopula: sein (2)
6.2.2. Kopula: werden (1)

7. Elemente (4)

mehrwertig

a). jmdm. fremd
1. Menschen
1.2. prädikativ
1.2.1. Kopula: sein (12)
1.2.2. Kopula: werden (3)
1.2.3. Kopula: bleiben (2)

2. Menschliches
2.1. attributiv (1)
2.2. prädikativ
2.2.1. Kopula: sein (13)
2.2.2. Kopula: werden (1)

3. Sprache
3.1. attributiv (2)
3.2. prädikativ
3.2.1. Kopula: sein (1)

4. Orte
4.1. attributiv (1)
4.2. prädikativ
4.2.1. Kopula: sein (1)
4.2.3. Kopula: bleiben (1)

5. Belebtes
5.2. prädikativ
5.2.3. Kopula: bleiben (1)

6. weitere
6.2. prädikativ
6.2.1. Kopula: sein (5)
6.2.2. Kopula: werden (2)
6.2.3. Kopula: bleiben (2)

b). etw./einer Sache fremd
1. attributiv (1)
2. prädikativ
2.1. Kopula: sein (20)

c) an einem Ort fremd
2. prädikativ (9)

d) in einer Sache fremd?
2. prädikativ (2)

e) jmdm. in etwas fremd
2. prädikativ
2.1. Kopula: sein (1)
2.2. Kopula: bleiben (1)

f) blutsmäßig fremd
1. attributiv (1)

Adverbial: Ergänzung

1. jmdm. fremd vorkommen (5)
2. etw./jmd. fremd finden (1)
3. jmdm. fremd erscheinen (2)
4. (auf jmd.) fremd wirken (3)
5. etw./jmd. fremd machen (2)
6. sich fremd fühlen (1)
7. (jmdm.) fremd klingen (3)
8. fremd aussehen (2)
9. jmdn. fremd stimmen (1)
10. etw. fremd empfinden (1)
(11. jmdn. fremd gehen) (1)
12. fremd anmuten (1)
13. sich fremd ausnehmen (1)
14. sich fremd gegenüberstehen (3)

Adverbial: freie Angabe (12)

fremd sitzen, fremd äußern, fremd kommen, fremd umrollen, fremd empfangen, fremd denken, fremd hereinkommen, fremd liegen (3), fremd auseinanderklaffen, fremd dastehen

6.2. Fremd mit Dativergänzung

Die Belege zeigen, daß *fremd* ohne weitere Ergänzung kaum prädikativ verwendet wird. In 199 Belegen, in denen *fremd* ohne Ergänzung erscheint, finden sich nur 14 prädikativ verwendete. Die Variante mit Dativergänzung (nimmt man die Ergänzungen *jemandem* und *etwas/einer Sache* zusammen) wird hingegen vornehmlich prädikativ verwendet. In dieser Beleggruppe von insgesamt 67 Belegen finden sich nur 5 attributive Verwendungen.

Interessant ist die Beobachtung, daß die Dativergänzung in der Gruppe *jemandem fremd* nur in 9 Fällen in Form eines Substantivs wie in dem Beispielsatz des Dudens realisiert ist. In den anderen 44 Fällen[32] wird die Dativergänzung durch ein Pronomen realisiert. Dies bedeutet, daß das Relatum entweder bereits eingeführt ist (Anaphorik) oder situationell (Deixis) konkretisiert wird. Pronomen (jeweils Singular und Plural) der 1. Person finden sich zweiundzwanzigmal, der 2. Person zweimal, der 3. Person neunzehnmal. Bei dieser hohen Zahl der Pronomen der 3. Person ist zu bedenken, daß die Texte, denen die Belege entstammen, in großer Zahl aus der erzählenden Literatur stammen. Viele dieser Texte sind in einer auktorialen Erzählperspektive verfaßt. Dies bedeutet, daß sich hinter vielen dieser Formen der 3. Person gewissermaßen perspektivisch eine 1. Person versteckt. Hierzu ein Beleg, der diese versteckte Perspektive illustriert:

> g 1965
> Felix ging zum Fenster. Er fühlte, daß er zuviel von Hitler, Frankreich, Krieg und Judenverfolgung gesprochen hatte und zuwenig von <u>seinem Vater</u>. Wie ein Fremder hatte er gesprochen, nicht weil sein Vater ihm <u>fremd</u> war – er war es ihm jetzt weniger denn je – sondern weil er den alten Mann schonen wollte.
> Habe: Mission, 1965, S. 133.

Es ist also zu beobachten, daß das Relatum, wenn es in einer Dativergänzung explizit gemacht wird, zumeist mit einem *ich* zusammenfällt, zumindest jedoch, wie die Pronomen zeigen, mit jemandem, der (textuell) bereits eingeführt und bekannt ist.

Im Gegensatz dazu werden in den 21 Belegen zu *etwas/einer Sache fremd* die Ergänzungen nur in 2 Fällen pronominal realisiert und 19 mal durch ein Substantiv direkt. Hier ist ein erster Hinweis darauf, daß diese Variante auch hinsichtlich der Bedeutung von der Variante *jemandem fremd* zu unterscheiden ist. Sommerfeldt/Schreiber (1977: 197f) vermerken zu ihrer dritten Variante 'nicht bekannt', daß das Substantiv der Dativergänzung das Merkmal „+ Belebtes" trage, womit sich deren Variante 'nicht bekannt' eben auf die Form *jemandem fremd* beschränken würde. Die in den Texten zu findenden Antonyme und Synonyme der Variante *etwas/einer Sache fremd* zeigen, daß *fremd* hier seine Bedeutung verstärkt im Bereich der Zugehörigkeit hat. So finden sich folgende Synonyme: *abgesondert, so was gibt es doch gar nicht, neu, angeheftet, ferne, in denen sie nicht geübt war, voneinander geschieden*. Die Antonyme lauten: *ganz natürlich* (vs. *seiner Natur fremd*), *Zug des Wesens* (vs. *seinem Wesen fremde Züge*), *angehören, ein integrierter Bestandteil*. Aufgrund der Tatsache, daß Dinge oder Sachverhalte, die in dieser Variante nicht nur durch die Ergänzung, sondern auch durch die Bezugswörter bezeichnet werden, das Nicht-Zugehörige weder als Vertrautes oder Bekanntes qualifizieren noch werten können, bleibt die Bedeutung in dieser Variante also auf 'nicht-zugehörig' oder 'nicht passend' beschränkt. Diese Nicht-

---

[32] Bei diesen Zahlen ist zu bedenken, daß bisweilen in einem Beleg mehrere syntaktisch äquivalente Realisierungen von *fremd* zu finden sind. Daher stimmt die Zahl der Belegstellen nicht immer mit der Zahl der Realisierungen von *fremd* überein.

Zugehörigkeit kann nur von außen und von noch nicht (textuell) bekannten Dingen konstatiert werden.

Die Variante *jemandem fremd* hingegen wird zumeist in Bezug auf den Sprecher selbst oder auf bereits eingeführte, bekannte Personen geäußert. Die Belege zeigen, daß *fremd* in dieser Konstruktion nicht so eindeutig auf die Bedeutungen 'nicht bekannt' und 'nicht vertraut' beschränkt ist, wie dies die Wörterbucheinträge nahelegen. Deutlich sichtbar werden bei einer näheren Analyse der Belege die fließenden Übergänge zwischen den Varianten, in die das Bedeutungskontinuum unterteilt wurde. Während eine Bedeutungsbegrenzung der Variante *einer Sache fremd* durch die Eigenschaften der Referenten der Ergänzung bereits gegeben ist, ist der jeweilige Bedeutungsschwerpunkt von *jemandem fremd* – die Bedeutungsspanne ist hier nicht durch die Ergänzung begrenzt, da für Menschen nicht nur Zugehörigkeit sondern auch Vertrautheit usw. gelten können – durch die Referenten des Bezugswortes bedingt. Da eine Zusammengehörigkeit oder Angehörigkeit von Menschen nicht über Besitz im weiteren Sinne, sondern durch Vertrautheit und Gewöhnung bestimmt wird, liegt auch der Bedeutungsschwerpunkt bei der Gruppe *jemandem fremd* mit Bezugswort *Mensch* dort. Daß eine nicht vorhandene Vertrautheit oft noch weitergehend mit einer nicht vorhandenen positiven affektiven Bindung verbunden wird, zeigen die hier erscheinenden Synonyme: *nicht gekannt; gleichgültig; verhaßt; kannte seinen Namen nicht; er versteht mich nicht, und er mag mich nicht. Und ich habe ihn auch nicht verstanden. Er hat viele Sachen gesagt, die ich nicht begriffen habe ...; feindlich; erschrecken, wenn sie gegrüßt werden; liebe ich ihn nicht; ich dich nicht kenne; seltsamer; Unheimliches an dir, etwas, das mich verunsichert; schrecklich; gleichgültig oder sie haßt mich gar; von ihren Geheimnissen gibt sie nichts heraus; wie am ersten Tag; anderes gewohnt; andere Vorstellungen.* Auch die Antonyme zeigen dieses oftmalige Einhergehen von Vertraut- und Bekanntsein mit Zuneigung und affektiver Bindung: *miteinander verheiratet; unseren Dingen; seinem Vater; verständigen können; aneinander gewöhnen; gleich groß; je besser sie sich kennen.*

Da der Schwerpunkt hier auf dem Vertrautsein und nicht auf der Zugehörigkeit liegt, kann der Referent von Ergänzung und Bezugswort auch derselbe sein, nämlich in der Form *sich selbst fremd sein*. Aufgrund der Beobachtung, daß ein Fremdsein vor allem in dieser Mensch-zu-Mensch-Relation vornehmlich dann konstatiert wird, wenn eigentlich ein Vertrautsein zu erwarten wäre (fremd ist oder wird der eigene Vater, die Freundin usw.), wundert es nicht, daß auch diese Form *sich selbst fremd sein* dreimal belegt ist.

In der Untergruppe *jemandem fremd* mit Bezugswort Menschliches wurden sowohl menschliche Körperteile (dazu auch die häufig in Verbindung mit *fremd* auftauchende *Stimme*) als auch menschliche Eigenschaften, Gewohnheiten, Rituale usw. aufgenommen. Hier ist genaugenommen zu unterscheiden, ob das durch das Bezugswort Bezeichnete dem in der Ergänzung Bezeichneten faktisch angehören kann. So kann die Stimme eines anderen Menschen nie die eigene sein und ist daher als *mir fremde* eine unvertraute, da sonst – ähnlich wie bei der Wendung *etwas mit seinen eigenen Augen sehen* – eine implizite Redundanz vorliegen würde:

g 1936
Was er sagte – von der Krankheit zu Hause, von der Not, einen tüchtigen Menschen als Hilfe zu gewinnen, von der alten Mietsfrau –, war mir <u>wohlvertraut</u>. Aber sein Blick, seine Stimme waren mir auf einmal <u>fremd</u>. Ich fühlte, daß er nicht böse war. Ich spürte irgendwie, daß er sehr traurig war. Aber *ich wußte nicht warum*.
Miegel: Ges. W., 1952, 5, S. 84.

Nun zeigt ein weiterer Beleg mit dem Bezugswort *Stimme* zum einen die Undeterminiertheit der Bedeutungsvariante 'zugehörig' hinsichtlich 'Bekanntsein', 'Vertrautsein' und zum anderen den oben mit dem Verweis auf die Pronomina angesprochenen Perspektivenwechsel. Zugehörigkeit kann von außen beobachtet werden. Um ein Vertrautsein ausmachen zu können, muß derjenige, der diese erkennen will, bereits selber zumindest Einblick in die Relation der beiden betreffenden Bezugsgrößen besitzen. Obwohl also durch den außersprachlichen Sachverhalt, daß einem die eigene Stimme normalerweise *zu eigen* ist, in dem folgenden Beleg eine Bedeutung von *ihm fremd* im Sinne von 'ihm unvertraut' naheliegt, (welche eine Kenntnis seines Verhältnisses zu seiner Stimme voraussetzen würde), verweist das erscheinende Antonym *seiner eigenen Stimme* auf die zweite Variante. *Ihm fremd* könnte hier aufgrund dieses Antonyms auch 'nicht zu ihm gehörig' bedeuten, wobei mit diesem Perspektivenwechsel also wirklich eine Mehrdeutigkeit gegeben ist. Zudem kann die Bedeutung 'nicht zu jemandem passend', die hier ebenfalls formuliert werden kann, als gewissermaßen zwischen den beiden Perspektivenpolen stehend verortet werden. Nicht-Zugehörigkeit kann auch von außen konstatiert werden, die Zuschreibung von Bekannt- oder gar Vertrautsein verlangt Einblick in die Relation oder – wie in den meisten Belegen – gar eigene Betroffenheit, ein Nicht-zu-jemandem-passen sagt zwar nichts über die Einstellung der betreffenden Person, ist aber als ein Urteil anzusehen, daß nur aufgrund einer vorhergehenden Erfahrung mit der betreffenden Person und einer Vorstellung von ihr gefällt werden kann.

> g 1975
> Amery stand auf, drehte einen Sessel herum und brannte sich eine Zigarette an.
> „Warum machst du das?" fragte er mit einer Stimme, die ihm <u>fremd</u> war.
> Christine schloß die Augen und lächelte.
> „Warum?" fragte Amery wieder.
> „Weil ich dich liebe", sagte sie und bewegte kaum die Lippen dabei. „Damit du weißt, was dich erwartet".
> Amery antwortete etwas.
> „Du mußt deutsch sprechen" sagte Christine.
> „Ich sage, daß du mich nicht liebst" wiederholte Amery leise, mit <u>seiner eigenen</u> Stimme.
> Bieler: Mädchenkrieg, 1975, S. 100.

Würde man das Bezugswort hier durch ein anderes ersetzen, das referenzbedingt weniger an die Person gebunden ist, würde die Mehrdeutigkeit noch deutlicher, z. B. *fragte er in einem Tonfall, der ihm fremd war*. Überdeutlich wird diese Mehrdeutigkeit, wenn man hier *ihm* durch *ihr* ersetzen würde: *fragte er in einem Tonfall, der ihr fremd war*. Kennt sie diesen Tonfall nicht (an ihm) oder könnte dieser Tonfall nie ihr eigener sein? Diese Mehrdeutigkeit findet sich in einem weiteren Beleg:

> 1955
> Hier stößt Veblens Konsequenz, mit einem Grinsen, das Ibsen nicht <u>fremd</u> war, bis zu jenem Punkt vor, wo sie in Gefahr steht, vorm bloß Daseienden, vor der normalen Barbarei zu kapitulieren.
> Adorno: Prismen, 1969, S. 103.

Der zu beobachtende Perspektivenwechsel sei an dieser Stelle noch einmal auf das erste Modell bezogen. Es wurde gesagt, daß sich Varianten eins und zwei von der Variante drei strukturell nur durch einen immanenten Vorzeichenwechsel unterscheiden. Sie unterscheiden sich aber auch durch die Interpretamente. Entweder weisen diese in die Richtung der Zugehörigkeit, oder in die Richtung der Bekanntheit. Man könnte (theoretisch) die Interpretamente der Variante drei mit diesem Vorzeichenwechsel in die Varianten eins und zwei einfügen. Damit wäre *eine fremde Sprache* nicht mehr nur *eine Sprache, die einem anderen Volk angehört*, sondern *eine Sprache, die einem anderen Volk vertraut ist*. Eine solche Formulierung verlangt jedoch Einblick in die Relation der beiden Bezugsgrößen zueinander. Das Volk muß bereits bekannt sein, um sein Verhältnis zu seiner Sprache beurteilen zu können. Genau dieser Aspekt der Kenntnis spielt aber bei den ersten beiden Varianten keine Rolle. Es geht einzig um die Zuschreibung von Zugehörigkeit, und damit um eine Zuschreibung, die von außen ohne eigene Betroffenheit oder Kenntnis der Relation der Bezugsgrößen zueinander vollzogen werden kann. Insofern gleichen sich die Varianten zwar strukturell, sie liegen aber in der Tat auf einer anderen semantischen Ebene.

6.3. Die fremde Sprache

6.3.1. Personalität und Lokalität

Ausgehend von der Analyse der Wörterbuchartikel wurde in Kapitel drei auf die Unbestimmtheit des Bezugspunktes der ersten beiden Varianten hinsichtlich Umfang und Art (Lokalität und Personalität) hingewiesen. Am Beispiel des Bezugsworts Stimme zeigt sich, daß die Bezugswörter diese prinzipielle Offenheit der Art des Bezugspunktes jeweils in der konkreten Gebrauchsweise begrenzen können. So gehört eine Stimme immer einem Menschen an und nicht einem Ort.[33] In gleicher Weise wird durch die Referenten der Bezugswörter wie *Haare, Schuhe, Gedanken, Leidenschaften* usw. auf die personale Dimension verwiesen. Demgegenüber schränken Bezugswörter wie *Luftmassen, klimatische Verhältnisse, Flora und Fauna* usw. diese Offenheit auf die lokale Dimension ein, da deren Referenten nicht Personen zugehörig sein können, sondern nur Orten. Bei dem Großteil der Bezugswörter bleiben diese Dimensionen aber verschmolzen. So können *fremde Leute* den *hiesigen* gegenüberstehen, sie können aber auch nicht zur eigenen Familie gehören. Wie verhält es sich z. B., wenn ein Ort selbst im Bezugswort genannt wird? Werden Orte als Objekte genannt, die man besitzen oder erobern kann, so wird natürlich eindeutig die personale Dimension angesprochen. Man könnte vermuten, daß – diesen Aspekt ausklammernd – die Varianten eins und zwei im Sinne der Zugehörigkeit kaum möglich sind, und daß ein *fremder Ort* immer ein *unbekannter, ungewohnter Ort* im Sinne der Variante drei sein müßte. Doch die Belege zeigen, daß die für die Etymologie aufgeführte Verbindung von Lokalität und Zugehörigkeit immer noch vorhanden ist. So kann ein *fremder Ort* einfach nur der sein, der fern und daher nicht der eigene ist, der also anderen gehört. In dieser Verbindung zeigt *fremd* somit gewissermaßen seine etymologischen Wurzeln:

> g 1977
> Früher hast du nur an sie gedacht ... jetzt aber mußt du mit dem Onkel rechnen. Als wär der früher *irgendwie weitab* gewesen, also sagen wir: in einer <u>fremden</u> Stadt, und weder Friederike noch Ludwig selbst hätte damit gerechnet, daß er angereist kam. Nun <u>stand er da und ging nicht weg</u>, als ob er der mächtigste von euch dreien wäre.
> Lenz: Tintenfisch, 1977, S. 89.

---

[33] In der strukturellen Semantik nach Greimas wird hier von der Disambiguierung durch „classèmes" gesprochen.

Ebenso wie sich der eigene Ort, *das Zuhause, die Heimat, daheim* nicht nur auf einen lokal zu bestimmenden Ort bezieht, sondern durch die dort lebenden Menschen mitbestimmt wird, ist auch der *fremde Ort* nicht nur lokal betrachtet der nicht-eigene, er ist immer auch der Ort anderer Menschen. So wird auch mit der Variante drei mit lokaler Ergänzung *an einem Ort fremd sein*, bei der immer eine Person im Bezugswort erscheint, selten ausschließlich die Unkenntnis und Unvertrautheit mit den lokalen Gegebenheiten angesprochen ('ich kenne mich hier nicht aus'), sondern zumeist zugleich die Unvertrautheit mit den dort lebenden Menschen ('ich kenne hier niemanden').

Das Antonym, das sich am häufigsten in der Gruppe „Bezugswort Ort" findet, lautet *deutsch*. Sucht man hier einen Anhaltspunkt für die betonte Dimension, so stößt man auf die gleiche Offenheit für beide Dimensionen wie beim Adjektiv *fremd*. Denn auch Ländernamen, Städtenamen, die Namen der Kontinente usw. werden auf die sie bewohnenden Menschen übertragen und umgekehrt. Und in gleicher Weise wie in der Verbindung *die deutsche Sprache* sind in der Verbindung *die fremde Sprache* Lokalität und Personalität verschmolzen: Es ist eine Sprache, die woanders und von anderen gesprochen wird. Daß auch hier die temporale Dimension nicht angesprochen wird, zeigt z. B. das Zögern, das sich hinsichtlich der Frage einstellt, ob im Falle der Übertragung aus dem Mittelhochdeutschen ins Neuhochdeutsche eigentlich von Übersetzung gesprochen wird.[34]

Oberflächlich betrachtet wundert das Vorkommen der Verbindung *fremde Sprache* angesichts des Vorhandenseins des Kompositums *Fremdsprache*. Was unterscheidet also die *fremde Sprache* von der *Fremdsprache*?

6.3.2. Wortbildungen: *Fremde, Fremde, Fremdsprache, Fremdwort*

Das Kompositum *Fremdsprache* wurde erst im 19. Jahrhundert lexikalisiert. So findet sich z. B. im Grimmschen Wörterbuch noch kein Eintrag zum Lemma *Fremdsprache*. Man kann an dieser Stelle fragen, warum denn eigentlich Komposita entstehen und warum sie und andere Wortbildungen lexikalisiert werden. Eine naheliegende Erklärung wäre, daß häufige Kollokationen ein Anlaß für die verschiedenen Arten der Wortbildung sind. So fällt z. B. auf, daß parallel zu den größten Gruppen des Belegmaterials Substantivierungen bzw. Komposita vorhanden sind, die lexikalisiert sind. Neben der Kollokation *der fremde Mann* existierte bereits im Mittelhochdeutschen die elliptische Substantivierung in der Form *der Fremde*. *Die Fremde* als elliptische Substantivierung von *die fremde Frau* ist (nach Beul) selten belegt, da ebenfalls bereits im Mittelhochdeutschen *die Fremde* als Substantivierung für *das fremde Land* nach dem heute nicht mehr produktiven Wortbildungsmuster *fern-Ferne, hart-Härte* usw. lexikalisiert war. Wie die Wortbildungen und deren Lexikalisierungen vermuten lassen, wurde von *Fremdsein* also besonders häufig in Bezug auf Menschen und Orte, und, wie das Kompositum zeigt, von Sprachen gesprochen (und wird es immer noch). Die Substantivierung *das Fremde* ist natürlich ebenfalls möglich, man kann aber im Gegensatz zu den zuvor genannten nicht von Lexikalisierung sprechen. Ein Hinweis darauf sind die nicht vorhandenen Wörterbucheinträge.

Ein Blick auf die anderen Determinativkomposita mit *fremd* als Erstglied zeigt, daß die Bedeutung von *fremd* in diesen Komposita so gut wie nie im Bereich der Bekanntheit, Vertrautheit liegt. Es handelt sich immer um das nicht Zugehörige, das anderen Zugehörige, das von außen Kommende: Z. B. *Fremderregung, Fremdfinanzierung, Fremdgas, Fremd-*

---

[34] Auf jeden Fall ist aber die Mediävistik keine fremdsprachliche Philologie.

geld, Fremdkapital, Fremdkörper, Fremdkosten, Fremdleistung, Fremdmetall, Fremdreflex, Fremdseuche, Fremdstamm, Fremdstoff, Fremdverschulden, Fremdversicherung, Fremdverwaltung, Fremdwährung, Fremdzucht. Diese Beispiele zeigen zudem, daß es sich bei diesen Komposita mit *fremd* vornehmlich um fachsprachliche Ausdrücke handelt. Dabei ist natürlich an die in der Einleitung angesprochene für eine Wortfeldanalyse notwendige Ausklammerung fachsprachlicher Termini zu erinnern.

Was läßt sich aus diesen Beobachtungen für das Wort *Fremdsprache* schließen? Von *Fremdsprachen* wird in der Tat vornehmlich im Schulwesen gesprochen, und diese werden, wie Weinrich hervorhebt, in der Regel abgezählt: 1. Fremdsprache, 2. Fremdsprache usw. (vgl. Weinrich 1985: 198). Diese Fremdsprachen sind keineswegs irgendwelche beliebigen Sprachen, sondern es sind priviligierte Sprachen, die es zu lernen lohnt. So kann in Deutschland diskutiert werden, ob Englisch, Latein, Französisch oder Spanisch die erste oder zweite Fremdsprache sein sollte, aber schon die Anerkennung des Türkischen als zweite Fremdsprache führt zu heftigen Diskussionen. Daß eine solche gegenseitige Anerkennung der Sprachen als schulfähige Fremdsprachen an Machtverhältnisse gebunden ist, zeigen die Probleme der deutschen Wiedervereinigung. Den ehemaligen DDR-Bürgern „fehlen" Fremdsprachenkenntnisse, weil sie eine „falsche" Fremdsprache – nämlich Russisch – gelernt haben.[35]

Die Durchnumerierung der Fremdsprachen ist ein Indiz dafür, daß, analog zu den anderen Komposita mit *fremd*, auch im Kompositum *Fremdsprache fremd* nur der Gegenüberstellung zur eigenen, d. h. der *Muttersprache*, dient. Wenn Weinrich (1985: 198) also bemerkt, als „fremd sind sie allesamt abgestempelt", so ist zu betonen, daß es sich hier um die Varianten eins und zwei handelt, daß der Aspekt der Verschiedenheit und der daraus resultierenden Unvertrautheit in dieser Verwendung gar nicht angesprochen wird. Die Fremdsprachen sind in der Regel die anderen Sprachen, die uns von allen anderen noch am bekanntesten und vertrautesten sind. Dies scheint auch ein Blick auf die Fremdsprachendidaktik zu bestätigen. Daß diese Fremdsprachen nicht nur andere Sprachen sind, sondern daß sie auch anders sind, wird in der Fremdsprachendidaktik im Gegenzug gegen das in den letzten Jahren favorisierte „kommunikative Konzept" als neue Entdeckung gefeiert. Während beim kommunikativen Konzept die pragmatische Ebene im Vordergrund steht – vorrangiges Ziel ist die kommunikative Kompetenz – wird im Umkreis des „hermeneutischen Konzepts" vor einer Vereinnahmung des Fremden durch vorschnelles Verstehen gewarnt. Der Einsatz von Literatur bereits in den Grundstufen soll einen „Schock des Nicht-Verstehens" (Hunfeld 1990: 18) auslösen, der einer solchen Vereinnahmung entgegenwirkt.[36]

Anders scheint es sich übrigens im Falle des ebenfalls erst im 19. Jahrhundert lexikalisierten Kompositums *Fremdwort* zu verhalten. Auch hier ist natürlich von der fachsprachlichen Verwendung abzusehen. Umgangssprachlich werden keineswegs alle Wörter, die aus anderen Sprachen übernommen werden, als Fremdwörter bezeichnet, etwa *Computer, megaout, girlie* usw. Fremdwörter sind vielmehr die Wörter aus anderen Sprachen, die nicht oder nur mühsam verstanden werden, die also zu der Aufforderung anregen, etwas mit *einfachen Worten* zu sagen. So bedeutet die Redewendung z. B. *Anstand ist ein Fremdwort für ihn*,

---

[35] Balibar (1993) nennt diese gegenseitige Anerkennung der Sprachen „colinguisme".
[36] Hunfeld ist einer der wichtigsten Vertreter dieses Konzepts. Aus einem Arbeitskreis im Goethe-Institut München entwickelte sich der Planegger Kreis (vgl. Eichheim, Hg. 1992). Für ein erstes Lehrwerk für den Anfängerunterricht Deutsch als Fremdsprache nach diesem Konzept schrieben H. M. Enzensberger und Peter Schneider die Texte (Eismann u. a.: 1993).

daß er weder Anstand besitzt, noch einen Sinn oder Verständnis dafür hat. Während ein Fremdwort immer ein aus einer anderen Sprache in die eigene Sprache übernommenes Wort ist, können *fremde Wörter* sowohl nicht-eigene als auch unbekannte, neue Wörter sein:

> g 1972
> Und dieser zwanzigjährige David, sprach der Verteidiger David weiter, hatte Dolmetscher, wenn er *nicht verstand*, die kehrten die <u>fremden</u> Wörter in <u>solche, die er begriff</u>; Proletarier übersetzten sie mit dem Leben von Wilhelm Groth und Solidarität mit dem Sterben Wilhelm Groths; ...
> Kant: Impressum, 1972, S. 353.

6.3.3. Lesarten

In der Gruppe „Bezugswort Sprache" wurden nicht nur die Belege zusammengefaßt, die das Wort *Sprache* enthalten, sondern all die Belege, in denen die Bezugswörter auf Sprache im weiteren Sinne verweisen (wie auch in den anderen Gruppen *Menschen, Menschliches, Orte*). So finden sich hier auch *fremde Zungen, fremde Worte, fremde Mundarten*. Insgesamt sind zu diesem „Bezugsthema" 18 Belege vorhanden. In drei Belegen wird der Bezugspunkt durch eine personale Dativergänzung explizit gemacht. Zunächst zu diesen drei Belegen. Auf den einen Beleg als Beispiel für die rein disambiguierende Funktion der Dativergänzung bei gleichzeitigem Bedeutungsschwerpunkt der Zugehörigkeit wurde bereits eingegangen (Kap. 4.1). In den anderen beiden Belegen ist nicht nur die Dativergänzung ein Indiz für die dritte Variante, auch das einer Komparation nahestehende Adverb *völlig* verweist darauf. Dieses *völlig* ist sehr häufig als nähere Bestimmung und Verstärkung zu *fremd* zu finden. Eine ähnliche Verstärkung kann z. B. auch durch den Zusatz *wild* im Kompositum *wildfremd* geschehen. Die Ausführungen Beuls zum Adjektiv *wild* (Kap. 2.1) lassen vermuten, daß *wild* hier als Vergleichsgröße zu interpretieren ist, analog zu Bildungen wie *grasgrün* oder *blutrot*: Etwas ist so fremd wie das Wilde, d. h., wie das objektiv Unbekannte.

In der Gruppe der Belege ohne Ergänzung finden sich 14 attributive und eine prädikative Verwendung. Diese prädikative Verwendung ist ein Zeichen für die Bedeutungsebene der Kenntnis, und dies wird im Beleg durch das synonymisch auftretende, wiederum durch *völlig* verstärkte *anders* bestätigt:

> g 1978
> Als ich allein fahren konnte, blieb Walter oben am Hang stehen, begutachtete meinen Stil und rief mir Anweisungen zu, *die ich nicht verstand*: Daß seine Sprache <u>fremd</u> war, *völlig anders als die Sprache meiner Eltern und der Kinderschwester*, wäre zwar nicht mir – weil ich vorsichtig genug war –, aber meinem kleinen Bruder fast zum Verhängnis geworden.
> Geiser: Grünsee, 1978, S. 133.

Die Sprache, die hier fremd ist, ist keineswegs eine andere Einzelsprache, es ist nicht einmal ein anderer Dialekt. Die Fremdheit dieser Sprache ist darauf zurückzuführen, daß diese Sprache, die zur eigenen Einzelsprache gehört, einem anderen Niveau oder Register angehört, das unbekannt ist. Dies zeigt ein weiterer Beleg aus dem gleichen Text:

> g 1978
> Diesmal war er nicht aus Trotz unfolgsam gewesen; aber „Asch" und „hocken" sind Wörter, *die meine Eltern nie gebrauchten und die eine ausgebildete Säuglingsschwester erst recht nicht in den Mund nimmt*. So lernte ich, auf meinem ersten Übungshügel, auf dem heute längst Hotels stehen, nicht nur skifahren, sondern auch *neue* Wörter, eine <u>fremde</u> Sprache.
> Geiser: Grünsee, 1978, S. 136.

Die *neuen Wörter* sind natürlich nicht in einem objektiven Sinne neu, sondern ausschließlich in Bezug auf den Sprecher. *Neu* kann also in gleicher Weise wie *fremd* verweisend und relativ sein und 'unbekannt' bedeuten, es kann seinen Bezugspunkt explizit machen *das ist mir neu*, oder es kann rein qualitativ 'erst, soeben entstanden' bedeuten.[37] Die Fremdheit dieser Sprache ist somit nicht auf räumliche Distanz zurückzuführen, sondern eher auf eine soziale Distanz, denn sie gehört einem Register an, das nicht dem Register der Kreise des Sprechers entspricht.[38] *Fremd* in der Bedeutung der dritten Variante kann eine Sprache also auch dann sein, wenn sie zwar der eigenen Muttersprache angehört, aber, in welcher Hinsicht auch immer, von vertrauten Sprechgewohnheiten abweicht. Einige Belege verweisen auf die diatopische Variation, indem ein Dialekt der Muttersprache als *fremde Sprache* bezeichnet wird:

> g 1961
> Der Grof is net dahoam oba morgn kimmt er, sagte der Gärtner plötzlich, sich an Hahl wendend. Stefan *traute seinen Ohren nicht*; für den geborenen Berliner Schoenberg und für den Wahlberliner Hahl klang das immer noch wie eine fremde Sprache, aber es war ...
> Kuby: Sieg, 1961, S. 377.

Insgesamt sechs der 18 Belege verweisen auf diese Fremdheit in der eigenen Sprache, und damit auf das, was Coseriu die Architektur einer Einzelsprache nennt (diaphasische, diatopische, diastratische Variation). Parallel zu den Beobachtungen zur Gruppe Bezugswort *Menschen* läßt sich damit festhalten, daß von einem Fremdsein sehr häufig dann gesprochen wird, wenn eigentlich ein Vertrautsein zu erwarten gewesen wäre. Ein Nicht-Verstehen in der eigenen Muttersprache ist etwas Unerwartetes und Bemerkenswertes. Damit liegen die Bedeutungsschwerpunkte in diesen Fällen natürlich bei der 'Unvertrautheit', der 'Unkenntnis'.

Wie sehen nun die Bedeutungsschwerpunkte bei den anderen Belegen aus, die kein äußerliches Indiz für eine Einschränkung auf die dritte Variante tragen und in denen die fremde Sprache eine andere Einzelsprache ist? Neben dem vorherrschenden Bedeutungsschwerpunkt der Unkenntnis, der durch Antonyme wie *keinerlei Kenntnis besitzen, nicht gelernt* usw. angezeigt wird, findet sich auch die rein gegenüberstellende Bedeutung:

> g 1979
> ...; beide Bücher verdienten vor allem, in fremde Sprachen übersetzt zu werden, um *im Ausland* aufklärend wirken zu können.
> Frankfu. Rundschau, 143, II.

Die *fremden Sprachen* sind hier einfach nur die Sprachen, die woanders, nämlich im Ausland gesprochen werden. Der Aspekt der Kenntnis spielt hier keine Rolle. Dieser Beleg zeigt, daß das Kompositum *Fremdsprache*, obwohl es ebenfalls nur der Gegenüberstellung dient, in der Tat aufgrund seines fachsprachlichen Aspektes eingeschränkter ist als die Verbindung *fremde Sprache*.

---

[37] Dieses Bedeutungskontinuum von *neu* wird z. B. im Französischen von zwei Lexemen abgedeckt: Für das Ungebrauchte, soeben Entstandene steht *neuf*, für das bis dahin jemandem Unbekannte steht *nouveau*.

[38] Die Verbindung soziale Distanz ist übrigens ein weiteres Beispiel für die Metaphorisierung räumlicher Lexeme, wie sie diachron auch für *fremd* beschrieben wurde.

Was heißt hier 'fremd'?

7. Ausblicke

7.1. Französisch

Die wohl naheliegendste Übersetzung des deutschen Lexems *fremd* ins Französische ist *étranger*. Auf der Grundlage des entworfenen Modells soll nun verglichen werden, welche der angeführten Bedeutungsaspekte von *étranger* abgedeckt werden können. Eine kurze Darstellung der Wortgeschichte zeigt die Ähnlichkeit zur Geschichte des Lexems *fremd*. Das französische *étranger*

> „s'applique à ce qui est d'un autre pays (par rapport au locuteur), par extension à ce qui n'appartient pas à un groupe familial, social ou à un ensemble (en parlant de choses), puis (fin XVIIe s.) à ce qui n'est pas connu ou n'est pas familier, et aussi à une personne qui se tient à l'écart de qqch" (Rey 1992: 742).

Diese Ähnlichkeit soll hier ausgehend von den im *Grand Robert* (1985, Bd. 4: 205f.) unterschiedenen Bedeutungsvarianten näher betrachtet werden. Das Adjektiv *étranger* hat in erster Linie die Bedeutung 'qui est d'une autre nation (par rapport à celle du locuteur ou à une nation de référence), qui est autre, en parlant d'une nation', zu deutsch also etwa 'aus einem anderen Volk, einer anderen Nation stammend, herkommend, betreffend' oder ähnliches. Das nahestehendste deutsche Wort ist *ausländisch*. Parallel dazu steht zum einen die Substantivierung *l'étranger* für 'das Ausland' und zum anderen die homomorphe Substantivierung mit den Bedeutungen 'der Ausländer' und 'der nicht Zugehörige', 'der Unbekannte'.[39]

Dieser Bedeutungsschwerpunkt und die Substantivierungen verweisen auf einen bisher nur beiläufig angesprochenen Aspekt des deutschen Lexems: Obwohl *fremd* auch synonym für 'ausländisch', 'auswärtig' stehen kann, wird dieser Aspekt nicht durch andere Wortbildungen verstärkt. Wie die Ausführungen zum Alt- und Mittelhochdeutschen zeigen, wurde das Ausland nicht als das *fremde Land*, sondern lange als das andere Land, das *elilenti* bezeichnet. Auch wenn erst seit Ende des 18. Jahrhundert das Wort *Ausland* in der heutigen Bedeutung geläufig ist (althochdeutsch *ūzlenti* bedeutet 'Strand'), existiert das Adjektiv *ausländisch* in der Bedeutung 'auswärtig', 'fremd' bereits seit dem 14. Jahrhundert und das Substantiv *Ausländer* ist gar noch älter. *Fremd* war also gewissermaßen durch andere Lexeme von diesem Schwerpunkt auf der räumlichen Dimension befreit und gegenwartssprachlich betrachtet wird dieser noch latent vorhandene räumliche Aspekt eben nicht durch verwandte Bildungen verstärkt, die ihren Schwerpunkt dort haben. Wird im Gegenwartsdeutschen das Ausland als *die Fremde* bezeichnet, so wird gleichzeitig eine Interpretation in der Art der dritten Variante von *fremd* vorgenommen und nicht nur das Ausland denotiert.

Anders im Französischen: Dadurch, daß *étranger* seinen Schwerpunkt auf 'ausländisch' hat (dies ist die erste Variante von *étranger*), ähnelt es zwar der ersten Bedeutungsvariante von *fremd*, die Bedeutungsvarianten sind aber keineswegs deckungsgleich. Mit *étranger* in dieser Variante kann nicht auf die Herkunft aus oder die Zugehörigkeit zu einer anderen

---

[39] Zwei Werke mit dem Titel *L'étranger* illustrieren diese Bedeutungsunterscheidung: Während die Oper von Vincent d'Indy von einem Ausländer handelt, ist Mersault, der Protagonist des Romans von Camus, keineswegs der Ausländer, sondern vielmehr derjenige, der nicht dazugehört, der eigentlich nirgendwo hingehört.

Gegend, einem anderen Ort verwiesen werden; es handelt sich immer um ein anderes Volk, eine andere Nation.

Das Adjektiv *étranger* zeigt nicht nur mit seiner Hauptbedeutung 'ausländisch' eine Nähe zur ersten Bedeutungsvariante von *fremd*, auch die aus der Adjektivdiskussion gewonnenen Merkmale dieser ersten Variante gelten für diese dominante Variante von *étranger*. Das bedeutet, *étranger* in dieser Variante ist verweisend (der oben zitierte Zusatz „par rapport au locuteur" sowie das Wort *autre* in der Definition deuten darauf hin), semantisch-relativ, wird in der Regel nur attributiv verwendet, Prozeßprädikate sind nicht möglich, es ist nicht komparierbar, es ist noun-neutral und syntaktisch-absolut. Als Antonyme ließen sich *aborigène, autochtone, indigène, natif* und *national* anführen.

Die zweite Bedeutungsvariante mit dem Beispiel *les affaires étrangères* schließt sich an die erste an: 'Relatif aux rapports avec les autres nations'. Hier wird das Synonym *extérieur* angeführt.

Nun kann mit *étranger* aber auch die Nicht-Zugehörigkeit zu einer Gruppe (z. B. Familie) bezeichnet werden, die nicht ausschließlich eine andere Nation ist, anders als im Deutschen liegt dieser Bedeutungsaspekt aber in einer von der erstgenannten zu unterscheidenden Bedeutungsvariante. Hierzu zunächst ein Beispiel, in dem *étranger* diese Bedeutung der Nicht-Zugehörigkeit bis hin zur nicht vorhandenen affektiven Bindung hat:

> „Je dis 'ce milieu', parce que, tout en l'aimant beaucoup, je me trouve quelquefois étrangère parmi les peintres et leurs amies (...) Colette, la Naissance du jour, p. 94" (nach *Robert* 1985, Bd. 4: 205)

Während im Deutschen die Bedeutungsaspekte 'aus einem anderen Land stammend' und 'zu einer anderen Gruppe (z. B. Familie) gehörend' in einer Bedeutungsvariante mit all den in Kapitel 4 diskutierten Charakteristika zusammenfallen, unterscheidet sich diese dritte Variante von *étranger* in vergleichbarer Weise wie die Varianten 1 und 2 von der Variante 3 des Lexems *fremd*. Zum ersten fällt auf, daß in dieser Variante in der Regel eine Ergänzung mit *à* vorzufinden ist. Der Bezugspunkt kann aber auch, wie in obigem Zitat, durch eine anderweitige Angabe explizit gemacht werden. Es scheint so, daß nur in den Fällen, in denen der Kontext die Deutung 'ausländisch' deutlich ausschließt, ein solcher expliziter Bezugspunkt auch ausbleiben kann. Ein weiterer wichtiger Unterschied zur ersten Variante ist die syntaktische Uneingeschränktheit. Bei dieser Variante finden sich prädikative und vor allem adverbiale Verwendungen wie *se sentir étranger dans un milieu*. Da die Bedeutungsvariante der Nicht-Zugehörigkeit bis hin zur nicht vorhandenen affektiven Bindung den diskutierten Kriterien zufolge kaum von der vierten Bedeutungsvariante, bei der unter anderem die Synonyme *ignoré, inconnu* genannt werden, unterschieden werden kann, fällt hier eine bildhafte Grenzziehung ähnlich schwer wie zwischen der ersten und zweiten Variante des deutschen Lexems. Ohne eine Ergänzung mit *à* ist *étranger* mit der Bedeutung 'unbekannt' jedoch gar nicht mehr gebräuchlich. Hierzu zwei Beispiele:

> „(...) voici que cette ville, où j'ai vécu quinze ans, me devient tout à coup étrangère, parce que je vais la quitter. Bien plus: elle a déjà perdu pour moi, en quelque sorte, sa réalité. France, L'Anneau d'améthyste, XXV, Œ, t. XII, p. 266" (nach *Robert* 1985, Bd. 4: 205).

> „Nous ne sommes ici que depuis cinq minutes, et rien ne nous est étranger. J. Romains, les Copains, III" (nach *Robert* 1985, Bd. 4: 206).

Inwieweit kann nun *étranger* auch für die zweite Variante von *fremd* stehen? Im Robert wird zu dieser vierten Variante eine Bedeutungsangabe gemacht, die dieser Variante sehr nahe zu stehen scheint:

„4. (Choses). Qui appartient à autrui, n'appartient pas à (un ensemble; une personne). *Obéir à une volonté étrangère. Il ne peut s'assimiler une pensée étrangère.* " (Robert 1985, Bd. 4: 205).

Zwar findet sich hier der Hinweis, daß *étranger* in dieser Bedeutungsvariante auf Dinge bezogen werden kann, die beiden Beispiele sind aber bereits ein Indiz dafür, wie stark die mögliche Gruppe der Bezugswörter eingeschränkt ist. Gerade in den Fällen, wo es um Besitz im engeren Sinne geht, kann das deutsche *fremd* wohl kaum mit *étranger* übersetzt werden. Vielmehr muß mit *d'autrui, d'un tiers* oder dergleichen übersetzt werden. Dementsprechend können auch die deutschen Komposita wie *Fremdkapital* (*capitaux confiés* oder *empruntés*) und *Fremdfinanzierung*,[40] bei denen es nur um die Zugehörigkeit zu anderen geht, nicht mit *étranger* übersetzt werden.

Étranger kann sich hier vor allem in der adverbialen Verwendung an die Bedeutung 'seltsam' annähern (*tout lui paraît hostile et étranger dans cette nouvelle maison*), diese Bedeutung wird aber durch die bereits erwähnte Aufspaltung in *étrange* und *étranger* im 14. Jahrhundert von *étrange* getragen und ist somit gewissermaßen für *étranger* blockiert.[41]

Wie tief die Verschiedenheit der Semantik der beiden hier verglichenen Lexeme trotz oberflächlicher Ähnlichkeit ist, zeigt sich, wenn man den Beispielsatz für die fünfte Variante betrachtet: *Il est étranger à tout sentiment de pitié*. Als Bedeutung wird angegeben 'qui n'a pas de part à quelqe chose, se tient à l'écart de quelque chose'. Für die deutsche Übersetzung müßten hier die Aktanten vertauscht werden: *Jegliches Gefühl von Mitleid ist ihm fremd.* Geht es in dieser Variante um eine nicht vorhandene Teilhabe an Wissen, Wertvorstellungen, Gefühlen usw., kann *étranger* mit *fremd* übersetzt werden, wenn die Aktanten vertauscht werden. Bei konkreteren Ereignissen jedoch muß anders übersetzt werden, wie etwa in dem im *Robert* aufgeführten Beispielsatz *Il est étranger à ce complot*.

Die sechste Variante ist auf *choses* beschränkt und ist wiederum nur mit einer Ergänzung mit *à* möglich: 'qui ne fait pas partie de', 'qui n'a aucun rapport avec'. Die siebte Variante verweist darauf, daß im Französischen feststehende Kollokationen den Platz deutscher Komposita übernehmen. Hier werden die *corps étranger*, die *Fremdkörper* angeführt.

Die Ausführungen zum deutschen Kompositum *Fremdsprache* zeigten, daß sich dieses von der Phrase *fremde Sprache* unterscheidet. Wie verhält es sich mit der *langue étrangère*?

Auch im Französischen scheint der Ausdruck *langue étrangère* keineswegs Fremdsein im Sinne der deutschen Variante drei zu implizieren. Wie das Ausland dem Inland perspektivenabhängig gegenübergestellt wird, so werden auch die *langues étrangères* – mit allen für das Deutsche beschriebenen Einschränkungen hinsichtlich Privilegiertheit usw. – der *langue maternelle* gegenübergestellt. Genauso wie im Deutschen, wo angesichts einer fremden Sprache, die nicht zu den anerkannten Fremdsprachen zählt und vielleicht nicht einmal identifiziert werden kann, kaum von *Fremdsprache* gesprochen wird, würde auch im Französischen nicht von einer *langue étrangère* sondern von einer *langue inconnue* oder ähnlichem gesprochen, um ein Fremdsein im Sinne von Unkenntnis und Unvertrautheit zu bezeichnen.[42]

---

[40] Weinrich listet eine Reihe solcher Gegensatzpaare (nach dem Muster *Fremdkapital* vs. *Eigenkapital*) auf und bemerkt dazu, daß diese Ausdrücke im Deutschen der „abgrenzenden Klassifizierung" dienen (Weinrich 1985: 198).

[41] Im Italienischen, wo (analog zum Französischen) mit dem Auftreten der Form *straniero* für 'ausländisch' die Bedeutung von *strano* auf 'seltsam' eingeengt wurde, deckt das Adjektiv *estraneo* große Teile dieses (modellhaft gesehen) mittleren Bereichs ab.

[42] So lautet z. B. auch der Titel eines der ersten Bücher von Julia Kristeva (1969) *Le langage, cet inconnu*. Dieses Buch ist eine Einführung in die Linguistik und zugleich auch eine Einführung in die Geschichte

Langue étrangère ist das Paradebeispiel jedes Wörterbuchs für die erste Variante, es ist 'die Sprache eines anderen Volkes'.

Wie ließe sich also der Titel der Arbeitsgruppe *die Herausforderung durch das Fremde* ins Französische übersetzen? Das Substantiv *étrangeté*, das häufig zur Übersetzung des Substantivs *Fremdheit* herangezogen wird, kommt genau genommen nicht in Frage, denn es steht für 'caractère étrange' und verweist damit auf die Bedeutung des deutschen Lexems *fremd*, die am Scheitelpunkt des Bogens steht. Da das Adjektiv *étranger* mit einer Ergänzung mit *à* einen großen Bedeutungsbereich von *fremd* abdeckt, wäre eine Konstruktion mit einer solchen Ergänzung, die den verweisenden Charakter der deutschen Substantivierung *das Fremde* ersetzt, naheliegend: *Défié par ce qui nous est étranger*.

7.2. Englisch

Ein erster Blick auf das Wortfeld im Englischen führt zu zwei Beobachtungen. Auffällig an diesem Wortfeld sind zum einen die vielen romanischen Entlehnungen, die zumeist aus dem Altfranzösischen kommen. So ist *foreign* zurückzuführen auf lat. *foras* 'vor der Tür' (altfr. *forein, forain*), *strange* auf lat. *extraneus*, *alien* auf lat. *alienus*. Im Gefüge dieses englischen Wortfeldes hat jedes Lexem seine eigene Wortgeschichte, wobei immer wieder die Entwicklung über das 'Unbekannte' zum 'Seltsamen' zu beobachten ist. Hier ist jedoch die Frage, in welcher Weise sich heute Bedeutungsbereiche des deutschen Adjektivs *fremd* mit diesen englischen Lexemen decken. Zum anderen fällt auf, daß das englische Wortfeld weitaus ausdifferenzierter ist als das Deutsche und auch das Französische, wo ja *étranger* doch einen weiten Bereich von *fremd* abdecken kann und nicht allzu verschiedene weitere Bedeutungsaspekte tragen kann.[43] Diese Ausdifferenziertheit sei mit einem Wörterbucheintrag zu den Synonymen von *extrinsic* illustriert:

> „*Synonyms*: *extrinsic, extraneus, foreign, alien*. These adjectives mean not inherently part of a thing or not compatible with it. What is *extrinsic* is either literally apart from the thing in question or derived from something external to it: *Sympathy is extrinsic to impartial judgment*. What is *extraneous* is not an integral part and is inessential or harmful: *extraneous matter in foodstuffs; an issue extraneous to the debate*. Something *foreign* is markedly different from the thing in question or out of place: *a technique foreign to the classical ballet*. What is *alien* is generally irreconcilably different or adverse: *an economic theory alien to the spirit of capitalism*." (Morris 1969: 466).

Die erste Variante von *fremd* kann in vielen Fällen mit *foreign* übersetzt werden, wobei ähnlich wie bei *étranger* der Bezugspunkt das andere Land ist. In administrativen Zusammenhängen, wo die Staatsangehörigkeit entscheidend ist, wird *alien* verwendet. *Alien* und auch *foreign* können bisweilen auch für die zweite Variante stehen (etwa *to fall into foreign hands* für *in fremde Hände übergehen*), geläufiger jedoch sind Konstruktionen mit *other, someone/anyone else's*, und *outside*, wie etwa für das Kompositum *outside capital* für *Fremdkapital* und *the grief of others* für *fremdes Leid*. *Alien* und *foreign* können auch in die dritte Variante hineinreichen, etwa mit der Ergänzung *to somebody*. Hervorzuheben ist für *alien* jedoch die aus dem Bereich der Science Fiction kommende noch recht junge Bedeutung 'außerirdisch', so daß mit *alien being* immer ein 'außerirdisches Wesen' gemeint

---

der Linguistik. Der Titel will auf die epistemische Unvertrautheit mit der Sprache aufmerksam machen, die der praktischen Vertrautheit diametral gegenüber steht.

[43] For enlightening discussions I wholeheartedly thank Herbert Schuster.

ist. In diesem dritten Bereich finden sich *unknown, unfamiliar, unaccostumed* und *strange*, wobei der Übergang zur vierten Variante, der im Deutschen als der Übergang von *ungewöhnlich* zu *seltsam* beschrieben werden kann, fließend ist.

Anders als im Französischen findet sich im Englischen also kein Lexem, daß einen weiten Bereich des „Bedeutungsbogens" von *fremd* abdecken kann. „Xenologische" Publikationen tragen daher oft das unspezifischere *other* oder auch *otherness* im Titel. Diese Übersetzungsschwierigkeit wird immer wieder angesprochen. Hierzu ein Beispiel:

> „There are no satisfactory English equivalents for 'Heimat' or 'Fremde'. Both terms imply far more than simply 'homeland' or 'a foreign place'. 'Heimat' also connotes belonging and security, while 'Fremde' can refer to isolation and alienation. This is not simply a problem of translation. Precise definitions of these terms cannot be given in German either, for their meaning depends to a large degree on context. Although experiences with or in 'Fremde' have long been a motif in literature, its significance has not been thoroughly analyzed, and the term has thus far not been included in major reference works on literary motifs." (Suhr 1989: 71f.)

Übersetzt man die Substantive *Heimat* und *Fremde* also mit *homeland* und *foreign place* so bleibt der Aspekt der Zugehörigkeit, der im deutschen Wort *Heimat* neben dem lokalen Aspekt und dem Aspekt der Kenntnis gegeben ist, und der Aspekt der nicht vorhandenen Zugehörigkeit, der sich als Isolation und Entfremdung zeigen kann und im Wort *Fremde* gegeben ist, unübersetzt. Da vergleichbar mit dem deutschen Wort *ander-* beim Wort *other* offen bleibt, inwieweit der oder das Andere verschieden ist und in welcher Hinsicht er/es interpretiert wird, eignet es sich besser für die Übersetzung von *fremd* als die oben angeführten spezifischeren Lexeme. So werden auch im Abschnitt, der auf das Zitat folgt, „issues of *Fremde*" definiert als „of the Other and the Self" (Suhr 1989: 72).

Der Artikel, dem dieses Zitat entnommen ist, widmet sich der Ausländerliteratur in Deutschland. Das dominante Thema dieser Literatur (und der Reflexion über diese Literatur) ist Fremdheit. Im Zentrum steht dabei immer wieder das Verhältnis zur fremden Sprache (nicht Fremdsprache!) Deutsch, in der die Autoren schreiben. Die Fremdheit der deutschen Sprache (als andere historische Einzelsprache) wird bei fast allen Autoren zum Anlaß genommen, über die Fremdheit in der eigenen Sprache zu reflektieren. Diese Reflexionen führen über die Varietäten in der Muttersprache zur Fremdheit, mit der die eigene Sprache als eine immer schon von anderen gesprochene dem Ich gegenübersteht:

> „Nicht zwischen den Kulturen und ihren Sprachen, sondern vor ihnen beginnen wir Sprache aufzulösen, weil uns keine vertraut war, weil wir uns in keiner geborgen fühlten." (Oliver 1989: 11)

Während also im Deutschen diese ganze Bandbreite der Reflexionen unter dem Stichwort *fremd* verhandelt wird, findet sich in den auf englisch verfaßten Publikationen die ganze Palette der in Frage kommenden Lexeme. Steht im Deutschen immer wieder das Lexem *fremd* (in allen möglichen Verbindungen), um das Generalthema dieser Literatur zu bezeichnen,[44] so steht im Englischen das Wort *otherness*:

> „The predominant themes and issues addressed in this literature attest in fact to the intensity with which the authors feel the 'Otherness' of their existence in Germany." (Teraoka 1987: 81)

---

[44] Man schaue sich hierzu nur die Titel der Monographien und Artikel zum Thema Ausländerliteratur an: *Am Ufer der Fremde, Fremdgegangen – Fremdgeschrieben, Schreiben in der Fremde, Sich die fremde Sprache nehmen, Zu Hause in der Fremde, Schreiben in der Fremde* usw.

Die Konstruktion ähnelt nicht zufällig dem entworfenen ersten Modell zur Semantik von *fremd*. In diesem Satz wird ein Bezugspunkt genannt („the authors") und es wird durch das Verb („feel") die Ebene der Interpretation angesprochen, die die „otherness" erfährt.

Welche Lexeme werden nun im Englischen verwendet, um z. B. das Schreiben in einer fremden Sprache zu thematisieren? Ähnlich wie im Französischen, wo *langue étrangère* als feste Kollokation für *Fremdsprache* (mit allen erwähnten Implikationen) steht, steht im Englischen *foreign language*. Und genauso wie im Deutschen in diesem Zusammenhang nur selten von *Fremdsprache* gesprochen wird, erscheinen auch im Englischen neben *foreign language* andere Konstruktionen. Da es kein so weitgefächertes Lexem wie das deutsche *fremd* gibt, wird der Aspekt der Fremdheit jeweils spezifiziert. Hierzu einige Beispiele aus der Diskussion um die Sprachenfrage der „post-kolonialen" Literatur.

Ngugi (1986: 7) zitiert in seinem berühmten Abgesang auf die englische Sprache zunächst Achebe: „Is it right that a man should abandon his mother tongue for someone else's?" Ähnlich wie bei der ersten Variante von *fremd* bleibt hier völlig offen, inwiefern diese Sprache anders, unvertraut oder unbekannt ist. Zum Ausdruck gebracht werden soll hier nur die Tatsache, daß die (in diesem Fall) englische Sprache nicht die eigene Muttersprache ist. Nun ist das Englische für den Kenianer Ngugi in der Tat eine Fremdsprache insofern, als sie in den Schulen gelehrt wird und Ansehen genießt. Daher stellt Ngugi selbst seiner „mother tongue" Kikuyu die „foreign language" Englisch gegenüber. Daneben spricht er aber auch von „other tongues" (ebd: 8) und er stellt „our languages" den „other languages" gegenüber (ebd.: 9).

Auch Kachru überschreibt ein Kapitel eines seiner Bücher mit „Contact literatures in English: Creativity in the other tongue". Hierin bezeichnet er die andere Sprache als „alien", wobei er dieses Adjektiv in Anführungszeichen setzt: „[Indian English literature, B. J.] has provided a new persperctive in India through an 'alien' language." Dieses *alien* in Anführungszeichen verwendet er auch in Klammern, um ein „non-native" näher zu bestimmen: „[...] is English really a non-native ('alien') language for India [...]?" (in: Ashcroft u. a., Hg. 1995: 293-294).

Im Gegensatz zu Kachru thematisiert Raja Rao seine Verwendung von *alien*:

> „One has to convey in a language that is not one's own the spirit that is one's own. One has to convey the various shades and omissions of a certain thought-movement that looks maltreated in an alien language. I use the word 'alien', yet English is not really an alien language to us. It is the language of our intellectual make-up – like Sanskrit or Persian was before – but not our emotional make-up." (in: Ashcroft u. a., Hg. 1995: 296)

Alien steht hier also für das Nicht-Eigene. Das Englische gehört für ihn aber insofern zum Eigenen – und darauf zielt sein Einwand – als es als funktionale Sprache durchaus seinen Platz im Gefüge der eigenen diglossischen Situation hat.

Diese Belege sollen nur einen kleinen Einblick in die Problematik geben, das deutsche Wort *fremd* ins Englische zu übersetzen. Wie könnte der Titel der Arbeitsgruppe nach diesen Ausführungen am angemessensten ins Englische übersetzt werden? Die Volkswagenstiftung behilft sich zur Erläuterung ihres Förderungsprogamms, das den Titel „Das Fremde und das Eigene" trägt, mit einer Doppelbesetzung: „Origins, interactions, and ways of overcoming concepts and stereotypes of 'foreign' and 'alien'" (VW-Stiftung: Information for Applicants 55, October 1992). Alternativ dazu bietet sich eine Konstruktion mit dem unspezifischeren *otherness* an: *The challenge of otherness*.

8. Schlußbetrachtung

Was heißt denn nun *fremd*? Womöglich wurden in dieser Arbeit mehr Fragen aufgeworfen als Antworten gegeben. Dies mag daran liegen, daß zu viele Aspekte angesprochen werden sollten: Zum Deutschen die historische Dimension sowie die gegenwartssprachliche auf der Grundlage empirischer Arbeit, außerdem vergleichende Ausblicke auf vier weitere Sprachen. Immer wieder werden dabei allgemeine Probleme der Linguistik und der Semantik im besonderen aufgeworfen, die nur soweit wie unbedingt nötig weiter verfolgt wurden. Denn schließlich ist dies eine Studie, die sich nicht speziell an Linguisten richtet, sondern für eine interdisziplinäre Arbeitsgruppe verfaßt wurde.

Als Ergebnis bleibt festzuhalten: *Fremd* kann in den ersten beiden Varianten als verweisendes Adjektiv – im Gegensatz zu den entsprechenden Lexemen der anderen Sprachen – sowohl die personale als auch die lokale Dimension besetzen. Diese Mischung der beiden Dimensionen bewirkt die immer wieder als unübersetzbar gescholtene Verbindung von Lokalität und Zugehörigkeit, die in gleicher Weise für das Wort *Heimat* gilt. Die – historisch jüngere – Bedeutungsvariante 'unbekannt', 'unvertraut' unterscheidet sich zwar hinsichtlich verschiedener Kriterien von der Bedeutung 'nicht-zugehörig', aber in vielen Gebrauchsweisen des Adjektivs kann keine genaue Zuordnung zu einer der Varianten vorgenommen werden, und das Adjektiv zeigt das ganze mögliche Bedeutungsspektrum. Insofern wäre die Rede von einem Zustand der Polysemie problematisch und zu diskutieren. Bisweilen läßt sich die Bedeutung mit 'seltsam' oder 'eigenartig' beschreiben, und in dieser Variante, die sich wiederum hinsichtlich verschiedener Kriterien von den anderen unterscheidet, berührt sich die Bedeutung von *fremd* synonymisch mit der Bedeutung von *eigen*, obwohl sich diese beiden Adjektive in der ersten Variante antonymisch gegenüberstehen.

Vermutlich ist eine Frage wie *Was heißen Baum, Stuhl und Vogel?* befriedigender zu beantworten als die Frage *Was heißt hier fremd?* Mit Sicherheit werden bei solchen Konkreta aber auch viele offene Fragen der Semantik gar nicht erst sichtbar. Ein Adjektiv wie *fremd* wäre daher eigentlich dazu prädestiniert, kursierende Semantikkonzeptionen auf den Prüfstein zu stellen.

Bibliographie

Admoni, Wladimir (1982): *Der deutsche Sprachbau.* [4]München: Beck.
Agricola, Christiane / Erhard Agricola (1979): *Wörter und Gegenwörter. Antonyme der deutschen Sprache. (Eine Sammlung von Wortpaaren zum sprachlichen Ausdruck dialektischer und logischer Gegensätze).* [2]Leipzig: Bibliographisches Institut.
Ashcroft, Bill / Gareth Griffiths / Helen Tiffin (1995): *The post-colonial studies reader.* London/New York: Routledge.
Balibar, Renée (1993): *Le colinguisme.* Paris: PUF.
Baslez, Marie Françoise (1984): *L'étranger dans la Grèce antique.* Paris: Société d'Edition Les Belles Lettres.
Behagel, Otto (1923-1932): *Deutsche Syntax. Eine geschichtliche Darstellung.* 4 Bde. Heidelberg: Carl Winter.

Benveniste, Emile (1966/1974): *Problèmes de linguistique générale.* 2 Bde. Paris: Gallimard.
– (1969): *Le vocabulaire des institutions indoeuropéennes.* 2 Bde. Paris: Minuit; dt.: *Indoeuropäische Institutionen: Wortschatz, Geschichte, Funktionen.* Frankfurt a. M.: Campus, 1993.
Beul, Ursula (1968): *Fremd. Eine semantische Studie.* Diss. Berlin.
Bickes, Gerhard (1984): *Das Adjektiv im Deutschen. Untersuchungen zur Syntax und Semantik einer Wortart.* Frankfurt a. M.: Peter Lang.
Bierwisch, Manfred / Ewald Lang (1987): *Grammatische und konzeptuelle Aspekte von Dimensionsadjektiven.* Berlin: Akademie-Verlag.
Bietenhard, Hans / Friedrich S. Rothenberg (1972): „Fremd", in: Lothar Coenen u. a. (Hg.): *Theologisches Begriffslexikon zum Neuen Testament,* Bd. 1. Wuppertal: Theologischer Verlag Rolf Brockhaus, S. 370-379.
Borst, Arno (1957-1963): *Der Turmbau von Babel. Geschichte der Meinungen über Ursprung und Vielfalt der Sprachen und Völker.* 4 Bde. Stuttgart: Hiersemann.
Bühler, Karl [1934]: *Sprachtheorie: die Darstellungsfunktion der Sprache.* Stuttgart / New York: Fischer 1982.
Bulitta, Erich / Hildegard Bulitta (1983): *Wörterbuch der Synonyme und Antonyme. 18000 Stichwörter mit 175000 Worterklärungen. Sinn- und sachverwandte Wörter und Begriffe sowie deren Gegenteil und Bedeutungsvarianten.* Frankfurt a. M.: Fischer.
Busse, Dietrich (1987): *Historische Semantik. Analyse eines Programms.* Stuttgart: Klett-Cotta.
Busse, Dietrich / Wolfgang Teubert (1994): „Ist Diskurs ein sprachwissenschaftliches Objekt? Zur Methodenfrage der historischen Semantik", in: Dietrich Busse (Hg.): *Diskurssemantik.* Opladen: Westdeutscher Verlag, S. 10-28.
Bußmann, Hadumod (1990): *Lexikon der Sprachwissenschaft.* ²Stuttgart: Kröner.
Camus, Albert (1957): *Der Fremde.* Übers. v. Georg Goyert u. Hans Georg Brenner. Düsseldorf: Karl Rauch Verlag.
Coseriu, Eugenio (1966): „Structure lexicale et enseignement du vocabulaire", in: *Actes du premier colloque international de linguistique appliquée.* Nancy: Faculté des Lettres, S. 175-217.
– (1967): „Lexikalische Solidaritäten", in: *Poetica* 1, S. 293-303.
– (1968): „Les structures lexématiques", in: W. Th. Elwert (Hg.): *Beiheft 1 (Neue Folge) der Zeitschrift für Französische Sprache und Literatur.* Wiesbaden: Steiner, S. 3-16.
– (1970): *Einführung in die strukturelle Betrachtung des Wortschatzes.* Tübingen: Narr.
– (1973): *Probleme der strukturellen Semantik. Vorlesung gehalten im Wintersemester 1965/66 an der Universität Tübingen.* Autorisierte und bearbeitete Nachschrift von Dieter Kastovsky. Tübingen: Narr.
Denny, J. Peter (1985): „Was ist universal am raumdeiktischen Lexikon?", in: Harro Schweizer (Hg.), S. 111-129.
Descombes, Vincent (1979): *Le même et l'autre.* Paris: Minuit; dt.: *Das Selbe und das Andere: 45 Jahre Philosophie in Frankreich, 1933-1978.* Frankfurt a. Main: Suhrkamp, 1981.
Dornseiff, Franz (1970): *Der deutsche Wortschatz nach Sachgruppen.* ⁷Berlin/New York: de Gruyter.

Dubuisson, Michel (1982): „Remarques sur le vocabulaire grec de l'acculturation", in: *Revue Belge de Philologie et d'Histoire* 60, S. 5-32.

Duden Bd. 2 (1970): *Stilwörterbuch der deutschen Sprache. Die Verwendung der Wörter im Satz.* Bearb. v. G. Drosdowski u. a. *Der Duden in 10 Bänden.* [6]Mannheim / Wien / Zürich: Dudenverlag.

Duden Bd. 8 (1972): *Sinn- und sachverwandte Wörter und Wendungen. Wörterbuch der treffenden Ausdrücke.* Bearb. v. W. Müller u. a. *Der Duden in 10 Bänden.* Mannheim / Wien / Zürich: Dudenverlag.

Duden Bd. 4 (1995): *Grammatik der deutschen Gegenwartssprache.* Hrsg. u. bearb. v. Günther Drosdowski u. a. *Der Duden in 12 Bänden.* [5]Mannheim / Leipzig / Wien / Zürich: Dudenverlag.

Duden (1993–): *Das Große Wörterbuch der deutschen Sprache in sechs Bänden.* Hrsg. u. bearb. vom Wissenschaftlichen Rat u. den Mitarbeitern der Dudenredaktion unter Leitung von G. Drosdowski, I-VI. [2]Mannheim / Wien / Zürich: Dudenverlag.

Ehrich, Veronika (1985): „Zur Linguistik und Psycholinguistik der sekundären Raumdeixis", in: Schweizer (Hg.), S. 130-161.

– (1992): *Hier und Jetzt. Studien zur lokalen und temporalen Deixis im Deutschen.* Tübingen: Niemeyer.

Eichheim, Hubert (1992): *Fremdsprachenunterricht. Verstehensunterricht. Wege und Ziele. Standpunkte zur Sprach- und Kulturvermittlung.* München: Langenscheidt.

Eisenberg, Peter (1986): *Grundriß der deutschen Grammatik.* Stuttgart: Metzler.

Eismann, Volker u. a. (1993): *Die Suche. Das andere Lehrwerk für Deutsch als Fremdsprache.* Berlin/München: Langenscheidt.

Erben, Johannes (1993): *Einführung in die deutsche Wortbildungslehre.* [3]Berlin: Erich Schmidt.

Ernout, A. / A. Meillet (1959): *Dictionnaire étymologique de la langue latine.* [4]Paris: Klincksieck.

Fascher, Erich (1971): „Zum Begriff des Fremden", in: *Theologische Literaturzeitung* 96, Sp. 161-168.

– (1972): „Fremder", in: Theodor Klauser (Hg.): *Reallexikon für Antike und Christentum,* Bd. VIII, Stuttgart, S. 306-347.

Frisch, Max (1966): *Mein Name sei Gantenbein.* Frankfurt a. M.: Suhrkamp.

Gaudemet, J. (1965): „L'étranger dans le monde romain", in: *Studii Clasice* 7/39, S. 37-47.

Geckeler, Horst (1970): *Zur Wortfelddiskussion. Untersuchungen zur Gliederung des Wortfeldes „alt-jung-neu" im heutigen Französisch.* München: Internationale Bibliothek für Allgemeine Linguistik, Band 7.

– (1971): *Strukturelle Semantik und Wortfeldtheorie.* München: Fink.

Georges, Karl Ernst (1962): *Ausführliches Lateinisch-Deutsches Handwörterbuch.* 2 Bde. [8]Basel: Benno Schwabe & Co.

Gipper, Helmut / Hans Schwarz (1962-1989): *Bibliographisches Handbuch der Sprachinhaltsforschung.* Köln / Opladen: Westdeutscher Verlag.

Goes, Jan (1993): „A la recherche d'une définition de l'adjectif", in: *L'information grammaticale* 58, S. 11-14.

Grimm, Jacob / Wilhelm Grimm (1854-1954): *Deutsches Wörterbuch,* I-XVI. Leipzig: Verlag von S. Hirzel.

Güthling, Otto (1963): *Menge-Güthling. Enzyklopädisches Wörterbuch der griechischen und deutschen Sprache.* 2. Teil. [4]Berlin/München: Langenscheidt.
Gurjewitsch, Aaron J. (1986): *Das Weltbild des mittelalterlichen Menschen.* [3]München: C. H. Beck.
Helbig, Gerhard / Joachim Buscha (1996): *Deutsche Grammatik. Ein Handbuch für den Ausländerunterricht.* [17]Leipzig/Berlin u. a.: Langenscheidt.
Hentschel, Elke / Harald Weydt (1990): *Handbuch der deutschen Grammatik.* Berlin / New York: de Gruyter.
Hofmann, J. B. (Hg.) (1938): *Lateinisches etymologisches Wörterbuch von A. Walde.* [3]Heidelberg: C. Winter.
Humboldt-Bedeutungswörterbuch (1992). Hrsg. u. bearb. v. Wolfgang Müller. München: Humboldt-Taschenbuchverlag Jacobi KG.
Hundsnurscher, Franz (1993): „Die 'Lesart' als Element der semantischen Beschreibung", in: Lutzeier (Hg.), S. 239-250.
Hundsnurscher, Franz / Jochen Splett (1982): *Semantik der Adjektive des Deutschen. Analyse der semantischen Relationen.* Opladen: Westdeutscher Verlag.
Hunfeld, Hans (1990): *Literatur als Sprachlehre. Ansätze eines hermeneutisch orientierten Fremdsprachenunterrichts.* Berlin / München: Langenscheidt.
Jakobson. Roman (1957) „Shifters, Verbal Categories, and the Russian Verb". Department of Slavic Languages and Literatures. Harvard University; dt.: „Verschieber, Verbkategorien und das russische Verb", in: ders.: *Form und Sinn. Sprachwissenschaftliche Betrachtungen.* München: Fink, 1974.
Kant, Immanuel [1878]: *Kritik der Urteilskraft.* Hg. Gerhard Lehmann. Stuttgart: Reclam 1963.
Keller, Rudi (1994): *Sprachwandel.* [2]Tübingen/Basel: Francke.
– (1995): *Zeichentheorie. Zu einer Theorie semiotischen Wissens.* Tübingen/Basel: Francke.
Klappenbach, Ruth / Wolfgang Steinitz (1964-1977): *Wörterbuch der deutschen Gegenwartssprache.* Berlin: Akademie Verlag.
Kluge, Friedrich (1995): *Etymologisches Wörterbuch der deutschen Sprache.* Bearb. v. Elmar Seebold. [23]Berlin / New York: de Gruyter.
Koselleck, Reinhart (1984): „Zur historisch-politischen Semantik asymmetrischer Gegenbegriffe", in: ders.: *Vergangene Zukunft. Zur Semantik geschichtlicher Zeiten.* Frankfurt a. M.: Suhrkamp, S. 211-259.
Kristeva, Julia (1969): *Le langage, cet inconnu. Une initiation à la linguistique.* Paris: Seuil, 1981.
– (1988): *Etrangers à nous-mêmes.* Paris: Fayard.
Lakoff, George (1987): *Women, Fire, and Dangerous Things. What Categories Reveal about the Mind.* Chicago: University of Chicago Press.
Lakoff, George / Mark Johnson (1980): *Metaphors we live by.* Chicago: University of Chicago Press.
Langenscheidts Großwörterbuch Deutsch als Fremdsprache (1993), hg. v. Dieter Götz, Günther Haensch u. Hans Wellmann. Berlin/München: Langenscheidt.
Lutzeier, Peter Rolf (1981): *Wort und Feld: Wortsemantische Fragestellungen mit besonderer Berücksichtigung des Wortfeldbegriffes.* Tübingen: Niemeyer.
– (1985): *Linguistische Semantik.* Stuttgart: Metzler.

– (Hg.) (1993): *Studien zur Wortfeldtheorie. Studies in Lexical Field Theory*. Tübingen: Niemeyer.

Maaler, Josua (1561): Die Teütsch spraach. Dictionarium Germanicolatinum novum. Nachdruck. Hildesheim / New York: Georg Olms Verlag 1971.

Maingueneau, Dominique (1981): *Approche de l'énonciation en linguistique française. Embrayeurs, 'Temps', Discours rapporté*. Paris: Hachette.

Mesrobjan, P. M. (1964): „Semanticeskoe issledovanie prilagatelnych strange i foreign s ich sinonimami" (Semantische Erforschung der Adjektive *strange* und *foreign* mit ihren Synonymen), Izvestija AN ArmSSR, Obščestvenuye Nauki (Erevan) Nr. 2, S. 37-46.

Morel, Mary-Annick / Laurent Danon-Boileau (Hg.) (1992): *La deixis. Colloque en Sorbonne 8-9 juin 1990*. Paris: Presses Universitaires de France.

Morris, William (1982): *American Heritage Dictionary of the English Language*. [2]Boston: Houghton Mifflin.

Münkler, Herfried / Bernd Ladwig (1997): „Dimensionen der Fremdheit", in: Herfried Münkler (Hg.) (1997): *Furcht und Faszination. Facetten der Fremdheit*. Berlin: Akademie Verlag, S. 11-44.

Ngugi wa Thiongo (1986): *Decolonising the mind: the politics of language in African literature*. London: Currey.

Oliver, José F.A. (1989): „Poet in zwei Sprachen", in: ders.: *Heimatt und andere fossile Träume*. Berlin: Das Arabische Buch.

The Oxford English Dictionary (1992). 20 Bde. Leitung: J. A. Simpson, E. S. C. Weiner. [2]Oxford: University Press.

Pape, W. (1954): *Griechisch-Deutsches Handwörterbuch*. Bearb. v. M. Sengebusch. 2 Bd. [3]Graz: Akademische Druck und Verlagsanstalt.

Paul, Herman (1992): *Deutsches Wörterbuch*. Bearb. v. Helmut Henne u. Georg Objartel. [9]Tübingen: Niemeyer.

Pfeifer, Wolfgang (Hg.) (1993): *Etymologisches Wörterbuch des Deutschen*. [2]Berlin: Akademie Verlag.

Pokorny, Julius (1959/1969): *Indogermanisches etymologisches Wörterbuch*. 2 Bde. München / Bern: Francke.

– (Hg.) (1926ff.): Alois Walde: *Vergleichendes Wörterbuch der indogermanischen Sprachen*. 3 Bde. Berlin/Leipzig: de Gruyter.

Posner, Roland (1980): „Ikonismus in der Syntax. Zur natürlichen Stellung der Attribute", in: *Zeitschrift für Semiotik* 2, S. 57-82.

Richter, Heide (1988): *Indexikalität. Ihre Behandlung in Philosophie und Sprachwissenschaft*. Tübingen: Niemeyer.

Riegel, Martin (1993): „Statut sémantique de l'adjectif qualificatif", in: *L'information grammaticale* 58, S. 5-10.

Le Grand Robert de la langue française (1985). 9 Bde. [2]Paris: Dictionnaires Le Robert.

Le Robert: Dictionnaire historique de la langue française (1992). 2 Bde. Sous la direction de Alain Rey. Paris: Dictionnaires Le Robert.

Schlaefer, Michael (1987): *Studien zur Ermittlung und Beschreibung des lexikalischen Paradigmas „lachen" im Deutschen*. Heidelberg: Winter.

Schweitzer, Hiltrud (1995): *Metataxe im Sprachvergleich Portugiesisch-Deutsch*. Berlin: Institut für Romanische Philologie.

Schweizer, Harro (Hg.) (1985): *Sprache und Raum. Psychologische und linguistische Aspekte der Aneignung und Verarbeitung von Räumlichkeit.* Stuttgart: Metzler.

Seiler, Hansjakob (1978): „Determination: A functional dimension for interlanguage comparison", in: ders. (Hg.): *Language Universals.* Tübingen: Narr, S. 301-328.

Sommerfeldt, Karl-Ernst / Herbert Schreiber (1977): *Wörterbuch zur Valenz und Distribution deutscher Adjektive.* Leipzig: VEB Bibliographisches Institut.

Spieles, Martin (1993): *Ausländer in der deutschen Sprache. Historische Entwicklungen – aktuelle Pressetexte.* Wiesbaden: Hessische Landeszentrale für politische Bildung.

Stählin, Gustav (1954): „Xenos", in: Gerhard Friedrich (Hg.): *Theologisches Wörterbuch zum Neuen Testament,* Bd. 5, Stuttgart: Kohlhammer, S. 1-36.

Strauss, Botho (1993): „Anschwellender Bocksgesang", in: *Der Spiegel* 6, Jg. 47, S. 202-207.

Trabant, Jürgen (1997) „Fremdheit der Sprache", in diesem Band.

Suhr, Heidrun (1989): „Ausländerliteratur: Minority Literature in the Federal Republic of Germany", in: *New German Critique* 46, S. 71 -100.

Teraoka, Arlene Akido (1987): „Gastarbeiterliteratur: The Other speaks back", in: *Cultural Critique* 0882-4371: S. 77-101.

Vendler, Zeno (1968): *Adjectives and Nominalizations.* The Hague/Paris: Mouton.

Waldenfels, Bernhard (1995): „Das Eigene und das Fremde", in: *Deutsche Zeitschrift für Philosophie* 43, 4, S. 611-620.

Wahrig (1980ff.): *Deutsches Wörterbuch in sechs Bänden.* Hrsg. v. G. Wahrig, H. Krämer, H. Zimmermann. Wiesbaden / Stuttgart: Deutsche Verlagsanstalt.

Waltereit, Richard (1997): *Metonymie und Grammatik. Satzsemantische Beschränkungen für Metonymien und andere Kontiguitätsphänomene im Französischen.* Dissertation FU Berlin.

Weinrich, Harald (1985): „Fremdsprachen als fremde Sprachen", in: ders: *Wege der Sprachkultur.* Stuttgart: DVA, S. 195-220.

Weissenborn, Jürgen / Wolfgang Klein (Hg.) (1982): *Here and there. Crosslinguistic studies on deixis and demonstration.* Amsterdam, Philadelphia: Benjamins.

Wellmann, Hans (1975): *Deutsche Wortbildung. Typen und Tendenzen in der Gegenwartssprache. Eine Bestandsaufnahme des Instituts für deutsche Sprache. Forschungsstelle Innsbruck. Zweiter Hauptteil: Das Substantiv.* Düsseldorf: Pädagogischer Verlag Schwann.

Weydt, Harald / Brigitte Schlieben-Lange (1995): „Hoch-tief-niedrig. Primäre und metaphorische Bedeutungen von Dimensionsadjektiven", in: Ulrich Hoinkes (Hg.) (1995): *Panorama der lexikalischen Semantik.* Tübingen: Narr.

Wierlacher, Alois (1993): „Kulturwissenschaftliche Xenologie. Ausgangslage, Leitbegriffe und Problemfelder", in: ders. (Hg) (1993): *Kulturthema Fremdheit. Leitbegriffe und Problemfelder kulturwissenschaftlicher Fremdheitsforschung.* München: Iudicium, S. 19-112.

Wohlfart, Günter (1995): „Sprache und Dichtung", in: Jürgen Trabant (Hg.) (1995): *Sprache denken.* Frankfurt a. M: Fischer, S. 112-126.

Wunderlich, Dieter (1982): „Sprache und Raum", in: *Studium Linguistik* 12, S. 1-9; 13, S. 37-59.

BERND LADWIG

„Das Fremde" und die Philosophie der normalen Sprache

„Fremdheit" ist ein Ausdruck unserer Alltagssprache. Daher liegt es nahe, den Zugang zur Wortbedeutung durch eine Analyse der Wortverwendung im alltagssprachlichen Gebrauch zu gewinnen. Diese Herangehensweise wird von der Philosophie der normalen Sprache (ordinary language philosophy) gerechtfertigt, mit der ich mich im folgenden befassen werde. Mein Ziel ist es, am Beispiel von „Fremdheit" die methodischen Voraussetzungen für eine allgemeine Bestimmung und Spezifizierung von Wortbedeutungen ans Licht zu bringen. Ich möchte zeigen, daß in der wissenschaftlichen Literatur über das Fremde immer schon ein Verwendungswissen in Anspruch genommen wird, das wir mit den Mitteln der Sprachphilosophie reflexiv einholen können. Kritische Bedeutung erlangt diese Fragestellung dann, wenn das, was die Fremdheitsforscher faktisch tun, systematisch von dem abweicht, was sie zu tun vermeinen.

Der Aufsatz ist dreigeteilt. Im ersten Teil werde ich einige Grundannahmen der ordinary language philosophy auf der Folie einer Philosophie der Idealsprache erläutern. Diese Annahmen möchte ich sodann in einer Methodologie der Bedeutungsanalyse von „Fremdheit" ausmünzen. Schließlich will ich in einem knappen Ausblick andeuten, welche Konsequenzen eine Übernahme von Grundeinsichten der ordinary language philosophy für die Frage des *Fremdverstehens* hat. Diese Fragestellung bedeutet einen Übergang von der „semasiologischen" Ebene der Wortbedeutungen zur „onomasiologischen" Gegenstandsebene, auf der Wissen über die Bedeutung von „Fremdheit" bereits als gegeben vorausgesetzt wird.

1. Eine pragmatische Theorie der Bedeutung

Meine Ausgangsfrage lautet, woher wir wissen, wonach wir fragen, wenn wir nach dem Fremden fragen. Die Antwort, für die ich argumentieren werde, ist einfach: Wir wissen, was „fremd" bedeutet, weil wir deutsch sprechen und weil „fremd" ein Ausdruck der deutschen Sprache ist. Wenn das richtig ist, kommt die eigentliche Kompetenz der „Bestimmung" von Bedeutungen der Sprachgemeinschaft als ganzer zu, deren Teil der Forscher oder die Forscherin ist. Dann aber ist der wissenschaftliche Wortgebrauch im Falle von Fremdheit (und allen anderen Lexemen unserer Umgangssprache) systematisch an einen außer- und vorwissenschaftlichen Wortgebrauch gebunden. In diesem nämlich werden die Kriterien der Verständlichkeit von Wortverwendungen „festgelegt", indem bestimmte Gebrauchsweisen als mehr oder weniger nachvollziehbar sanktioniert werden (vgl. Savigny 1993). Wissenschaft, die sich mit Ausdrücken der Alltagssprache befaßt oder sich solcher Ausdrücke zur Abgrenzung von Gegenstandsbereichen bedient, steht demnach im Horizont einer größeren Sprachgemeinschaft, deren Maßstäbe der Angemessenheit oder Klarheit sie auch dann nicht hintergehen kann, wenn es ihr explizites Interesse ist, an die Stelle ungenauer und okkasioneller Redeweisen trennscharfe und situationsinvariante Kategorien zu setzen. Wissenschaftliche Definitionen sind nicht unerlaubt, aber sie dürfen, sollen sie uns etwas über alltagssprachlich zugängliche Phänomene mitteilen, ihre Verbundenheit mit einem vorwissenschaftlichen Wissen nicht verleugnen.

In dieser These äußert sich ein Vertrauen in die Kapazitäten des gewöhnlichen Wortgebrauchs, die in der Sprachphilosophie dieses Jahrhunderts keineswegs selbstverständlich ist. Viele Philosophen, von Frege bis zu Quine, waren davon ausgegangen, daß es gelte, die Bedingungen der Verständlichkeit durch die Konstruktion einer logisch strukturierten Idealsprache allererst zu schaffen. Aus dieser Sicht erscheinen die vielen Unschärfen und kontextrelativen Ausdrücke der Alltagssprache als zu überwindendes Hindernis auf dem Weg zu größerer gedanklicher Klarheit. Ich möchte die Unterschiede zwischen einer Philosophie der Idealsprache und einer Philosophie der normalen Sprache anhand des Denkweges von Wittgenstein nachvollziehen; denn diesem Philosophen kommt das Verdienst zu, beide Ansätze der Sprachphilosophie in exemplarischen Werken verfolgt zu haben.

Der frühe Wittgenstein des *Tractatus logico-philosophicus* wollte zeigen, daß die eigentliche Funktion der Sprache in der Abbildung außersprachlicher Sachverhalte bestehe. Die logische Struktur der Sätze sollte der logischen Struktur der Sachverhalte isomorph sein, auf die die Sätze referieren. Sätze wiederum ließen sich in Elementarsätze zerlegen. Die so freigelegten sprachlichen Atome fänden ihre Entsprechung in den Grundgegebenheiten der Welt: den Dingen oder Sachen, aus denen sich die Sachverhalte zusammensetzten. Die Bedeutung eines jeden Wortes sei das durch das jeweilige Wort bezeichnete Ding. Im *Tractatus* vertrat Wittgenstein folglich eine *atomistische Abbildtheorie* der Sprache. Ihr Atomismus besteht in der Annahme, daß alle Wörter (oder Elementarsätze) in der Bezugnahme auf elementare Gegenstände ihre Erfüllung fänden. Um eine Abbildtheorie handelt es sich, da Wittgenstein behauptete, daß jeder in einem sinnvollen Satz geäußerte Gedanke das logische Bild einer Tatsache darstelle. Äußerungen, die sich den Vorgaben dieser Abbildtheorie nicht fügen (z. B. Werturteile), seien sinnlos, das heißt, sie sollten im Interesse an maximaler sprachlicher Klarheit besser ungesagt bleiben (Wittgenstein 1921).

Nun liegt es auf der Hand, daß der gewöhnliche Sprachgebrauch in den seltensten Fällen so einfach und klar ist, wie Wittgenstein dies von einer „idealen" Sprache erwartete. Bereits ein scheinbar so eindeutiger Satz wie „Peter steht im Wald" ist alles andere als selbsterklärend (selbst wenn wir von der Möglichkeit einer übertragenen Bedeutung absehen). Zählt die Lichtung zum Wald oder wird sie vielmehr von ihm eingefaßt? Beginnt der Wald schon da, wo die Laubbäume in kleineren Gruppen auftreten, oder erst dort, wo sie in großer Zahl dicht an dicht stehen? Verständlich ist der Satz nur für den, der bereits einiges über die Sprachkonventionen und das „Weltbild" dessen weiß, der den Satz gesagt hat. Aus der Warte einer strengen Abbildtheorie ist das unbefriedigend, weil jedem Wort (als Namen) genau ein Gegenstand oder Begriff korrespondieren muß, der die Bedeutung dieses Wortes ausmacht. Ist ein Gegenstand nicht genau umgrenzt, so ist die Bedeutung des Wortes unscharf.

Immerhin enthält „im Wald" einen gewissen Hinweis auf einen näher spezifizierbaren Gegenstandsbereich. Der Satz „Ich bin hier" hingegen ist völlig unverständlich, solange man nicht weiß, wer von welchem Ort aus spricht. „Ich" und „hier" sind typische Beispiele für indexikalische Ausdrücke, die ohne Kenntnis der Kontextbedingungen einer Äußerung nicht zu verstehen sind. Auch handelt es sich nicht um Namen, die auf eindeutig umrissene Gegenstände referierten. Für „hier" gilt außerdem, daß die Genauigkeit der Ortsangabe (die Kenntnis des Kontextes einmal unterstellt) sehr stark differieren kann: „Hier" mag etwa heißen „in einem Umkreis von zwei Metern", „im Kleiderschrank" oder auch „da, wo mein Daumen gerade den Globus berührt".

Mit der gewöhnlichen Sprache lassen sich noch andere Dinge tun, die im Lichte der Abbildtheorie als unwesentlich oder gar als widersinnig erscheinen müssen: Ich kann zum Beispiel „Scheiße!" sagen, ohne damit auf einen Gegenstand zu referieren; ich kann „Guten Morgen!" wünschen, ohne damit irgend etwas abzubilden; ich kann feststellen, daß ich im Begriff bin zu gehen, ohne daß diese Äußerung in einem bestimmten Ding ihre Erfüllung fände („im Begriff sein, etwas zu tun" ist ein Dispositionsausdruck, der sich nicht „dingfest" machen läßt). Was ist die Bedeutung all dieser sprachlicher Aktivitäten, wenn doch Bedeutung, einer Prämisse der Abbildtheorie zufolge, einem Satz nur durch einen außersprachlichen Gegenstand „verliehen" wird? Und warum verstehen wir solche Äußerungen gewöhnlich, wenn doch Verständlichkeit eine Funktion der logischen Struktur von Behauptungssätzen ist?

Es sind solche Fragen, die den späteren Wittgenstein veranlaßt haben, von der rigiden Abbildtheorie des *Tractatus* abzurücken und im gewöhnlichen, durch keine Sprachphilosophie vorzensierten Sprachgebrauch die Bedingungen der Verständlichkeit sprachlicher Äußerungen aufzuspüren. Diese Wende erlaubte es Wittgenstein, auch andere als behauptende (konstative) Äußerungen als sinnvoll anzusehen. Damit aber fiel eine Grundannahme des *Tractatus* in sich zusammen. Nicht länger konnte die Bedeutung jedes sinnvollen Satzes von dessen Abbildrelation zu einem außersprachlichen Sachverhalt abhängig gemacht werden; nicht länger konnte die Funktion der einzelnen Wörter allein darin gesehen werden, Gegenstände mit Namen zu versehen.

Ein großer Teil der verstreuten Bemerkungen Wittgensteins in den *Philosophischen Untersuchungen* gilt der Kritik an der Abbildtheorie der Sprache. Wittgenstein möchte etwa vorführen, daß Äußerungen über Empfindungen und andere mentale Zustände nicht auf unsichtbare Gegenstände verweisen, sondern (häufig) als Expressionen zu verstehen sind, denen gar keine nichtsprachlichen Entitäten korrespondieren (müssen). Ein Satz wie „Ich habe Zahnschmerzen" ist demnach kein symbolischer Finger, der auf einen Gegenstand namens „Schmerz im Zahn" zeigt, sondern (häufig) eine Art Ausruf, vergleichbar dem kürzeren „Au" oder „mein Zahn!". Und neben Expressionen gibt es andere Arten von Äußerungen, die nicht auf Gegenstände verweisen: namentlich Normen und Gebote, die in der Tractatus-Philosophie noch unter das Schweigegebot fielen. (Das ist übrigens ein schönes Beispiel für einen performativ widersprüchlichen Sprachgebrauch: Eine Philosophie, die Gebote für sinnlos erklärt, erläßt, indem sie das tut, selber ein Gebot!)

In den *Philosophischen Untersuchungen* hält sich Wittgenstein von derartigen Anweisungen fern. Seine Empfehlung an die Philosophen lautet jetzt, nach der Art naiver Empiristen möglichst viele Daten zu sammeln und nicht etwa die Daten der Theorie, sondern die Theorie den Daten anzupassen: „Es darf nichts Hypothetisches in unsern Betrachtungen sein. Alle *Erklärung* muß fort und nur Beschreibung an ihre Stelle treten" (Wittgenstein

1953: 298 f.; Hervorheb. im Original). Für sich genommen wirkt diese Forderung haltlos. Wittgenstein scheint die Möglichkeit einer von jeglicher Theorie unabhängigen Beschreibung vorauszusetzen. Die relative Berechtigung dieses Postulats wird erst deutlich, wenn man es mit Wittgensteins früherem Programm einer Idealsprache kontrastiert. Auf dieser Folie zeigt sich, daß Wittgensteins neues Interesse den sprachlichen Ausdrucksformen in der ganzen Vielfalt ihrer Funktionen gilt.

All das, was man mit Sprache machen kann, bezeichnet Wittgenstein als *Sprachspiele*. Dieser Ausdruck ist zweideutig. Zum einen möchte Wittgenstein hervorheben, daß Sprechen eine Form des *regelgerechten Handelns* ist. Wenn ich etwas sage, tue ich (vermittelst der Aussendung von Schallwellen) bestimmte Dinge: Ich warne z. B. einen anderen, empfehle ihm etwas, mache mich über ihn lustig, gebe ihm Anweisungen oder versuche ihn aufzumuntern. Diese und alle weiteren sprachlichen oder sprachvermittelten Aktivitäten sind „Aufführungen" der Sprache (Gebauer 1995). Regelgerecht sind diese Aufführungen, sofern sie anderen den verstehenden Anschluß an die je eigenen sprachlichen Praktiken erlauben, und das können sie nur, wenn sie intersubjektiv eingespielten Erwartungen entgegenkommen.

Wittgenstein wendet sich allerdings wortreich gegen eine hypostasierende Auffassung vom Befolgen einer Regel. Regeln sprachlicher und außersprachlicher Art sind den durch sie geregelten Aktivitäten nicht vorgegeben, sie sind ihnen vielmehr „eingeschrieben". Regeln wirken nur innerhalb von Handlungen und unterliegen folglich, da sich die Kreativität des Handelns niemals restlos bändigen läßt, schleichenden oder sprunghaften Veränderungen. Eine Regel ist für Wittgenstein der Inbegriff dessen, was eine Gruppe von Menschen faktisch tut, wenn sie Dinge mehrfach auf die gleiche oder eine hinreichend ähnliche Weise tut. In letzter Instanz ist es die Anerkennung durch die jeweils „maßgebliche" Gemeinschaft, die darüber Aufschluß gibt, ob jemand regelgerecht oder idiosynkratisch gehandelt hat, und diese Anerkennung läßt sich nicht restlos begründen: Die Anerkennung der Regelhaftigkeit eines Tuns ist Teil einer Lebensform, der die Handelnden angehören oder auf die sie sich handelnd beziehen. Diese Auffassung ist demnach offen für die Modifikation der Regeln von Sprachspielen. Alle Feststellungen darüber, was in einer bestimmten Sprachgemeinschaft zu einem bestimmten Zeitpunkt *gilt*, sind Momentaufnahmen eines stets im Fluß befindlichen Geschehens der sprachlich vermittelten Interaktion.

Dieser Aspekt des Wortes „Sprachspiel" ist in der von John Austin (1972) begründeten und von John Searle (1971) fortgeführten Theorie der *Sprechakte* systematisiert worden. Der zentrale Gedanke dieser Theorierichtung lautet, daß die Grundeinheit der sprachlichen Verständigung nicht das Wort oder der Satz ist, sondern die Äußerung von Wörtern und Sätzen im Vollzug von Sprechakten. Sprechakte sind Äußerungen, mit denen Sprecher etwas in der Welt bewirken: Sprecher behaupten, warnen, fragen, empfehlen, geben Anweisungen und vieles mehr, und sie können damit bestimmte Wirkungen erzielen, beabsichtigte wie unbeabsichtigte. Sprechakte funktionieren, indem sie *konstitutive Regeln* realisieren (vgl. Searle 1971: 54 ff.). Konstitutiv ist eine Regel, wenn es die zu regelnde Aktivität ohne die Regel nicht geben könnte. Zum Beispiel gäbe es nicht die Institution des Versprechens, wenn es keine Regel gäbe, die besagt, daß ein Versprechen eine Festlegung für die Zukunft bedeutet, mit der ein Sprecher einem Hörer etwas für diesen Wünschenswertes verbindlich in Aussicht stellt. Auf diese Regel nimmt Bezug, wer immer zu einem anderen sagt: „Ich verspreche (Dir), daß p". Und wer immer dies sagt, setzt voraus, daß der Hörer die Regel ebenso kennt wie der Sprecher. Er setzt also voraus, daß der Adressat des Versprechens ebenso wie dessen

Autor weiß, welche Ansprüche durch die Äußerung des Versprechens erhoben und begründet werden (vgl. ausführlich Searle 1971: 88 ff.).

Aus der Übereinstimmung mit Regeln erwächst die *illokutionäre Kraft* („force") von Äußerungen. Damit ist gemeint, daß ein Sprecher sich auf eine bestimmte Einstellung gegenüber einem bezeichneten Sachverhalt festlegt. Diese Einstellung kann durch einen eigenen Satzteil kenntlich gemacht werden, den performativen Akt. Dieser gibt an, in welchem psychischen Modus sich ein Sprecher auf einen Sachverhalt bezieht. Häufig bleibt der performative Akt implizit, und nur der propositionale Gehalt, die Bezeichnung des Sachverhaltes, von dem der Satz handelt, kommt zum Ausdruck. Zum Beispiel sieht man der Äußerung „Du gehst in die Küche" für sich genommen nicht an, ob sie als Feststellung, als Frage oder als Aufforderung zu verstehen ist. Im Zweifelsfall kann man den performativen Akt explizit machen: „*Ich fordere Dich auf*, in die Küche zu gehen!"

Die Sprechakttheorie weist Sprechen als eine Form sozialen Handelns aus. Zugleich wird deutlich, daß sprachliche Handlungen mit nichtsprachlichen Handlungen intern verknüpft sind. Die Sprechakttheorie verankert Äußerungen in Lebensformen, da der erfolgreiche Vollzug sprachlicher Handlungen auf geteilten konstitutiven Regeln beruht.

Diese These verweist auf die zweite Bedeutung des Wortes „Sprachspiel". In den *Philosophischen Untersuchungen* heißt es dazu: „Ich werde auch das Ganze: der Sprache und der Tätigkeiten, mit denen sie verwoben ist, das 'Sprachspiel' nennen" (Wittgenstein 1953: 241). „Sprachspiel" ist demnach ein übergreifender Ausdruck für die *Totalität* von Lebensformen. Gleichwohl bleibt der Bezug auf Sprache zentral, denn Lebensformen sind symbolisch – und das heißt: wesentlich sprachlich – strukturiert. Andererseits erfüllt sich die sprachliche Funktion nur in der Wechselwirkung mit anderen (Aspekten von) Handlungen. Eine Sprache sprechen heißt, an gemeinschaftlichen Aktivitäten teilhaben, aus denen heraus den einzelnen Sätzen und Wörtern Bedeutung zukommt. Äußerungen sind daher grundsätzlich keiner kontextfreien Interpretation zugänglich.

Die Folgen aus dieser Einsicht sind weitreichend: Eine Sprache beherrscht nur der, der an der Lebensform der betreffenden Sprachgemeinschaft, an ihren Hintergrundgewißheiten und Tätigkeitsmustern, teilhat. Nur dem erschließen sich Bedeutungen, der sprachliche Hervorbringungen in die praktischen Kontexte der Verständigung einzuordnen vermag. Damit erweist sich zugleich die erforderliche Exaktheit von Äußerungen als Funktion außersprachlicher (oder sprachübergreifender) Zwecksetzungen und Randbedingungen. Wer diesem Gedanken folgt, dem fällt es nicht schwer, die oben genannten Beispiele für nicht-konstative Sätze auf die Bedingungen ihrer Verständlichkeit zu beziehen. Ich *weiß*, wann etwas nicht wörtlich, sondern im übertragenen Sinne verwendet wird, wann etwas als Schimpfwort oder als Gruß gemeint ist, wann eine Bemerkung einer Disposition und keinem (materiellen oder immateriellen) Gegenstand gilt, *sofern* ich mit den Handlungsweisen und Situationen vertraut bin, zu denen die sprachlichen Phänomene passen. Ein Satz erfüllt seine Funktion, wenn er aus dem Kontext heraus mit hinreichender Genauigkeit verstanden wird, dem er angehört. Daher bedarf die Umgangssprache, um die Bedingung der Verständlichkeit zu erfüllen, keiner Therapie mit den Mitteln einer Idealsprache. Therapiebedürftig ist vielmehr eine Philosophie, die nicht zu begreifen erlaubt, was in der alltäglichen Interaktion ganz selbstverständlich funktioniert.

In Wittgensteins Spätwerk bestimmt, formal gesprochen, der *pragmatische* den *semantischen* Aspekt der Sprache. Diese These vom Primat der Pragmatik wird oft auf die handliche Formel gebracht, daß die Bedeutung eines Wortes sein *Gebrauch* in der Sprache sei.

Der Vorzug dieser Redeweise gegenüber der Abbildtheorie ist offensichtlich. Mit der Gebrauchsthese ist eine viel größere Zahl sprachlicher Phänomene vereinbar als mit einer Auffassung, die besagt, daß ein Wort nur als Name für einen außersprachlichen Gegenstand Bedeutung hat. Expressionen und Wertaussagen etwa hätten nach der Abbildtheorie keine Bedeutung, obwohl wir sie doch häufig zu verstehen glauben. Die Gebrauchstheorie hilft hier weiter. Ihr zufolge verdankt sich zum Beispiel die Bedeutung eines Fluches der hinreichend verständlichen Artikulation von Unmut unter den geeigneten Randbedingungen. Was immer andere verstehen können, hat Bedeutung, wann immer die Bedingungen für Verständlichkeit erfüllt sind.

Gleichwohl ist die Formulierung, daß die Bedeutung gleich dem Gebrauch sei, ungenau. Offenbar können wir uns eine Vielzahl von Sprachspielen vorstellen, in denen ein und dasselbe Wort eine Rolle spielt, von denen also die Wortbedeutung nicht abzuhängen scheint. Ich kann zum Beispiel hoffen, daß die Tür aufgeht, behaupten, daß die Tür aufgeht, befürchten, daß die Tür aufgeht oder jemanden zum Öffnen der Tür auffordern. Von diesen unterschiedlichen Verwendungen bleibt die Bedeutung des Wortes „Tür" unberührt.

Die Gebrauchsthese bedarf demnach der Spezifizierung. Zu diesem Zweck möchte ich eine Unterscheidung von Franz von Kutschera (1975: 143 f.) aufgreifen. Kutschera unterscheidet den *Ausdruck* (z. B. „Tür") von der *Äußerung* des Ausdrucks im Vollzug eines Sprechaktes (z. B. „Ich bitte Dich, die Tür zu schließen!"). Die Bedeutung eines Ausdrucks wird durch die Gesamtheit seiner regelgerechten Äußerungen umrissen. Sie ist der Inbegriff der verständlichen Verwendungen des Ausdrucks, seine *allgemeine Verwendungsweise*. Als solche ist die Bedeutung des Ausdrucks der Vielfalt seiner Verwendungen nicht einfach vorgegeben. Sie bildet einen Rahmen für (kontextabhängige) Spezifikationen der Wortbedeutung, aber dieser Rahmen ist selber nur die Abstraktion von allen partikularen Verwendungen. Auch für die allgemeinen Verwendungsregeln eines Wortes gilt, was Wittgenstein allgemein über das Regelfolgen gesagt hat: Die Regel ist nichts über oder hinter den konkreten Realisierungen, weil sie nur innerhalb ihrer wirkt und gilt. Das aber heißt, daß die „parole", die Sprachpraxis, die „langue", die Stellung eines Wortes im Strukturgefüge einer Sprache, zu modifizieren vermag. Ändert sich der innerhalb einer Sprachgemeinschaft als verständlich sanktionierte Gebrauch eines Wortes, so verschiebt sich dessen allgemeine Gebrauchsweise, der Inbegriff dessen, was das Wort bedeuten kann. Gleichwohl tangiert, wie oben am Tür-Beispiel gezeigt, nicht jeder Wechsel des Sprechaktes die allgemeine Bedeutung eines Wortes.

Die Gebrauchsthese der Bedeutung erweist sich somit als zweigeteilt. Sie besagt zum einen, daß der semantische Gehalt eines Wortes in Sprechsituationen spezifiziert wird. Um zu wissen, was ein Wort genau bedeutet, müssen wir seine Funktion in seinem Verwendungskontext kennen. Zum anderen besagt die These, daß die allen besonderen Verwendungen gemeinsame „Grundbedeutung" eines Wortes der Inbegriff aller besonderen Verwendungen ist. Durch diese Zweiteilung wird verständlich, warum es in den meisten Kontexten so scheinen kann, als sei die Bedeutung eines Wortes dessen Gebrauch logisch vorgeordnet; in unserem Beispiel: Um zu wissen, was ich mit „Tür" machen kann, muß ich wissen, was „Tür" bedeutet. Diese (allgemeine) Bedeutung aber ist vom Wortgebrauch nicht etwa unabhängig; und sie geht diesem auch nicht voraus wie ein Leittier seiner Herde oder eine wissenschaftliche Definition ihrer Anwendung. Einen *Begriff* von Tür („Türheit") haben wir, weil wir die *prädikative* Verwendung von „Tür" in vielen verschiedenen Sprechsituationen kennen.

Findet sich für ein Wort keine allgemeine Verwendungsweise, so handelt es sich in Wirklichkeit um eine Mehrzahl von Wörtern. Das Schloß, in dem ich wohne, wird mit einem anderen Wort bezeichnet als das Schloß, in das mein Dietrich paßt. Diese These besagt jedoch nicht, daß die allgemeine Verwendungsweise für jedes Wort starr und geschlossen sein müßte. Es genügt, wenn sie ein Feld absteckt, auf dem Spezifikationen *eines bedeutungsvollen Wortes* möglich sind. Überschneiden sich zwei Felder bei zwei Wörtern mit identischer Buchstabenfolge nicht, so handelt es sich um echte Mehrdeutigkeit.

2. Zur Semantik des „Fremden"

Eben dies scheint nun bei „Fremdheit" der Fall zu sein. Kaum ein Autor, der sich zum „Fremden" äußert, versäumt es, auf die Komplexität des Bedeutungsgehaltes dieses Wortes hinzuweisen. Zwei Beispiele mögen hier genügen. So schreibt der Soziologe Alois Hahn: „Fremdheit hat zumindest zwei Dimensionen, die zwar nicht voneinander unabhängig sind, aber auch nicht völlig konvergieren. Einmal wird als 'fremd' beschrieben, was 'anders' *ist* bzw. das dem Anders*sein* zugeschrieben wird. Die zweite Dimension bezieht sich auf unser Wissen vom anderen. Fremd ist dann, was uns unvertraut, unbekannt, neu und unerforscht vorkommt" (Hahn 1994: 142). Der Philosoph Bernhard Waldenfels definiert als fremd erstens, was außerhalb des eigenen Bereiches vorkommt, zweitens, was einem anderen gehört und drittens, was von fremder Art ist (Waldenfels 1995: 612).

Es ist demnach nicht ohne weiteres klar, ob „fremd" ein einziges Wort ist oder ob es sich um einen Fall echter Vieldeutigkeit handelt. Für die zweite Annahme spricht, daß das Bedeutungsfeld des deutschen Wortes in anderen Sprachen von mehreren Wörtern abgedeckt wird. Dem deutschen „fremd" können zum Beispiel im Englischen „foreign", „strange" und „alien" entsprechen, im Italienischen „forestiero", „straniero" und „alieno". Für die erste Annahme spricht hingegen, daß die Bedeutungen von „fremd" in vielen Verwendungskontexten nicht klar getrennt sind, sondern aufeinander verweisen oder ineinander spielen. Eine Möglichkeit, die Frage der Polysemie zu entscheiden, bestünde in einer Untersuchung der Wortgeschichte. Doch aus Sicht der ordinary language philosophy kommt es nicht auf die Etymologie an, sondern allein auf den jeweils verständlichen Gebrauch eines Wortes durch die Angehörigen einer Sprachgemeinschaft. Allein auf diesen aktuellen Sprachgebrauch bezieht sich die These von der Mehrdeutigkeit.

Ich möchte diese Frage hier nicht entscheiden, sondern den Vermittlungsvorschlag machen, „fremd" als ein Prädikat mit zwei grundlegenden Bedeutungs*dimensionen* anzusehen. Im einen Fall verwenden wir „fremd" im Sinne von „nichtzugehörig", im anderen Fall im Sinne von „unvertraut." Ich bezeichne die erste Dimension als *soziale*, die zweite als *lebensweltliche* Fremdheit (vgl. ausführlich Münkler/Ladwig 1997). Diese Unterscheidung bezieht sich auf die allgemeine Verwendungsweise des Wortes „fremd". Meine These lautet folglich, daß wir, wann immer wir das Wort „fremd" regelgerecht, das heißt intersubjektiv nachvollziehbar verwenden, es zumindest in einer der beiden Grundbedeutungen gebrauchen; möglich ist auch, wie oben bemerkt, daß eine Sprecherin die beiden Dimensionen aufeinander bezieht oder ineinander übergehen läßt. Die allgemeine Anwendungsbedingung für „fremd" lautet demnach, daß sich ein Sprecher oder eine Sprecherin auf eine Relation der Unvertrautheit und/oder auf eine Relation der Nichtzugehörigkeit bezieht. Anders ausgedrückt: „Fremdheit" („der/die/das Fremde") wird kommuniziert, wenn Unvertrautheit und/oder Nichtzugehörigkeit zugeschrieben werden soll. Daß sich die Zuschreibung von „Fremdheit" auf *Relationen* bezieht, ist so oft konstatiert worden, daß ich die Richtigkeit dieser Aussage voraussetze. (Eine mögliche Ausnahme bildet die Verwendung von „fremd" im Sinne von „seltsam"; in diesem Fall scheint eine „absolute" Wortverwendung möglich zu sein, wie sie deutlicher noch in einer bestimmten Verwendung des englischen „strange" hervortritt: „Strange indeed!".) Entscheidend ist, daß die These von den zwei Bedeutungsdimensionen eine *empirische* Aussage über die tatsächlichen Verständlichkeitsbedingungen der Zuschreibung von „Fremdheit" ist.

Durch die allgemeinen Bedeutungsdimensionen werden jeweils Felder für mögliche Spezifikationen der Wortbedeutung umrissen. Die Spielräume für solche kontextabhängigen Variationen sind allerdings nicht bei allen Wörtern gleich groß. „Fremdheit" bietet besonders viele Möglichkeiten, weil seine allgemeinen Verwendungsregeln nur schwache Vorgaben für die Beschreibung und Bewertung von Relationen implizieren. Eine geringere Bandbreite für Bedeutungsmodifikationen kann zum Beispiel für allgemeine Termini angenommen werden, mit denen „natürliche Arten" bezeichnet werden (z. B. „Tiger" oder „Sauerstoff"), oder für Schimpfwörter, deren allgemeine Verwendungsregeln bestimmte (negative) Situationsbewertungen vorgeben. Im Unterschied dazu kann Fremdheit in polemischer, aber auch etwa in beschreibender Absicht kommuniziert werden; seine allgemeinen Verwendungsregeln legen das Wort auf keine bestimmte evaluative Komponente fest. Wird Fremdheit bewertend gebraucht, so muß dies aus der Situation seiner Verwendung hervorgehen.

Man könnte meinen, es sei der Zweck wissenschaftlicher *Definitionen*, die Situationsabhängigkeit von alltagssprachlichen Bedeutungen zugunsten situationsinvarianter Anwendungsbedingungen auszuschalten. Das ist nicht ganz falsch, aber man darf nicht übersehen, daß Definitionen im Falle von Wörtern aus der Alltagssprache selber kontextrelative Spezifikationen darstellen. Der Kontext wird jeweils durch das Design einer Untersuchung gebildet. Definitionen legen Anwendungsbedingungen für Ausdrücke relativ zu einer Forschungsabsicht fest. *Innerhalb* des dadurch umrissenen Kontextes mag dann die Anforderung der Eindeutigkeit einer Wortverwendung erfüllt sein.

Ein solches Vorgehen ist für die Zwecke empirischer Operationalisierungen oft unvermeidlich. Ein Fehler resultiert daraus nur, wenn Wissenschaftler die definitorisch gewonnene Eindeutigkeit hypostasieren und der Alltagssprache rückwirkend als *deren* Verständlichkeitsbedingung andienen. Wörter der Alltagssprache bedürfen jedoch nicht der Heilung durch die Medizin wissenschaftlicher Kategorisierungen. Sie erfüllen ihre Funktion, wann immer sie in den Situationen, für die sie bestimmt sind, verstanden werden. Die Invarianz von Bedeutungen gehört in den meisten alltagsweltlichen Handlungszusammenhängen keineswegs zu den Bedingungen für die Verständlichkeit eines Ausdruckes, wie man an einem der schönsten Bonmots aus „Asterix" erkennen kann, das dem ehrwürdigen Greis Methusalix in den Mund gelegt wird: „Ich habe nichts gegen Fremde. Einige meiner besten Freunde sind Fremde. Aber diese Fremden da sind nicht von hier."

Es ist also eine Sache, daß „Xenologen" definieren, was sie unter dem Fremden jeweils verstehen. Eine ganz andere Sache ist es jedoch, mit solchen Begriffsbestimmungen den Anspruch zu verbinden, der Alltagssprache den Unterschied zwischen „eigentlichen" und „uneigentlichen", „wesentlichen" und „unwesentlichen" oder „zentralen" und „peripheren" Bedeutungsaspekten beizubringen. Der Philosoph Waldenfels zum Beispiel gelangt, nachdem er drei Bedeutungsaspekte der Fremdheit – einen des Ortes, einen des Besitzes und

einen der Art – unterschieden hat, zu dem Schluß: „Unter den drei genannten Aspekten gibt
der Ortsaspekt den Ton an. [...] Im Gegensatz zum onto-logisch Anderen (héteron, aliud),
das dem *Selben* (tautón, idem) gegenübertritt und einer Geste der *Abgrenzung* entstammt,
geht das Fremde, das dem *Selbst* (ipse) und seinem Eigenen entgegensteht, aus einem Prozeß
der *Ein-* und *Ausgrenzung* hervor, einem Prozeß, der sich nicht zwischen zwei Termen
abspielt, sondern zwischen zwei Topoi" (Waldenfels 1995: 612; Hervorheb. im Original).

Etymologisch mag die These vom Vorrang des Ortsaspektes richtig sein. Wahrscheinlich
leitet sich das deutsche Wort „fremd" aus dem rekonstruierten germanischen Wort *fram
her, das etwa „weg von", „fern von" bedeutete. Wir können vermuten, daß in dieser Verwendung die Bedeutungsaspekte der Nichtzugehörigkeit und der Unvertrautheit verschmolzen
waren: Der leibgebundene oder leibnahe Ort des Eigenen war zugleich ein bedeutungsvoller
Raum der Vertrautheit. Auf diese Weise gelangt man zu einem Modell konzentrischer
Kreise: Das vertraute Eigene wurde als Zentrum der Welt erfahren; der Grad der Fremdheit
war eine Funktion des Abstandes von diesem Zentrum (vgl. Stagl 1997).

Doch Waldenfels möchte seine These augenscheinlich nicht wortgeschichtlich verstanden
wissen. Als Aussage über einen Primat des Ortsaspekts in der Verwendung *unseres* Wortes
„fremd" verweist sie auf eine Untersuchung der Regeln des tatsächlichen Sprachgebrauchs;
als solche fällt sie nicht in die Zuständigkeit des Philosophen, sondern in die der gesamten
Sprachgemeinschaft. „Wesentlich" ist immer diejenige Verwendung des Wortes, die in
ihrem Kontext tatsächlich verstanden, also erfolgreich kommuniziert wird. *Hinter* der
Vielfalt faktischer Verwendungsweisen gibt es kein „Wesen" von Fremdheit, das es zu
entdecken gälte. Wer immer nach einem solchen Wesen sucht, dem möchte man mit Wittgenstein zurufen: „denk nicht, sondern schau!" (Wittgenstein 1953: 277).

Mit begrifflichen Wesensbestimmungen gehen häufig weitergehende Werturteile einher.
Die Philosophin Iris Därmann zum Beispiel möchte das Fremde als das radikal Unverfüg-
bare und dem Verstehen prinzipiell Entzogene auszeichnen, und sie schließt: „Jedes her-
meneutische Unterfangen, dem es folglich gelungen sein sollte, das vermeintlich Fremde im
Vollzug des Verstehens zu überwinden, hat es demnach nicht mit Fremdem, sondern mit
seinem Anschein als dem Noch-nicht-Verstandenen oder Unbekannten zu tun" (Därmann 1996). Was berechtigt die Denkerin zu diesem Urteil? Natürlich ist es ihr unbe-
nommen, „fremd" nur das zu nennen, was ihrem Kriterium der hermeneutischen Unzugänglichkeit genügt. Vielleicht gewinnt sie auf diese Weise im Kontext ihrer Fragestellung
interessante Einsichten. Dogmatisch ist es jedoch, eine solcherart spezifizierte mit der
„eigentlichen" Wortverwendung gleichzusetzen, so als sei jeder im Irrtum, der „Fremdheit"
auch auf Verstehbares bezieht.

Diese Anmerkungen sind nicht nur destruktiv (oder „dekonstruktiv") gemeint, denn sie
enthalten eine wichtige „positive" Einsicht. Die ordinary language philosophy ersetzt eine
Ontologie durch eine Sprachanalyse von Fremdheit. Die systematisch erste Frage lautet
nicht, was das Fremde *ist*, sondern wie dieses *Wort* jeweils gebraucht wird. Das Fremde „ist"
der Inbegriff der sinnvollen Verwendungsmöglichkeiten des Wortes „fremd" (bzw. „Fremdheit", „der/die/das Fremde").

Wer also zum Beispiel fragt, was den Fremden vom Anderen oder was das Fremde vom
Neuen unterscheidet, der ist diesem methodologischen Vorschlag zufolge auf die jeweiligen
Regeln des Wortgebrauches verwiesen. Seine Frage zielt dann auf die Möglichkeiten, mit
den Wörtern „fremd", „anders" oder „neu" (als Bestandteilen von Sprechakten) bestimmte
Dinge zu tun, die sich zum Teil decken, zum Teil unterscheiden mögen. Das ist zugleich das

ganze Geheimnis hinter dem Problem der *Synonymie*. Auf die Frage etwa, ob das Fremde mit dem Anderen bedeutungsgleich sei, gibt es nur kontextabhängige Antworten.

Die ordinary language philosophy verlegt die Frage nach dem Wesen von Fremdheit in die lebensweltlichen Umstände, unter denen „Fremdheit" kommuniziert wird, und wirkt so der Verdinglichung des Fremden entgegen. In den Mittelpunkt der Aufmerksamkeit tritt, was Menschen mit Wörtern tun. Die Einsicht, daß Fremdheit keine von Sprache unabhängige „Eigenschaft" und auch keine objektive Relation ist, sondern die *Definition* einer Beziehung (Hahn 1994: 140), schreibt den Autoren von Sprechakten eine grundsätzliche Verantwortlichkeit zu: Ob sie etwas oder jemanden als fremd bezeichnen, ist ihnen durch keine sprachexternen Entitäten vorgegeben, sondern liegt in ihrem Ermessen als Angehörige einer Sprachgemeinschaft.

Ich möchte dies an einem prominenten Beispiel aus der politischen Theorie verdeutlichen. In *Der Begriff des Politischen* schreibt Carl Schmitt: „Der politische Feind braucht nicht moralisch böse, er braucht nicht ästhetisch häßlich zu sein; er muß nicht als wirtschaftlicher Konkurrent auftreten, und es kann vielleicht sogar vorteilhaft scheinen, mit ihm Geschäfte zu machen. Er ist eben der andere, der Fremde, und es genügt zu seinem Wesen, daß er in einem besonders intensiven Sinne existentiell etwas anderes und Fremdes ist, so daß im extremen Fall Konflikte mit ihm möglich sind, die weder durch eine im voraus getroffene generelle Normierung, noch durch den Spruch eines 'unbeteiligten' und daher 'unparteiischen' Dritten entschieden werden können" (Schmitt 1963: 27). In Schmitts Diktion ist der Fremde gleichbedeutend mit dem Feind, in dessen Angesicht sich eine Gruppe von Menschen als politische Gemeinschaft konstituiert. Dazu muß sie in ihm etwas „existentiell anderes" sehen, so daß mit ihm Konflikte, und zwar solche kriegerischer Art, möglich sind. Die Undeutlichkeit der Kennzeichnung des Fremden hat einen tieferen Sinn: Schmitt geht es um die von keinem Dritten hinterfragbare Dezision, wer der Fremde sei. „Fremdheit" wird hier allein als Funktion einer Zuschreibung verstanden. Die wesentliche Bedeutung des Fremden ist es, der Feind zu sein, der ein Kollektiv zur Einigung veranlaßt. Der andere wird als Fremder bestimmt, und eben nicht, was neutraler klänge, als Ausländer oder als Nachbar, obgleich er dies in einem geographischen Sinne durchaus sein mag.

Wer nun einwendet, dies seien bloß rhetorische Unterscheidungen, die mit der eigentlichen Bedeutung der verwendeten Wörter nichts zu tun hätten, mißversteht die Pointe der Schmittschen Theorie. Schmitt unterstellt, daß der politische Sprachgebrauch seinem Wesen nach rhetorisch *ist* und der politische Führer sich vor allem auf die Kunst der polemischen Zuspitzung verstehen muß. Diese Überzeugung durchdringt Schmitts eigenen „wissenschaftlichen" Duktus. Indem er den anderen als Fremden bezeichnet, akzentuiert er dessen Nichtzugehörigkeit, um die Schärfe der spezifisch politischen Unterscheidung zu verdeutlichen.

Diese Wortwahl hat eine weitere Implikation. Schmitt schreibt, daß sich Konflikte mit dem Fremden nicht durch den Schiedsspruch eines unbeteiligten Dritten vermeiden oder auflösen ließen. Das aber heißt, daß uns niemand daran hindern kann, im Umgang mit dem Fremden die Regeln der Reziprozität zu verletzen. Unsere Interaktion mit ihm unterliegt keinerlei vorgegebenen normativen Beschränkungen. Prinzipiell gehört der Fremde nicht zur moralischen Gemeinschaft. Wir sind ihm gegenüber zu nichts verpflichtet und brauchen unser Verhalten ihm gegenüber vor niemandem zu rechtfertigen. In der Welt politischer Beziehungen fallen „Freundschaft" und moralische Zugehörigkeit in eins. Wer nicht dazugehört, steht außerhalb des Bezugsrahmens wechselseitiger Anteilnahme und Anerkennung.

Natürlich hat nicht jeder, der einen anderen als Fremden bezeichnet, derartige Schlußfolgerungen im Sinn. Was Schmitt mit der Rede vom Fremden verdeutlichen möchte, erschließt sich aus dem Kontext seiner Begriffsbestimmung des Politischen. Daraus ergibt sich eine Bedeutungsspezifikation, die vor allem zwei Merkmale aufweist: *Erstens* wird Fremdheit primär, wenn nicht ausschließlich, im Sinne von Nichtzugehörigkeit zugeschrieben. Die Andeutungen über die „existentielle Andersheit" des Fremden bleiben nebulös, und das wohl mit Absicht: Schmitt sagt ja selbst, daß über die Angemessenheit eines unterstellten Gegensatzes kein Dritter entscheiden könne. Folglich steht nicht tatsächliche Unvertrautheit (in welchem Grad auch immer) im Zentrum der Bestimmung, sondern die Willkürfreiheit einer jeden politischen Gemeinschaft, sich ihre Feinde definitorisch zurechtzulegen. *Zweitens* wird die Nichtzugehörigkeit in keiner höherstufigen Zugehörigkeit aufgehoben und damit in ihren ausschließenden Konsequenzen ermäßigt, sondern sie wird verabsolutiert, um die Freund-Feind-Unterscheidung in reiner Form freizulegen.

Da nicht jede Verwendung von „Fremdheit" im Sinne von Nichtzugehörigkeit absolute Exklusion verfügt, ist Fremdheit *gradualisierbar*. Ausgehend vom Grenzfall definitiver sozialer Fremdheit, wie ihn Carl Schmitt semantisch markiert hat, lassen sich abgestufte Formen der Nichtzugehörigkeit denken. Gemeinsam ist ihnen allerdings, daß durch die Rede vom Fremden Nichtzugehörigkeit als solche in das Zentrum der Aufmerksamkeit tritt. Analoges läßt sich für die lebensweltliche Bedeutungsdimension sagen. Die Unterstellung definitiver Unverstehbarkeit, wie sie etwa Iris Därmann (in unserem obigen Zitat) im Sinn zu haben scheint, ist keine notwendige Implikation der Zuschreibung von Fremdheit. Doch auch wer das Unvertraute für prinzipiell verstehbar hält, betont, indem er vom „Fremden" spricht, dessen zumindest situative Unzugänglichkeit, die geringe Differenziertheit des eigenen Wissens oder etwa ähnliches.

In diesem Zusammenhang liegt ein Kategorienfehler nahe, der sich mit den Mitteln der ordinary language philosophy relativ einfach ausräumen läßt. Es ist ein Unterschied, ob ich etwas verstehe oder ob ich mir etwas einverleibe. Im ersten Fall handelt es sich um die Auflösung von lebensweltlicher, im zweiten Fall um die Auflösung sozialer Fremdheit. Unvertrautheit wird überwunden durch *Lernen*, Nichtzugehörigkeit durch *Inklusion*, durch Einbeziehung ins Eigene. Da man aber nun in beiden Hinsichten von „Aneignung" sprechen kann, haben einige Autorinnen und Autoren geschlossen, daß, wer das Fremde zu verstehen suche, es seiner Fremdheit berauben wolle. Das ist einerseits trivial, sofern die lebensweltliche Bedeutungsdimension gemeint ist. Eine solche Feststellung allerdings ist ethisch unerheblich, denn Unvertrautheit ist kein Wert an sich. Andererseits ist es keineswegs zwingend, daß das Fremde *im sozialen Sinne* seiner Fremdheit beraubt wird, indem es zum Gegenstand des Wissens wird.

Das mögliche Mißverständnis klärt sich auf, wenn man die unterschiedlichen Verwendungsweisen des Wortes „Aneignung" beachtet. Ich kann mir *einen Gegenstand* aneignen oder *Kenntnisse über* einen Gegenstand. Im ersten Fall gehört mir der Gegenstand infolge der Aneignung, im zweiten Fall nicht unbedingt. Ein Katholik, der bestrebt ist, den Islam zu verstehen, eignet sich Kenntnisse über diese fremde Religion an. Er eignet sich aber keineswegs den Islam selber an. Um das zu tun, müßte er den islamischen Glauben annehmen. Daher sind die in der „kritischen" Ethnologie (z. B. Duala M'Bedy 1977) verbreiteten Gleichsetzungen des Fremdverstehens mit der Vereinnahmung, Unterwerfung oder

Zerstörung des Verstandenen voreilig. Nicht alles, was wir begreifen, besitzen und beherrschen wir auch. Wann und in welchem Maße Wissen Macht verschafft, ist eine empirische Frage, die sich nicht durch begriffliche Kurzschlüsse beantworten läßt.

3. Fremdverstehen

Abschließend möchte ich einige Anmerkungen zum Problem des Fremdverstehens machen, wobei ich ein bestimmtes Wissen über die Bedeutungen von Fremdheit bereits als gegeben voraussetze. Der Zusammenhang mit den bisherigen Überlegungen ist dadurch gewahrt, daß ich wiederum mit der Philosophie der normalen Sprache operiere; jetzt allerdings nicht, um die Voraussetzungen für semantische Bestimmungen von „Fremdheit" freizulegen, sondern um etwas über Voraussetzungen des Fremdverstehens zu sagen.

Unter dem Einfluß der Phänomenologie Edmund Husserls beginnt für viele Autorinnen und Autoren die Problematik des Fremdverstehens mit der Unzugänglichkeit des „Fremdpsychischen". Jeder Mensch hat demnach unmittelbaren Zugang zur Kontinuität seines eigenen Bewußtseinsstromes, während jeder andere nur indirekt, durch *Beobachtungen*, auf mentale Vorgänge bei alter ego schließen kann. Wir setzen sozusagen aus den Fragmenten des fremden Seeleninhaltes, die an die Oberfläche äußerlicher Wahrnehmbarkeit geschleudert werden, ein Bild von den Vorgängen „im Innern" des anderen zusammen. Dabei liegt auf der Hand, daß ein solches Bild stets lückenhaft bleiben muß. Das nämlich, was der andere tatsächlich etwa gemeint oder empfunden hat, ist für uns ebenso transzendent wie der liebe Gott. Jeder andere ist für uns in gewissem Sinne radikal fremd; zugänglich nur auf der fragilen Grundlage von Analogieschlüssen zwischen je eigenen mentalen Vorgängen und den apperzeptiven *Anzeichen* von fremdpsychischen Geschehnissen.

Auf diesem Hintergrund möchte Alois Hahn zeigen, daß für unsere alltäglichen Interaktionen eine Unkenntnis über die Unkenntnis vom jeweils anderen konstitutiv ist. Kommunikation beruht demnach auf intersubjektiver Ignoranz. Hahn spricht daher auch von „Verstehensfiktionen", und er nimmt an, daß diese Fiktionen normalerweise latent bleiben und nur in Krisensituationen als solche erkennbar werden (Hahn 1994: 144 ff.).

Nun ergibt die Rede von „Fiktionen" nur dann einen Sinn, wenn etwas Nichtfiktives zumindest vorstellbar wäre. Diese Vorstellung könnte etwa darin bestehen, daß für einen jeden der Bewußtseinsstrom eines jeden anderen unmittelbar transparent wäre. Wir wüßten dann mit absoluter Gewißheit, welche mentalen Vorgänge „hinter" den (sprachlichen oder nichtsprachlichen) Äußerungen von alter ego stecken. Gemessen an diesem „Idealfall" völliger intersubjektiver Durchsichtigkeit erscheinen die Bedingungen jedes körperlich vermittelten Fremdverstehens natürlich als opak.

Eine derartige Lesart der Verstehensproblematik hat den Vorzug, daß sie uns auf die *epistemische Asymmetrie* aufmerksam macht, die zwischen der Wahrnehmung eigener und der Wahrnehmung fremder mentaler Zustände besteht. In der Tat kann ich zum Beispiel auf das Vorliegen fremder Zahnschmerzen nur durch Beobachtungen schließen, während der Beobachtete die Zahnschmerzen einfach „hat", so daß es kurios wäre, ihm zu unterstellen, er könnte sich über das Schmerzempfinden täuschen. Auch die Möglichkeit strategischer (Fremd-)Täuschungen läßt sich auf diese Weise erklären (vgl. Hösle 1992).

Doch häufig liegt der Fall weniger klar. Nehmen wir an, ich möchte etwas sagen, bringe aber nur einige unzusammenhängende Brocken heraus, durch die ich meine Mitteilungsabsicht in keiner Weise erfüllt sehe. Könnte hier ein unmittelbarer Blick in meinen Bewußtseinsstrom weiterhelfen? Weiß ich denn wirklich in jedem Fall, was ich gemeint habe, auch wenn ich es nicht mitzuteilen vermag? Und weiß der andere in jedem Fall weniger über meinen Zustand, weil dieser ihm ja nur über körperbezogene Beobachtungen, mir hingegen „geistig-unmittelbar" zugänglich ist? Keine von beiden Annahmen ist zwingend. Vielleicht gründet ja mein Gestammel in meiner eigenen Wirrnis und nicht in der Diskrepanz zwischen einem klaren Meinen und einem unklaren Sprechen. Und möglicherweise kennt mich ein genauer Beobacher in bestimmten Hinsichten besser als ich mich selber. Wenn aber beides möglich ist, dann besteht die Wurzel des Verstehensproblems vielleicht gar nicht in der Unzugänglichkeit des Fremdpsychischen. Vielleicht sollte man dieses Problem nicht esoterisch im Reich der Geister, sondern exoterisch in der öffentlich zugänglichen Welt der Handlungen ansiedeln.

Diese Verlegung des Problems empfiehlt sich jedenfalls aus Sicht der ordinary language philosophy. Diese beginnt ihre Betrachtungen bei der Sprache und den Bedingungen des Verstehens sprachlicher und nichtsprachlicher Praktiken. Dogmengeschichtlich gesprochen: An die Stelle eines subjektphilosophischen *Intentionalismus* setzt sie einen funktionalistischen *Intersubjektivismus*. Für diesen ist kennzeichnend, daß als Handlung und sprachliche Äußerung nur gelten kann, was grundsätzlich *dem Verstehen zugänglich* ist. In dieser Einsicht stimmt etwa Wittgensteins Spätphilosophie mit dem „radikalen Interpretationismus" Donald Davidsons (1973) überein. Zugleich sehe ich darin den wahren Kern von Wittgensteins Argumentation gegen die Möglichkeit von Privatsprachen: Wir können etwas nicht als sprachliche Äußerung ansehen, wenn wir es nicht für prinzipiell verstehbar halten[1]. In diesem Sinne ist Sprache ein genuin *öffentliches* Phänomen: Sie erfüllt das Verständlichkeitskriterium der intersubjektiven Zugänglichkeit. Wenn meine bisherigen Überlegungen richtig sind, dann müssen wir dieses Kriterium zugleich pragmatisch „einbetten": Ob eine Äußerung richtig verstanden wurde, erweist sich daran, ob die anschließenden Praktiken eine intersubjektiv nachvollziehbare Folgerichtigkeit zu erkennen geben. Einfacher gesagt: Ob jemand richtig verstanden wurde, erkennen wir an den Folgen seiner Äußerung.

Was Hahn als „Verstehensfiktionen" bezeichnet, ist nichts anderes als der tragende Grund für die Anschlußfähigkeit von Äußerungen und nichtsprachlichen Handlungen überhaupt. Um *Idealisierungen* handelt es sich insofern, als etwa die Unterstellung der Nachvollziehbarkeit prinzipiell fallibel ist. Das gleiche gilt für die Voraussetzung, daß eine Sprecherin das, was sie gesagt hat, auch gemeint hat. Ohne diese Idealisierungen jedoch brauche ich mit dem Versuch des Fremdverstehens gar nicht zu beginnen. Daher handelt es sich bei ihnen nicht um *Fiktionen* im Sinne von unzutreffenden, sondern um *Präsuppositionen* im Sinne von nicht vorab bestreitbaren Annahmen. Ob unsere notwendigen Unterstellungen berechtigt waren, zeigt sich anhand von Erfolg oder Mißerfolg im öffentlichen Medium des Redens und Handelns. In keinem Fall benötigen wir die (in jeder Hinsicht fiktionale) Kontrastfolie einer

---

[1] Dieses Argument läßt allerdings zwei weitere Lesarten zu. Zum einen erweckt Wittgenstein an einigen Stellen der *Philosophischen Untersuchungen* den Eindruck, daß sich sprachliche Ausdrücke grundsätzlich nicht auf „private" Zustände (wie Empfindungen) bezögen, sondern stets auf sichtbare Verhaltensweisen. Diese These bringt ihn in große Nähe zum Behaviorismus. Zum anderen könnte das Privatsprachen-Argument implizieren, daß nur solche Äußerungen verstehbar seien, die den Konventionen einer Sprachgemeinschaft genügen; idiosynkratische oder fehlerhafte Ausdrücke (Malapropismen) hätten demnach keine Bedeutung. Diese beiden Thesen möchte ich hier nicht verteidigen, zumal ich bezweifle, daß sie sich verteidigen lassen. Sie berühren nicht den Kern des Arguments, demzufolge als Sprache nur gelten kann, was prinzipiell verstehbar ist.

unmittelbaren Zugänglichkeit fremder Geister. „Wahres" Verstehen verweist nicht ins Schattenreich privater Zustände, sondern in die Öffentlichkeit sozialer Tatsachen und intersubjektiv gebrauchter symbolischer Ausdrücke.

Was bleibt aus dieser Perspektive übrig vom Problem des „Meinens"? Für das Verstehen eines Satzes gilt, daß die Bedeutung nicht vom Meinen abhängt, sondern vom regelgerechten Vollzug des jeweiligen Sprechaktes. Man kann nicht in jeder beliebigen Situation mit jedem beliebigen Satz alles Beliebige meinen – oder wenn man dies kann, so ist die Meinung unerheblich für das Verstehen der Äußerung (vgl. Savigny 1993: 66 f.). Verstehen bezieht sich nicht unmittelbar auf Meinungen, sondern auf Äußerungen oder auf andere wahrnehmbare Handlungen. (Natürlich können Äußerungen und andere Handlungen ihrerseits auf mentale Zustände *verweisen*.)

Ein Beispiel mag diese vielleicht befremdliche Behauptung plausibilisieren. Nehmen wir an, eine Gruppe von Angehörigen der deutschen Sprachgemeinschaft sitzt bei Regen in einer Hütte und unterhält sich über das Wetter. Alle sind sich wortreich einig, daß der Regen ärgerlich ist, zumal sich keine Besserung abzeichnet und morgen der gemeinsame Urlaub vorbei sein wird. Nur Paul scheint anderer Ansicht, denn er sagt: „Ich finde den Regen reizvoll. Er reinigt die Luft." Auf verwundertes Nachfragen entgegnet Paul, daß er mißverstanden worden sei, da er gar nicht über das Wetter gesprochen habe. Komplizierte Nachforschungen bringen zutage, daß Paul sagen wollte: „Ich finde, wir sollten einen Martini trinken." Daß er dies gemeint habe, war seiner Äußerung beim besten Willen nicht zu entnehmen. Die Hörer *mußten* aus dem Kontext heraus zu dem Schluß gelangen, Paul habe wie sie das Wetter gemeint und nicht den Martini. Die Bedeutung von Pauls Äußerung *konnte nicht* mit dem übereinstimmen, was er vorgeblich gemeint hat.

Daher wäre es irreführend zu sagen, Paul sei mißverstanden worden. Entweder seine Freunde haben den Satz richtig verstanden, nämlich als abweichende Meinung über das Wetter, oder es gab an dem Satz nichts zu verstehen, weil er in keiner geregelten Beziehung zur Mitteilungsabsicht stand. Wenn es nichts zu verstehen gibt, ist auch kein Mißverstehen möglich. Nun ist der Satz aber in seinem Wortlaut korrekt und situationsangemessen gebraucht worden. Folglich haben die Hörer die Äußerung richtig verstanden; nicht bei ihnen lag der Fehler, sondern bei Paul, denn dieser hat eine verständliche Äußerung regelgerecht vollzogen und mußte (wir nehmen an, er ist des Deutschen mächtig) wissen, wie sie aufgefaßt werden würde. Paul hat seine Mitteilungsabsicht nicht realisiert, obwohl und indem er einen für sich genommen verständlichen und situationsangemessenen Satz geäußert hat.

Nun ließe sich einwenden, daß die ordinary language philosophy offenbar eine Methode sei, das Fremde zum Verschwinden zu bringen. Ihr Umgang mit dem Problem des Fremdverstehens sei eliminatorisch, da sie immer schon voraussetze, was erst zu beweisen wäre: daß Verstehen möglich sei. Radikal Fremdes passe augenscheinlich nicht in ihr Programm.

An diesem Einwand ist soviel richtig, daß alles, was als sprachliche oder nichtsprachliche Handlung identifizierbar sein soll, von vornherein als verstehbar gelten muß. *Ob* etwas verstehbar ist, muß sich im Verstehensversuch erweisen. Da diesem jedoch immer schon bestimmte Verstehbarkeitsunterstellungen zugrunde liegen, könnte sich das Verfahren als zirkulär darstellen. In gewissem Sinne ist ein solcher hermeneutischer Zirkel in der Tat unumgänglich. Das jedoch gilt auch für diejenigen, die statt von Verstehbarkeit von Unverstehbarkeit ausgehen möchten. Auch sie setzen ja voraus, was zu beweisen wäre. Wollen sie ihre Unterstellung rechtfertigen, gelangen sie in denselben Zirkel des Verstehens, denn wie anders sollte sich die Vermutung hermeneutischer Unzugänglichkeit bestätigen lassen als durch den falsifikatorisch angelegten Versuch, eben doch verstehenden Zugang zu finden?

Die von der Philosophie der normalen Sprache angenommene Verschränkung von Sprach- und Weltwissen verweist den Interpreten ins Dickicht der Lebenssituationen, in denen Sprache, wenn irgendwo, ihren Dienst verrichtet. Das von ihr nahegelegte Verfahren des Fremdverstehens unterscheidet sich folglich von demjenigen Quines, der das Verstehensproblem aus der Perspektive eines hypothesenbildenden Beobachters angehen möchte (vgl. Habermas 1996: 360). Quines bekanntestes Beispiel ist der Ausruf „Gavagai!", der etwa bedeuten mag: „Ein Kaninchen", der aber auch bedeuten könnte „bestimmte Teile eines Kaninchens" oder „Kaninchenhaftigkeit", oder „es kaninchend" oder was auch immer. Jeder Versuch der Übersetzung dieses Ausdruckes, so Quine, ist mit Unschärfen behaftet und bleibt in diesem Sinne hypothetisch (Quine 1975). Er beruht letztlich auf einer Entscheidung des Interpreten.

Aus der Sicht der ordinary language philosophy gründet Quines Problem in der Wahl der falschen Ebene. Verstehen spielt sich zwischen erster und zweiter, nicht zwischen erster und dritter Person ab. Wer die Äußerung eines anderen verstehen möchte, muß sich in dessen „Augenhöhe" begeben und zumindest virtuell mit ihm *kommunizieren*. Virtuelle unterscheiden sich von realen Kommunikationen dadurch, daß erstere nicht in die Handlungsgeflechte eingreifen, deren Teil Verständigungsprozesse normalerweise sind (vgl. Habermas 1981: 167). Nur mehr virtuell können wir zum Beispiel auf historisches Material über längst vergangene Ereignisse zugreifen, das wir sinnverstehend durchdringen möchten. Doch auch als virtueller Teilnehmer bezieht sich der Interpret auf die Lebensform, aus der heraus allein verständlich zu werden vermag, was Sprecherinnen und Sprecher mit Äußerungen bezwecken und was sie mit ihnen vermögen.

Sprachverstehen setzt daher geteilte Kenntnisse über Nichtsprachliches voraus. Ohne Bezugnahme auf etwas in einer *gemeinsamen* Welt kann Verständigung, und damit auch sinnhafte Interpretation, nicht gelingen. Wiederum: Die Unterstellung einer geteilten „Weltansicht" ist eine Präsupposition; sie ist also weder einfach fiktiv noch unbedingt zutreffend. Gleichwohl kann es ohne sie kein Fremdverstehen und damit auch keine *Anerkennung* des Fremden geben. Den Fremden in seiner Fremdheit auch als Angehörigen anzusehen vermag nur der, welcher den Anderen nicht aus der gemeinsamen Welt hinausdefiniert, in der allein sich praktische Probleme *für uns* stellen und sprachlichen Ausdruck finden können.

Literatur

Austin, John L. (1972): *Zur Theorie der Sprechakte* (engl. 1962, *How to Do Things with Words*), Stuttgart.

Därmann, Iris (1996): *Fremdgehen: Phänomenologische „Schritte" zum Anderen*, Werkauftrag an der Berlin-Brandenburgischen Akademie der Wissenschaften, unveröffentlicht.

Davidson, Donald (1973): Radikale Interpretation, in: ders., *Wahrheit und Interpretation*, Frankfurt/M. 1994, S. 183-203.

Duala M'Bedy, Munasu (1977): Xenologie. Die Wissenschaft vom Fremden und die Verdrängung der Humanität in der Anthropologie, Freiburg – München.

Gebauer, Gunter (1995): Über Aufführungen der Sprache, in: *Sprache denken. Positionen aktueller Sprachphilosophie*, hrsg. v. Jürgen Trabant, Frankfurt/M., S. 224-246.

Habermas, Jürgen (1981): *Theorie des kommunikativen Handelns*, 1. Bd., Frankfurt/M.
Habermas, Jürgen (1996): Replik auf Beiträge zu einem Symposion der Cardozo Law School, in: ders., *Die Einbeziehung des Anderen. Studien zur politischen Theorie*, Frankfurt/M., S. 309-398.
Hahn, Alois (1994): Die soziale Konstruktion des Fremden, in: *Die Objektivität der Ordnungen und ihre kommunikative Konstruktion*, hrsg. v. Walter Sprondel, Frankfurt/M., S. 140-163.
Hösle, Vittorio (1992): Zur Dialektik von strategischer und kommunikativer Rationalität, in: ders., *Praktische Philosophie in der modernen Welt*, München, S. 59-86.
Kutschera, Franz von (1975): *Sprachphilosophie*, München.
Münkler, Herfried / Bernd Ladwig (1997): Dimensionen der Fremdheit, in: *Furcht und Faszination. Facetten der Fremdheit*, hrsg. v. Herfried Münkler unter Mitarbeit v. Bernd Ladwig, Berlin, S. 11-44.
Quine, Willard van Orman (1975): Das Sprechen über Gegenstände, in: ders., *Ontologische Relativität und andere Schriften*, Stuttgart, S. 7-41.
Savigny, Eike von (1993): *Die Philosophie der normalen Sprache. Eine kritische Einführung in die „ordinary language philosophy"*. Veränderte Neuausgabe, Frankfurt/M.
Schmitt, Carl (1963): *Der Begriff des Politischen*. Text von 1932 mit einem Nachwort und drei Corollarien, Berlin.
Searle, John R. (1971): *Sprechakte. Ein sprachphilosophischer Essay* (engl. 1969, *Speech Acts*), Frankfurt/M.
Stagl, Justin (1997): Grade der Fremdheit, in: *Furcht und Faszination. Facetten der Fremdheit*, hrsg. v. Herfried Münkler unter Mitarbeit von Bernd Ladwig, Berlin, S. 85-114.
Waldenfels, Bernhard (1995): Das Eigene und das Fremde, in: *Deutsche Zeitschrift für Philosophie*, Heft 4, 43. Jg., S. 611-620.
Wittgenstein, Ludwig (1921): Logisch-philosophische Abhandlung. Tractatus logico-philosophicus, in: ders., *Tractatus logico-philosophicus* (Werkausgabe, Bd. 1), Frankfurt/M. 1993, S. 7-85.
Wittgenstein, Ludwig (1953): Philosophische Untersuchungen, in: ders., *Tractatus logico-philosophicus* (Werkausgabe, Bd. 1), Frankfurt/M. 1993, S. 225-580.

JÜRGEN TRABANT

Fremdheit der Sprache

1. Dimensionen der Fremdheit

1.1. Lesgisch

Das Lesgische kennt in Mitteleuropa kaum jemand auch nur dem Namen nach. Es ist den meisten hier eine wirklich fremde Sprache. Lesgisch ist eine kaukasische Sprache, die im Grenzgebiet zwischen Aserbeidschan und Rußland gesprochen wird. Sie gehört zur Gruppe der nakho-dagestanischen Sprachen (zu der auch das Tschetschenische gehört) und ist kürzlich von Martin Haspelmath (1993) in einer exzellenten Grammatik beschrieben worden. Wenn ein Sprecher des Deutschen, der diese Sprache noch niemals gehört hat, einem Gespräch in dieser Sprache lauscht, so werden ihm unter all den fremden Lauten vermutlich bestimmte eigenartige konsonantische Laute als besonders fremd auffallen. Es sind sogenannte *ejektive* Konsonanten, die für diese Sprache charakteristisch sind.

Etwas anderes Fremdes, das ebenfalls für das Lesgische charakteristisch ist, das aber der genannte Deutschsprachige sicher nicht hören wird (weil man Inhaltliches nicht hören kann), ist die sogenannte *Ergativität*. Dies ist ein morphosyntaktischer Zug, der unseren indoeuropäischen Sprachen weitgehend fremd ist und der, grob gesagt, darin besteht, daß der Handelnde – genauer der etwas in Bezug auf etwas Machende (in unseren Sprachen das Subjekt eines transitiven Satzes) – morphologisch markiert wird und die anderen Aktanten nicht, insbesondere nicht der intransitiv Handelnde und Objekte.

Fremd wird ihm des weiteren z. B. auch die Nominalflexion sein, die, wie man aus der folgenden Tabelle (aus Haspelmath 1993: 74) entnehmen kann, achtzehn Kasus hat:

Absolutive	*sew*	'the bear'
Ergative	sew-re	'the bear'
Genitive	*sew-re-n*	'of the bear'
Dative	*sew-re-z*	'to the bear'
Adessive	*sew-re-w*	'at the bear'
Adelative	*sew-re-w-aj*	'from the bear'
Addirective	*sew-re-w-di*	'toward the bear'

Postessive	*sew-re-q^h*	'behind the bear'
Postelative	*sew-re-q^h-aj*	'from behind the bear'
Postdirective	*sew-re-q^h-di*	'to behind the bear'
Subessive	*sew-re-k*	'under the bear'
Subelative	*sew-re-k-aj*	'from under the bear'
Subdirective	*sew-re-k-di*	'to under the bear'
Superessive	*sew-re-l*	'on the bear'
Superelative	*sew-re-l-aj*	'off the bear'
Superdirective	*sew-re-ldi*	'onto the bear'
Inessive	*sew-re*	'in the bear'
Inelative	*sew-räj*	'out of the bear'

Natürlich könnten wir jetzt unendlich fortfahren und weitere für uns fremde sprachliche Züge des Lesgischen aufführen. Doch die Hinweise auf diese den meisten von uns fremde Sprache – und nicht auf Züge einer uns allen bekannten Fremdsprache[1] (das Fremde kann also durchaus bekannt sein) – sollten nur auf die Fremdheit der Sprache einstimmen, und zwar auf eine ziemlich radikale Fremdheit – und damit auf eine, wie Harald Weinrich sagt, „tiefdeprimierende Erfahrung" (1988: 198). Allerdings sagt Weinrich das nicht ohne tröstenden Zuspruch, an dem auch ich es nicht fehlen lassen werde. Die Fremdheit der Sprache nistet auf allen Ebenen des Sprachlichen, im Lautlichen, im Grammatischen, im Morphologisch-Syntaktischen, im Lexikalischen usw.

1.1.1. Zuerst – und besonders sinnfällig: natürlich – im *Lautlichen*. Da die Sprache als lautliches Ereignis in der Welt erscheint, ist dies die Ebene, wo die Fremdheit am unmittelbarsten erfahren wird. Am Laut wird umgekehrt allerdings auch das Einheimische, das Eigene, das *ídion* der Sprache am deutlichsten empfunden. Humboldt geht diesem Gefühl nach und fragt:[2]

> warum würde sonst für den Gebildeten und Ungebildeten die vaterländische [Sprache] eine so viel grössere Stärke und Innigkeit besitzen, als eine fremde, dass sie das Ohr, nach langer Entbehrung, mit einer Art plötzlichen Zaubers begrüsst und in der Ferne Sehnsucht erweckt? (Humboldt VII: 59)

Sie tut das aus dem folgenden Grund:

> es ist uns, als wenn wir mit dem heimischen [Laut] einen Theil unseres Selbst vernähmen (ebd.).

Dieses Selbst – das, wie wir über Humboldt hinausgehend wissen, als unser Eigenes durchaus unangenehm sein kann – vernehmen wir natürlich nicht, wenn wir fremde Töne hören.

1.1.2. In der Diskussion um die Fremdheit der Sprache wird besonders gern die Fremdheit des *Lexikons* angeführt bzw. bestimmter, vermeintlich besonders charakteristischer Wörter. Französisch *esprit* sei, so hört man, einfach etwas ganz Besonderes, das es nur im Französischen gebe und das daher den anderen Völkern fremd sei. Ebenso sei die deutsche *Sehnsucht* besonders deutsch und daher für die anderen völlig fremd. Dies ist ebenso richtig wie falsch: Natürlich ist *esprit* ein uns fremdes Wort, wenn wir nicht französisch sprechen, ein-

---

[1] Dirk Naguschewski weist darauf hin, daß wir die bekannten fremden Sprachen, die wir lernen und die damit sozusagen schon aus dem Kreis des völlig Fremden herausgetreten sind, „Fremdsprachen" – gegenüber den „fremden Sprachen" – nennen.

[2] Die Humboldt-Zitate entstammen, wenn nicht anders angegeben, den *Gesammelten Schriften* (1903-36). Die römischen Ziffern bezeichnen den jeweiligen Band.

fach weil alle Wörter des Französischen vom Deutschen aus gesehen fremd sind. Aber es ist auch nicht fremder als z. B. das eher banale Wort *neuf* „neu", von dem nicht gesagt wird, daß es besonders französisch sei. Dabei ist in gewisser Hinsicht das Wort *neuf* von uns aus gesehen viel fremder, viel französischer, als das ach so französische Wort *esprit*. Während das deutsche Wort *Geist* nämlich mit gutem Gewissen fast immer mit *esprit* wiedergegeben werden kann, kann das deutsche Wort *neu* durchaus nicht immer mit *neuf* wiedergegeben werden: ein *neues Auto* kann eine *voiture neuve* oder *une nouvelle voiture* sein: nämlich ein fabrikneuer Wagen, *une voiture neuve*, oder ein Wagen, der dem Sprecher unbekannt ist: *une nouvelle voiture* (der aber eine uralte Klapperkiste sein kann).

Daß dem Deutschen der Unterschied zwischen *neuf* und *nouveau* sprachlich fremd ist, bedeutet nun aber nicht, daß die Deutschsprechenden den Unterschied zwischen einem fabrikneuen Auto und einer unbekannten alten Klapperkiste nicht bemerken würden, wenn sie beide gleichermaßen *ein neues Auto* nennen. Mit dieser Bemerkung möchte ich auf eine grundlegende *Einschränkung der Fremdheit* der Sprache hinweisen: Die Inexistenz eines bestimmten semantischen Zuges in einer *Sprache* bedeutet nicht, daß die Sprecher dieser Sprache diesen Zug in der *Realität* nicht bemerken würden oder, wie man gesagt hat, „nicht denken könnten". Ebenso wie der Deutsche die beiden Typen von Neuheit sehen und denken kann, auch wenn er keinen sprachlichen Unterschied macht, kann jeder Italiener den Unterschied zwischen einer Leiter und einer Treppe sehen, auch wenn er für beides nur ein Wort hat, nämlich *scala*.

Das zuletzt Gesagte ist auch für die hier unter dem Titel „Fremdheit der Sprache" behandelte Fragestellung wichtig: Wenn es diese Unabhängigkeit zwischen Sprache und Denken nicht gäbe, wenn mein Lexikon mein Denken streng determinierte, könnte es sein, daß die Frage nach der Fremdheit der Sprache einzig davon abhinge, daß ich deutsch spreche. Dann wäre eventuell die Fremdheit der Sprache den anderen Sprachgemeinschaften völlig fremd, weil sie kein Wort dafür haben? Wenn dem so wäre, dann wäre die gegenseitige Fremdheit der Sprachen absolut, dann wäre keine Hoffnung der interlingualen Verständigung. Und mein Gegenstand wäre wenig sachhaltig.

Nun spricht einiges dafür, daß dem tatsächlich so ist. Denn es ist schwer, den Titel meines Artikels auch nur in mit dem Deutschen so nahe verwandte Sprachen wie Englisch oder Französisch zu übersetzen: **foreignness* gibt es nicht,[3] *strangeness of language* meint etwas anderes, *otherness of language* erschöpft nicht das, was ich sagen möchte. Auch im Französischen gibt es kein Pendant zu *Fremdheit*: **étrangèreté* gibt es nicht, *étrangeté* oder *altérité* sind nicht das, was ich sagen möchte.

Wäre also den Sprechern anderer Sprachen die Fremdheit der Sprache ganz fremd? Sicher nicht. Ich denke, es ist möglich, auch mit anderen Sprachen über die Sache, die ich hier behandele, nachzudenken und zu sprechen. Es gibt nur keine dem Wort *Fremdheit* genau entsprechenden Lexeme.[4] Aber wir sprechen und denken auch nicht in einzelnen Wörtern, sondern in Äußerungen und Texten. Daher übersetzen wir auch keine einzelnen Wörter, sondern Texte – oder „Paratexte" wie Titel – und Äußerungen. Und diese Texte und Äußerungen muß man dann in anderen Sprachen anders sagen. Auf französisch wäre das, was ich sagen möchte, wohl am besten wiedergegeben durch: „le langage cet étranger".

---

[3] Was nicht heißt, daß man das Wort nicht bilden könnte, z. B. um es als wissenschaftlichen Neologismus zu nutzen, wie dies z. B. die Literaturwissenschaftlerin Chantal Zabus (1990) tut. Es ist aber kein normales Wort der Umgangssprache, wie dies bei *Fremdheit* ja durchaus der Fall ist.

[4] Zur Semantik von *fremd* vgl. die Studie von Jostes in diesem Band.

Dabei taucht dann aber ein neues Problem auf: *langage* oder *langue*? „Le langage cet étranger" oder „la langue cette étrangère"? Ich spreche wohl über beides. Das Deutsche enthebt mich aber zum Glück der Notwendigkeit, darüber entscheiden zu müssen. Fazit: Jede Sprache macht es anders, aber jede Sprache macht es.

1.1.3. Neuerdings wird auch das *pragmatisch-dialogische* Verhalten als ein Ort der Fremdheit entdeckt: Bekannt geworden im Westen ist in letzter Zeit z. B. die Gepflogenheit japanischer Gesprächspartner, ständig „Ja" zu sagen: Im japanischen Sprechen ist es üblich, zunächst erst einmal auf jede Äußerung des anderen mit „Ja" zu reagieren. Dieses Ja heißt aber nicht: „Ich stimme dir zu", sondern nur: „Ich habe dich gehört". Das kann natürlich erhebliche Verwirrung stiften und hat offensichtlich bei Geschäftsbeziehungen zwischen Europäern oder Amerikanern und Japanern zu Problemen geführt.

In diesem Bereich steckt auch – innerhalb ein und derselben Sprachgemeinschaft – die sprachliche Fremdheit zwischen den Geschlechtern: Deborah Tannen hat in ihrem Buch *You Just Don't Understand* viele Differenzen zwischen weiblichem und männlichem Sprachverhalten aufgezeigt. Die Phonetik, die Grammatik, der Wortschatz der männlichen und weiblichen Sprecher sind weitgehend identisch. Aber die beiden Geschlechterstämme verhalten sich anders im Gespräch, so anders, daß die Klage „You just don't understand" nicht unberechtigt ist. Tannen plädiert allerdings dafür, die „Sprache" oder, wie sie es nennt, den „kommunikativen Stil" des anderen zu lernen, zumindest zu verstehen zu lernen, eine kluge Position, die generell die Haltung ist, die man gegenüber dem Fremden empfehlen muß: Lerne es kennen. Das sprachlich Fremde nistet also nicht nur in den fremden Sprachstrukturen, sondern auch in den verschiedenen Redeweisen der Gruppen in ein und derselben Sprachgemeinschaft.[5]

1.1.4. Und damit nähern wir uns jener Klage, die in der Moderne immer wieder geführt worden ist und die ihre Wurzeln wohl bei Locke hat, nämlich daß eigentlich *jedes Individuum* seine eigene Sprache habe, daß keiner mit einem Wort dieselbe Vorstellung verbinde wie der andere und daß daher auch jeder jedem sprachlich fremd sei, auch wenn wir die gleichen Sprache sprechen, und daß wir folglich „just don't understand."

Auch dies ist wieder ebenso richtig wie falsch, weil wir bei aller Erfahrung des Nichtverstandenwerdens ebenso die Erfahrung des Verstandenwerdens nicht verleugnen können: Es ist ja richtig, daß wir unsere je individuellen Vorstellungen nicht vollständig mitteilen können und nur hoffen können, daß der andere sie einigermaßen versteht: „Alles Verstehen ist daher immer zugleich ein Nicht-Verstehen" (Humboldt VII: 65). Es geht aber darum, wie man damit umgeht. Ich kann mich aus Verzweiflung in die Wüste zurückziehen, weil ich das Innerste des anderen nicht verstehe, weil es mir ewig fremd bleibt und weil ich meinerseits dem anderen mein Innerstes nicht mitzuteilen vermag, so daß es ihm fremd bleiben muß: Mein Eigenstes ist dem anderen ewig fremd, sein Eigenstes ist mir ewig fremd. Also fliehe ich „dans mon désert", in meine Wüstenei, wie Alceste, der Misanthrop. Wenn wir uns *völlig* fremd wären, wäre es in der Tat verlorene Liebesmüh, sich weiter um Kommunikation zu bemühen.

Die Verzweiflung über das Nichtverstandenwerden ist aber insofern falsch, als wir ja durchaus auch, zumindest teilweise, verstanden werden. Daß überhaupt nichts verstanden wird, hat selbst der ärgste Sprachskeptiker noch nicht behauptet. Daß uns sozusagen alles

---

[5] In den Beiträgen von Stenger und Schlosser (in diesem Band) wird klar, daß die sprachlichen Fremdheit zwischen Ost- und Westdeutschen gerade eine des kommunikativen Stils ist.

Fremdheit der Sprache

völlig Lesgisch ist – oder Spanisch vorkommt –, ist eine nicht haltbare Übertreibung. Und selbst bei den lesgischen Lauten, die sicher sehr fremd klingen, verstehen wir immer noch, daß es sich um Sprechen handelt. Diese Töne sind nicht einfach irgendwelcher Lärm, sondern Laute einer Sprache, von denen wir zumindest wissen, welchem Zweck sie dienen. D. h., ebenso wie wir sagen können, daß uns das Sprechen des anderen fremd ist, können wir auch sagen, daß uns jedes menschliche Sprechen vertraut ist.

1.2. Konstitutive Fremdheit

1.2.1. Es bleibt aber jener *fremde Rest*. Das soll gar nicht geleugnet werden. Dieser Rest muß aber sein, er ist konstitutiv fürs Sprechen überhaupt. Jenes Nichtverstehen ist nämlich der nun einmal nicht wegzuräumende Rest einer lebens- und denk-notwendigen Alterität, die nicht nur bemerkenswert gut funktioniert, sondern die auch die Grundlage des menschlichen Lebens ist. Es ist der Preis für das Miteinandersein: Wenn die Menschen allein wären, brauchten sie nicht zu sprechen, und wenn keine Differenz zwischen mir und dir wäre, brauchten wir nicht zu kommunizieren. Wir sprechen aber gerade, weil wir nicht allein sind und weil der andere verschieden ist. Deswegen versuchen wir nämlich immer wieder, vom anderen verstanden zu werden und den anderen zu verstehen, d. h. sozusagen die Differenz zu überwinden. Dieser nicht endende Versuch ist das Sprechen. Wenn der andere uns versteht und *uns antwortet*, dann ist unser Wort aus dem bloß Eigenen befreit. Das Eigene heißt auf griechisch *ídion*, der ganz im Eigenen bleibende Mensch hieß auf griechisch *idiotes*; die Idiotie ist also die völlige Abwesenheit von Fremdheit. Um der Idiotie zu entkommen, brauchen wir die „fremde Denkkraft" oder den „fremden Mund". Fremdheit ist konstitutiv für Sprache.

Humboldt hat an den sprachphilosophisch bedeutsamsten Stellen seines Werkes immer wieder auf diese konstitutive Fremdheit der Sprache hingewiesen: Indem die Sprache primär vom Ich als ein Denken der Welt erzeugt wird, ist sie zwar zunächst *Überwindung* einer Fremdheit, Aneignung der fremden Welt nämlich, Überführung der Welt in das „Eigenthum des Geistes" (IV: 420). Sprache ist damit aber noch beim eigenen Selbst, „idiotisch". Sie muß daher, um wirklich Sprache zu sein, wie Humboldt sagt, aus einer „fremden Denkkraft" zurückstrahlen, als „Prüfstein der Wesenheit ihrer innren Erzeugungen" (VII: 56):

> Schon das Denken ist wesentlich von Neigung zu gesellschaftlichem Daseyn begleitet, und der Mensch sehnt sich, abgesehen von allen körperlichen und Empfindungs-Beziehungen, auch zum Behuf seines blossen Denkens nach einem dem *Ich* entsprechenden *Du*, der Begriff scheint ihm erst seine Bestimmtheit und Gewissheit durch das Zurückstrahlen *aus einer fremden Denkkraft* (H. v. m.) zu erreichen. (VI: 26)

Unser Wort muß uns aus „fremdem Munde wiedertönen" (VII: 56), damit unser Wort und unser Denken „Objektivität" bekommen:

> In der Erscheinung entwickelt sich jedoch die Sprache nur gesellschaftlich, und der Mensch versteht sich selbst nur, indem er die Verstehbarkeit seiner Worte an Andren versuchend geprüft hat. Denn die Objectivität wird gesteigert, wenn das selbstgebildete Wort *aus fremden Munde* wiedertönt (VII: 55f., H. v. m.).

1.2.2. Ist mein Begriff von Fremdheit jetzt noch derselbe wie am Anfang? Ich glaube schon. Die exotischen, nichtverstandenen Töne des Lesgischen, die Ergativität, die fremde Semantik, sind gewiß „fremder" als jenes Wort *meiner* Sprache, das mir aus dem fremden Mund wiedertönt. Aber die Differenz ist doch nur eine graduelle: Sofern es ein Wort aus anderem Munde ist, ist mir auch das Wort meiner Sprache radikal entrückt. Und umgekehrt ist noch das unverständliche Wort aus der Fremde insofern *mein* Wort, als es aus einem menschlichen Mund ertönt und jederzeit mein Wort werden kann.

Im übrigen sollte man sich keine Illusionen über die sogenannte eigene oder Mutter-Sprache machen: Natürlich ist sie eigen, und sie scheint auch, so wie Humboldt dies an der eingangs zitierten Stelle gesagt hat, gerade deswegen einen besonderen Zauber auf uns auszuüben. Sofern sie wirklich die Sprache unserer Mutter ist, hat sie uns sogar schon intrauterinär geprägt. Man hat experimentell festgestellt, daß Neugeborene zwischen der Sprache der Mutter und anderer Sprache unterscheiden: Die sogenannte *sucking rate* der Babies ist höher beim Hören der Mutter-Sprache. Andererseits aber kann uns im Verlaufe unserer Sozialisation jede andere Sprache genauso lieb und teuer werden wie die Sprache der Mutter, wir sind ja außerhalb des Mutterleibes sprachlichen Einflüssen verschiedenster Art ausgesetzt – und damit der Idiotie der Muttersprache entronnen.[6]

1.2.3. Vor allem aber ist in diesem Zusammenhang an einen anderen Gedanken Humboldts zu erinnern, der nach der notwendigen Fremdheit meines Wortes eine zweite Fremdheit jeder Sprache, auch der sogenannten Muttersprache, betont: Humboldt weist nämlich darauf hin, daß wir die Sprache von der Sprachgemeinschaft, die er „Nation" nennt, und von den Vorfahren übernehmen und daß die Sprache uns insofern gerade etwas „Fremdes" ist. Aber wie bei der fürs Sprechen konstitutiven Fremdheit der fremden Denkkraft und des fremden Mundes ist auch diese Fremdheit für Humboldt kein Schrecknis, sondern die Anschlußstelle des Individuums an den anderen – und damit an die ganze Menschheit in räumlicher und zeitlicher Hinsicht. Deshalb fühlt sich das Individuum durch dieses Fremde „bereichert, erkräftigt und angeregt":

> Die Sprache aber ist, als ein Werk der Nation, und der Vorzeit, für den Menschen *etwas Fremdes*; er ist dadurch auf der einen Seite gebunden, aber auf der andren durch das von allen früheren Geschlechten in sie Gelegte bereichert, erkräftigt, und angeregt. Indem sie dem Erkennbaren, als subjectiv, entgegensteht, tritt sie dem Menschen, als objectiv, gegenüber (IV: 27, H. v. m.).

1.2.4. Damit haben wir drei Kreise der Fremdheit der Sprache festgestellt: Einmal die für das Sprechen konstitutive Fremdheit des Du, der „fremden Denkkraft", des „fremden Mundes", aus dem mein Wort – *mein* Wort wohlgemerkt – wiedertönen muß, damit mein Denken und Sprechen nicht bei sich, privat, idiotisch bleibt. Zweitens die Fremdheit der eigenen Sprache, die uns von der Nation und der Geschichte gegeben wird. Dies ist die Fremdheit eines erweiterten Du, aus dessen Mund ein Wort ertönt, das ich mir zueigen mache. Diese beiden fremden Sphären bilden den Kreis der wie ich Redenden. Drittens die Fremdheit des Lesgischen, also die Fremdheit jenes Sprachlichen, das ich nicht verstehe, oder besser: die Fremdheit des Sprechers, aus dessen Mund – auf den ersten Blick – nicht mein Wort wiedertönt, an das ich nicht gesellschaftlich gebunden bin und das mich auch nicht historisch „erkräftigt". Ein weiteres Humboldt-Zitat markiert vor allem die Grenze zwischen zwei und drei:

> Alles Sprechen ruht auf der Wechselrede, in der, auch unter Mehreren, der Redende die Angeredeten immer sich als Einheit gegenüberstellt. Der Mensch spricht, sogar in Gedanken, nur mit einem Andren, oder mit sich, wie mit einem Andren, und zieht danach die Kreise seiner geistigen Ver-

---

[6] Florian Coulmas (1995) hat sich kürzlich zu Recht gegen die romantische Übertreibung der Muttersprache gewendet.

Fremdheit der Sprache

wandtschaft, sondert die, wie er, Redenden von den anders Redenden ab. Diese, das Menschengeschlecht in zwei Classen, *Einheimische und Fremde*, theilende Absonderung ist die Grundlage aller ursprünglichen geselligen Verbindung (VI: 25, H. v. m.).

Dennoch schließt auch dieser Kreis der nicht wie ich Redenden an den Kreis der wie ich Redenden an. Auch die wie ich Redenden sind ja Fremde, und auch auch die fremd Redenden sind wie ich, nämlich Redende. Deswegen beginnt hinter dem Kreis der eigenen – aus fremdem Munde wiedertönenden und aus der Nation und Geschichte übernommenen – Sprache nicht etwas völlig anderes, sondern nur etwas graduell anderes. Insofern tönt auch aus dem entferntesten kaukasischen Mund immer noch mein Wort zurück, strahlt immer noch meine Denkkraft aus der fremden Denkkraft.

1.3. Das Fremde als Monstrum

Dieser letzte, sozusagen universalistische Gedanke sollte uns auch aufmerksam machen auf einen gefährlichen Zug im Reden über das Fremde, auch in meinen einleitenden Bemerkungen über die sprachliche Fremdheit. Dort habe ich das als fremd angesehen, was eine besonders scharfe Differenz zu dem Meinigen aufwies: die ejektiven Konsonanten, die ergative Konstruktion, das merkwürdige üppige Kasussystem, die markante lexikalische oder pragmatische Differenz. Diese Differenzen zu dem mir Eigenen werden im Diskurs über das Fremde als das Besondere, als das Eigene des Anderen, sein *ídion*, sein *idíoma*, angesehen. Diese Identifizierung des von mir Abweichenden mit dem inneren Wesenskern des Anderen, mit dem *ídion* des Anderen, ist aber die große Gefahr des Diskurses über das Fremde: Dem Anderen sind ja die Züge, die es mit mir gemeinsam hat, ebenso eigen, die gemeinsamen Züge sind ebenso idiomatisch wie die Züge, die mir fremd sind.

Um ein einfaches Beispiel zu nehmen: Von unserer eigenen Sprache aus fallen uns an der französischen Phonetik besonders die Nasalvokale [õ], [œ̃], [ẽ], [ã] und der herrliche Diphthong [wa] auf: „Dieu et mon droit", „l'état c'est moi", „car Didon dina dit-on du dos d'un dodu dindon". Aber alle anderen Vokale, die das Französische mit dem Deutschen teilt, sind dem Französischen natürlich ebenso eigen, machen sein phonetisches *ídion* genauso aus wie die uns „fremden" Laute. Und das sind bedeutend mehr.

Das Achten auf die von mir und meinem Eigenen abweichenden Züge in der Rede über das Fremde hat zur Folge, daß das Fremde als Monstrum erscheint. Als Monstrositäten wurden lange Zeit auch die fremden Sprachen beschrieben: Die linguistische Beschreibung fremder Sprachen war bis ins 19. Jahrhundert hinein eine Sammlung linguistischer Kuriositäten und Monstrositäten, so z. B. noch in Adelung und Vaters *Mithridates*. Diese linguistische *Teratologie* ist nun aber seit langem von einer wissenschaftlichen Beschreibung abgelöst worden, die nicht nur das Monströse an der fremden Sprache auflistet, sondern das Abweichende und das Gleiche in einem Gesamtbild, einem „Totaleindruck" des Fremden abzubilden versucht.

Nicht das Fremde am Fremden ist sein Wesen, sein *ídion*. Diese Identifizierung ist die reine Idiotie. Das Fremde des Fremden ist bloß das uns Fremde. Mehr nicht! Dennoch können wir nicht umhin, das von uns Abweichende als das Fremde des Fremden anzusehen, unabhängig davon, ob dies sein Wesen ist oder nicht. Das von mir Differente ist mir das Fremde. Allerdings kann ich darauf nun wieder auf verschiedene Art und Weise reagieren: Da das sprachliche Fremde einerseits, wie Weinrich sagt, besonders deprimierend ist, weil ich es nicht verstehe, weil es gerade meine Erwartung frustriert, mit dir zu kommunizieren, mag man es besonders ablehnen oder gar hassen. Hier ist die Quelle der Rancune gegenüber den fremden Wörtern, die Adorno (1959) ausgemacht hat. Andererseits aber wird es ja auch geliebt, weil es abweicht, weil es anders ist. Ich bin sicher, daß ich Romanist geworden bin, weil ich mich als Kind in diese schönen Laute verliebt hatte: [õ], [œ̃], [ê], [ã], [wa]. Deswegen war mir immer unmittelbar verständlich, was Adorno von der erotischen Faszination der fremden Wörter geschrieben hat.

2. Fremdheit der Sprache

Nach diesen Bemerkungen über verschiedene Dimensionen sprachlicher Fremdheit – über die Fremdheit des Lesgischen und die konstitutive Fremdheit jedes Sprechens, auch meines Sprechens und des Sprechens der Muttersprache – möchte ich im zweiten Teil meiner Überlegungen die folgende These verteidigen: „Wer die Fremdheit der Sprachen nicht richtig versteht, dem bleibt die Sprache fremd." Und diese These möchte ich historisch entfalten: Dabei lautet die zweiteilige historische Diagnose: „Unserer Kultur ist die Sprache fremd geblieben, solange ihr die Fremdheit der Sprachen fremd geblieben ist – und das war ziemlich lange. Diese Fremdheit der Sprache hält immer noch an, bzw. sie verstärkt sich ganz offensichtlich wieder – vermutlich auch, weil die Fremdheit der Sprachen etwas Erschreckendes bzw. eine tiefdeprimierende Erfahrung ist, die man nur schwer aushält."

2.1. Platon

Am Ende des Dialogs *Kratylos*, nachdem anhand zahlreicher Beispiele das Problem traktiert worden ist, ob die Wörter (*onomata*) von Natur gegeben sind (*physei*) oder durch menschliche Satzung (*syntheke*, *nomos*, *ethos*), und natürlich keine Antwort gefunden worden ist, stellt Sokrates die Frage, ob es denn nach all dem Hin und Her nicht besser wäre, die Sachen (*ta pragmata* oder auch *ta onta*) statt durch die Wörter (*di' onomaton*) durch diese selbst kennenzulernen. Und natürlich stimmt Kratylos dem zu: Es ist viel besser, die Sachen aus sich selbst als aus den Wörtern kennenzulernen. Denn die letzteren sind ja bloß Bilder – *eikon* – der Dinge. Warum denn sich mit den Bildern zufriedengeben, wenn man sich den Sachen direkt erkennend nähern kann?

> *Sokrates*: Wenn man also zwar auch wirklich die Dinge durch die Wörter kann kennen lernen, man kann es aber auch durch sie selbst, welches wäre dann wohl die schönere und sichere Art, zur Erkenntnis zu gelangen? Aus dem Bilde erst dieses selbst kennenzulernen, ob es gut gearbeitet ist, und dann auch das Wesen selbst, dessen Bild es war, oder aus dem Wesen erst dieses selbst, und dann auch sein Bild, ob es ihm angemessen gearbeitet ist?
> *Kratylos*: Notwendig, ja, dünkt mich, die aus dem Wesen.
> *Sokrates*: Auf welche Weise man nun Erkenntnis der Dinge erlernen oder selbst finden soll, das einzusehen sind wir vielleicht nicht genug, ich und du; es genüge uns aber schon, darin übereinzukommen, daß nicht durch die Worte, sondern weit lieber durch sie selbst man sie erforschen und kennenlernen muß als durch die Worte.
> *Kratylos*: Offenbar, Sokrates. (439a-b)

"Phainetai, o Sokrates!" Dies ist das Ende des Dialogs über die Sprache. Und es zeigt, was Europa von der Sprache hält: *nichts*. Statt sich mit der Sprache aufzuhalten, wendet es sich lieber gleich den Sachen zu. Diesem Denken ist die Sprache fremd. Diesem Denken, das unser Denken ist, wird die Sprache fremd bleiben, bis heute. Und zwar weil es nichts oder wenig von fremden Sprachen weiß. Zwar wird die Frage, die der Dialog am Anfang noch diskutiert, ob nämlich die Richtigkeit der Wörter natürlich oder nach menschlicher Übereinkunft gegeben sei, mit dem Hinweis auf die fremden Sprachen, auf die Sprachen der Barbaren, in Gang gesetzt: Wenn die Sprachen natürlich wären, müßte sie ja bei allen Menschen gleich sind. Es ist aber evident, daß die Barbaren andere Wörter haben. Immerhin wird den Barbaren das Sprechen zugestanden, was im Ausdruck *barbaros* nicht unbedingt mitgesagt ist. *Barbaros* ist ja der *brbr*-Sager, eigentlich jemand, der keine Sprache hat, quasi ein Tier. Dennoch wird deren anderes Sprechen auch nicht besonders ernst genommen, denn sonst hätte sich die Frage nach der Natürlichkeit der Wörter schneller erledigt, als dies der Fall ist. Fremde Wörter werden im *Kratylos* nur an einer einzigen Stelle diskutiert. Statt dessen wird Hermogenes, der Gegner des Kratylos und Vertreter der *thesei*-These, seitenlang gezwungen, die Abbildung der Sachen in den griechischen Signifikanten anzuerkennen. Und Kratylos muß umgekehrt zugeben, daß doch viel Nicht-Abbildliches in den griechischen Wörtern ist. Aber letztlich ist dann diese Frage einfach nicht wichtig: Die platonische Lösung der Frage nach dem Verhältnis von Sprache und Welt ist diejenige der Sprachlosigkeit. Es kommt für das Erkennen gar nicht auf die Sprache an.

Dennoch reden die Philosophen gern und viel. Und ihr Wort ist ihnen lieb und teuer wie ein eigenes Kind – was kann weniger fremd sein als ein eigenes Kind, was ist eigener? Daher verteidigt Sokrates in einem anderen Dialog, im *Phaidros*, auch die Sprache. Allerdings geht es dort um einen anderen Aspekt der Sprache: Es geht um die Materialität der Kommunikation, um *lautliche Rede* gegenüber der *Schrift* im Miteinander der Menschen, nicht um das Verhältnis der Wörter zu den Sachen in der Erkenntnisrelation zur Welt. In kommunikativer Hinsicht wird hier die Schrift als eine Ent*fremd*ung des gesprochenen Wortes kritisiert. Die Schrift schafft nämlich eine Distanz zwischen dem gesprochenen Wort und dem Vater des gesprochenen Wortes:

> Denn diese Erfindung wird den Seelen der Lernenden vielmehr Vergessenheit einflößen aus Vernachlässigung der Erinnerung, weil sie im Vertrauen auf die Schrift sich nur von außen *vermittels fremder Zeichen*, nicht aber innerlich sich selbst und unmittelbar erinnern werden (274a, H. v. m.).

Äußere fremde Zeichen, *allotrioi typoi*, stehen beim Schreiben anstelle der aus dem Inneren strömenden Laute oder der „lebenden und beseelten Rede" (276a). Hier ist die Quelle – Derrida hat es ja beklagt – der abendländischen Verachtung der Schrift. Also ist diesem Denken die Sprache doch nicht fremd?

Es erscheint die klassische Doppeltheit der Funktionen der Sprache: In der einen Hinsicht ist die Sprache fremd und in der anderen ist sie es nicht. Es werden in den beiden platonischen Dialogen zwei verschiedene Funktionen von Sprache befragt, die kognitive und die kommunikative: Der *Kratylos* thematisiert die Kognition, also die weltbearbeitende Funktion der Sprache, der *Phaidros* die kommunikative. Was das erste angeht, so können wir nach Platon der Sprache entraten. Denken, oder emphatischer: Erkennen können wir eigentlich besser ohne Sprache. Hinsichtlich des zweiten, der Kommunikation, besteht aber gar kein Zweifel: Die Sprache als klingende Rede dient der Kommunikation, dem Zusammensein. Es ist ja kein Zufall, daß die Rede als Miteinandersein in einem Dialog über die Liebe thematisiert wird. Die Liebe, das eigentliche Thema des *Phaidros*, realisiert sich besser in der Nähe als per Korrespondenz. Und in dieser Hinsicht ist gerade an der Sprache als lautlichem Ereignis festzuhalten als dem Eigentlichen der Sprache. Das Schreiben, gegen das hier polemisiert wird, entfremdet die Rede demjenigen, dem sie gehört, dem sprechenden Meister. Die äußerlichen „fremden Zeichen" – *allotrioi typoi* – stehen dem Eigenen, dem Inneren und wahrhaft Erinnerten gegenüber. Zum Wichtigsten, zum Denken, brauchen wir die Sprache nicht. Sie dient als Lautliches aber dem Miteinandersein – und da ist sie besser als das Schreiben, das etwa Fremdes ist.

2.2. Aristoteles

Aristoteles zieht die Konsequenzen aus den Lehren seines Lehrers. Wenn es so ist, daß die Sprache zweitrangig ist fürs Denken und nützlich fürs Kommunizieren, dann ergibt sich folgendes:

> Es sind aber die Laute Symbole der Empfindungen der Seele. Geschriebene Wörter sind die Symbole der lautlichen. Und wie die Schriftzeichen, so sind auch die Laute nicht dieselben für alle Menschen. Die Empfindungen der Seele, deren Zeichen [*semeia*] die Laute sind, sind aber dieselben für alle, so wie auch die Sachen [*pragmata*] dieselben sind, von denen diese Empfindungen Abbildungen [*homoiomata*] sind (De int. 16a).

Sprache ist das Lautliche. Dieses – *ta en te phone* – ist ein *symbolon* oder *semeion* des von der Seele Empfundenen (*pathemata tes psyches*) oder des Gedachten, mit dem es aber ansonsten nichts zu tun hat. Sprache ist mit dem Gedachten zum Zwecke der *Kommunikation* eher locker verknüpft. Das Lautliche ist *kata syntheken*, d. h. nach historischer Tradition oder, wie man später sagt, „willkürlich" gegeben und daher wie die Schriftzeichen in den verschiedenen Gesellschaften verschieden. Das macht aber nichts – und das ist sozusagen die platonische Pointe bei Aristoteles, eine Bestätigung der Tatsache, daß die Sprache letztlich überflüssig ist; denn das Denken hat nichts mit der Sprache zu tun. Die *pathemata tes psyches* sind Abbilder, die für alle Menschen gleich sind. Gedacht wird also universell, ohne Sprache. Sprechen ist nur die Entäußerung des Gedachten zum Zwecke der Kommunikation. Und die Wörter sind – hier taucht der Ausdruck an prominenter Stelle auf: *Zeichen*, *semeia*. Die Zeichen-Auffassung der Sprache, das Wort als „arbiträrer" Signifikant des nicht-arbiträren Begriffs, ist die Standardversion des Nachdenkens über die Sprache.

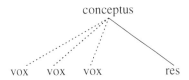

Diese Theorie – die herrschende Sprachtheorie des Abendlandes bis heute – ist sozusagen die nicht-katastrophistische Reaktion auf die Fremdheitserfahrung. Die Fremdheit der Sprachen läßt sich ja nicht übersehen: die Wörter sind verschieden. Sie ist gemäß dieser Auffassung zwar lästig, sie ist aber auch nicht so schlimm, sofern die Menschen sowieso dasselbe denken. Die Fremdheit der Sprachen steckt allein im Materiellen. Das Geistige, das Semantische, das Inhaltliche ist bei allen Menschen gleich.

Es ist öfter festgestellt worden, daß die Fremdheitserfahrung der Griechen gering gewesen sei, vermutlich deswegen, weil sie – wie die Amerikaner heute – überall, wo sie hinkommen, Griechen trafen oder Menschen, die Griechisch konnten. Die Griechen wissen zwar von der Existenz anderer Sprachen. Sie lernen aber keine. Sie wissen also nicht, wie fremd die Sprachen wirklich sind. Dies ist sicher ein Grund dafür, daß sie glauben und dem ganzen Abendland für die nächsten Jahrtausende weismachen, daß die Wörter verschiedener Sprachen nichts anderes seien als die materiell verschiedenen Zeichen der universell identischen Gedanken.

Die Griechen verpassen damit die Einsicht in die ganz besondere Struktur und Funktion der Sprache. Dies meine ich, wenn ich von der Fremdheit der Sprache spreche: Die Griechen sehen nicht, daß fremde Sprachen nicht nur fremde Laute sind, sondern auch fremdes Denken.

In diesem Zusammenhang sei noch erwähnt, daß unsere andere Tradition, die biblische, an diesem Befund nichts ändert. Zwar hat sich im Gegensatz zu den Griechen – und, wie Borst (1995, Bd. 1: 126) sagt, offensichtlich einmalig in der Welt – die Bibel ja ausführlich für fremde Völker interessiert. Sie bemüht sich um eine Erklärung der sprachlichen Vielfalt der Menschheit durch den Babelmythos. Israel ist damit eine der wenigen Kulturen, die über den sprachlichen Tellerrand hinwegschaut. Die jüdische Kultur rationalisiert im Babelmythos die deprimierende Erfahrung der sprachlichen Fremdheit. Allerdings vor dem Hintergrund einer doppelten universalistischen Annahme: erstens, daß all die verschiedenen Sprachen ja Sprachen *einer* Menschheit sind – der Babelmythos steht in unmittelbarem Zusammenhang mit der genealogischen Tafel der Nachfahren Noahs; und zweitens vor dem Hintergrund der Tatsache, daß die Menschen einmal *eine* Sprache gesprochen haben, also vor dem Hintergrund einer universell einheitlichen Vergangenheit bei aller Verschiedenheit.

Dieser Hintergrund der sprachlichen Einheit wird wichtig, wo die babelische Strafe wieder aufgehoben wird, zu Pfingsten nämlich: Beseelt von dem *einen* Geist kassieren die Apostel zwar die sprachliche Fremdheit nicht, sie überwinden sie aber, weil sie von dem einen (Heiligen) Geist erfüllt sind. Sofern der eine Geist durch ein Wunder die sprachliche Fremdheit überwinden kann, zeigt sich hier schon ganz griechisch, daß die Differenz nicht so tief sein kann. Die Einheit des Geistes, die bei Aristoteles ausdrücklich angenommen wurde, bleibt dann auch bei den griechisch denkenden lateinischen Christen erhalten. Augustinus erkennt hinter allen Sprachen eine einheitliche Sprache des Herzens im Glauben: *una lingua fidei cordis*.

2.3. Weltansichten

Die Einsicht in die tiefe, kognitiv-semantische Verschiedenheit der Sprachen hat Europa erst Jahrtausende später, nach einer mühsamen Begegnung mit fremden Sprachen, fassen können. In gewisser Hinsicht resümiert Humboldt Anfang des 19. Jahrhunderts die Erfahrungen mit den fremden Sprachen, die Europa seit dem 16. Jahrhundert gemacht hat. Die ausdrückliche Absicht des Humboldtschen Sprachstudiums ist es, die traditionelle kommunikativ-semiotische Auffassung von der Sprache als einem Zeichen zu überwinden:

> Nur auf diesem Wege können diese Forschungen dahin führen, die Sprachen immer weniger als willkührliche Zeichen anzusehen, und, auf eine, tiefer in das geistige Leben eingreifende Weise, in der Eigenthümlichkeit ihres Baues Hülfsmittel zur Erforschung und Erkennung der Wahrheit, und Bildung der Gesinnung, und des Charakters aufzusuchen (IV: 32f.).

Humboldt hält also gegen die aristotelische Tradition:
- erstens, daß die Sprache das bildende Organ des Gedankens ist, Organ der *Kognition*, allerdings eines Denken, das sich unauflöslich in den *Laut* einschreibt, das also kein reines Denken ist, sondern ein Denken in Lauten, *pensée-son*, wie Saussure (1916: 156) dies später nennen wird;
- zweitens, daß die Sprache nicht nur Denken überhaupt ist, sondern daß es sich in der *Vielfalt* der Sprachen manifestiert und daß jede Sprache dieses Denken auf ihre ganz bestimmte Art und Weise realisiert:

> Das Denken ist aber nicht bloss abhängig von der Sprache überhaupt, sondern, bis auf einen gewissen Grad, auch von jeder einzelnen bestimmten. [...] Ein sehr bedeutender Theil des Inhalts jeder Sprache steht daher in so unbezweifelter Abhängigkeit von ihr, dass ihr Ausdruck für ihn nicht mehr gleichgültig bleiben kann (IV: 21f.);

- drittens, daß die Sprachen daher also keine Schälle und Zeichen, sondern *Weltansichten* sind:

> Durch die gegenseitige Abhängigkeit des Gedankens, und des Wortes voneinander leuchtet es klar ein, dass die Sprachen nicht eigentlich Mittel sind, die schon erkannte Wahrheit darzustellen, sondern weit mehr, die vorher unerkannte zu entdecken. Ihre Verschiedenheit ist nicht eine von Schällen und Zeichen, sondern eine Verschiedenheit der Weltansichten selbst (IV: 27);

- viertens, wie wir schon gesehen haben, daß dieses Denken in Sprache von dem Bezug auf den anderen, *von Kommunikation, von der „fremden Denkkraft"*, nicht getrennt gedacht werden kann:

> Es liegt aber in dem ursprünglichen Wesen der Sprache ein unabänderlicher Dualismus, und die Möglichkeit des Sprechens selbst wird durch Anrede und Erwiederung bedingt. Schon das Denken ist wesentlich von Neigung zu gesellschaftlichem Daseyn begleitet (VI: 26).

Die zentrale Einsicht war dabei sicher, daß das Denken nicht nur von der Sprache überhaupt abhängig ist, sondern „bis auf einen gewissen Grad" auch von jeder besonderen, daß die Sprachen also verschiedene „Weltansichten" enthalten. Dies ist die Begründung der Sprachwissenschaft überhaupt oder, wie es an der zitierten Stelle (IV: 27) weiter heißt:

> Hierin ist der Grund, und der letzte Zweck aller Sprachuntersuchung enthalten.

Der moderne europäische Strukturalismus hat bekanntlich diese Einsicht in die inhaltliche Verschiedenheit der Sprachen zu seinem theoretischen Zentrum gemacht, so daß die schematische Exemplifizierung dieses Faktums hier zitiert sei, Hjelmslevs beide berühmten Beispiele der verschiedenen „Ansichten" bestimmter Inhaltsbereiche: Der Bedeutungs-Bereich „Wald-Baum-Holz" ist im Dänischen oder Französischen anders strukturiert als im Deutschen. Und die Farben braun bis grau sind im Englischen und im Gälischen lexikalisch anders gestaltet (Hjelmslev 1963: 53f.):

green	gwyrdd
blue	glas
gray	
brown	llwyd

	Baum	arbre
træ	Holz	bois
skov	Wald	forêt

Uns ist das inzwischen sehr geläufig. Wir wissen, daß Sprachen nicht nur materiell unterschiedlich sind, sondern daß sie die Welt verschieden gestalten. Um aber zu dieser Einsicht zu gelangen, mußten Jahrtausende vergehen, und diese Einsicht ist auch auch heute durchaus nicht unangefochten, sondern wird im Gegenteil in einem sprachtheoretischen Neoaristotelismus neuerdings wieder vehement bestritten.

2.4. Erfahrung der Verschiedenheit

2.4.1. Ich möchte daher andeuten, wie das europäische Denken diese Einsicht in die Fremdheit der Sprachen und damit die Einsicht in die Sprache gewinnt. Entscheidend war hier ganz bestimmt die Begegnung mit *Amerika*. Amerika ist eine traumatische und heilsame Erfahrung für den europäischen Menschen gewesen, die mit anderen Entdeckungen seit dem 16. Jahrhundert zusammenwirkt. Der Europäer mußte die Einsicht verarbeiten, daß er nicht der Mittelpunkt der Welt ist, weil sich sein Stern um den größeren Stern Sonne dreht und weil seine europäische Welt auf dem runden Planeten nur eine unter vielen anderen ist. Dem Verlust seiner alten kosmischen Sicherheiten entspricht sprachlich der Abstieg des Lateinischen als der universellen Sprache der Christenheit und der Aufstieg der vielen Nationalsprachen. Damit beginnt im 16. Jahrhundert auch ein Interesse an fremden Sprachen, das vorher nur rudimentär vorhanden war. Die Vielheit der Sprachen wird immer deutlicher auch eine gelebte Erfahrung. Die Erfahrung kulturellen und sprachlichen Andersseins wird dann durch die Begegnung mit der amerikanischen Welt dramatisch verstärkt. Aber es dauert noch Jahrhunderte bis hinreichend Information vorhanden sein wird, um dies richtig zu verstehen.

Zunächst gibt es zwei Panikreaktionen auf die Erfahrung der Verschiedenheit der Menschensprachen. Die erste ist diejenige der sogenannten *harmonia linguarum*: Die Vertreter dieser These versuchen, die verschiedenen Sprachen der Welt – es sind zunächst nicht sehr viele, die man kennt – auf eine einzige zurückzuführen, zumeist auf das Hebräische als Sprache Adams und vermeintliche Ursprache der Menschheit. Es wird dabei sozusagen so lange an den verschiedenen Signifikanten gekratzt, bis darunter das hebräische Wort auftaucht. Es ist leicht einzusehen, daß diese Rekonstruktionen aus unserer Sicht abenteuerliche Unternehmungen waren.

Die zweite und etwas spätere und intelligentere Reaktion ist diejenige der *Grammaire générale*. Da es unmöglich war, die Signifikanten der verschiedenen Sprachen der Menschheit auf Ursignifikanten zurückzuführen, schien ein anderer Weg erfolgversprechender, die Einheit der Sprachen zu garantieren: der Weg der universellen Grammatik: Noch war ja die Erfahrung der Verschiedenheit der Sprachen nicht besonders groß. Bekannt waren den europäischen Intellektuellen ein paar westeuropäische Sprachen, die beiden klassischen Sprachen und neuerdings das Hebräische. Die indoeuropäischen Sprachen haben in der Tat alle mehr oder minder dieselbe grammatische Struktur, so daß der Gedanke nahelag, daß den verschiedenen Sprachen auch ein und dieselbe Grammatik zugrundeliegt. Damit war – trotz aller Verschiedenheit – die Einheit der Menschheit gerettet. Es ist im Grunde ein grammatischer Aristotelismus, der hier herrscht: die grammatische Grundstruktur des Denkens ist dieselbe, nur die Signifikanten, die oberflächlichen Entäußerungen dieses Denkens, sind verschieden.

2.4.2. Doch die tiefe Verschiedenheit der Sprachen der Welt drängt sich immer mehr auf. Europa sammelt linguistisches Material aus Amerika, zunehmend aber auch aus dem riesigen

Russischen Reich,[7] aus Asien und später aus Afrika. Ich glaube, es ist Locke, der zum ersten Mal die lexikalische Divergenz zwischen Sprachen in großer Deutlichkeit feststellt (und dabei gerade auch einen Blick auf amerikanische Sprachen wirft). Er schreibt folgendes:

> A moderate skill *in different languages* will easily satisfy one of the truth of this, it being so obvious to observe great store of *words in one* language *which have not any that answer them in another*. Which plainly shows that those of one country, by their customs and manner of life, have found occasion to make several complex *ideas* and give names to them, which others never collected into specific *ideas*. This could not have happened if these species were the steady workmanship of nature, and not collections made and abstracted by the mind, in order to naming, and for the convenience of communication. The terms of law, which are not empty sounds, will hardly find words that answer them in the Spanish or Italian, no scanty languages; much less, I think, could anyone translate them into the *Caribbee* or *Westoe* languages; and the *versura* of the *Romans* or *corban* of the *Jews* have no words in other languages to answer them (Locke 1690: III, v, 8).

Vor allem bestimmte gesellschaftliche Institutionen werden also in der einen und in der anderen Sprachgemeinschaft jeweils anders gedacht, d. h. insbesondere die sogenannten „mixed modes" sind von Sprache zu Sprache verschieden. Aber, so fährt Locke weiter fort, sogar bei solchen Wörtern, die das Gleiche zu bedeuten scheinen, wie *Fuß*, *Stunde* und *Pfund* sind jeweils andere Neben-Ideen vorhanden:

> There are no *ideas* more common and less compounded than the measures of time, extension, and weight; and the Latin names, *hora, pes, libra*, are without difficulty rendered by the *English* names, *hour, foot*, and *pound*; but yet there is nothing more evident than that the *ideas* a *Roman* annexed to these Latin names were very far different from those which an *Englishman* expresses by those English ones (ebd.).

Lockes Einsicht in die semantische sprachliche Differenz ist aber begleitet von einem lauten Lamento darüber, daß es so ist. Er beklagt dies deswegen, weil – wenn es so ist, daß die Menschen in den verschiedenen Sprachen Verschiedenes denken – dies natürlich ein erhebliches Hindernis für das gemeinsame Finden der Wahrheit ist. Die Wörter sind, so klagt Locke ein Nebel vor unseren Augen, „a mist before our eyes" (ebd.: III, ix, 21).

2.4.3. Um die Einsicht in die semantische Differenz zwischen Sprachen wirklich fruchtbar zu machen, mußte man dieser Entdeckung aber eine positive Wende geben, durfte also in dieser Verschiedenheit des Denkens keine Katastrophe sehen. Dazu braucht man eine Theorie der Vielfalt, bzw. eine Theorie der Einheit in der Vielfalt: Leibniz sieht die Einheit des menschlichen Geistes auch in der Vielheit der menschlichen Geister gewahrt, ja er feiert die Vielfalt als Reichtum des Geistes. Auf die Lockesche Klage über die verschiedenen einzelsprachlichen Semantiken, also den „mist before our eyes", antwortet Leibniz mit dem Projekt der modernen Linguistik:

> Et quand il n'y aurait plus de livre ancien à examiner, les langues tiendront lieu de livres et ce sont les plus anciens monuments du genre humain. On enregistrera avec le temps et mettra en dictionnaires et en grammaires toutes les langues de l'univers, et on les comparera entre elles, ce qui aura des usages très grands tant pour la connaissance des choses [...] que pour la connaissance de notre esprit et de la merveilleuse variété de ses opérations. (Leibniz 1765: 293; N.E. III, ix).[8]

---

[7] Katharina die Große fördert diese linguistischen Studien, z. B. diejenigen von Pallas.

[8] Und wenn es kein altes Buch mehr zu prüfen gäbe, so werden die Sprachen an die Stelle der Bücher treten, denn sie sind die ältesten Zeugnisse des Menschengeschlechts. Man wird mit der Zeit alle Sprachen des Universums erfassen und in Wörterbüchern und Grammatiken aufzeichnen, und man wird sie

Fremdheit der Sprache

Alle Sprachen der Welt in Wörterbüchern und Grammatiken zu beschreiben ist deswegen gut, weil das die „merveilleuse variété des opérations de notre esprit" dokumentiert, die wunderbare Verschiedenheit der Operationen des Geistes der Menschheit. Dies ist das Geburtsdokument der modernen Sprachwissenschaft, die als Antwort auf die richtige Einsicht in die Fremdheit der Sprachen zu verstehen ist: Alle deskriptiven Unternehmungen im 18. Jahrhundert und danach hängen direkt oder indirekt von dieser Leibnizschen Begeisterung für die Verschiedenheit der Sprachen der Menschheit ab, die nicht nur eine materielle, sondern auch eine geistige Verschiedenheit ist: Um 1800 werden etwa die Dokumentationen von Lorenzo Hervás, Pallas und vor allem der *Mithridates*, die Sprachenzyklopädie von Adelung und Vater, versuchen, die Sprachenvielfalt zu erfassen. Man wird die „merveilleuse variété des operations de notre esprit" über den Wortschatz hinaus zunehmend auch in der Grammatik suchen. Beides, Grammatik und Lexikon, sind gemeint, wenn Humboldt schon ganz im Sinne eines strukturalistischen Deskriptivismus davon spricht, daß jede Sprache in ihrem „inneren Zusammenhang" zu erfassen sei. Er legt z. B. in der *Mexikanischen Grammatik* den Versuch einer Beschreibung des inneren Zusammenhangs oder der „Struktur" (wie man schon zu Humboldts Zeiten sagte) einer Sprache vor.

2.4.4. In Humboldts Projekt des Vergleichenden Sprachstudiums wird auf den Begriff gebracht, was das 18. Jahrhundert erst erahnte: Die Sprachen sind einander nicht nur materiell fremd, sondern die Fremdheit geht tiefer. Sie ist auch eine Differenz der „Weltansichten". Und diese zu beschreiben ist Aufgabe der Sprachwissenschaft:

> Aber auch die Mundart der rohesten Nation ist ein zu edles Werk der Natur, um, in so zufällige Stücke zerschlagen, der Betrachtung fragmentarisch dargestellt zu werden. Sie ist ein organisches Wesen, und man muss sie, als solches, behandeln. Die erste Regel ist daher, zuvörderst jede bekannte Sprache in ihrem inneren Zusammenhange zu studiren, alle darin aufzufindenden Analogien zu verfolgen, und systematisch zu ordnen (IV: 10).

Neu bei Humboldt ist dann auch das *Verfahren* der Beschreibung der Sprachen: Die fremden Sprachen sind nicht, wie noch bei Adelung und Vater, als eine Sammlung von Kuriositäten zu beschreiben, also als Sammlung von Abweichungen von der eigenen grammatischen Form, wie auch wir das eingangs gemacht haben. Sondern die Sprachen sind als je verschiedene Formen des Geistes *als Ganze* in den deskriptiven Griff zu bekommen. Um es mit unserem Beispiel zu sagen: am Lesgischen ist nicht nur der ejektive Laut oder die Ergativität hervorzuheben, sondern die ganze Struktur ist zu erfassen, in ihrem „inneren Zusammenhang", so wie die Grammatik von Haspelmath dies vorführt. Das Fremde ist nicht als Monstrum zu beschreiben, sondern als ein Individiduum in seiner Gänze darzustellen.

2.4.5. Die Sprachwissenschaft ist aber zunächst gar nicht den Weg der Beschreibung aller Sprachen der Menschheit gegangen, den Leibniz gewiesen hatte. Eigentlich wollte man im 19. Jahrhundert dann gar nicht mehr wissen, daß die verschiedenen Sprachen verschiedene Weltansichten sind. Es ist gleichsam so, als scheue das 19. Jahrhundert vor diesem Abgrund zurück, der die Einheit des menschlichen Geistes stark in Frage stellt. Ähnlich wie im 16. Jahrhundert mit seinen kopernikanischen, kolumbianischen und lutheranischen Revolutionen ist Europa durch die Französische Revolution erneut einiger Denk- und Lebensgewißheiten

---

miteinander vergleichen. Das wird von sehr großem Nutzen sein, sowohl für die Erkenntnis der Dinge, [...] als auch für die Erkenntnis unseres Geistes und der wunderbaren Verschiedenheit seiner Operationen.

beraubt worden. Die alte politische Weltordnung ist dahin, sie ist nicht mehr „par la grâce de Dieu" und folglich ewig. Die Geschichte verändert alles. Vielleicht hält es daher das verunsicherte Denken nicht mehr aus, weitere Differenzen kennenzulernen, weitere Unsicherheiten zu verkraften, den europäischen Geist, den Geist der Vernunft, sich fragmentieren zu sehen in der „variété de ses opérations". Es geht eher darauf aus, die Verschiedenheiten zu reduzieren. Erneut steht – wie in der *harmonia linguarum* – die Suche nach der verlorenen *Einheit* auf dem Programm. Bei Hegel ebenso wie in der Sprachwissenschaft.

In der sogenannten *historisch-vergleichenden* Sprachwissenschaft (die übrigens ebenfalls auf ein Leibnizsches Projekt zurückgeht)[9], wird nicht die Verschiedenheit der Operationen des menschlichen Geistes aufgesucht, sondern gerade im Gegenteil die Einheit der verschiedenen Sprachen in der Zeit: Bopp und nach ihm das riesige, erfolgreiche Unternehmen der Indogermanistik ist auf der Suche nach der *einen* Sprache, auf die diese Sprachen zwischen Indien und Island zurückzuführen sind. In der Intention ist diese Suche derjenigen der *harmonia linguarum* ganz ähnlich, nur wird jetzt mit wissenschaftlichen historischen Mitteln vorgegangen. Es ist ein Projekt, das die Fremdheit der Sprachen reduziert.

Man hat immer gesagt, daß die historisch-vergleichende Sprachwissenschaft – vor allem in Deutschland – ein nationalistisches Projekt gewesen sei, sofern sich hier die Nation in der Geschichte verankert und dabei auch noch andere Sprachen an die Nation annektiert. Bekanntlich ist ja Grimms *Deutsche Grammatik* mitnichten eine deutsche Grammatik, sondern eine vergleichende Grammatik der germanischen Sprachen. Man kann aber auch umgekehrt sagen, daß die historisch-vergleichende Grammatik gerade vor der im Nationalismus sich verschärfenden Fremdheit zwischen den Sprachen zurückschreckt und die Differenzen in die Identität der Familie zurückholt. Es ist mir klar, daß dieses Geschäft insbesondere für Europa betrieben wird, daß sozusagen eine große europäische Nation geschmiedet wird im Projekt der Indogermanistik: Europa gegen den Rest der Welt. Nichts aber begrenzt prinzipiell das Projekt der historisch-vergleichenden Suche nach der Einheit der Sprachen auf die indoeuropäische Familie, so daß es zu Recht jetzt wieder – wie bei Leibniz – auf die ganze Menschheit ausgedehnt wird.[10]

Das Humboldtsche Projekt einer Beschreibung der „Weltansichten", die die verschiedenen Sprachen sind, wird eigentlich erst in unserem Jahrhundert realisiert. Im 19. Jahrhundert war es durch den außerordentlichen Erfolg der historisch-vergleichenden (diachronischen) Sprachwissenschaft zunächst in den Hintergrund gedrängt und im wesentlichen von den nicht-indoeuropäischen Linguistiken weitergetragen worden. Im Rahmen der nun aber weltweit einsetzenden synchronisch-strukturellen Linguistik (die explizit Humboldtsche Anregungen aufgreift) beschreibt man im 20. Jahrhundert alle Sprachen der Welt in einem riesigen deskriptiven Unternehmen. Am Ende dieses deskriptiven Jahrhunderts können wir sagen, daß die Sprachen der Welt beschrieben sind, daß das Leibnizsche Projekt der Registrierung aller Sprachen vollendet ist und daß dieser Teil des Humboldtsche Projekts des vergleichenden Sprachstudiums erfolgreich abgeschlossen ist.

---

[9] In der sogenannten „Brevis designatio", seinem ersten Text in der ersten Publikation der Akademie plädiert Leibniz für die Erforschung der eurasischen Ursprache, die allen bekannten Sprachen zugrundeliege, vgl. Leibniz (1710).

[10] Vgl. Ruhlen (1994).

2.5. Wissen von der Fremdheit der Sprachen

Es scheint nun so, als sei dieses Wissen um die tiefere, inhaltliche Fremdheit zwischen den Sprachen auch in das allgemeine Wissen eingedrungen: Das läßt sich beispielsweise daran ablesen, daß wir – wir Intellektuelle – uns lustig machen über Menschen, die diese strukturelle Fremdheit der Sprachen nicht richtig verstehen. Wir lachen über Menschen, die immer noch – wie Aristoteles – der Ansicht sind, die Sprachen unterschieden sich nur in den Signifikanten, und die nicht wissen, daß andere Sprachen einfach alles ganz anders fassen. Wenn jemand meint, „gleich geht es los" hieße auf englisch „equal goes it loose", „Staatsoberhaupt", sei „statesoverhead", so glaubt er eben mit Aristoteles, daß inhaltlich alles gleich sei bei den Sprachen und daß man den gleichen Inhalten nur verschiedene Signifikanten zuordnen müsse. Das Wissen um die differente Struktur von Sprachen läßt uns auch an aristotelisch gesinnten Übersetzern verzweifeln, die „How do you do" mit „Wie tust du tun", und „you ate an apple" mit „du aßest einen Apfel" übersetzen.

Andererseits ist dieses Wissen um die tiefere Fremdheit der Sprachen aber auch nicht besonders tief ins allgemeine Bewußtsein gedrungen. Humboldt sagt einmal (bedauernd natürlich), daß es den Menschen „natürlich" sei, die Sprache als Zeichen anzusehen, also die einfache „aristotelische" Auffassung von den nur materiell verschiedenen Sprachen zu hegen (vgl. Humboldt VI: 119). Ich sehe die Zeichenauffassung der Sprache zum Beispiel in folgenden charakteristischen Erscheinungen vorherrschen: 1. Es gibt kein allgemeines Interesse an Sprachen. In Reiseführern und ähnlichem findet man kaum jemals Informationen über die Sprachen fremder Länder. 2. Selbst Sprachstudenten – angehende Philologen – verstehen oft nicht, daß Sprachen etwas anderes sind als Mittel zum Zweck und daß man sie zum Gegenstand der Betrachtung machen kann. 3. Das (literarische) Übersetzen ist nach wie vor eine nicht besonders hoch angesehene und schlecht bezahlte Tätigkeit, wohl weil die Meinung herrscht, es müßten dabei sozusagen nur Signifikanten gesucht werden.

2.5.1. Was ich damit natürlich auch sagen möchte, ist, daß „le langage cet étranger" durch ein angemessenes Denken der Fremdheit der Sprachen, der „langues étrangères", eine größere Rolle spielen müßte in unserer Kultur. Wir kaufen Bücher über die Tempel Javas, über die Kathedralen Frankreichs, über die Pyramiden in Yukatan – und wenn wir in diese Länder reisen, so schauen wir uns diese Denkmäler an, essen die Speisen der Länder, hören vielleicht auch Musik und genießen die Tänze. Und die Reiseführer informieren uns über die sogenannten Sehens-würdigkeiten, nicht aber über die Hörens-würdigkeiten, die auch Denkwürdigkeiten sind, welche die Sprachen sind. Wir kaufen keine Bücher über die Sprachen dieser Länder. Wir finden in den Reiseführern auch keine Informationen über die Sprachen der Länder, die wir bereisen. Höchstens ein paar Phrasen in der einheimischen Sprache, die uns das Leben erleichtern können: Wo gehts zum Bahnhof? Was kostet ein Glas Bier? Bitte, Danke, eins zwei drei etc. Schon an diesen Listen nützlicher Phrasen zeigt sich, als was wir die Sprache betrachten: als Instrumente der Kommunikation, als praktische Instrumente. Warum sollten wir uns für bloße Instrumente interessieren? Wir besichtigen ja auch keine Autowerkstätten oder Fabriken in Java, Mexiko oder Frankreich. Dabei ist die Sprache aber eben nicht nur Kommunikationsinstrument, das ist sie auch. Sie ist nicht nur Autowerkstatt, sondern auch Kathedrale. (Auch die Kathedralen und Tempel und Pyramiden haben umgekehrt übrigens oft noch eine instrumentelle Funktion, die des Gottesdienstes nämlich). So sind Sprachen auch Kunstwerke, kulturelle Schöpfungen der Völker, Kathedralen des Denkens. Man sollte daher in Reiseführern neben dem Überblick über die Geschichte und der

Skizze der Geographie des Landes unbedingt auch Information über die Sprache oder die Sprachen des Landes geben. In den meisten Führern über Ungarn z. B., die ich gelesen habe, gibt es keine Information über die Sprache, in den Führern für die gebildeten Stände nur den schmalen Hinweis darauf, daß das Ungarische Mitglied einer größeren nicht indogermanischen Sprachfamilie ist.

2.5.2. Wie fremd in unserer Kultur die Sprache ist, zeigen uns jedes Semester aufs neue unsere Studenten. Ich meine diejenigen, die Sprachen studieren. Nur wenige verstehen überhaupt, daß man die Sprache selbst zum Gegenstand des Studiums, der Analyse, kurz der intellektuellen Anstrengung machen kann. Und sie verstehen es deswegen nicht, weil nach ihrer ganzen Vorbildung her, gerade auch der fremdsprachlichen Vorbildung, doch die Sprache nur ein Mittel zum Zweck ist oder eine Technik, die man möglichst perfekt beherrschen möchte. Daher gibt es dann einerseits diese Sprach-Techniker, die das Philologie-Studium als eine weitere Perfektionierung der Sprachkompetenz verstehen und die sich dem Fremden, weil sie es so gern haben, mimetisch anverwandeln wollen. Das sind diejenigen, die eine gewisse Virtuosität des Tuns weiterentwickeln wollen und dann ganz enttäuscht sind, daß uns das an der Universität nicht besonders interessiert. Im Gegensatz zu den Musik-Professoren, welche Pianisten ausbilden, wollen wir gar keine Franzosen oder Italiener aus unseren Studenten machen. Es gibt ja genug Franzosen in Frankreich, die es auf jeden Fall besser können. Andererseits haben wir die Praktiker, die bestimmte Texte in der Originalsprache lesen wollen oder mit den Eingeborenen kommunizieren wollen. Dies ist aber mit „Sprach-Studium" nicht gemeint.

Die Fremdheit der Sprache hat sich verschärft, seitdem an den Schulen die Grammatik nur noch eine geringe Rolle spielt: Der Unterricht in den alten Sprachen war der klassische Ort für grammatische Übungen, für ein Jonglieren mit grammatischen Kategorien als Selbstzweck. Seitdem aber im Sprachunterricht die Erreichung der sogenannten kommunikativen Kompetenz – also das Pseudo-Franzosentum, die Heranzüchtung des Quasi-Amerikaners – höchstes Ziel ist, sind Einblicke in die sprachliche Struktur, also das Zurücktreten aus dem praktischen Tun, aus dem Kommunizieren, zum Zwecke der theoretischen Betrachtung des Tuns, nicht mehr gefordert.

Weil es ganz ums praktisch-technische Können geht, sind natürlich auch hypno- oder suggestopädische Methoden hochwillkommen, die jene Technik völlig automatisieren. Damit scheint die fremde Sprache uns ganz eigen zu werden, sofern sie ja im unbewußt-praktischen Tun belassen, automatisiert ist. Gerade als ein Automatisiertes ist sie aber ein Uneingesehenes, Unverstandenes und somit Fremdes. Psychoanalytisch ist die solchermaßen erworbene Sprache ein Es, das automatisch in mir wirkt. Die Psychoanalyse macht dieses Automatische, das nicht wir beherrschen, sondern das uns beherrscht, zum Gegenstand: Das Es ist ein Fremdes, das erst noch eigen, also Ich werden muß. In die Helle der Analyse muß Es gerückt werden, damit Ich wird, damit Es mein wird. So ist es auch mit der Sprache: in die Helle der linguistischen Analyse muß sie gerückt werden, wenn sie unser eigen werden soll, wenn wo Es war, Ich werden soll.

2.5.3. Eine weitere Konsequenz der Fremdheit der Sprache, jener ungenügenden Einsicht in die Fremdheit der Sprachen, ist die Verachtung des Übersetzens: Wenn Übersetzen verstanden wird als das Zusprechen anderer Signifikanten zu einem Inhalt, der gleich ist für alle Menschen (dies wäre jetzt sozusagen die radikal aristotelische Version des Übersetzen), dann ist Übersetzen nichts anderes als im Wörterbuch Nachsehen und das entsprechende

Wort in der Zielsprache Hinschreiben. Das kann natürlich nicht besonders gut bezahlt werden. Ich karikiere kaum. Wenn aber Sprachen als in der angedeuteten komplizierten Art und Weise fremd verstanden würden, dann wäre Übersetzen als die unendlich schwierige Aufgabe erkannt, die es ja wirklich auch ist, als jener komplizierte Übergang in eine ganz andere Denk-Welt.

2.5.4. Eine Zweideutigkeit des Wissens um die inhaltliche Diversität der Sprachen scheint mir auch in der Philosophie zu herrschen: Einerseits ist der sogenannte *linguistic turn* in der Philosophie ja ebenfalls die (um hundert Jahre verspätete) Einsicht der Philosphie in die sprachliche Verfaßtheit des Denkens oder in die Tatsache, daß Wörter nicht nur Signifikanten sind. Andererseits aber ist dies nach wie vor eine grauenhafte Erfahrung für die Philosophen, für Frege noch genauso wie für Locke. Hier wird der Kampf weitergekämpft, den Bacon gegen die *idola fori* begonnen hatte und den Locke schon geführt hatte, als er erkannte, daß das Sprachliche „a mist before our eyes" ist. Analytische Philosophie ist gerade der Versuch, diesen Nebel zu vertreiben. Und zwar mit einigem Zähnefletschen, so als könne Aristoteles' Unwissenheit wiederhergestellt werden oder als ließe sich Platons Sehnsucht realisieren, ohne Sprache zu erkennen: „Phainetai, o Sokrates!"

2.6. Relativismus und Universalismus

Und vor diesem Hintergrund der Zweideutigkeiten schlägt am Ende dieses Jahrhunderts auch in der Sprachwissenschaft das Pendel wieder zurück: Man wird gleichsam der Verschiedenheit der Sprachen müde. Diese ist auch erheblich übertrieben worden, bis hin zu politischen Auswüchsen, die wir leider immer noch erleben.

2.6.1. Die Einsicht in die tiefen, also semantischen Differenzen zwischen Sprachen ist vom sogenannten linguistischen Relativismus verabsolutiert worden. Durch das Starren auf die Differenz gerät das Gemeinsame in den Hintergrund. Die Einsicht in die Sprachen als verschiedene „Weltansichten" wird zur Idiotie, wenn man die universellen Züge der Sprachen außer acht läßt. Der sprachliche Relativismus hat die jeweiligen „Weltansichten" zu Gefängnissen des Geistes erklärt: Die sprachliche Verfaßtheit des Denkens ist ganz eng und exklusiv gefaßt worden. Berühmt geworden ist hier die die Aufassung von Whorf, der gemeint hat, das Denken der Europäer und das Denken der Hopi-Indianer seien inkommensurabel, weil bestimmte sprachliche Kategorien anders seien, die jeweils ein ganz bestimmtes Denken determinieren. Insbesondere sei den Hopi durch ihre Sprache ein Denken des Zeitlichen nicht möglich, weil sie keine entsprechenden grammatischen Verfahren in ihren Verben hätten.

Kaum karikiert ist die zentrale Behauptung des Relativismus, wenn etwa unser Beispiel aus dem Italienischen *scala* besagen würde, daß die Italiener den Unterschied zwischen einer Treppe und einer Leiter nicht verstehen, weil sie dasselbe Wort für beides haben. Wenn man einem Italiener sagt, „Mi dai la scala", dann könnte es sein, daß er an seiner Haustreppe herumrüttelt, statt die danebenstehende Leiter zu ergreifen. Und auch die Deutschen würden den Unterschied zwischen einem funkelnagelneuen Auto (*neuf*) und einem bloß unbekannten Auto (*nouveau*) nicht sehen. Leichte Beute für betrügerische Autoverkäufer!

Das ist natürlich absurd. Und dies hat der hier immer als Quelle für diese Meinung angeführte Humboldt auch gar nicht gesagt, sondern:

> Das Denken ist aber nicht bloss abhängig von der Sprache überhaupt, sondern, bis auf einen
> gewissen Grad, auch von jeder einzelnen bestimmten (IV: 21).

Es heißt ganz klar, daß das Denken *bis auf einen gewissen Grad* von den bestimmten einzelnen Sprachen abhängig ist, aber nicht, daß es völlig von den Sprachen abhängig sei. Deutlich heißt es an derselben Stelle, es gebe „eine Anzahl von Dingen, welche ganz *a priori* bestimmt, und von allen Bedingungen einer besondren Sprache getrennt werden können" (IV: 21). Während der sprachliche Relativismus à la Whorf sozusagen jegliche Vermittlung ablehnt, die natürlich nur auf der Basis eines universellen Gemeinsamen zu denken ist, hat Humboldt immer ein solches Gemeinsames mitgedacht: Er hielt z. B. die Kantischen Kategorien für Universalien, und die allgemeine Grammatik hielt er für einen notwendigen Teil der Sprachforschung. Die moderne Linguistik hat andere Universalien festgestellt als die Kantschen Kategorien. Diese sind das Gemeinsame, auf dessen Basis sich die Verschiedenheit der sprachlichen Weltansichten abspielt. Die Sprachen sind natürlich einander fremd, aber sie sind es doch nicht völlig. Sie sind verschiedene Formen desselben.

2.6.2. Weil Whorf die Relativität übertrieben hat, haben nun wieder andere Sprachwissenschaftler gemeint, die Annahme von sprachlichen „Weltansichten" sei insgesamt falsch. Zunächst hat man daher wie im 17. Jahrhundert erneut den Weg der universellen Grammatik eingeschlagen. Dagegen ist nichts zu sagen, wenn dieser Weg nicht gleichzeitig mit der Negierung der einzelsprachlichen Differenzen einhergeht. Gerade dies aber tun in letzter Zeit gewisse neoaristotelische universalistische amerikanische Sprachwissenschaftler, wenn sie statt einzelsprachlicher Semantiken ein universelles „Mentalese" annehmen. Wie Aristoteles behaupten diese Theoretiker, das Denken sei bei allen Menschen gleich und nur die jeweils diesem Denken zum Zwecke der Kommunikation zugeschriebenen Signifikanten seien verschieden. So wie Whorf die Sprache fremd ist, weil er die Fremdheit der Sprachen übertreibt, ist den neuen Universalisten – wie einst den Griechen – die Sprache fremd, weil sie deren Fremdheit nicht richtig einschätzen.

Diese Position hat Stephen Pinker in seinem Buch über den Sprachinstinkt vertreten. Ich verweise auf dieses Buch, weil es jetzt auch bei uns ein erfolgreiches Buch ist, das dem Zeitgeist entspricht. In England und Amerika hat es einen außerordentlichen Erfolg, und auch bei uns wird es seinen Weg gehen. Aber es hat aus meiner Sicht gerade diesen Grundfehler, daß es die Verschiedenheit der Sprachen unzulässig herunterspielt – aus den edelsten politischen Motiven gewiß, aber dennoch falsch. Es polemisiert ausführlich gegen Whorf und den linguistischen Relativismus, um dann das linguistische Kind mit dem relativistischen Bade auszuschütten und einen Universalismus zu etablieren, der demjenigen des Aristoteles zum Verwechseln ähnlich ist: Alle Menschen denken gleich mit „mentalisischen" universellen Konzepten. Und die Sprachen sind im wesentlichen nur verschiedene Schälle und Zeichen.

Auf dem Hintergrund starker universalistischer Aussagen behauptet Pinker auf der letzten Seite seines Buches daher, daß ihm, selbst wenn er kein Wort verstehe, kein Sprachliches, das er vernehme, fremd sei: „no speech seems foreign to me, even when I cannot understand a word" (Pinker 1994: 430). Dies ist völlig richtig. Ich habe eingangs genau dasselbe gesagt. Nichts ist falscher als die Übertreibung sprachlicher Fremdheit und die Klage „you just don't understand". Dennoch ist es nur eine Scheinvertrautheit, wenn das konstitutiv Fremde jedes Sprechens einfach geleugnet werden. Mit demselben Recht kann man nämlich sagen: „all speech seems foreign to me, even when I understand every word". Die Pinkersche Leugnung der Differenz ist wohl menschenfreundlich gemeint. Aber nicht indem ich die Fremdheit einfach leugne, sondern indem ich in die Fremdheit hineingehe und sie in all ihrer Tiefe aushalte, ist mir die Sprache nicht fremd.

3. Zanzotto

Es scheint, daß dies der – schwierige – Weg ist, den der italienische Dichter Andrea Zanzotto in seinem Dichten beschreibt, dem Maike Albath gerade eine schöne Arbeit gewidmet hat. In dem folgenden Gedicht aus der Sammlung *Idioma* sind die Sprachen Blüten, wunderbare, wilde. Sie sind aber auch Abgründe des Schweigens und der Idiotie. Meine Sprache – *idioma* – ist das, was von alledem durch mich hindurchgeht: Es verfolgt mich, keuchend. Es ist mir fremd, wie die fürs Italienische fremden Buchstaben (und Laute) andeuten: h j k ch. Und doch ist es meins: *idíoma*. Daher sollen diese fremden Wörter meine Überlegungen zur Fremdheit der Sprache beschließen:

ALTO, ALTRO LINGUAGGIO, FUORI IDIOMA?

Lingue fioriscono affascinano
inselvano e tradiscono in mille
        aghi di mutismi e sordità
sprofondano e aguzzano in tanti e tantissimi idioti
Lingue tra i cui baratri invano
si crede passare – fioriti, fioriti, in altissimi
        sapori e odori, ma sono idiozia
Idioma, non altro, è ciò che mi attraversa
in persecuzioni e aneliti h j k ch ch ch

Bibliographie

Adelung, Johann Christoph / Vater, Johann Severin (1806-17): *Mithridates oder allgemeine Sprachenkunde mit dem Vater Unser als Sprachprobe in bey nahe fünf hundert Sprachen und Mundarten.* 4 Teile. Berlin (Reprint Hildesheim/New York: Olms 1970).

Adorno, Theodor W. (1959): Wörter aus der Fremde. In: Ders.: *Noten zur Literatur II.* Frankfurt a. M.: Suhrkamp 1965: 110-130.

Albath, Maike (1996): *Zanzottos Triptychon* (Diss. Berlin).

Aristoteles (1994): Peri hermeineias / De interpretatione. In: *Werke in deutscher Übersetzung*, Bd. 1, Teil 2 (Hrsg. Hellmut Flashar). Berlin: Akademie Verlag / Darmstadt: Wiss. Buchgesellschaft.

Borst, Arno (1957-63): *Der Turmbau zu Babel. Geschichte der Meinungen über Ursprung und Vielfalt der Sprachen und Völker.* 4 Bde. Stuttgart: Hiersemann (Nachdruck München: dtv 1995).

Coseriu, Eugenio (1988): *Sprachkompetenz. Grundzüge der Theorie des Sprechens* (Hrsg. Heinrich Weber). Tübingen: Francke.

Coulmas, Florian (1995): Muttersprache – auf Gedeih und Verderb? In: *Merkur* 551: 120-130.

Franzen, Winfried (1995): Die Sprache und das Denken. Zum Stand der Diskussion über den „linguistischen Relativismus". In: Jürgen Trabant (Hrsg.): *Sprache denken*. Frankfurt a. M.: Fischer: 249-268.

Haspelmath, Martin (1993): *A Grammar of Lezgian*. Berlin/New York: Mouton de Gruyter.

Hervás y Panduro, Lorenzo (1787): *Vocabolario poligloto. Saggio pratico delle lingue*. Cesena (Reprint Hrsg. Manuel Breva-Claramonte & Ramón Sarmiento. Madrid: Sociedad General Española de Libreria 1990).

Hjelmslev, Louis (1963): *Prolegomena to a Theory of Language*. Madison: Univ. of Wisconsin Press.

Humboldt, Wilhelm von (1903-36): *Gesammelte Schriften*. 17 Bde. (Hrsg. Albert Leitzmann u. a.). Berlin: Behr.

Humboldt, Wilhelm von (1994a): *Mexicanische Grammatik* (Hrsg. Manfred Ringmacher). Paderborn: Schöningh.

Humboldt, Wilhelm von (1994b): *Über die Sprache. Reden vor der Akademie* (Hrsg. Jürgen Trabant). Tübingen: Francke.

Lakoff, George (1987): *Women, Fire and Dangerous Things. What Categories Reveal about the Mind*. Chicago/London: Univ. of Chicago Press.

Leibniz, Gottfried Wilhelm (1765): *Nouveaux essais sur l'entendement humain* (Hrsg. Jacques Brunschwig). Paris: Garnier-Flammarion 1966.

Locke, John (1690): *An Essay Concerning Human Understanding*. 2 Bde. (Hrsg. John W. Yolton). London: Dent / New York: Dutton: 1971/74

Pallas, Peter Simon (1786/89): *Linguarum totius orbis vocabularia comparativa*. 2 Bde. Petersburg (Reprint. Hrsg. Harald Haarmann. Hamburg: Buske 1977/78).

Pinker, Steven (1994): *The Language Instinct*. New York: Morrow.

Platon (1957/58): *Sämtliche Werke*. 6 Bde. (Hrsg. Walter F. Otto). Reinbek: Rowohlt.

Ruhlen, Merritt (1994): *The Origin of Language. Tracing the Evolution of the Mother Tongue*. New York etc.: Wiley & Sons.

Saussure, Ferdinand de (1916): *Cours de linguistique générale* (Hrsg. Tullio de Mauro). Paris: Payot 1975.

Tannen, Deborah (1990): *You Just Don't Understand*. New York: Ballantine.

Weinrich, Harald (1988): Fremdsprachen als fremde Sprachen. In: Ders.: *Wege der Sprachkultur*. München: dtv: 195-220.

Whorf, Benjamin Lee (1963): *Sprache Denken Wirklichkeit*. Reinbek: Rowohlt.

Zabus, Chantal (1990): Othering the Foreign Language in the West African Europhone Novel. In: *Canadian Review of Comparative Literature/Revue Canadienne de Littérature Comparée* 17.3-4: 348-365.

Zanzotto, Andrea (1987): *Lichtbrechung. Ausgewählte Gedichte, italienisch/deutsch*. Wien/Graz: Droschl.

HERFRIED MÜNKLER

Sprache als konstitutives Element nationaler Identität im Europa des späten Mittelalters[*]

Wer sich mit dem Begriff 'Nation' im spätmittelalterlichen und frühneuzeitlichen Europa beschäftigt, begibt sich auf ein unübersichtliches Feld.[1] Der Begriff wird nämlich als Bezeichnung für heterogene sozio-politische Verbände und Institutionen ganz verschiedener Größenordnung verwendet: So finden wir ihn als Bezeichnung für Gruppierungen von Studenten, gelegentlich auch unter Einschluß der Professoren, an den Universitäten, für die Quartiere von Kreuzrittern und für Gruppen fernreisender Kaufleute sowie die auf den Konzilien zusammenkommenden Kleriker;[2] wir begegnen ihm als Bezeichnung für die Zugehörigkeit zu einer Stadt und ihrem Umland ebenso wie als Bezeichnung für geographische Großräume, die den halben Erdkreis umfassen können. Daneben taucht der Nationsbegriff aber auch als Bezeichnung für sprachlich, geschichtlich, geographisch oder politisch zusammenhängende Großgruppen auf, was der modernen Begriffsverwendung sehr nahe kommen kann, sich von ihr aber dort deutlich unterscheidet, wo *nationes* synonym mit *gentes* im Sinne von 'heidnische Völker' verwandt wird, also nicht zur Binnendifferenzierung der

---

[*] Der Aufsatz greift Ergebnisse auf, die im Rahmen des von der Deutschen Forschungsgemeinschaft finanzierten Schwerpunktprogramms „Theorie politischer Institutionen" sowie der innerhalb der Berlin-Brandenburgischen Akademie der Wissenschaften angesiedelten Arbeitsgruppe „Die Herausforderung durch das Fremde" erarbeitet wurden. Die Ergebnisse dieser Arbeiten, auf die hier zurückgegriffen wird, sind dokumentiert in dem Band H. Münkler (Hrsg.), Nationenbildung. An diesen Projekten waren beteiligt: Hans Grünberger, Joachim Meißner, Kathrin Mayer und Gabriele Schneider; ihre Hinweise und Anregungen sind auch in den vorliegenden Text eingegangen.

[1] Vgl. H.-D. Kahl, Einige Beobachtungen zum Sprachgebrauch von *natio*, insbes. S. 102ff.; R. Koselleck u. a., Volk, Nation, Nationalismus, Masse, S. 171ff.; B. Zientara, Populus – Gens – Natio, S. 11ff., L. Schmugge, Nationale Vorurteile im Mittelalter, S. 439ff. sowie J. Ehlers, Was sind und wie bilden sich *nationes*, S. 7ff.

[2] Zur Organisation der mittelalterlichen Universitäten nach 'Nationen' vgl. H. Rashdall, The Universities of Europe in the Middle Ages; P. Kibre, The Nations in the Medieval Universities; P. Classen, Studium und Gesellschaft im Mittelalter, sowie Chr. R. Schwinges, Deutsche Universitätsbesucher. Zur 'nationalen' Struktur der Ritterorden vgl. A. Wienand (Hg.), Der Johanniterorden / Der Malteser Orden, passim; J. Riley-Smith, The Knights of St. John, S. 284f. sowie E. Bradford, The Shield and the Sword, insbes. S. 64ff. Zur Bedeutung 'nationaler' Zurechnungskriterien im mittelalterlichen Fernhandel vgl. H. Simonsfeld, Der Fondaco dei Tedeschi in Venedig; W. Stein, Beiträge zur Geschichte der deutschen Hanse, sowie E. R. Daenell, Die Blütezeit der deutschen Hanse, insbes. S. 25ff. sowie 389ff. Zu den Konzilsnationen vgl. H. Finke, Die Nation in den Konzilien, sowie E. Meuthen, Das Basler Konzil.

(lateinischen) Christenheit dient, sondern für die ihr nicht zugehörenden Völker steht.[3] Meine These nun lautet, daß die verwirrende Vielfalt der Begriffsverwendungen von 'Nation' in mancher Hinsicht sehr wohl eine Ordnung aufweist, und zwar insofern, als der Begriff, wo er unter Bezug auf die Christenheit, insbesondere die lateinische Christenheit, verwendet wird, zunächst als Binnendifferenzierung christlich-universaler Institutionen verwandt wird. Mit der Intensivierung der Verkehrs- und Kommunikationsbeziehungen innerhalb Europas sowie in den kleinasiatischen Raum hinein wächst die Erfordernis zur Präzisierung dieser Binnendifferenzierungen, was zur Folge hat, daß sich der Nationsbegriff aus einer Binnendifferenzierung christlich-universaler Institutionen in einen Exklusionsbegriff partikularer Gemeinschaften verwandelt, durch den ausschließliche und nicht länger partielle Zugehörigkeit reklamiert wird.[4] Diesem Wandel der funktionalen Verwendung des Begriffs entspricht eine Veränderung seines semantischen Gehalts, die hier abkürzend als Übergang von der Polysemie zur Monosemie bezeichnet werden soll. Begriffsgeschichte, historische Wissenssoziologie sowie Wirtschafts- und Sozialgeschichtsschreibung sind miteinander zu kombinieren, um diesen für den weiteren Verlauf der europäischen Geschichte folgenreichen Transformationsprozeß zu analysieren.

Um diese These zu überprüfen, werde ich mich zunächst mit Binnendifferenzierungen in den Universitäten, den Kaufmannssiedlungen sowie den Ritterorden beschäftigen; dabei wird sich zeigen, daß insbesondere den Universitätsnationen eine Sprengkraft zukam, durch die die umfassenden Einrichtungen der abendländischen Christenheit aufgebrochen und zerstört worden sind. Der Referentialisierung der Sprache als Konstitutionselement kollektiver Identität kam hierbei eine entscheidende Bedeutung zu.

Wir begegnen in den *nationes* der Universitäten, und zwar sowohl in Bologna als auch in Paris, dem Begriff der Nation als einer universitätsimmanenten Ordnungskategorie, mit deren Hilfe die Universitätsangehörigen untergliedert und diverse Verpflichtungen für sie verbindlich gemacht wurden. Dabei treten in Paris und Prag vier Nationen auf, in denen die Studenten bzw. Magister nach geographischen Großräumen zusammengefaßt wurden, während in Bologna die Zahl der Nationen zwischen zwei und vierzehn schwankt, die in den Großgruppen der *cismontani* und *ultramontani* zusammengefaßt wurden, ohne daß sich bei diesen Veränderungen der Einzugsbereich der Studentenschaft wesentlich verändert hätte. Es handelt sich hier also um relativ beliebige Binnendifferenzierungen einer Institution, die sich als die gesamte Christenheit umfassend verstand, und die genauere Betrachtung der Universitätsgeschichte zeigt, daß weniger universitätsimmanente als vielmehr universitätsexterne Faktoren dazu beigetragen haben, die Fremdheitserfahrung zwischen den einzelnen *nationes* der Universität zu vertiefen.

Bei der Entstehung der Universitätsnationen spielten zunächst keineswegs Fremdheitserfahrungen der Scholaren untereinander, sondern vielmehr die ihnen in ihrer überwiegenden Mehrheit gemeinsame Erfahrung der Rechtlosigkeit in der Fremde die entscheidende Rolle. Die Bildung 'nationaler' Korporationen, wie sie in Paris und Bologna beobachtet werden kann, diente dem Schutz der Scholaren in einer fremden Umgebung.[5] Es war die Erfahrung der Fremde mitsamt den daraus resultierenden Gefährdungen, die bei den Scholaren zu Zusammenschlüssen geführt hat, die unterhalb der Ebene der gesamten Universität auf Zusammengehörigkeitsattributen beruhten, denen solidaritätsbegründende Wirkung

---

[3] Vgl. Kahl, Einige Beobachtungen zum Sprachgebrauch von *natio*, S. 85.
[4] Vgl. J. Garber, Vom universalen zum endogenen Nationalismus, S. 16ff.
[5] Vgl. R. Stichweh, Universitätsmitglieder als Fremde, S. 174ff.

zugeschrieben wurde. Die Möglichkeiten muttersprachlicher Verständigung wie landsmannschaftliche Gemeinsamkeiten haben dabei offenbar eine gewisse Rolle gespielt, und aus schwach vermuteten Zusammengehörigkeiten haben sich dabei schrittweise tatsächliche Zusammengehörigkeiten entwickelt. Durch Fremdidentifikationen ist der Prozeß der Selbstidentifizierung vorangetrieben worden, in dessen Verlauf sich korporationsbezogene Fremdzuschreibungen in ein Element kollektiv-identitätsbildender Selbstwahrnehmung verwandelt haben.

In der Studienordnung Bolognas steht der Begriff *natio* für 'Ausland' und 'Fremde' und dient somit als negative Bestimmung der so bezeichneten Personen: Indem sie einer der *nationes* der Universität angehören, sind sie als Fremde, d. h. nicht der Kommune von Bologna angehörend, bezeichnet. Doch der Grad der Fremdheit, der dadurch angezeigt wird, differiert deutlich, insofern sich die *nationes* der Scholaren seit Anfang des 13. Jahrhunderts nach *ultramontani* und *cismontani* unterscheiden: Im einen Fall, dem der *cismontani*, steht *natio* damit für die Herkunft aus einer Stadt und deren Umland (Mailand, Florenz, Rom), im anderen, dem der *ultramontani*, für die Herkunft aus einem Großraum, der sogar mehrere voneinander unabhängige *regna* umfassen kann. So wurden Dänen, Böhmen und Mähren in Bologna als der *natio Germanica* zugehörig angesehen. Dabei waren die Prinzipien, nach denen neuangekommene Scholaren in Bologna einer *natio* zugeordnet wurden, keineswegs einheitlich: In der Regel erfolgte die Zuordnung nach Geburtsort und Herkunftsland, aber verschiedentlich wurde auch die Sprache als Zuordnungskriterium ohne Rücksicht auf den Geburtsort benutzt. Welcher *natio* man angehörte, war also, pointiert formuliert, weniger davon abhängig, *woher* man kam als *wohin* man ging, denn die Entscheidung war zunächst keine des Zugeordneten, sondern der zuordnenden Institution.

Noch deutlicher als in Bologna tritt die Willkürlichkeit der 'nationalen' Zuordnung an der Universität von Paris hervor, wo die Studentenschaft – zumindest die der Artistenfakultät – seit Mitte des 13. Jahrhunderts in vier *nationes* gegliedert war: die *natio Gallicorum*, die Studenten aus dem Gebiet der Ile de France umfaßte; die *natio Normannorum*, in der die Studenten aus der Normandie und angrenzender Gebiete zusammengefaßt waren; die *natio Picardorum*, der die Scholaren aus dem südlichen Frankreich (Picardie) angehörten; schließlich die *natio Anglicorum* (auch *Anglorum*), zu der nicht nur Engländer und Schotten, sondern auch alle Deutschen und weiteren Nachbarn Frankreichs zählten. Sie war die *natio* der Ausländer schlechthin.[6] Mitte des 15. Jahrhunderts wurde die *natio Anglicorum* dann in die *natio Germanorum* umbenannt, was auch damit zu tun hatte, daß die Anzahl der aus England kommenden Scholaren im Zusammenhang mit den Auswirkungen des Hundertjährigen Krieges deutlich zurückgegangen war.

In Paris scheinen neben den politisch-geographischen Kriterien der Herkunft auch linguale Kriterien eine gewisse Rolle gespielt zu haben, denn aus den an den Papst übersandten Supplikationslisten geht hervor, daß der *natio Anglicorum* nur die 'Deutschen' zugerechnet wurden, die auch 'deutscher Zunge' waren, während etwa die französischsprachigen Scholaren aus dem südlichen Teil der Diözese Trier, die dem Reichsgebiet zugehörte, der *natio Gallicorum* zugerechnet wurden.[7] Solche Regelungen waren zugleich der Ausgangspunkt von Konflikten, in denen die 'nationale' Zugehörigkeit eines Scholaren umstritten war und die soweit eskalieren konnten, daß schließlich das gesamte System der korporativen

---

[6] Vgl. H. Grundmann, Vom Ursprung der Universität, S. 303ff.; generell dazu A. Budinszky, Die Universität Paris und die Fremden, passim.

[7] Vgl. H. Diener, Die Hohen Schulen, ihre Lehrer und Schüler, S. 361f.

Ordnungen der Universität betroffen war. Das war in Paris im Jahre 1260 der Fall, als ein gewisser Jean de Ulliaco unter Verweis auf seinen Herkunftsort der *natio Picardorum* zugeordnet wurde, selbst aber der *natio Gallicorum* angehören wollte. Es kam darüber zu Auseinandersetzungen, in deren Verlauf die französische Universitätsnation einen eigenen Rektor wählte und aus dem universitären Gesamtverband ausschied. König Ludwig IX. wie der päpstliche Legat Simon de Brie mußten intervenieren, und als auch danach keine einvernehmliche Lösung gefunden werden konnte, entschloß man sich, im Falle von Kontroversen über die 'nationale' Zugehörigkeit von Scholaren diese selbst entscheiden zu lassen.[8] Der mit dieser Verlagerung der Definitionskompetenz von der Institution zur Person sich entwickelnde Wissens- und Entscheidungszwang, der potentiell auf jedem Mitglied der Universität lastete, war nicht nur ein Generator bei der Ausbildung nationaler Identitäten, sondern ließ auch dem lingualen Zugehörigkeitskriterium gegenüber dem geographisch-politischen eine größere Bedeutung zuwachsen. Das hieß freilich noch keineswegs, daß das *Wohin* gegenüber dem *Woher* bedeutungslos geworden wäre, denn nach wie vor gab es in Paris nur vier Universitätsnationen, zwischen denen man sich zu entscheiden hatte. Der 'nationalen' Zurechnung waren also weiterhin institutionelle Grenzen gesetzt, aber die Plazierung innerhalb dieser Ordnung fiel zunehmend in die Kompetenz der Einzelnen.

Die Bedeutung, die der Sprache in diesen Konflikten zukam, zeigt auch ein Beschluß der *natio Germanicorum* an der Universität Orleans (die viele Scholaren aus dem Deutschen Reich anzog) vom Oktober 1382, in dem nicht nur nächtliche Treffen verboten wurden, weil dann der Kopf trunken und der Magen voll sei, sondern in den Gassen der Stadt zukünftig auch nicht mehr von der deutschen Sprache Gebrauch gemacht werden solle, wirke sie doch hart und ungeschlacht.[9] Ganz offenbar sind die deutschen Studenten in Orleans zu dieser Zeit vermehrt mit Vorhaltungen über ihre kulturell-zivilisatorische Rückständigkeit konfrontiert worden,[10] worauf zumindest die zuvor geführte Klage hinweist, man könne sich nicht mehr auf öffentlichen Plätzen und in Tavernen treffen, ohne daß Ehre und Würde der *natio* fortlaufend verletzt würden. Der Beschluß, den Gebrauch des Deutschen auf korporationsinterne Zusammenkünfte zu beschränken und ihn in der Öffentlichkeit zu vermeiden, zeigt aber auch, daß der Sprache als Identitäts- wie Identifizierungskriterium eine nicht unerhebliche Rolle zukam. Regionale Herkunft wie politische Loyalität eines Scholaren wurden über seine Sprache erschlossen, bzw. er wurde danach identifiziert. Der Grad, in dem solcher Wissens- und Entscheidungsdruck bezüglich nationaler Identität bzw. der Identifizierung mit einer Nation in den dem Anspruch nach die (lateinische) Christenheit umfassenden Institutionen der spätmittelalterlichen Ordnung aufkam, und die Bedeutung, die linguale Kriterien dabei innehatten, differiert freilich mit der Art der Institution, ihrer Größe sowie der Häufigkeit, in der neue Mitglieder in sie eintraten bzw. sie wieder verließen. So kann es wenig überraschen, daß mehr als Konzilien, Ritterorden und Kaufmannsquartiere sich vor allem die Universitäten als Konfliktherde erwiesen und in ihnen ebenfalls stärker als in den anderen Institutionen die Sprache als Zugehörigkeits- und Identifikationskriterium relevant wurde.

---

[8] Kibre, The Nations in the Medieval Universities, S. 21ff.
[9] Ebd., S. 135.
[10] Zur Bedeutung der Behauptung kulturell-zivilisatorischer Fortgeschrittenheit bzw. Rückständigkeit vgl. H. Münkler, Nation als politische Idee, S. 71ff., sowie H. Münkler / H. Grünberger, Nationale Identität im Diskurs der deutschen Humanisten, S. 223ff.

Mitunter konnten Sprachenfragen aber auch im Bereich des Fernhandels bedeutsam werden, wie dies etwa bei der deutschen Kaufmannskolonie in Stockholm der Fall war. Von 1323 bis 1471 waren die Mitglieder des Rats der Stadt nach Nationalitäten getrennt, d. h. die Deutschen hatten neben den Schweden eine eigene politische Repräsentation im Rat der Stadt inne.[11] Für sie waren jeweils ein Drittel der sechs Bürgermeister und dreißig Ratsmitglieder reserviert. Die Frage, wer welcher Nation angehörte – eine Frage, die unter den Bedingungen einer eigenen politischen Repräsentation immer eine besondere Bedeutung besitzt – war durch Gesetz eindeutig geregelt, und zwar so, daß als Deutsche nur die Kinder deutscher Väter galten, während die nationale Zugehörigkeit der Mütter keine Rolle spielte. Diese Regelung galt umgekehrt auch bei der Bestimmung der schwedischen Nationalität. Da die Handelsniederlassungen reine Männergesellschaften waren, kam es häufig zu Hochzeiten mit Frauen der anderen Nationalität, zumal dort, wo die Kaufleute frei Quartier nehmen konnten. Diese Regelungen hatten die Funktion, der Vermischung beider Nationalitäten – und d. h. in der Regel: der Assimilation der dauerhaft oder für längere Zeit ansässigen Kaufleute – entgegenzuwirken. Schließlich wurde sogar auf die sprachliche Ausprägung der nationalen Identität Rücksicht genommen, insofern die Statuten vorsahen, daß die Schreiber des Rats zweisprachig zu sein hatten. Dabei dürften Fragen der sprachlichen Verständigung aufgrund der langen Anwesenheit der Kaufleute im Gastland einerseits ein geringeres Problem dargestellt haben als dies bei den Studenten in Bologna oder Paris der Fall gewesen ist, und andererseits dürften sie zugleich ein größeres Problem dargestellt haben, da im Falle der Kaufleute (wie der Ordensritter) das Latein als *Sprache der Institution* und damit als ein muttersprachliche Unterschiede ausgleichendes Drittes nicht vorhanden war oder doch kaum jene Bedeutung besaß, wie dies bei den Universitäten (und den Konzilien) der Fall war. So kann die Festlegung der Zweisprachigkeit der Schreiber des Rats in Stockholm als Kompensation dafür angesehen werden, daß die Verhandlungen nicht auf Latein geführt wurden.

Doch trotz dieser klaren, eindeutig am Schutz der Gäste und Fremden orientierten Bestimmungen blieb das Zusammenleben von Schweden und Deutschen in Stockholm nicht frei von Konflikten, die hier freilich nicht aus Konflikten über die formelle Zugehörigkeit oder die sprachliche Identität, sondern aus solchen über die politische Loyalität entstanden sind. Das war der Fall in den Kämpfen zwischen Albrecht von Mecklenburg und Margaretha von Dänemark um die Herrschaft in Schweden. Hier trat der Gegensatz der Nationalitäten innerhalb der Stockholmer Bürgerschaft scharf zu Tage, als nach der Gefangennahme Albrechts im Jahre 1389 fast ganz Schweden von ihm abfiel und nur die Deutschen Stockholm mehrere Jahre lang für den Mecklenburger gegen die zuletzt siegreiche Königin behaupteten. Es waren also eher politische Loyalitäten als nationale Identifikationen, die bei den Konflikten in Stockholm eine Rolle spielten, so daß es nach der Übergabe der Stadt an Margaretha im Jahre 1398 möglich war, an den bisherigen Statuten und Privilegien für die Deutschen festzuhalten und sie die Option für den Verlierer nicht mit der Vertreibung aus der Stadt büßen zu lassen. Der Konflikt hatte offenbar zu keinen dauerhaften und tiefsitzenden Gegensätzen geführt, weswegen er dann auch relativ schnell beigelegt werden konnte.[12] Was hier am Beispiel der deutschen Kaufleute in Stockholm exemplarisch erläutert

---

[11] Hierzu und zum folgenden vgl. W. Stein, Zur Geschichte der Deutschen in Stockholm, S. 83ff.
[12] Daß dies nicht immer der Fall war, zeigen die Berichte und Chroniken, die Duby über die Erinnerung über die Schlacht von Bouvines zitiert. Dort heißt es u. a., der Himmel habe es zugelassen, daß „die deutsche Sprache fürderhin von den Welschen verachtet wurde" (G. Duby, Der Sonntag von Bouvines, S. 147), oder die Deutschen werden mit wilden Tieren verglichen und als Barbaren bezeichnet, deren

wurde, gilt mutatis mutandis auch für die nationale Binnendifferenzierung der Handelshöfe im Mittelmeerraum. So wurden in den 'fanadiq' der arabischen Städte die Kaufleute nach 'Nationen' geordnet und untergebracht, was schon aus Gründen der unterschiedlichen Steuer- und Zollprivilegierung nahelag, und die 'fondachi' der italienischen Handelsstädte, aber auch die in Konstantinopel haben sich weitgehend an diesem Vorbild orientiert.[13]

Eine größere Bedeutung hatten linguale Aspekte dagegen bei der 'nationalen' Strukturierung der im Heiligen Land operierenden Ritterorden: Offenkundig hatten die – zunächst gar nicht so zahlreichen – Ritter aus den deutschsprachigen Gegenden Westeuropas erhebliche Probleme, sich mit den französisch-normannischen Rittern, die das Gros des Heeres stellten, zu verständigen, was sich im Falle von Verwundungen oder Erkrankungen als besonders folgenreich erwies: „Multi ex Teutonicis et Alemannis [...] linguam civitatis ignorarent", heißt es in der *Historia* des Jacques de Vitry. Diese Feststellung wird bestätigt durch einen Eintrag in der *Chronica* des Johannes von Ypern, wo es heißt, „confluentibus ac [...] multis Alemannorum, patrie linguam ignorantibus atque Latinam".[14] Weder des Lateinischen noch des Französischen als der in den Kreuzfahrerstaaten vorherrschenden Sprache mächtig, waren die Fremdheitserfahrungen der deutschen Ritter und Pilger im Heiligen Land ungleich stärker als die der altfranzösisch sprechenden Mehrheit, und so war es für sie ein Glücksfall, daß im Jahre 1143 ein begüterter Kaufmann aus seinen eigenen Mitteln ein Hospiz errichtete, in dem sie Unterkunft und Verpflegung sowie im Falle von Verwundung oder Erkrankung auch Versorgung und Pflege finden konnten – „ratione commercii linguae et noti sibi idiomatis", wie es bei Jacques de Vitry heißt. Schon bald entstand um diese Gründung eine kleine Bruderschaft, bei der sich – im Unterschied zur Organisationsstruktur der anderen Ritterorden – infolge der notorischen Verständigungsprobleme deutscher Ritter und Pilger nationalkorporative Züge entwickelten, weswegen auch stärker als im Falle der Kaufmannsorganisationen linguale Kriterien bei der Bestimmung von Zugehörigkeit oder Nichtzugehörigkeit entscheidend waren. Daß der Sprachenfrage, also der Zugehörigkeit nicht im Sinne formeller Mitgliedschaft, sondern kultureller Vertrautheit, bei der Unterstützung des Hauses eine erhebliche Bedeutung zukam, zeigt eine Eintragung des Johannes von Würzburg, in der es von dem neu errichteten Gebäude zu Ehren der Hl. Maria, das auch als das Haus der Deutschen bezeichnet werde, heißt, nur wenige oder niemand, der eine andere Sprache spreche, hätten diesem Hause bislang Zuwendungen gemacht.[15] Ganz offensichtlich hatte die Unterscheidbarkeit der Kreuzritter und Pilger durch die von ihnen gesprochene Sprache schon eine so große Relevanz, daß sie als Kriterium für Inklusion und Exklusion dienen konnte.[16] Schließlich hat Papst Coelestin II. in zwei Urkunden das

---

einzige Tugend der *furor* sei (ebd., S. 167). Hier entwickelte sich über Identitätskriterien eine tiefsitzende Antipathie und Feindschaft, die nicht auf dem Wege der Verhandlungen zwischen politischen Spitzen beigelegt werden konnten.

[13] Vgl. dazu die Beiträge von Peyer, Kellenbenz, Atiya und Szabo in H. C. Peyer (Hrsg.), Gastfreundschaft; weiterhin Peyer, Von der Gastfreundschaft zum Gasthaus, passim sowie Simonsfeld, Der Fondaco dei Tedeschi.

[14] Jacques de Vitry und Johannes von Ypern werden zitiert nach M.-L. Favreau, Frühgeschichte des Deutschen Ordens, S. 14f.

[15] „In qua via est hospitale cum ecclesia quae fit de novo in honore sanctae Mariae, et vocatur domus alemannorum, cui pauci vel nulli alterius linguae homines aliquid boni conferunt." Descriptones Terrae Sanctae, hrsg. von T. Tobler, S. 161.

[16] Zur Anwendung dieses Begriffspaares auf unterschiedliche Typen gesellschaftlicher Integration und Ordnung vgl. N. Luhmann, Inklusion und Exklusion, S. 19ff.

Hospital gänzlich der Verfügungsgewalt der Johanniter unterstellt, dabei aber festgelegt, daß der Johanniterorden den nationalkorporativen Charakter des Spitals der Deutschen mit dem Namen „Hospitale sancte Marie Theutonicorum in Jerusalem" zu respektieren habe.[17]

Mit der Eroberung Jerusalems durch Sultan Saladin im Jahre 1187 ging die Geschichte des deutschen Hospitals zunächst zu Ende; sie wurde im Oktober 1190 wieder aufgenommen, als Friedrich von Schwaben in Akkon erneut ein Hospital gleichen Namens gründen ließ, aus dem in den darauffolgenden Jahren, die Regeln der Templer und der Johanniter miteinander verknüpfend, der Deutsche Ritterorden entstand.[18] Die Aufnahme in den Orden war zunächst trotz seines Namens an keine bestimmte geographische Herkunft oder Muttersprache geknüpft,[19] doch dürfte der Orden seine Mitglieder von Anfang an überwiegend aus dem deutschen Sprachbereich rekrutiert haben.[20]

Weitgehend reibungslos scheint das Prinzip der 'nationalen' Gliederung als Prinzip der Binnendifferenzierung im Johanniterorden fungiert zu haben. Dabei ist offen, wann die interne Gliederung des Ordens nach „Zungen" eingeführt worden ist, ob bereits unter Raymond de Puy, der dem Johanniterorden im Jahre 1153 seine erste Regel gab, oder erst unter Alphons von Portugal, der diese Regeln in den Jahren 1205/06 präzisierte und die administrativen wie disziplinarischen Kompetenzen des Ordens in „Zungen" zusammenfaßte. Auf dem Generalkapitel von Limassol schließlich wurde am 28. Oktober 1302 beschlossen, daß der Orden auf Zypern dauerhaft achtzig Ritter stationieren wolle, „und zwar von der 'lengue de Provence 15, der lengue de France 15, der lengue d'Espaine 14, der lengue d'Ytaille 13, der lengue d'Auvergne 11, der lengue d'Allemaigne 7, der lengue d'Englaterra

---

[17] „Wir können zwar erschließen, daß die Johanniter vor 1143 das Dt. Spital beansprucht hatten und dabei auf den Widerstand der Deutschen in Jerusalem gestoßen waren, aber ihre Gründe waren dafür offenkundig so fadenscheinig, daß der Papst sie auch in seinem relativ langen feierlichen Privileg nicht erwähnen mochte, sondern durch Fiat neues Recht setzte, dessen einschneidende Konsequenz für die deutsche Spitalbruderschaft er abzuschwächen versuchte, indem er innerhalb des multinationalen Johanniterordens den nationalen Charakter des Deutschen Spitals bekräftigte und seine Erhaltung den Johannitern als Pflicht auferlegte." Favreau, Frühgeschichte des Deutschen Ordens, S. 23.

[18] Vgl. E. Volgger, Entstehung, Aufbau, Mitgliedschaft und Hierarchie im Deutschen Orden, S. 11ff., sowie U. Arnold, Entstehung und Frühzeit des Deutschen Ordens, S. 96.

[19] „Aufnahmebedingungen waren die Vollendung des 14. Lebensjahrs, Ehelosigkeit, nicht an einen anderen Orden gebunden zu sein, nicht Leibeigener zu sein und frei zu sein von versteckter Krankheit. Weder soziale noch nationale Herkunft spielten eine Rolle." Volgger, Entstehung, Aufbau, Mitgliedschaft und Hierarchie im Deutschen Orden, S. 30.

[20] „Nirgendwo in den Statuten des Deutschen Ordens findet man eine Bestimmung über die Ausschließung von Nichtdeutschen. Diese war anfangs praktisch gegeben; erst später wurde sie, wenn auch nicht Gesetz, so doch theoretisch begründet." K. Forstreuter, Der Deutsche Orden am Mittelmeer, S. 214. Mitte des 15. Jahrhunderts wurde dann einem Wallonen unter Verweis auf seine nichtdeutsche Herkunft die Aufnahme verweigert (ebd., S. 216). Seit Ende des 14. Jahrhunderts hatte sich der Orden immer mehr zu einem Versorgungsinstitut des niederen deutschen Adels ausgebildet, „des armen Adels deutscher Nation Spital und Aufenthalt", wie er verschiedentlich genannt wurde, oder, wie Arnold resumiert, er war zu „einer Versorgungsstation (...) mit nationaldeutscher Abgrenzung sowie Beschränkung auf den Adel" geworden (U. Arnold, Regelentwicklung und Türkenkriege, S. 128). Die Sprache als Konstruktionselement nationaler Identität scheint bei dieser Entwicklung keine ausschlaggebende Rolle gespielt zu haben; es ging um die Verfügbarmachung von Kriterien für den Ausschluß von der Nutzung knapper Ressourcen, und dabei bediente man sich u. a. auch der Sprache als Kriterium der Exklusion (vgl. Forstreuter, Der deutsche Orden am Mittelmeer, S. 214ff.).

5'".²¹ Das hieß zunächst nur, daß die Großpriorate des Ordens in den jeweiligen Ländern für Entsendung, Unterhaltung und Ablösung der jeweiligen Anzahl von Rittern mitsamt Troß zu sorgen hatten. Zu den hier genannten 'Zungen' bzw. Nationen der Provence, Frankreichs, Spaniens, Italiens, der Auvergne, Deutschlands und Englands kam als weitere Nation in der Organisationsstruktur des Ordens schließlich noch Portugal bzw. Aragon hinzu.²² Auf Rhodos wurden den Nationen dann acht separate Mauerabschnitte zugewiesen, für die sie bei der Verteidigung der Johanniterfestung zuständig und verantwortlich waren.²³ In gewisser Hinsicht knüpfte man damit an die Verteidigungsorganisation von Akkon an, die ebenfalls nach Herkunftsbereichen, Sprachgemeinschaften und Organisationsmitgliedschaften gegliedert worden war: Neben Johannitern und Templern hatte hier auch der Deutsche Orden einen eigenen Verteidigungsabschnitt, dazu die Pisaner, Genuesen und Venetianer, ohne deren logistische Unterstützung die Stadt weder hätte erobert noch über längere Zeit verteidigt werden können.²⁴ Die in Rhodos entwickelte Einteilung der Verteidigungsabschnitte nach 'Zungen' wurde nach der Übersiedlung des Ordens auf die Insel Malta dort weitergeführt.²⁵

Offensichtlich versuchte der Johanniterorden durch seine innere Gliederung nach 'Zungen' bzw. Nationen den Fluß einer kontinuierlichen Unterstützung aus Europa zu kanalisieren und zu verstetigen, wobei er bestrebt war, eine gewisse Rivalität zwischen den 'nationalen' Gruppen der Ordensmitglieder auszunutzen. Diese Rivalität konnte – im Unterschied zu den Universitäten – aber immer soweit in Grenzen gehalten werden, daß sie Einheit und Fortbestand des Ordens nicht gefährdete. Dies wurde offenbar auch dadurch ermöglicht und gewährleistet, daß die verschiedenen Nationen bzw. 'Zungen' Anspruch auf bestimmte Aufgaben und Ämter innerhalb des Ordens hatten, d. h. daß die horizontale Gliederung des Ordens nach Nationen in die vertikale Gliederung der Ämterhierarchie verschränkt war. Dabei hatte der jeweilige Vorsteher einer 'Zunge' zugleich das seiner 'Zunge' zustehende Amt innerhalb der Ordenshierarchie inne. Dementsprechend stellte die 'provencalische Zunge' den Großkomtur, der die Finanzen und den Ordensschatz verwaltete; aus der Auvergne kam der Großmarschall, der das Kommando über die Fußtruppen des Ordens führte; der Vorsteher der 'französischen Zunge' hatte das Amt des Großhospitaliers inne, womit er für die Hospitäler und Wohltätigkeitsinstitutionen des Ordens zuständig war. Die Italiener stellten den Großadmiral, der die Zuständigkeit in allen Belangen der Ordensflotte innehatte; die 'aragonesische Zunge' stellte den Drapier (seit 1539 Gran Conservatore), der für die innere Ordnung der Johanniter zuständig war, und der Vorsteher der 'englischen Zunge' fungierte als Turcopolier, also als General der leicht bewaffneten Reiter, die im östlichen Mittelmeer Turcopolen hießen. Die 'kastilische Zunge' stellte den

---

[21] Wienand, Der Johanniterorden / Der Malteser Orden, S. 146; vgl. auch Riley-Smith, The Knights of St. John, S. 284.
[22] Nach Riley-Smith (The Knights of St. John, S. 284) hatte der Orden zunächst vier 'Zungen' – Frankreich, Spanien, Italien und Deutschland –, und erst um 1268 kamen die Provence, die Auvergne sowie England hinzu. Noch um einiges später war dann auch die iberische Halbinsel mit zwei 'Zungen' vertreten. Eine andere zeitliche Folge findet sich bei W. G. Rödel (Das Großpriorat Deutschland, S. 14ff.); danach bestanden die 'Zungen' der Provence und der Auvergne sowie Frankreichs, Italiens, Aragons und Englands bereits unter Raymond du Puy, und die deutsche Zunge kam erst 1428 dazu. Das ist jedoch zumindest bezüglich Deutschlands falsch.
[23] Vgl. A. Luttrell, The Hospitallers in Cyprus, Rhodes, Greece and the West, S. 278-313.
[24] Dazu eingehend M. Benevisti, The Crusaders, S. 98ff., sowie Bradford, The Shield and the Sword, S. 48.
[25] Vgl. Bradford, The Shield and the Sword, S. 149 u. 174.

Großkanzler und die 'deutsche Zunge' den Großbailli, der die Aufsicht über die Festungen des Ordens hatte.[26] Die Einbindung der Nationen in die funktionale Gliederung der Institution erinnert in vielem an das Modell, das Alexander von Roes für die Pazifizierung 'nationaler' Geltungsansprüche in Europa entworfen hatte: Danach sollten den Italienern das *Sacerdotium* (Papsttum), den deutschen das *Imperium* (Kaisertum) und den Franzosen das *Studium* (Verwaltung des Wissens/Universität Paris) zustehen.[27]

Auch bei der Wahl des Großmeisters, der an der Spitze des Ordens stand, kam den 'Zungen' eine entscheidende Bedeutung zu, denn das sechzehnköpfige Wahlmännergremium, das nach einem gemischten Verfahren von Wahl und Kooptation gebildet wurde, hatte nach den Statuten des Ordens aus je zwei Mitgliedern einer jeden Zunge zu bestehen.[28] Dieses Verfahren, das auf eine eindeutige Privilegierung der zahlenmäßig kleineren Nationen hinauslief, vermied die Dissens- und Konfliktfrage, die auf den Konzilien immer wieder auftauchte, die Frage nach dem Modus der Abstimmung: nach Köpfen oder nach Nationen.

Das schloß nicht aus, daß es verschiedentlich dennoch zu Konflikten innerhalb des Ordens kam, bei denen die Konfliktlinien durch die Zugehörigkeit zu den jeweiligen 'Zungen' bestimmt wurden. Das war um 1527 der Fall, als der Orden angesichts wachsenden türkischen Drucks seine Übersiedlung aus dem östlichen ins westliche Mittelmeer beriet und die zu fällende Entscheidung von dem Gegensatz zwischen den Häusern Valois und Habsburg, also Frankreich auf der einen und Spanien sowie Deutschland auf der anderen Seite, überlagert wurde. So waren die 'Zungen' der Auvergne, der Provence und Frankreichs gegen die von den übrigen 'Zungen' favorisierte Übersiedlung nach Malta und plädierten statt dessen mit päpstlicher Unterstützung für Nizza als zukünftigen Sitz des Ordens.[29] Malta lag im Einflußbereich Karls V., Nizza in dem Franz I. – und dementsprechend war die Entscheidung für Nizza oder Malta auch eine Parteinahme im Kampf um die europäische Hegemonie. Wie im Falle der Kaufleute und der Konzilien gilt aber auch für die Ritterorden, daß Konflikte entlang 'nationaler' Trennungslinien weniger aus inneren Gegensätzen der Organisationen und Institutionen erwuchsen, sondern fast durchweg aus dem politischen Umfeld in sie hineingetragen wurden, was zur Folge hatte, daß sie schließlich – was im einen Falle leichter, im anderen langwieriger war – auch wieder beigelegt werden konnten, ohne den Fortbestand der Organisationen bzw. Institutionen grundsätzlich in Frage zu stellen. Dies war nicht zuletzt darum möglich, weil die Gliederung nach Nationen hier nicht zum konstitutiven Merkmal kollektiver Identität avancierte, sondern die Mitgliedschaft in der christlich-universalen Institution des Ritterordens bzw. Konzils wichtiger und bedeutsamer

---

[26] Vgl. Wienand, Der Johanniterorden / Der Malteser Orden, S. 319f., Riley-Smith, The Knights of St. John, S. 284, sowie Rödel, Das Großpriorat Deutschland, S. 14.

[27] Vgl. Münkler, Nation als politische Idee, S. 63, dort weitere Literatur.

[28] Dabei wurde aus dem Konvent, der aus jeweils drei Deputierten der einzelnen 'Zungen' (also 24 Mitgliedern) bestand, aus jeder der drei Klassen des Ordens, den Rittern, den Priestern und den dienenden Brüdern, ein Mitglied des Wahlmännergremiums gewählt; dieses Dreierkollegium kooptierte dann weitere Mitglieder, deren Zugehörigkeit nach Zungen, nicht aber nach Klassen festgelegt war. Dieses sechzehnköpfige Gremium, das den Orden in seiner Einheit wie Vielfalt repräsentierte, wählte dann den Großmeister. Vgl. Wienand, Der Johanniterorden / Der Malteser Orden, S. 319, Riley-Smith, The Knights of St. John, S. 274f. sowie Rödel, Das Großpriorat Deutschland, S. 19f.

[29] Vgl. Wienand, Der Johanniterorden / Der Malteser Orden, S. 197; Rödel, Das Großpriorat Deutschland, S. 9.

war. Die Frage der nationalen Zugehörigkeit blieb so eine der Binnendifferenzierung und erlangte nicht die Qualität einer exklusiven Identitätsbestimmung.

Das läßt sich schließlich auch an der Geschichte der Konzilien zeigen, neben Kaufmannsorganisationen, Ritterorden und Universitäten die vierte der universalen Institutionen des Mittelalters, die hier in Augenschein genommen werden soll. Nur zeitweise avancierten hier die nationalen Zurechnungen aus einer Binnen- zu einer exkludierenden Differenzierung. Die Entstehung und Entwicklung der Konzilsnationen erfolgte zwischen dem Zweiten Konzil von Lyon im Jahre 1274 und dem Basler Konzil von 1431-1449. In diesem Zeitraum haben die Konzilsnationen sich aus einem 'instrumentum papae', das der Papst – ganz ähnlich wie dies bei den Universitäten zunächst auch der Fall war – zum Zwecke der internen Strukturierung des Konzils einzusetzen verstand, in ein 'instrumentum Concilii' verwandelt, mit dessen Hilfe das Konzil sich selbst organisierte, um schließlich zeitweise sogar zu einem 'instrumentum nationum' zu werden, mit dem die sich allmählich ausbildenden Staaten, wie etwa England und Frankreich seit der Schlußphase des Hundertjährigen Krieges, ihre Interessen in der Kirchenversammlung verfolgten und zur Geltung brachten. In diesem Prozeß haben sich konziliare und 'nationale' Interessen wechselseitig getragen und verstärkt, und das nationale Prinzip hat für einige Jahre den institutionellen Rahmen gesprengt und, von außen kommend, die Institution des Konzils instrumentalisiert und fremden Imperativen unterworfen. Aber mit dem Abebben dieser von außen an die Institution herangetragenen Gegensätze verloren auch die konzilsinternen Trennungslinien nach Nationen wieder an Bedeutung, und die Institution bestand als solche fort. Wenn das Konzil seine zeitweilige Bedeutung gleichwohl nicht mehr erlangte, so lag dies an anderen Entwicklungen als denen der Entstehung von Nationen in Europa.

Das war im Falle der Universitäten grundsätzlich anders. Am deutlichsten läßt sich dies wohl an der Geschichte der Universität Prag zeigen, wo es im Vorfeld der Hussitenkriege zu Auseinandersetzungen kam, durch die das universitätsimmanente Gliederungsprinzip politisiert wurde und, ausgehend von der Universität, auf die Stadt übergreifende Nationalitätenkonflikte entstanden, in denen die Bezeichnung Nation nicht mehr der Integration in eine übergreifende Institution, sondern der Trennung und Dissoziation von Bevölkerungsgruppen diente. Dabei spielte die Sprache eine entscheidende Rolle, denn sie avancierte in diesem Konflikt zu einem mit den offiziellen Universitätsnationen konkurrierenden Zuordnungskriterium.

Die Universität Prag war in vier Nationen gegliedert, die böhmische, die polnische, die bayrische und die sächsische Nation,[30] wobei festzuhalten ist, daß die Scholaren der polnischen Nation zumeist aus Schlesien kamen und ihrer Muttersprache nach deutschsprachig waren. Demnach waren die Angehörigen von drei der vier Universitätsnationen nahezu ausschließlich deutschsprachig, und auch in der vierten, der böhmischen Nation, gab es eine Reihe von Mitgliedern, die Deutsch und nicht Tschechisch als ihre Muttersprache sprachen. Eine Auswertung der Matrikel für die 1373 sich vom Rest der Universität separierende Juristische Fakultät (Prag II), die bis 1418 als eigenständige Universität bestand,[31] gibt einen Einblick in die Größe der vier Nationen, der auch insofern zuverlässig ist, als für die Scholaren die Zugehörigkeit zu einer Nation obligatorisch war: So gehörten der böhmischen Nation 19,1 Prozent der Scholaren an, der polnischen 26,1 Prozent, der

---

[30] Vgl. Rashdall, The Universities of Europe, Bd. II, S. 218; P. Moraw, Die Juristenuniversität in Prag, S. 446ff. sowie S. Schumann, Die 'nationes' an den Universitäten Prag, Leipzig und Wien, S. 239ff.
[31] Vgl. nach wie vor W. W. Tomek, Geschichte der Prager Universität, insbes. S. 25f.

bayrischen 19,3 Prozent und der sächsischen 35,5 Prozent. Bei allen Verschiebungen innerhalb des untersuchten Zeitraums blieb die böhmische Nation immer die kleinste, der es gleichwohl gelang, die Hälfte der Rektoren zu stellen. Da die Wahlregularien keine förmliche Bestimmung enthalten, aus der diese Ungleichverteilung erklärt werden könnte, liegt die Vermutung nahe, daß hier sprachliche Aspekte eine Rolle gespielt haben dürften, insofern die böhmische *natio* die einzige war, in der das Tschechische mehrheitlich die Muttersprache war. Ein des Tschechischen mächtiger Rektor konnte den Kontakt zwischen Universität und Stadt erheblich besser gestalten als einer, der schon durch seine Sprache als Fremder erkennbar war. Vergleicht man Prag mit Paris, so standen in Paris drei in einem weiteren Sinn als französischsprachig zu bezeichnenden Universitätsnationen eine Nation der Ausländer gegenüber, während in Prag die Verhältnisse in dieser Hinsicht genau umgekehrt waren: Einer mehrheitlich tschechischsprachigen Universitätsnation standen hier drei 'Ausländernationen' gegenüber, jedenfalls wenn man die Universität auf Böhmen und nicht auf das gesamte Reich bezog, wie es von Karl IV. zum Zeitpunkt der Universitätsgründung regiert wurde. Genau das aber war die Frage, an der sich der Konflikt entzündete.

So wurde von Seiten der böhmischen Nationen gegen die Universitätsgliederung, bei der in wichtigen Belangen jede Nation eine Stimme hatte, geltend gemacht, daß sie die Deutschen, die drei Stimmen hätten, bevorzuge, die Böhmen mit nur einer Stimme hingegen marginalisiere. Für Böhmen nicht-deutscher Zunge, also Tschechen, sei es unter diesen Umständen nahezu unmöglich, in den Besitz von Pfründen zu gelangen oder aber eine universitäre Karriere zu machen. Die offizielle Gliederung der Universität nach Nationen, die in Prag infolge der Aufgliederung der deutschsprachigen Scholaren in drei Nationen gerade *nicht* an lingualen Kriterien orientiert war, wurde so durch sprachliche Zugehörigkeitskriterien überlagert und konterkariert. Welche Bedeutung dabei der Sprache als konstitutivem Element kollektiver Identität zukam, zeigt sich nicht nur darin, daß von Seiten der Böhmen die drei nicht-böhmischen Universitätsnationen als eine einzige Nation, die *natio Theutonicorum*, wahrgenommen und zunehmend auch so apostrophiert wurden,[32] sondern innerhalb der *natio Bohemica* auch zunehmend das Tschechische als Nationalsprache herausgestellt wurde: Dadurch sollte die Geburt innerhalb des Territoriums von Böhmen (*indigena*) als ausschlaggebendes Mitgliedschaftskriterium der Universitätsnation durch die Muttersprachlichkeit ersetzt werden, was gegen die deutschsprachigen Mitglieder der böhmischen Universitätsnation gerichtet war, die nach den durch Karl IV. festgelegten Universitätsstatuten als *indigenae* der böhmischen Nation angehörten. Auf beiden Ebenen, der Zusammenfassung der bayrischen, sächsischen und polnischen Universitätsnationen zur *natio Theutonicorum*, wie der Verdrängung von Herkunfts- durch Sprachkriterien, ist also zu beobachten, wie landsmannschaftliche Merkmale zunehmend durch sprachnationale Qualifikationen ersetzt wurden.[33]

Ein entscheidender Faktor im Prozeß der Umdefinition 'nationaler' Zugehörigkeitskriterien waren die tschechischen Prediger, durch die die universitätsinternen Auseinandersetzungen mit den großen religionspolitischen Konflikten verbunden wurden und dadurch zusätzliche Sprengkraft erhielten. Dieser Prozeß kam 1409 mit dem Kuttenberger Dekret zum Abschluß, durch das König Wenzel die drei 'deutschen' *nationes* zu einer einzigen Universitätsnation zusammenfaßte, der er die böhmische Universitätsnation gegenüberstellte, der in allen universitären Belangen statt bisher einer nunmehr drei Stimmen zugestanden

---

[32] Vgl. Schumann, Die 'nationes' an den Universitäten Prag, Leipzig und Wien, S. 113ff.
[33] Vgl. F. Seibt, Hussitica, S. 113ff.

wurden. Damit war die Präponderanz der Deutschen in Prag endgültig gebrochen. Es kam daraufhin zu einer Reihe von *cessiones*, in denen die deutschsprachigen Scholaren Prag verließen und entweder an die Universitäten Heidelberg und Wien abzogen oder sich nach Leipzig begaben, wo in Reaktion auf das Kuttenberger Dekret eine Universitätsneugründung erfolgte. Der Abzug der deutschsprachigen Studenten und Lehrer sowie die zeitweilige Auflösung der Prager Universität durch das Konstanzer Konzil führten dazu, daß die Prager Universität zu einer regionalen Artistenschule ohne weiterreichende Ausstrahlung herabsank.[34] Das ist jedoch keine auf Prag beschränkte Entwicklung, auch wenn sie sich hier in der konfliktreichsten und dramatischsten Form vollzog, denn wenngleich die interne Gliederung nach Nationen an den meisten Universitäten in Europa auch weiterhin beibehalten wurde, so wurden die Universitäten doch insgesamt mehr und mehr zu Ausbildungsstätten des jeweiligen Landesherrn und verloren so ihren internationalen Anspruch. Die Reformation hat diesen seit Ende des 14. / Anfang des 15. Jahrhunderts in Gang gekommenen Prozeß dann weiter beschleunigt.

Daß der Prozeß der kognitiven und affektiven Nationalisierung an den Universitäten so tiefgreifend und folgenreich war, während er bei den Konzilien und Ritterorden, aber auch in den Organisationen der Kaufleute bei weitem nicht vergleichbare Folgen hatte, sollte erklärbar sein. Fassen wir die bisherigen Ergebnisse zusammen, so ist in den nach *nationes* binnendifferenzierten christlich-universalen Institutionen des mittelalterlichen Europa eine semantische Eindeutigkeit von *natio* zunächst nicht feststellbar. Die Vielfalt in der Anwendung des Begriffs reicht von den nach Himmelsrichtungen bestimmten Großräumen, wie sie auch in dem in den Konzilien anzutreffenden Ordnungsmodell der vier Nationen feststellbar ist, bis zu einer regional oder lokal fundierten landsmannschaftlichen Zusammengehörigkeitsbestimmung, die in den Quartieren der Fernhandelskaufleute vorherrschend war. Die aus dieser Polysemie des Begriffs 'Nation' resultierenden Ordnungsdefizite waren für die jeweiligen Institutionen bzw. Organisationen jedoch solange verkraftbar, wie sie durch eine an ihrer Spitze monopolisierte, fraglose Definitions- und Zuordnungskompetenz kompensiert wurde und es also zu keinen nachhaltigen Konflikten um die Richtigkeit von Zuordnungen kam. Man wird wohl soweit gehen können, von einer Komplementarität zwischen begrifflicher Polysemie und institutioneller Monokompetenz bei der Anwendung der Mitgliedschaftsregeln zu sprechen, denn die Stabilität der christlich-universalen Institutionen resultierte ganz wesentlich aus dem Zusammenspiel von Polysemie und Monokompetenz: So erforderte die Polysemie von *natio* eindeutige Entscheidungen der Institutionenspitze, und sie verhinderte gleichzeitig, daß das nationale Gliederungsprinzip zu einem auf der Grundlage von Selbstzuordnungen konkurrierenden Ordnungsprinzip avancieren konnte. Die Polysemie des Begriffs relativierte die etwaige Identifikation der Zugeordneten mit ihrer Zuordnung, insofern das der Zuordnung zugrundeliegende Wissen nur durch die institutionelle Entscheidung verbindlich gemacht werden konnte. Das änderte sich, wie gezeigt wurde, in dem Maße, wie die Zugeordneten ein von den universalen Institutionen unabhängiges Wissen aufbauten, vermittelst dessen sie geltend machen konnten, welcher Nation sie zugehörten. Bei der Entwicklung dieses Wissens kamen Vorstellungen über sprachliche Zusammengehörigkeit eine entscheidende Bedeutung zu.

Daß solche 'nationalen' Zuordnungen jedoch überhaupt vonnöten waren, war das Resultat einer gesteigerten Mobilität im Hoch- und Spätmittelalter, eine Folge des Heraustretens von zunehmend mehr Menschen aus den Gemeinschaften, in die sie hineingeboren waren, und

---

[34] Vgl. Moraw, Die Prager Universitäten des Mittelalters, S. 111f.

ihre Reisen über größere Entfernungen, wie sie bei den Kreuzrittern und den Fernhandelskaufleuten, aber auch bei den sich zu Universitäten zusammenschließenden Scholaren und den Geistlichen auf den Konzilien stattgefunden haben. In allen Fällen haben Menschen die Gemeinschaften, in die sie einsozialisiert waren, verlassen und sich in artifizielle Institutionen hineinbegeben, also in Ordnungen, bei denen die Zugehörigkeitskriterien potentiell in die Verfügung der Mitglieder gestellt waren. In diesem Zusammenhang erscheint es sinnvoll, die in der jüngeren Nationen- bzw. Nationalismusforschung entwickelte Begrifflichkeit der „vorgestellten Gemeinschaft" bzw. der „vorgestellten Ordnung" zur weiteren Analyse des Begriffswandels zu verwenden.[35] Zu einer vorgestellten Gemeinschaft wird demnach die 'natio' dann, wenn die zunächst in die Verfügung der Institutionenspitze gestellten Zuordnungskriterien in die Hände der Zugeordneten übergehen, d. h. aus Zugeordneten Sich-Zuordnende werden, indem sie eine Identität ausbilden, die es ihnen ermöglicht, sich und andere aufgrund bestimmter Merkmale, wie geographischer Herkunft, Geschichte, Sprache oder bestimmter Umgangsformen, als einer Gemeinschaft zugehörig zu wissen und andere wiederum von dieser Zugehörigkeit auszuschließen. Die Folgen dessen sind neben der Entstehung eines entsprechenden Wir-Bewußtseins auch eine größere Fähigkeit zur Selbstorganisation, häufig sogar ein ausgeprägtes Streben danach, zugleich aber auch ein deutlich anwachsendes Konfliktpotential, das im wesentlichen die Folge konkurrierenden Wissens über Zugehörigkeiten und Nicht-Zugehörigkeiten ist. Zahlreiche Mitglieder universaler Institutionen werden so anderen Mitgliedern fremd.

Dieser Prozeß eines sekundären Fremdwerdens ist sehr genau von den primären Fremdheitserfahrungen zu unterscheiden, wie sie insbesondere von Kaufleuten, Studenten, Kreuzrittern und Pilgern im Verlauf ihrer Reise und nach Ankunft am Ziel gemacht wurden. Reise und Ankunft sind Veränderungen in die Fremde hinein, ein Verlassen des Vertrauten und Hineintreten ins Unvertraute. Aber diese Erfahrung der Fremde kann dadurch gedämpft und abgefangen werden, daß die, die sich ihr aussetzen, sie mit anderen gemeinsam machen, wie dies bei Fernhandelskaufleuten, zumindest in den Unterkünften der Fondachi, bei Kreuzrittern und Pilgern, Studenten und Magistern der Fall war. In bestimmter Hinsicht waren auch sie füreinander Fremde, aber insofern ihre neue Umgebung noch fremder war und sie zugleich in einer gemeinsamen Institution oder Organisation (Fondaco, Ritterorden, Universität) miteinander verbunden waren, verlor diese Fremdheit ihre Bedeutung und trat zurück hinter der Fremdheit der 'Umwelt' des sozialen Systems, das den Verbleib in der Fremde überhaupt erst ermöglichte. Zwei Vorstellungen des Eigenen und des Fremden trafen hier aufeinander und überschnitten sich.[36] In der Gegenüberstellung von eigen und fremd ist zunächst die Unterscheidung von *zugehörig* und *nicht zugehörig* gemeint. In diesem Sinne waren die Angehörigen einer Universität, eines Ritterordens oder eines Kaufmannsverbandes, gleichgültig, woher sie kamen, immer dem Bereich des Eigenen zuzurechnen, während alle anderen, die nicht Mitglieder dieser Institutionen oder Organisationen waren, fremd waren. Zum anderen ist mit der Kontrastierung eigen-fremd aber immer auch die Unterscheidung von *vertraut* und *unvertraut* gemeint, in der nicht Mitgliedschaft in einer Organisation oder Zugehörigkeit zu einer Institution, sondern kognitive Kompetenzen und

---

[35] Der Begriff der vorgestellten Gemeinschaft bzw. *imagined community* ist entwickelt bei B. Anderson, Die Erfindung der Nation, S. 15ff.; der der vorgestellten Ordnung bei E. Francis, Ethnos und Demos, S. 60-122.

[36] Zu den unterschiedlichen Dimensionen der Unterscheidung von eigen und fremd vgl. H. Münkler / B. Ladwig, Dimensionen der Fremdheit, S . 15ff.

affektive Nähen thematisch werden. Verschiedene Sprachen, unterschiedliche Sitten und Gebräuche, andere Kleidung, Ernährung und derlei mehr spielen hier die Hauptrolle. Fremdheit im Sinn von Unvertrautheit war, verglichen mit der Bestimmung von Fremdheit als Zugehörigkeit, die wohl nachhaltigere und einschneidendere Fremdheitserfahrung, der Kreuzritter und Pilger, Studenten und Magister, Kaufleute und Prälaten des späten Mittelalters ausgesetzt waren. So verblieben sie bei ihren Reisen zumeist innerhalb der Bahnen, die die Organisationen und Institutionen, denen sie angehörten, vorgegeben hatten. Das gilt für die Pilgerwege ebenso wie für die Routen und Quartiere der Kreuzritter oder Kaufleute, und erst recht gilt dies für die Prälaten, die sich zu einem Konzil versammelten, oder die Studenten und Magister, die es an eine der großen Universitäten Westeuropas zog. Mehr oder minder gemeinsam war ihnen die Erfahrung der Fremdheit bezogen auf den Bereich, in dem ihre neue Wirk- und Aufenthaltsstätte lag.[37]

Einer kognitiv-kulturellen Fremdheitserfahrung am Aufenthaltsort steht also idealtypisch die Zugehörigkeitserfahrung bezogen auf die Institution bzw. Organisation gegenüber, der man angehörte und innerhalb derer man sich bewegte. Natürlich gab es auch innerhalb dieser Organisationen und Institutionen kognitiv-kulturelle Fremdheitserfahrungen, die aus den divergenten Herkunftsgegenden, Muttersprachen und immer wieder auch politischen Loyalitäten der Mitglieder resultierten, aber diese wurden über lange Zeit durch gemeinsame Interessen, eine gemeinsame Sprache der Institution, schließlich die Fremdheitserfahrung gegenüber der Umwelt sowie immer wieder auch ein gemeinsames Feindbild überdeckt.[38] Die kognitiv-kulturellen Fremdheitserfahrungen innerhalb der christlich-universalen Institutionen konnten so lange durch institutionelle Zugehörigkeitserfahrungen kompensiert und aufgefangen werden, wie sie begrifflich nicht komprimiert und politisch nicht dramatisiert werden konnten – und das war so lange der Fall, wie der Begriff der Nation und die ihm zugehörige Vorstellungswelt polysemisch waren und damit den Institutionenspitzen eine letzten Endes verbindliche Entscheidungskompetenz ermöglichten. Die soziale Zugehörigkeitserfahrung blieb dadurch dominant gegenüber den inneren kognitiv-kulturellen Fremdheitserfahrungen bzw. diese blieben beschränkt auf die 'Umwelt' der jeweiligen Institutionen: die autochthone Bevölkerung im Hl. Land, die Völkerschaften in der Umgebung von Handelsstationen, die Bürgerschaft von Universitätsstädten ... Vor diesem Hintergrund ist auch die Dramatik der Ereignisse in Prag nachvollziehbar, insofern hier mit einem Male nicht mehr die Zugehörigkeit zur Universität für einen Teil der Studentenschaft bei der Eigen-Fremd-Wahrnehmung entscheidend war, sondern die gemeinsame Herkunft und schließlich, dies noch einmal radikalisierend, die gemeinsame Muttersprache. So eskalierte ein Konflikt über die Verteilung von Mitwirkungsrechten und Zugriffschancen innerhalb der

---

[37] Dabei ist natürlich hinsichtlich unterschiedlicher Grade der Fremdheit zu unterscheiden (zur Gradualisierung von Fremdheit vgl. J. Stagl, Grade der Fremdheit, S. 88ff.): So dürfte in Paris die Fremdheitserfahrung der in der *natio Gallicorum* organisierten Studenten geringer gewesen sein als die der Studenten aus der *natio Anglicorum* bzw. *Germanicorum*; die *nationes Normannorum* und *Picardorum* dürften eine Zwischenstellung eingenommen haben. Ähnliches gilt auch für die Studenten der *nationes cismontani* im Unterschied zu denen der *nationes ultramontani* in Bologna. Man wird dabei davon ausgehen dürfen, daß diese primäre Fremdheitserfahrung vor allem über die Sprache vermittelt gewesen ist. Die Bedeutung des Lateinischen in den christlich-universalen Institutionen als ein diese Erfahrungen dämpfendes Medium ist in diesem Zusammenhang kaum zu unterschätzen.

[38] Besonders Ritterorden und Universitäten haben von den Bindungskräften eines solchen Feindbildes profitiert: bei den Ritterorden war es die muslimische Umwelt, bei den Universitäten die städtische Bürgerschaft.

Institution Universität zu einer die Stadt Prag und ihre Bevölkerung involvierenden Auseinandersetzung, in deren Verlauf die Institution der Universität zerstört worden ist. Insofern bei dieser Entwicklung dem Wandel von Nation aus einem polysemischen zu einem monosemischen Begriff eine entscheidende Bedeutung zukam, ist zunächst noch einmal auf Begriff und Bild der Nation zurückzukommen.

Die vorgestellte bzw. gedachte Gemeinschaft der Nation gewinnt in dem Maße an Erfahrbarkeit, wie die von der Entscheidungsinstanz universaler Institutionen getroffenen Zuordnungen zu den universitären *nationes* durch konkurrierende Zuordnungen anderer, seien es einzelne Mitglieder oder partikulare Einheiten der Institution, etwa anderer *nationes*, überlagert oder konterkariert werden. Die Gemeinsamkeit der Mitgliedschaft in der Institution wird abgewertet gegenüber der Zurechnung zu einer kulturellen Gemeinschaft, deren Gemeinsamkeiten eher gedacht und imaginiert als real erfahren sind. Oder in der oben eingeführten Terminologie: Soziale Mitgliedschaft tritt zurück gegenüber kultureller Vertrautheit, wobei letztere keineswegs erfahren, sondern eher entworfen ist, und der Nukleus dieses Entwurfs kultureller Vertrautheit ist ein ums andere Mal die Sprache. Die ordnungspolitische Binnendifferenzierung der Universität tritt damit in Konkurrenz zu einer begrifflich wie bildlich geschärften Artikulation der Fremdheitserfahrung, die in Verbindung mit ethisch-ästhetisch pointierten Distanzerklärungen Katalysatorenfunktion bei der Transformation der Binnen- in die Exklusionsdifferenzierung haben. Damit beginnt der Streit der Universitätsnationen untereinander, in dem abwertende Bezeichnungen und daraus resultierend Minderwertigkeitsempfindungen, wie etwa die Stigmatisierung einer als ungeschlacht und grob wahrgenommenen Muttersprache oder das in Europa von West nach Ost als nationale Fremdetikettierung verlaufende 'Sauberkeitsgefälle',[39] die zuvor institutionell domestizierte kulturelle Fremdheit zwischen den Institutionsangehörigen wenn auch nicht generieren, so doch vereindeutigen und dramatisieren.

Auf die kulturelle Fremdheit als kulturelle Über- und Unterlegenheit interpretierenden Muster, bei denen es häufig auch um den Wert der eigenen Sprache geht, antworten die in die Position der Rückständigkeit Gedrängten mit der positiven Umwertung pejorativer Bezeichnungen. Die Rezeption der *Germania* des Tacitus, wie überhaupt der klassischen ethnographisch-historiographischen Literatur, durch die italienischen und die deutschen Humanisten ist dafür ein Beispiel.[40] Hier nämlich fanden die intellektuellen Akteure die Deutungsmuster, Beschreibungsstereotype und Werturteile, mit denen sie die zuvor diffusen Empfindungen nicht nur begrifflich vereindeutigen, sondern sie obendrein auch noch mit der Autorität der antiken Autoren ausstatten konnten. Es ist bemerkenswert, wie wenig und wie selten in der Forschungsliteratur diese Funktion des Humanismus im Sinne der Wiederentdeckung und Neubewertung der klassischen Literatur wahrgenommen und untersucht worden ist. Die Nationalisierung Europas in der Gestalt kognitiv-kultureller Fremdheitserklärungen innerhalb eines zunächst umfassenden institutionellen Gehäuses wäre ohne die humanistische Re-

---

[39] Vgl. Münkler, Nation als politische Idee, S. 61f.
[40] Vgl. hierzu H. Grünberger, Piccolomini als Anreger zur Entdeckung der nationalen Identität der 'Deutschen'; in: Münkler (Hrsg.), Nationenbildung, passim, sowie L. Kraft, Germanenmythus und Reichsideologie, S. 68ff.; U. Muhlack, Die Germania im deutschen Nationalbewußtsein, S. 133ff.; M. Fuhrmann, Die 'Germania des Tacitus, S. 121., sowie H. Kloft, Die Germania des Tacitus, S. 93ff.

zeption der klassischen Ethno- und Historiographie kaum möglich gewesen.[41] Reformation und Konfessionalisierung haben diese Entwicklung dann noch verstärkt und beschleunigt,[42] unter anderem dadurch, daß sie zusätzlich zu den klassischen Mustern stereotypisierender Selbst- und Fremdbeschreibung noch die des Alten Testaments revitalisierten, unter denen dem Motiv des 'auserwählten Volks' eine besondere Bedeutung zukam.[43]

Derlei Selbst- und Fremdbeschreibungen nötigten zu Selbstzuordnung und Identifikation, und damit wurde ein Prozeß in Gang gesetzt, in dessen Verlauf sich das binnendifferenzierende Attribut in ein exkludierendes Substantiv verwandelte. Die mit der Substantivierung einhergehende Substanzialisierung der zunächst bloß peripher attribuierten Eigenschaften mußte über kurz oder lang die universalen und übergreifenden Institutionen aufsprengen, indem sie Prozesse wechselseitiger Für-Fremd-Erklärungen einleitete, die hier als sekundäres Fremdwerden begriffen werden. Wenn aus per institutioneller Entscheidung Zugeordneten dabei Sich-Zuordnende werden, wächst die Erfordernis, den Begriff der Nation und die ihm zugehörenden Bedeutungen und Bilder eindeutig zu machen. Politikgeschichte und Begriffsgeschichte verzahnen sich im wachsenden Zwang zur Monosemie. Dabei gewinnt durch entsprechende rituelle und symbolische Handlungen die auf die Substanzialisierung der Zuordnungsattribute gegründete 'vorgestellte' Gemeinschaft einen quasi-institutionellen Charakter und tritt bei der Frage der Identitätsbestimmung in Konkurrenz zu der universal angelegten Institution.[44] War unter den Bedingungen der Polysemie des Begriffs dessen Brauchbarkeit an die Entscheidungskompetenz einer universalen Institution gebunden, so tritt nunmehr mit dem Wandel zur Monosemie die Nation in Konkurrenz zu der universalen Institution, der sie zuvor subsumiert war.

Welche Rolle hat bei diesen Entwicklungen und Veränderungen nun die Sprache gespielt? Ganz offenkundig keine eindeutige: So hat sie in einigen Fällen den Bestand christlich-universaler Institutionen nicht in Frage gestellt, sondern sich, wie in der Organisation der Kreuzritterorden, bei gewissen Konzessionen an die unterschiedlichen Herkunftssprachen der Betroffenen als binnendifferenzierendes Kriterium domestizieren lassen; in anderen Fällen dagegen, von denen hier insbesondere die der Universitätsgeschichte herauszuheben sind, hat sie eine Sprengkraft entwickelt, der die universalen Institutionen nicht standzuhalten vermochten. Dabei hängt die Bedeutung der Sprache für die Geschichte politischer Institutionen offenkundig davon ab, ob sie mit der Identitätsbildung der den Institutionen Angehörenden verbunden wird oder nicht. Verbleibt sie bei der Thematisierung von Verständigungsproblemen auf einer *instrumentellen Ebene*, d. h. geht es nur darum, daß sich die einem Ritterorden, Pilgerzug, Konzil oder einer Universität Angehörenden miteinander hinreichend verständigen können, so werden die in Verständigungsproblemen liegenden Fremdheitserfahrungen nicht dramatisiert und die Dimension der Unvertrautheit gewinnt gegenüber der der Zugehörigkeit nicht die Oberhand. Auch bei unterschiedlicher Muttersprachlichkeit der den Organisationen bzw. Institutionen Angehörenden bleiben die identi-

---

[41] Dazu ausführlich Münkler / Grünberger, Nationale Identität im Diskurs der deutschen Humanisten, insbes. S. 220ff.; C. Uhlig, Europäische Nationalepik der Renaissance, S. 249ff. sowie O. Mörke, Bataver, Eidgenossen und Goten, 104ff.

[42] Vgl. H. Schilling, Nation und Konfession in der frühneuzeitlichen Geschichte Europas, S. 87ff. sowie ders., Nationale Identität und Konfession in der europäischen Neuzeit, S. 192ff.

[43] Vgl. H. Scherneck, Außenpolitik, Konfession und nationale Identitätsbildung in England, S. 298ff. sowie H. Grabes, Elect Nation, S. 84ff.; allgemein Münkler, Nation als politische Idee, S. 84f.

[44] Zur Verknüpfung rituell-symbolischen Handelns mit institutionentheoretischen Überlegungen vgl. G. Göhler, Der Zusammenhang von Institution, Macht und Repräsentation, passim.

tätskonstitutiven Fremdheitserfahrungen auf die jeweilige Umwelt beschränkt und dringen nicht in die Kernbereiche der institutionellen Selbstbeschreibung vor. Fragen nationaler Zugehörigkeit bleiben attribuierbar, ohne die Institution zu gefährden; sie sind als Binnendifferenzierungen verwendbar, weil sie keine exkludierenden Ansprüche erheben. Werden die Verständigungsprobleme aber zu einem *identitätskonstitutiven Faktor* und avanciert die jeweilige Sprache zu einem zentralen Element bei der Selbstbeschreibung der Einzelnen, so treten zwangsläufig im Kern der internationalen Institutionen und Organisationen Fremdheitserfahrungen auf, die durch den Verweis auf die formale Zugehörigkeit oder Mitgliedschaft nicht länger kompensiert werden können. Mitgliedschaft bzw. Zugehörigkeit ist nicht mehr prinzipiell dominant gegenüber kognitiv-kultureller Unvertrautheit, und genau dies war der Fall in Prag, wo sprachliche Ähnlichkeit und sprachliche Differenz zum identitätskonstitutiven Faktor der Konflikte wurde. Dabei ist es nur auf den ersten Blick erstaunlich, daß gerade im Fall der Universität, wo sprachliche Fremdheitserfahrungen durch das Latein als Sprache der Institution abgemildert waren, der Sprache eine solche Bedeutung zukam. Zweifellos waren die sprachlich vermittelten Fremdheitserfahrungen im Falle der Kreuzritter und insbesondere der Kaufleute viel intensiver als die der Studenten, aber deswegen unterlagen vor allem die Kaufleute dem Zwang, durch Spracherwerb sich ihrer Umgebung anzupassen und so deren kulturelle Fremdheitserfahrung abzuschwächen. Das war bei den Scholaren gerade nicht der Fall, und die Heftigkeit, mit der die städtische Umgebung der Universität den Konflikt führte, erklärt sich nicht zuletzt aus dieser Anpassungsverweigerung, die durch den Gebrauch der institutioneninternen Sprache des Latein noch sinnfälliger wurde.

Es steht aber auch außer Frage, daß Konflikte, die sich an Fragen nationaler Zugehörigkeit entzündeten, in der mittelalterlichen Gesellschaft eher selten waren. Erst die humanistische Neulektüre der klassischen Literatur – und dabei nimmt Francesco Petrarca eine Schlüsselfunktion ein – hat nationale Zuschreibungen zu politikrelevanten Identitätsmerkmalen werden lassen.[45] Was dadurch in Gang gesetzt wurde, war eine Form der Selbstwahrnehmung und Selbstbeschreibung nationaler Gruppen, denen die Integrationskraft der universalen Institutionen nicht gewachsen war.

Literaturverzeichnis

Anderson, Benedict: *Die Erfindung der Nation. Zur Karriere eines folgenreichen Konzepts.* Aus dem Engl. von B. Burkard, Frankfurt/M. 1988; Orig.: *Imagined Communities. Reflections on the Origin and Spread of Nationalism*, London 1983.

Arnold, Udo: Entstehung und Frühzeit des Deutschen Ordens; in: Josef Fleckenstein u. Martin Hellman (Hrsg.), *Die geistlichen Ritterorden Europas*, Sigmaringen 1980, S. 81-107.

–: Regelentwicklung und Türkenkriege beim Deutschen Orden; in: E. Volgger, *Die Regeln des Deutschen Ordens in Geschichte und Gegenwart*, Lana b. Meran 1985, S. 125-146.

Benevisti, Meron: *The Crusaders in the Holy Land*, Jerusalem 1970.

---

[45] Dazu ausführlich K. Mayer / H. Münkler, Die Konstruktion nationaler Identität in den Schriften der italienischen Humanisten, in: H. Münkler (Hrsg.), Nationenbildung, passim sowie H. Münkler, Nationale Mythen im Europa der Frühen Neuzeit, S. 117ff.

Bradford, Ernle: *The Shield and the Sword. The Knights of St. John, Jerusalem, Rhodes and Malta*, New York 1973.

Budinszky, Alexander: *Die Universität Paris und die Fremden an derselben im Mittelalter*, Berlin 1876, Neudruck Aalen 1970.

Classen, Peter: *Studium und Gesellschaft im Mittelalter*, Stuttgart 1983 (= MGH Schriften, Bd. 29).

Daenell, Ernst Robert: *Die Blütezeit der deutschen Hanse. Hansische Geschichte von der zweiten Hälfte des XIV. bis zum letzten Viertel des XV. Jahrhunderts*, 2 Bde., Berlin 1905.

Diener, Hermann: Die Hohen Schulen, ihre Lehrer und Schüler in den Registern der päpstlichen Verwaltung des 14. und 15. Jahrhunderts; in: Johannes Fried (Hg.), *Schulen und Studium im sozialen Wandel des hohen und späten Mittelalters*, Sigmaringen 1986, S. 351-373.

Duby, Georges: *Der Sonntag von Bouvines. 27. Juli 1214*. Aus dem Franz. von G. Osterwald, Berlin 1988.

Ehlers, Joachim: Was sind und wie bilden sich *nationes* im mittelalterlichen Europa (10.-15. Jahrhundert)? Begriff und allgemeine Konturen; in: Almut Bues und Rex Rexheuser (Hrsg.), *Mittelalterliche nationes – neuzeitliche Nationen. Probleme der Nationenbildung in Europa*, Wiesbaden 1995 (= Deutsches Historisches Institut Warschau. Quellen und Studien, Bd. 2), S. 7-26.

Favreau, Marie-Luise: *Studien zur Frühgeschichte des Deutschen Ordens*, Stuttgart 1972 (= Kieler Historische Studien, Bd. 21).

Finke, H.: Die Nation in den Konzilien; in: *Das Konstanzer Konzil*, hrsg. von Remigius Bäumer, Darmstadt 1977, S. 347-368.

Forstreuter, Kurt: *Der deutsche Orden am Mittelmeer*, Bonn 1967 (= Quellen und Studien zur Geschichte des deutschen Ordens, Bd. 2).

Francis, Emerich: *Ethnos und Demos. Soziologische Beiträge zur Volkstheorie*, Berlin 1965.

Fuhrmann, Manfred: De „Germania" des Tacitus und das deutsche Nationalbewußtsein; in: ders.: *Brechungen. Wirkungsgeschichtliche Studien zur antik-europäischen Bildungstradition*, Stuttgart 1982, S. 113-128.

Garber, Jörn: Vom universalen zum endogenen Nationalismus. Die Idee der Nation im deutschen Spätmittelalter und in der frühen Neuzeit; in: *Dichter und ihre Nation*, hrsg. von Helmut Scheuer, Frankfurt/M. 1993, S. 16-37.

Göhler, Gerhard: Der Zusammenhang von Institution, Macht und Repräsentation; in: ders. u. a., *Institution – Macht – Repräsentation*, Baden-Baden (i. E.).

Grabes, Herbert: Elect Nation: Der Fundierungsmythos englischer Identität in der frühen Neuzeit; in: *Mythos und Nation. Studien zur Entwicklung des kollektiven Bewußtseins in der Neuzeit 3*, hrsg. von Helmut Berding, Frankfurt/M. 1996, S. 84-103.

Grundmann, Herbert: Vom Ursprung der Universität im Mittelalter; in: ders., *Ausgewählte Aufsätze*, Bd. 3, Stuttgart 1978, S. 292-342.

Kahl, Hans-Dietrich: Einige Beobachtungen zum Sprachgebrauch von *natio* im mittelalterlichen Latein mit Ausblicken auf das neuhochdeutsche Fremdwort 'Nation'; in: *Aspekte der Nationenbildung im Mittelalter*, hrsg. von Helmut Beumann und Werner Schröder, Sigmaringen 1978 (= Nationes, Bd. 1), S. 63-108.

Kibre, Pearl: *The Nations in the Medieval Universities*, Cambridge 1947.

Kloft, Hans: Die Germania des Tacitus und das Problem eines deutschen Nationalbewußtseins; in: *Archiv für Kulturgeschichte*, Bd. 7, 1990, S. 93-114.

Koselleck, Reinhart u. a.: Volk, Nation, Nationalismus, Masse; in: *Geschichtliche Grundbegriffe. Lexikon zur politisch-sozialen Sprache in Deutschland*, hrsg. von Otto Brunner / Werner Conze / Reinhart Koselleck, Stuttgart 1992, S. 141-431.

Kraft, Ludwig: *Germanenmythus und Reichsideologie. Frühhumanistische Rezeptionsweisen der taciteischen 'Germania'*, Tübingen 1979.

Luhmann, Niklas: Inklusion und Exklusion; in: *Nationales Bewußtsein und kollektive Identität. Studien zur Entwicklung des kollektiven Bewußtseins in der Neuzeit 2*, hrsg. von Helmut Berding, Frankfurt/M. 1994, S. 15-45.

Luttrell, Anthony: *The Hospitallers in Cyprus, Rhodes, Greece and the West. 1291-1440. Collected Studies*, London 1978.

Mayer, Kathrin und Herfried Münkler, Die Konstruktion nationaler Identität in den Schriften der italienischen Humanisten, in: *Nationenbildung. Die Nationalisierung Europas im Diskurs humanistischer Intellektueller. Italien und Deutschland*, hrsg. von Herfried Münkler, Berlin 1997, i. E.

Meuthen, Erich: *Das Basler Konzil als Forschungsproblem der deutschen Geschichte*, Opladen 1985.

Moraw, Peter: Die Juristenuniversität in Prag 1372-1419; in: Johannes Fried (Hrsg.), *Schulen und Studium im sozialen Wandel des Hohen und Späten Mittelalters*, Sigmaringen 1986, S. 439-486.

–: Die Prager Universitäten des Mittelalters. Perspektiven von gestern und heute; in: *Spannungen und Widersprüche. Gedenkschrift für F. Graus*, hrsg. von Susanna Burghartz u. a., Sigmaringen 1992, S. 109-123.

Mörke, Olaf: Bataver, Eidgenossen und Goten: Gründungs- und Begründungsmythen in den Niederlanden, der Schweiz und Schweden in der Frühen Neuzeit; in: *Mythos und Nation. Studien zur Entwicklung des kollektiven Bewußtseins in der Neuzeit 3*, hrsg. von Helmut Berding, Frankfurt/M. 1996, S. 104-132.

Münkler, Herfried: Nation als politische Idee im frühneuzeitlichen Europa; in: *Nation und Literatur im Europa der Frühen Neuzeit*, hrsg. von Klaus Garber, Tübingen 1989, S. 56-86.

–: Nationale Mythen im Europa der Frühen Neuzeit. Zur Relevanz mythischer Narrationen bei der Nationalisierung Europas; in: *Vorträge aus dem Warburg-Haus*, Bd. 1, Berlin 1996, S. 107-143.

Münkler, Herfried (Hrsg.): *Nationenbildung. Die Nationalisierung Europas im Diskurs humanistischer Intellektueller. Italien und Deutschland*, Berlin 1997, i. E.

Münkler, Herfried und Hans Grünberger: Nationale Identität im Diskurs der deutschen Humanisten; in: *Nationales Bewußtsein und kollektive Identität. Studien zur Entwicklung des kollektiven Bewußtseins in der Neuzeit 2*, hrsg. von Helmut Berding, Frankfurt/M. 1994, S. 211-248.

Münkler, Herfried und Bernd Ladwig: Dimensionen der Fremdheit; in: Herfried Münkler (Hrsg.), *Furcht und Faszination. Facetten der Fremdheit*, Berlin 1997, S. 11-44.

Muhlack, Ulrich: Die Germania im deutschen Nationalbewußtsein vor dem 19. Jahrhundert; in: *Beiträge zum Verständnis der Germania des Tacitus*, hrsg. von H. Jankuhn und D. Timpe, Bd. 1, Göttingen 1989, S. 128-154.

Peyer, Hans Conrad: *Von der Gastfreundschaft zum Gasthaus. Studien zur Gastlichkeit im Mittelalter*, Hannover 1987 (= MGH Schriften, Bd. 31).

Peyer, Hans Conrad (Hrsg.): *Gastfreundschaft, Taverne und Gasthaus*, München-Wien 1983 (= Schriften des Histor. Kollegs, Kolloquien Bd. 3).

Rashdall, Hastings: *The Universities of Europe in the Middle Ages*, Oxford ²1936.

Riley-Smith, Jonathan: *The Knights of St. John in Jerusalem and Cyprus (1050-1310)*, London 1967.

Rödel, Walter Gerd: *Das Großpriorat Deutschland des Johanniter-Ordens im Übergang vom Mittelalter zur Reformation*, Kaiserslautern 1965 (Diss. phil. Mainz).

Scherneck, Heike: Außenpolitik, Konfession und nationale Identitätsbildung in der Pamphletistik des elisabethanischen England; in: *Nationales Bewußtsein und kollektive Identität. Studien zur Entwicklung des kollektiven Bewußtseins in der frühen Neuzeit 2*, hrsg. von Helmut Berding, Frankfurt/M. 1994, S. 282-300.

Schilling, Heinz: Nation und Konfession in der frühneuzeitlichen Geschichte Europas. Zu den konfessionsgeschichtlichen Voraussetzungen der frühmodernen Staatsbildung; in: *Nation und Literatur in Europa der Frühen Neuzeit*, hrsg. von Klaus Garber, Tübingen 1989, S. 87-107.

–: Nationale Identität und Konfession in der europäischen Neuzeit; in: *Nationale und kulturelle Identität. Studien zur Entwicklung des kollektiven Bewußtseins in der Neuzeit 1*, hrsg. von Bernhard Giesen, Frankfurt/M. 1991, S. 192-252.

Schmugge, Ludwig: Über 'nationale' Vorurteile im Mittelalter; in: *Deutsches Archiv für Erforschung des Mittelalters*, Bd. 38, 1982, S. 439-459.

Schumann, Sabine: *Die 'nationes' an den Universitäten Prag, Leipzig und Wien. Ein Beitrag zur älteren Universitätsgeschichte*, Berlin 1974 (Diss. FU Berlin).

Schwinges, Christoph Rainer: *Deutsche Universitätsbesucher im 14. und 15. Jahrhundert. Studien zur Sozialgeschichte im Alten Reich*, Stuttgart 1986.

Seibt, Ferdinand: *Hussitica. Zur Struktur einer Revolution*, Köln-Wien ²1990.

Simonsfeld, Henry: *Der Fondaco dei Tedeschi in Venedig und die deutsch-venetianischen Handelsbeziehungen*, 2 Bde., Stuttgart 1887.

Stagl, Justin: Grade der Fremdheit; in: Herfried Münkler (Hrsg.), *Furcht und Faszination. Facetten der Fremdheit*, Berlin 1997, S. 85-114.

Stein, Walther: *Beiträge zur Geschichte der deutschen Hanse bis um die Mitte des 15. Jahrhunderts*, Gießen 1900.

–: Zur Geschichte der Deutschen in Stockholm im Mittelalter, in: *Hansische Geschichtsblätter*, Jg. 1904/1905, S. 83-106.

Stichweh, Rudolf: Universitätsmitglieder als Fremde in spätmittelalterlichen und frühmodernen europäischen Gesellschaften; in: Marie-Theres Foegen (Hg.), *Fremde der Gesellschaft*, Frankfurt/M. 1991, S. 169-191.

Tobler, Titus (Hrsg.): *Descriptiones Terrae Sanctae ex saeculo VIII., IX., XII. et XV.*, Leipzig 1874.

Tomek, Wenzel Wladiwoj: *Geschichte der Prager Universität*, Prag 1849.

Uhlig, Claus: Europäische Nationalepik der Renaissance: Fortschreibung und Korrektur der Antike; in: *Nationales Bewußtsein und kollektive Identität. Studien zur Entwicklung des kollektiven Bewußtseins in der Neuzeit 2*, hrsg. von Helmut Berding, Frankfurt/M. 1994, S. 249-281.

Volgger, Ewald: Entstehung, Aufbau, Mitgliedschaft und Hierarchie im Deutschen Orden unter Berücksichtigung des Gesamtphänomens der geistlichen Ritterorden; in: ders. (Hrsg.), *Die Regeln des Deutschen Ordens in Geschichte und Gegenwart*, Lana b. Meran 1985, S. 11-35.

Wienand, Adam (Hrsg.): *Der Johanniterorden / Der Malteser Orden – Der ritterliche Orden des hl. Johannes vom Spital zu Jerusalem. Seine Aufgaben, seine Geschichte*, Köln 1970.

Zientara, Benedykt: Populus – Gens – Natio. Einige Probleme aus dem Bereich der ethnischen Terminologie des frühen Mittelalters; in: *Nationalismus in vorindustrieller Zeit*, hrsg. von Otto Dann, München 1986, S. 11-20.

KATHRIN MAYER

Die *questione della lingua*.
Auf der Suche nach der einen Sprache für die Nation

Ob Sprache als Geschenk Gottes oder als Produkt geschichtlicher Entwicklung verstanden wird, natürliches oder heiliges Signum menschlichen Seins ist, beginnen Philosophen im italienischen Humanismus kontrovers zu diskutieren. Der Streit entbrennt an der Konkurrenz von Latein und Volgare als Möglichkeit literarisch-philosophischen Ausdrucks, die in Italien eng verknüpft ist mit der Idee der Nation. Denn die Möglichkeit zur Bildung einer Gemeinschaft hängt nicht zuletzt davon ab, ob es gelingt, eine gemeinsame Ebene der Kommunikation zu finden. Fremd sind uns in dieser Hinsicht diejenigen Personen, die wir nicht verstehen, weil sie nicht unsere Sprache sprechen. Der Diskurs über die *questione della lingua*, die Frage also, in welcher Sprache die italienische Nation kommunizieren soll, verläuft *cum grano salis* vom Beginn des 14. Jahrhunderts bis zur Mitte des 16. Jahrhunderts entlang der Gegenüberstellung des *umanesimo volgare* zum lateinischen Sprachhumanismus. Soll die Volkssprache als das genuin Eigene nun entwickelt und durchgesetzt werden oder gilt nicht vielmehr Latein als das aufpolierte Eigene?

Ihre Zweisprachigkeit bietet den italienischen Humanisten die Möglichkeit, in Volgare wie auch in Latein zu schreiben. Doch solange in zwei Sprachen gedacht und publiziert werden kann, hängt die Wahl der Sprache nicht nur von den Kenntnissen des Autors ab, sondern vor allem auch von denen des Publikums, das erreicht werden soll, sowie von der Tradition des gewählten Genres. So weist der Bilinguismus der Humanisten auf eine funktionale Differenzierung des Ausdrucksvermögens hin: Latein dient anderen Zwecken und wird für ein anderes Publikum geschrieben als die vulgärsprachlichen Schriften. Während sich das Latein an eine internationale, dünne Schicht von Gelehrten wendet, erreicht man im Volgare ein breiteres, auch über die schmale Schicht der *eruditi* hinausgehendes, nationales Publikum. Es läßt sich also eine Verschiebung der Kommunikationsebene feststellen. Die Sprachenfrage, also die Frage, in welcher Sprache in Italien publiziert und gedacht wird, ist von großer Bedeutung für die Konstruktion nationaler Identität, weil es um die Frage geht, mit wem man als Autor eine Öffentlichkeit bilden will. Wer soll das Gesagte rezipieren, bei wem kann es virulent werden? (Vgl. Goody, Hg. 1981; Goody 1990).

In Italien beginnt der Aufstieg der Muttersprache etwas später als etwa in Frankreich, Deutschland, England oder Spanien. Dafür gibt es wohl mehrere Gründe. Zum einen ist die Nähe des Volgare zum Latein noch so groß, daß es leichter als in den übrigen Ländern Europas verstanden wird. Zum anderen aber nimmt die französische Vulgärsprache im Hochmittelalter besonders in Oberitalien gewaltigen Einfluß auf die nicht-lateinische Dichtung.

Die Schreib- und Lesekundigen waren über Jahrhunderte ausschließlich Kleriker; in Latein und nur darin wurde unterrichtet und gedacht. Bis zum 8. Jahrhundert ist in der Romania noch unangefochten Latein die gemeinsame Sprache. Allerdings versteht man in Frankreich schon ab dem 9. Jahrhundert die Volkssprache als eigenständig neben dem Lateinischen, während in Italien das *Volgare* noch als unreines Latein gilt – der Name *lingua vulgaris* wird noch pejorativ gebraucht. Um 1220 erst setzt eine italienische Dichtung ein; mit der sizilianischen Dichterschule am Hofe von Friedrich II. werden Liebeslieder nach der Art der Provenzalen gesungen, die stark mit Latinismen und Provenzalismen durchsetzt sind. Aber noch Rusticello da Pisa bringt die Erinnerungen Marco Polos in französischer Sprache zu Papier, so wie auch Brunetto Latini seinen *Trésor* auf französisch mit der Begründung schreibt, er befände sich in Frankreich und die Sprache sei angenehmer und weiter verbreitet.[1] In der Tat versteht man in weiten Teilen Oberitaliens zu dieser Zeit das Französische, während die lokalen italienischen Dialekte nur kleine Gebiete umfassen. Man kann daher ohne Übertreibung sagen, daß bis zu Dante die Überlegenheit der französischen oder provenzalischen Sprache in Italien anerkannt ist. Von einer der italienischen Halbinsel eigenen Sprache kann zu dieser Zeit also nicht die Rede sein. Es herrscht vielmehr eine Art kulturelle Fremdherrschaft, die jedoch noch nicht als solche verstanden wird, da es noch kein Bewußtsein von der Notwendigkeit einer Sprache gibt, die die Halbinsel als linguistische und kulturelle Einheit ausweist. Die Gebildeten verstehen sich vielmehr aufgehoben in einer christlich-universalen Kultur, die keine Unterscheidung in „fremd" und „eigen" nach nationaler Zuordnung kennt.

Die „Achsenzeit" der Entdeckung der Muttersprache als literaturfähige Sprache ist die Wende vom 13. zum 14. Jahrhundert. Sozialgeschichtlich verbindet sich die Entwicklung mit dem Aufstieg der Städte Oberitaliens zu politischer, wirtschaftlicher und kultureller Größe. Die vulgärsprachliche Poesie befreit sich aus der Umgebung des Stauferhofes und findet Nachahmer in einer kleinen Gruppe Gebildeter aus oberitalienischen Städten. Somit verschiebt sich die soziale Trägerschicht der Dichtung von den feudalabhängigen Gelehrten des Hofes zu den frühbürgerlichen Poeten in den Städten. Ebenfalls in den Städten der Toskana vermehren sich die Gelegenheiten, die Vulgärsprache auch zu praktischen Zwecken zu verwenden. In Briefen werden lateinische mit vulgärsprachlichen Ausdrücken vermischt, wenn es sich um Handelsnachrichten oder politische Meinungen handelt.

Dante und die Entdeckung der Muttersprache

Die Entstehung des neusprachlichen Denkens in Italien wird auf Dantes *De vulgari eloquentia* (um 1305) datiert, in der Dante (1265-1321) eine philosophische Konzeption der geschichtlich-lebendigen Sprache entwickelt, die der grammatisch geregelten Bildungssprache als *natürliche* Sprache entgegengestellt wird. Dante beweist zum ersten Mal in der

---

[1] „Et se aucuns demandoit pour quoi cis livres est escris en roumanc, selonc le raison de France, puis que nous somes italien, je dit oie que c'est pour ii raisons, l'une que nous somes en France, l'autre pour con que la parleure est plus delitable et plus commune a tous langages" (Brunetto Latini zit. nach Klein 1957: 16).

italienischen Literatur ein klares Bewußtsein von der Konkurrenz zwischen Latein und Volgare um das italienische Publikum. Überraschend und provokant beginnt er seine sprachtheoretischen Überlegungen, indem er die Muttersprache als edler denn das Latein beschreibt und damit dem mittelalterlich-christlichen Verständnis widerspricht, drei Sprachen haben als die heiligen Sprachen zu gelten: Hebräisch, Griechisch und Latein.[2]

Das in seinen Augen entscheidende Argument für die Muttersprache ist ihre Natürlichkeit, da jeder Mensch sie mit der Muttermilch aufnehme, ohne auf Regeln zurückgreifen zu müssen. Hier wird also die fehlende Grammatik des Volgare, die sonst als Defizit verstanden wird, als Indiz für seine Überlegenheit gewertet. Natürlichkeit erscheint bei Dante als positives Merkmal der Sprache. Eine heilige Sprache erkennt Dante für seine Zeit nicht mehr, da die göttliche Sprache mit der Sprachverwirrung nach dem Turmbau zu Babel verschwunden sei. Inmitten des Sprachgewirrs seien die Gelehrten dann zur Verständigung untereinander auf die Idee einer Hilfssprache verfallen, die in ihrer starren Regelhaftigkeit Zeit und Raum durchschreiten könne, ohne Veränderungen unterworfen zu sein: „Von hier sind die Erfinder des Lateins ausgegangen: diese Kunstsprache ist nichts anderes als eine gewisse, unwandelbare Einheitlichkeit der Sprache in verschiedenen Zeiten und im Raum. Da sie durch die Übereinkunft vieler Völker geregelt worden ist, so kann sie nicht dem Willen eines Einzelnen unterworfen und also folglich nicht veränderlich sein. Sie ist in der Tat erfunden worden, damit es, trotz Veränderung der Sprache, die dem Wankelmut des menschlichen Verhaltens geschuldet ist, nicht vollkommen unmöglich ist, die Gedanken und Taten der Alten zu kennen und derjenigen, die sich von uns unterscheiden, weil sie an einem anderen Ort sind."[3] Dieses künstliche Konstrukt kann, da es in gemeinsamer Übereinstimmung vieler Völker getroffen wurde, nicht dem Willen eines Volkes unterworfen sein und ist daher unveränderlich. Die Unveränderlichkeit des Latein ist somit weder Ausdruck einer besonderen Heiligkeit der Sprache, weil sie etwa direkt von Gott käme, noch ein Zeichen besonders hohen Alters – etwa als Sprache Adams wie das Hebräische –, da sie erst nach den Vulgärsprachen in menschlicher Setzung geschaffen wurde. Edler ist deshalb die Muttersprache, weil sie erstens länger als das Lateinische von dem menschlichen Geschlecht gebraucht wird, weil zweitens die ganze Welt sie spricht, wenn auch in verschiedenen Aussprachen, und drittens weil sie natürlich ist und nicht künstlich wie das Lateinische. Die Muttersprache gilt nun als das Eigene jeden Volkes, Latein hingegen nur noch als technisches Hilfsmittel in post-babylonischer Zeit.

---

[2] „[...] vulgarum locutionem asserimus quam sine omni regula nutricem imitantes accipimus. Est inde alia locutio secundaria nobis, quam Romani gramaticam vocaverunt [...]. Harum quoque duarum nobilior est vulgaris: tum quia prima fuit humano generi usata; tum quia totus orbis ipsa perfruitur" (Dante 1991b: I. i. 2). Seine Überzeugung bestätigt er auch in der *Divina Commedia*, Par. XXVI, 124-137. Dort antwortet Adam auf die Frage Dantes nach seiner Sprache: „La lingua ch'io parlai fu tutta spenta/ innanzi che all'ovra inconsumabile/ fosse la gente di Nembròt attenta;/ chè nullo effetto mai razionale,/ per lo piacer uman che rinovella/ seguendo il cielo, sempre fu durabile./ poi fare a voi secondo che v'abbella." Demnach kann es keine Ursprache geben, oder eine Nachfolgerin, die ihre Legitimität direkt von Adam bezöge. Jede Sprache, die nun auf Erden gesprochen wird, ist eine menschliche, veränderliche, instabile Sprache.

[3] „Hinc molti sunt inventores gramatice facultatis: que quidem gramatica nichil aliud est quam quedam inalterabilis locutionis ydemptitas diversibus temporibus atque locis. Hec cum de comuni consensu multarum gentium fuerit regulata, nulli singulari arbitrio videtur obnoxia, et per consequens nec variabilis esse potest. Adinvenerunt ergo illam ne, propter variationem sermonis arbitrio singularium fluitantis, vel nullo modo vel saltim imperfecte antiquorum actingeremus autoritates et gesta, sive illorum quos a nobis locorum diversitas facit esse diversos" (Dante 1991b: I, ix: 24).

In unserem Zusammenhang ist von besonderem Interesse, daß Dante die lateinische Sprache erst als universelle Sprache (sie ist ja Hilfsmittel *aller* Menschen), und das heißt als den Italienern *nicht-eigene* Sprache kennzeichnen muß – also ihre Fremdheit konstatiert, um die Aufwertung des Volgare als natürliche und den Italienern *eigene* Sprache beginnen zu können. In der Zeit davor herrschte die Auffassung, das Volgare sei nur eine unsaubere Dialektvariante des Lateinischen, weshalb es auch keinen Wert an sich haben könne.

Dante sucht nun nach einer Sprache, die ganz Italien eigen sein kann: eine neue Sprache, die sich aus den in Italien vorhandenen Dialekten bilden läßt. Das Exil hat ihn die meisten Dialekte Italiens kennenlernen lassen – ihre Unterschiede, aber vor allem auch ihre substantiellen Gemeinsamkeiten, die die Grundlage einer verbindenden Sprache bilden könnten. Auf der Suche nach der reinen, höfischen, erhabenen Volkssprache verwirft Dante nach und nach jeden Dialekt, der auf der Halbinsel gesprochen wird, denn keiner erfüllt alle vier Kriterien, die er an die gemeinsame Sprache der Italiener anlegt: *illustre, cardinale, aulicum, curiale. Illustre* bedeutet, daß sie durch Schönheit des kunstvollen Redens erhöht sein muß, alle bäuerlichen und rohen Satzfügungen wie Wörter und Aussprachen getilgt sein müssen, damit so etwas Geschmeidiges entsteht, wie es Dante und sein Freund Cino da Pistoia in ihren Kanzonen benutzt haben. Maßgebend muß sie sein, so sagt Dante mit *cardinale*, d. h. das Volgare muß eine zentrale Stellung gegenüber den Dialekten einnehmen. Wie die Angel einer Tür, wie eine Schleuse, entscheidet das Volgare darüber, was in die Hochsprache eingehen kann und was nicht. *Aulicum* und *curiale* bestimmen die politische Stellung des Volgare als Sprache des Hofes und der obersten Gerichte. Abgewogenen Regeln muß diese Sprache folgen und höfisch sein, weil das, was allen gemeinsam und niemandes Eigentum ist, am Hofe seinen Platz hat. Weil aber in Italien der Hof fehlt, ist es nach Dante auch so schlecht um die Einheitssprache bestellt. Daher lautet sein Schluß, daß es das *vulgare latium* (noch) nicht gibt und er vergleicht es mit einem Panther, der nach mittelalterlicher Auffassung überall seinen Duft hinterläßt, aber nirgends aufzuspüren ist. Es tut daher Not, eine Art *koinè* zu schaffen, eine Mischsprache aus allen italienischen Dialekten, die jeweils die Vorzüge derselben vereint.[4]

Im Trecento wird also schon in einigen Bereichen des Lebens in der Volkssprache kommuniziert – auch außerhalb des häuslichen Rahmens. Daher scheint die Frage angebracht, ob Dante zu Recht allenthalben als „padre della lingua italiana" (Migliorini) gefeiert wird. In der Tat ist er nicht der erste Italiener, der vulgärsprachlich schreibt, doch gebührt ihm eindeutig das Verdienst, dem Volgare den Weg in die Bereiche der Literatur und Philosophie bereitet zu haben. Konnten die italienischen Übersetzer der überwältigenden Dominanz des Lateinischen und der beiden Sprachen Frankreichs nur die eher rohen italienischen Dialekte entgegensetzen, so wendet sich nun das Blatt, indem an der lexikalischen und stilistischen Verfeinerung und Erweiterung der Volkssprache gearbeitet und gefeilt wird, damit auch sie alle abzubildenden Gedanken treffend wiedergeben kann.

Man bedenke dabei die politischen Zustände in Italien zu Dantes Zeit: der Papst muß nach dem Attentat von Agnani seine politischen Träume von der Überlegenheit des *potere spirituale* über die weltliche Macht endgültig begraben. Der Thron des Reiches ist vakant und die oberitalienischen Kommunen, in Faktionen gespalten, zeigen bereits die Tendenz,

---

[4] Als *cortegiano* wird uns diese Sprachmischung noch bei späteren Autoren begegnen. Dante selber, so wurde ihm verschiedentlich vorgeworfen, habe hingegen doch im Toskanischen geschrieben. Dante hätte dies wohl auch gar nicht bestritten, ist er doch noch auf der Suche nach dem *volgare illustre*, das es dann durchzusetzen gelte.

sich aus Republiken in Fürstentümer zu verwandeln. Dieser Zustand gibt sicherlich keinen Anlaß zur Hoffnung, dennoch glaubt Dante an die italienische Kulturgemeinschaft – ja schafft sie erst aus seinem Glauben heraus. Italien als kulturelle Einheit gibt es solange nicht, wie es kein Bewußtsein seiner grundlegenden Einheit besitzt, das es ihm erlaubt hätte, eine gemeinsame Sprache zum literarische Schreiben zu schaffen, die besser als das Latein geeignet gewesen wäre, die Italiener zu einen. Gerade weil Italien polyzentrisch ist, erhält die gemeinsame Sprache die große Bedeutung. Nicht der König, keine gemeinsame Autorität können ein Band zwischen den Italienern sein, das vermag in dem politisch und territorial zersplitterten Land allein die Sprache.

Warum aber schreibt Dante seine Programmschrift nicht in der von ihm aufgewerteten Sprache, sondern benutzt wie alle vor ihm das Latein? Der Hauptgrund liegt wohl darin, daß zu dem Zeitpunkt, als er diese Gedanken ausbreitet, es das Publikum der Gebildeten, an das sich die neue Bildungssprache richten soll, noch nicht gibt. „Dante schuf sich sein Publikum, aber er schuf es nicht nur für sich; er schuf auch das Publikum für die Späteren. Er bildete, als mögliche Leser seines Gedichts, eine Welt von Menschen, die wohl kaum schon da war, als er schrieb, und die sich durch sein Gedicht und durch die Dichter, die ihm folgten, langsam bildete" (Auerbach 1957: 238). Der Grad der Verbreitung des Lesens und Schreibens und das Bedürfnis nach geistiger Nahrung, so Auerbach, hatte um 1300 etwa den gleichen Stand erreicht wie in der unmittelbar vorklassischen Epoche der römischen Kultur. Wollte Dante also einen „Werbefeldzug" für die Bildung einer vulgären Bildungssprache führen, so mußte er das zwangsläufig noch in der alten Bildungssprache Latein tun, da er sich ja noch an einen Leserkreis richtete, der sich untereinander nur in Latein verständigen konnte. *De vulgari eloquentia* ist daher zu lesen als eine Art Sprachutopia. Zum anderen hält er zu diesem Zeitpunkt die Muttersprache zwar für nötig und würdig, in Prosa oder Poesie zu wirken, doch den hohen Gedanken der Philosophie – und als solche begreift er auch seine Schrift – bleibt das Latein vorbehalten. Die Publikationssprache richtet sich zu dieser Zeit auch stark nach dem Genre, in dem man sich bewegt. Die Fragen nach Publikum und Genre sind allerdings miteinander verwoben, so z. B. erklärt Dante in *Vita Nova* (1304) die Verwendung der Vulgärsprache in poetischen Texten damit, daß diese Textart sich an Frauen richtet, die lateinische Gedichte nicht verstünden.[5]

In glücklichem Widerspruch zu seinen politischen Vorstellungen denkt Dante nicht daran, das linguistische Problem Italiens in Harmonie mit den Interessen der universalen Monarchie zu lösen, die ja vielmehr auf die Verbreitung und Festigung des Latein ausgerichtet wäre. Dante denkt sich sein Publikum in Gesamtitalien mit all seinen Provinzen, über die sich diese Sprache ausbreitet: „a le quali questa lingua si stende" (*Convivio* I, iii, 4), das sich sowohl aus *litterati*, Lateinkundigen, wie auch *illiterati* zusammensetzt.[6] Hier läßt uns Dante von einer strategischen Entscheidung zugunsten des Volgare wissen. Er will für Leute schreiben, die zwar bildungshungrig, aber der klassischen Bildungssprache nicht mächtig sind. Dante ist nicht daran interessiert, mit seinem Werk die gesamte Christenheit, bzw. die

---

[5] „E non è molto numero d'anni passati, che apparirono prima questi poeti volgari; [...] E'l primo che cominciò a dire sì come poeta volgare si mosse però che volle fare intendere le sue parole a donna, a la quale era malegevole d'intendere li versi latini" (Dante zit. nach Klein 1957: 19).

[6] „E lo latino non l'avrebbe sposte se non a litterati; chè gli altri non l'avrebbono intese. Onde, conciossiacosaché molto siano più quelli che desiderano intendere quelle non litterati, che litterati, seguitasi che non avrebbe pieno lo suo comandamento, come il volgare, da' litterati e da' non litterati inteso" (Dante 1921: 84; *Convivio* I, ix).

Gelehrten der Christenheit zu erreichen; sein Publikum ist italienisch und sozial breiter gefächert.

Sowohl theoretisch (*Convivio* und *De Vulgari Eloquentia*) als auch praktisch (*Divina Commedia*) gibt Dante die Initialzündung für die Entwicklung der Nationalsprache. So bezieht sich Giovanni da Prato im *Paradiso degli Alberti* über 150 Jahre später ausdrücklich auf Dante, wenn er eine seiner Figuren bemerken läßt, daß das florentinische Idiom mittlerweile für den Ausdruck auch philosophischer Gedanken geeignet sei: „nun erkenne ich klar und weiß, daß die florentinische Sprache derart ausgefeilt und reich ist, daß man mit ihr jede abstrakte und tiefe Thematik aufs Klarste ausdrücken, sowie über diese Dinge nachdenken und diskutieren kann. Und nun will ich gerne glauben, was ich von unserem Poeten und Theologen Dante höre, daß er viele hohe Urteile jeder Disziplin aufstellt unter dem Schleier seiner lieblichsten Erfindung [dem *volgare illustre*]."[7] Die Begeisterung für die Volgarisierung, die bereits seinen Lehrer Brunetto Latini erfaßt hatte, wird bei Dante zu bewußtem Programm. Mit der veränderten Sprachbewertung, der Aufwertung des Volgare, geht Dante einen wichtigen Schritt auf den europäischen Patriotismus zu; denn bei allen Unterschieden in den Dialekten Italiens entdeckt er die substantielle Gemeinsamkeit der Sprache des italienischen Volkes und somit die linguistische Einheit Italiens. Darüber hinaus möchte er mit seinen Schriften eine Gruppe gebildeter und fähiger Laien schaffen, die in der Lage sind, seine theoretischen Schriften mit Leben zu füllen und das Volgare weiter zu verbreiten.

Volgare: Barbaren- oder Römersprache?

Noch in den ersten Jahrzehnten des 15. Jahrhunderts wird das Volgare in der Meinung der italienischen Humanisten eher gering geachtet, dagegen kann das Latein triumphieren. Es gibt zwar noch einige, die im Volgare literarisch tätig sind, es fehlt aber an Autoren, die die Sprache pflegen und mit Kenntnis erweitern. Wer elegant sein will, schreibt auf Latein. Man spricht wegen der Vernachlässigung des Volgare in der Schrift, der Unsicherheit in der grammatikalischen Norm und dem Mißbrauch der Latinismen im Wortschatz nicht zu Unrecht von einer Krise des Volgare in der ersten Hälfte des Quattrocento (Migliorini 1994).

Die Kontroverse über den Wert der Volkssprache gegenüber dem Lateinischen findet zeitverzögert in ganz Europa statt. Zumeist lassen sich die Anwälte der Muttersprache dabei als diejenigen ausmachen, die auch aktiv am Nationendiskurs beteiligt sind. Nationalisten und Volkssprachler fallen also zusammen, während die Verteidiger der lateinischen Wissenschaftssprache für ein internationales Publikum schreiben möchten. In Italien allerdings ist

---

[7] „E omai chiaro veggio e conosco che l'edioma fiorentino è sì rilimato e copioso che ogni astratta e profonda matera si puote chiarissimamente con esso dire, ragionarne e disputarne. Et bene omai voglio credere quello che io sento del vostro Dante poeta teologo, che tante alte sentenze d'ogni disciplina elli ponghi sotto il velame della sua leggiadrissima invenzione" (Giovanni da Prato 1968: IV, 84). In diesem Urteil bezieht sich da Prato wohl auf Cino Rinuccini, Invettiva contro a cierti caluniatori di Dante e di messer Francesco Petrarca e di messer Giovanni Boccaci, i nomi de' qual per onestà si tacciono, composta pello iscientifico e ciercuspetto uomo Cino di messer Francesco Rinuccini cittadino fiorentino, ridotta di gramatica in vulgare (abgedruckt in Giovanni da Prato 1968: Bd. 1, parte II, Appendice, 303-316).

die Einordnung der beiden Konfliktparteien in die nationale oder universale Vorstellungswelt nicht so einfach möglich. Die Verflechtung zwischen nationaler Argumentation und Publikationssprache ist auf der Halbinsel deshalb komplizierter, weil Latein nicht nur als die Sprache des universalen Mittelalters rezipiert, sondern auch als die „ursprüngliche" Muttersprache wiederbelebt werden kann. Denn die italienischen Humanisten beginnen in der antiken Geschichte und Literatur zu graben und stoßen auf die Idee, sie selbst, die Italiener, müßten die Nachfahren und legitimen Erben der Römer und ihrer Kultur sein. Die italienischen Städte eifern miteinander um die Wette, welchem Ereignis der antiken Geschichte oder welchem römischen Feldherrn sie ihre Gründung zu verdanken haben. Auch die Sprache der Römer wird durch diesen Kunstgriff zur eigenen Sprache erhoben und kann in den nationalen Diskurs eingeflochten werden. Latein ist vor diesem Hintergrund keine fremde Sprache aus ferner Zeit oder die universale Sprache der christlichen Gemeinschaft, sondern das ureigene kommunikative Band aller Italiener durch Raum und Zeit. Als die Sprache ihrer Vorfahren besitzt Latein für die Italiener eine nationale Konnotierung, die für andere Völker in Europa nicht in dieser Art nachzuvollziehen ist. Lateinisch zu schreiben, kann also bedeuten, ein Bewußtsein von der natürlichen Überlegenheit der Italiener zu besitzen, die in direkter Linie von den Römern abstammen.

Das zeigt sich auch am Hof des Papstes Eugen IV. Dort entbrennt 1435 unter den Sekretären der Kurie ein Streit über das besondere Verhältnis von Volgare und Latein. In der berühmten Bruni-Biondo-Kontroverse geht es um den Ursprung des Volgare und sein Verhältnis zum Latein. Leonardo Bruni (1370-1444) vertritt die Ansicht, in Rom habe es zwei voneinander unabhängige Sprachen gegeben, die eine sei zum literarischen Gebrauch bestimmt gewesen, die andere zum Hausgebrauch. Im Theater und in den Reden wurde das „Hochlatein" gesprochen, das für die unteren Schichten beinah unverständlich gewesen sein soll. Im Volk und zu alltäglichen Anlässen habe man die Vorform des Volgare benutzt. Durch ihre soziale Bindung und den Anlaß getrennt, hätte es also schon immer in Italien zwei Sprachen gegeben. Flavio Biondo (1392-1463) antwortet auf diese Interpretation der Natur der Plebejersprache mit der Barbaren-These. Demnach habe es zwar einen Unterschied zwischen dem Latein der großen Schriftsteller und dem *sermo vulgaris* gegeben, der sei jedoch nicht so bedeutend gewesen, daß man von zwei getrennten Sprachen sprechen könne. Die gesprochene und die Schriftsprache seien nur qualitativ unterschieden in literarischer Modulation. Der Ursprung des Volgare sei daher nicht in einem *latino volgare* zu suchen, sondern in der römischen Geschichte, deren Verlauf zu einer Korruption des Lateinischen geführt habe. Denn erst der Einfall der Barbaren in Italien hätte zu der Abspaltung des Volgare vom Latein geführt.[8] Volgare sei der Bastard aus Latein und gothisch-vandalischen Sprachen der Eindringlinge, die das römische Reich und die römische Kultur zerstört haben. Auch wenn das Latein der Massen weniger rhythmisch und dafür flüssiger gewesen sei, so blieb es doch immer Latein. Biondo verweist mit Nachdruck auf die Bedeutung des

---

[8] In seiner *Italia illustrata* führt Flavio Biondo aus, daß die wichtigsten Veränderungen in Italien von den Langobarden verursacht wurden: „Nam Longobardi omniû qui Italiam inuaserint externorum superbissimi, Romani imperij & Italiae dignitatem euertere, ac omnino delere conati, leges nouas, quae alicubi in Italia extant condidere: mores ritus gentium & rerum uocabula immutauere: ut affirmare audeamus locutionis Romane Latinis uerbis, qua nedum Italia, sed Ro. Quoque imperio subiecti plerique populi utebantur, mutationem factam in uulgarem Italicam nunc appellatam, per Langobardorum tempora inchoasse" (Biondo 1559: 374 H). Seine These wurde von den Gelehrten weitgehend akzeptiert, jedoch nehmen Bembo und die ihm nachfolgenden Verteidiger des Volgare der Idee einer Mischsprache jene negative Konnotation, wie sie noch bei Biondo formuliert ist.

sozialen Milieus beim Sprachgebrauch. So würden auch zu Biondos Zeit diejenigen, die in einem guten Haus in der Stadt aufwüchsen, ein graziöses Toskanisch sprechen, während das Landvolk, das dieselben Lexeme benutze, ein unordentliches, wüstes Toskanisch spreche. Latein war also nicht beschränkt auf die gebildeten Kreise in Rom, sondern wurde in allen Bereichen der römischen Gesellschaft gesprochen. Nach der barbarischen Invasion wurde die Dekadenz des Latein universal und fundamental. In Konsequenz ist das Volgare also kein Produkt des Altertums, sondern ein Bastard aus der Fusion von Latein und gothisch-vandalischen Dialekten.

Bruni folgert aus seiner bilingualen Theorie über die Antike, das Volgare habe das Recht, mit Latein als literarischer Sprache zu koexistieren, da es ebenfalls antiken Ursprungs und genuin eigen sei. Biondo, der die Barbaren für den Verfall des Latein zum Volgare verantwortlich macht, sieht den Ausweg allein in dem konsequenten Gebrauch des Latein, allerdings eines modernisierten Lateins, befreit von der Zwangsjacke Ciceronischer Rhetorik. Denn das Volgare sei keine den Italienern eigenen Sprache, sondern eine von den Fremden geprägte Mischsprache. Die Debatte darüber, woraus sich das Volgare entwickelt habe und wie seine Verwandtschaft zum Latein zu verstehen sei, kann nicht ohne Folgen für die Wertschätzung der Vulgärsprache bleiben. Eine Sprache, die ebenfalls römisch-antiken Ursprungs ist – selbst wenn sie nur aus dem Haus- und Hoflatein entwickelt wurde – besitzt doch mehr Prestige und hat ein größeres Anrecht darauf, von den Italienern wirklich als ureigene Sprache begriffen zu werden. Auch die Römer der unteren Schichten bleiben schließlich den Barbaren überlegen.

Ganz anders hingegen läßt die Barbarenthese des Flavio Biondo das Volgare erscheinen. Haben nämlich erst die Barbaren das Latein korrumpiert, indem sie ihre eigenen Idiome einschleppten, so erscheint das Volgare plötzlich gar nicht mehr als eigene Sprache, sondern als ein Produkt der Fremdherrschaft, als ein Zeichen dafür, das Italien einst von barbarischen Völkern unterjocht war. Auf eine solche Sprache kann man nicht stolz sein, denn sie gehört nicht zum Eigenen, sondern verweist stets auf die Prägekraft der Fremden in der italienischen Kultur. Dann gilt es – auch im Dienst der nationalen Interessen –, den barbarischen Einfluß abzuschütteln und die Sprache der Urväter wiederzubeleben.

Daß die Verfechter des lateinischen Sprachhumanismus nicht so sehr an der mittelalterlich-christlichen Sprachgemeinschaft des Lateinischen interessiert waren, sondern mit der Verwendung des Lateinischen *nationale* Ziele verfolgten, läßt sich sehr schön an einem Zitat von Lorenzo Valla (1407–1457) zeigen. Er versteht die Ausbreitung der lateinischen Sprache durch die Römer als eine ungleich ruhmreichere, eine weit herrlichere Tat als die Ausdehnung des Imperiums. Die lateinische Sprache ist es, „die die Völker und Stämme alle die Künste, welche die freien genannt werden, gelehrt hat; sie brachte ihnen die besten Gesetze bei; sie bahnte ihnen den Weg zum Wissen; ihr verdanken sie es, nicht länger Barbaren heißen zu müssen" (Valla, zit. nach Apel 1963: 184). Valla verbindet seine Verteidigung des Lateinischen mit dem italienischen Ansinnen, als Nachfahren der Römer können die Italiener eine Vormachtstellung in Europa beanspruchen: Auch wenn das römische Reich wieder verloren ging, so blieb doch die lateinische Sprache überall in Europa erhalten. Sie wurde von den Barbaren übernommen, wenn sie schon alle anderen Errungenschaften der Römer abgeschüttelt hatten. „Wir haben Rom, das Reich und die Macht verloren – nicht durch unsere Schuld, sondern aufgrund des Wandels der Zeit. Jedoch durch die strahlende Herrschaft der (lateinischen) Sprache fahren wir fort, weiterhin in aller Welt zu regieren.

Die questione della lingua

Unser ist Italien, Frankreich, Spanien, Deutschland, Dalmatien, Illyrien und viele andere Nationen; denn das römische Reich ist überall dort, wo die Sprache Roms herrscht."[9]

Der Einfall der Franzosen im Jahr 1494 hinterläßt nicht nur auf dem Gebiet der politischen Theorie Spuren. So fördert die beginnende Fremdherrschaft auf der Halbinsel eine Rückbesinnung auf eigene Sprache und Literatur, die doch wenigstens die kulturelle Überlegenheit gegenüber den Barbaren retten soll, wenn man von ihnen schon politisch und militärisch dominiert wird. Das Cinquecento beendet den alten Streit zwischen Latein und Volkssprache, indem sich das Volgare als gleichwertige Publikationssprache durchsetzt, um einen neuen Streit zu eröffnen. Von nun an wird stärker um die Normierung gerungen, um die grammatikalische und orthographische Festlegung des Volgare. Sollte man nun weiterhin diese historische und geographische Form des Volgare wahren, also weiterhin die *fiorentinità* des Volgare verfechten (Pietro Bembo), oder es doch breiter national anlegen im Wettbewerb aller italienischen Dialekte, die man ihrer gröbsten idiomatischen Ausdrücke beraubt (Giangiorgio Trissino und die Italianisti) oder eine Hofsprache schaffen, die sich vor allem am päpstlichen Hof realisieren könnte in Anreicherung der Sprache durch die elegantesten Formen (Baldassare Castiglione). Den Toskanisten war der Charakter einer Sprache wichtig, sie glaubten bloße phono-morphologische Gemeinsamkeit wäre zuwenig für eine lebendige Sprache, während die Italianisten den Gedanken einer linguistischen Gemeinsamkeit auf der Basis des gemeinsamen italienischen Wortschatzes suchten, unabhängig von phonetischen Abweichungen in einzelnen Regionen.

Bembo und der Sieg des Volgare

Die klassische Programmschrift des *umanesimo volgare* ist Bembos *Prose della volgar lingua* von 1525 – ein Dialog, der auf ein 1502 stattgefundenes Gespräch zurückgeht, in dem lebhaft die Überlegenheit des literarischen Florentinisch der höchsten Autoren des Trecento verteidigt wird. Als die Frage diskutiert wird, ob dem Latein oder Volgare der Vorrang gebührt, kommt es Bembo (1470-1547) nicht mehr allein auf die Ebenbürtigkeit des Volgare an, er will vielmehr beweisen, daß es die Pflicht der Lebenden ist, die natürliche, die eigene Sprache der lateinischen, fremden Sprache vorzuziehen. Im Gegensatz zu Dante versteht er (mit Valla und Biondo) das Latein selber auch als natürliche Sprache, die zu ihrer Zeit gegenüber dem Griechischen die lebendige Sprache gewesen ist. Inzwischen hat sich die Barbaren-These Biondos durchgesetzt, welche die Entstehung des Volgare aus dem Latein durch die Vermischung mit der Sprachen der Goten und Langobarden erklärt. Nur gilt diese Abstammung des Volgare nicht länger als anrüchig. Bembo benutzt die historische Betrachtung des Werdens und Vergehens von Sprachen mit ihren Völkern, um den Italienern zu beweisen, daß Latein nicht ihre eigene, sondern eine fremde, inzwischen durch die Geschichte abgelöste Sprache ist. Er spitzt den Konflikt von Latein und Volgare genau auf unsere Unterscheidung zwischen eigener und fremder Sprache zu: „man muß sagen, daß uns die *Muttersprache* nicht nur näher ist, sondern angeboren und *eigen*, und die *lateinische*

---

[9] „Amisimus Romam, amisimus regnum atque dominatum; tametsi non nostra sed temporum culpa; verum tamen per hunc splendidiorem dominatum in magna dhuc orbis parte regnamus. Nostra est Italia, nostra Gallia, nostra Hispania, Germania, Pannonia, Illyricum, multaeque aliae nationes. Ibi namque romanum imperium est ubicumque romana lingua dominatur" (Valla 1952: 596).

Sprache *fremd*. So wie die Römer zwei Sprachen hatten, eine eigene und natürliche, das war die lateinische, und eine andere fremde Sprache, das war die griechische, so besitzen wir gleichfalls zwei Sprachen, eine eigene, natürliche und einheimische, die ist das Volgare, fremd und nicht natürlich die andere Sprache, die ist die lateinische."[10] Zu jedem Volk gehört eine eigene Sprache, die auch wieder mit ihm untergeht. Volk und Sprache sind als eine natürliche Einheit aufeinander verwiesen, so daß nur in der eigenen Sprache das Volk seinen Ausdruck findet.

Bembo verficht die Idee der notwendigen geschichtlichen Ablösung der Kultursprachen (von Ägyptern über Phönizier, Assyrer, Chaldäer zu den Griechen und schließlich zu den Römern) und beweist damit ein geschichtliches Bewußtsein von der Entstehung und dem Werden der Sprachen. Darum wendet er sich auch gegen die von Bruni vertretene These, Volgare habe es bereits zu Zeiten der Römer gegeben. Damals – so Bembo – existierten zwar auch zwei Sprachen nebeneinander, aber dies waren die moderne, Latein, und die alte Sprache, das Griechische. Erst durch die Vermischung des Latein mit barbarischen Sprachen in Zeiten der Völkerwanderung ist dann das Volgare entstanden. Die größere Ähnlichkeit der Volkssprache mit Latein als mit den barbarischen Sprachen kann man auf zwei Ursachen zurückführen: zum einen wachsen unter dem italienischen Himmel einheimische Pflanzen besser als die eingeschleppten[11] und zum anderen wurden die verschiedenen Barbaren immer wieder durch neue Eindringlinge vertrieben, so daß ihre jeweilige Sprache nur für relativ kurze Zeit in Italien gesprochen wurde und sich nicht richtig festsetzen konnte.[12] Allein die Langobarden bilden eine kleine Ausnahme, da sie zweihundert Jahre lang in Italien herrschten und von ihrer Sprache einiges in Italien zurücklassen konnten.

Bembo kennt aus persönlicher Anschauung die Höfe von Ferrara und Urbino, die Kurie und die gebildete Elite von Venedig und zielt daher auf den stilistischen und lexikalischen Reichtum ab, den eine literaturfähige Sprache ausweisen soll. Die berühmten Schriftsteller liefern ihm den Schatz, den die vulgäre Literatursprache besitzt. Für ihn bilden Petrarca und Boccaccio in ihren Werken bereits im Trecento die geschliffenen Ausdrucksmöglichkeiten des Volgare aus, die dann als klassisches Vorbild für alle italienischen Schriftsteller dienen, die sich nach ihnen in der Volkssprache ausdrücken wollen. Bembo sucht aber – im Gegensatz zu Dante – nicht mehr nach dem vagen Ideal eines *volgare illustre*, er hat sein Ideal einer Literatursprache bereits gefunden: das Toskanische des Trecento. Er macht die Sprache nicht von dem Gebrauch an einem Hof abhängig (*lingua cortegiana*), sondern meint, nur eine Sprache, die von Dichtern gesprochen würde, könne sich wahrhaft als Sprache bezeichnen. Der Wert des Volgare liegt für Bembo nicht mehr in der natürlichen Bequemlichkeit, sondern im universellen und literarischen Charakter seiner Tradition! Für ihn zählt v. a. der künstlerische Aspekt und die literarische Qualität, die allein in der Lage ist, ein *linguaggio* zur *lingua* zu erheben. Bembos Kodifizierung des mustergültigen Toskanisch zielt auf die literatursprachliche Einigung Italiens, etwa zu der Zeit, als Machiavelli

---

[10] „Che a noi la volgar lingua non solamente vicina si dee dire che ella sia, ma natia e propria, e la latina straniera. Chè sì come i Romani due lingua avevano, una propria e naturale, e questa era la latina, l'altra straniera, e quella era la greca, così noi due favelle possediamo altresì, l'una propria e naturale e domestica, che è la volgare, istrana e non naturale l'altra, che è la latina" (Bembo 1978: 61).

[11] „[...] è per ciò che la forza del natio cielo sempre è molta, e in ogni terra meglio mettono le piante che naturalmente vi nascono che quelle che vi sono di lontan paese portate" (Bembo 1978: 69).

[12] „Senza che i barbari, che a noi passati sono, non sono stati sempre di nazione quegli medesimi, anzi diversi" (Bembo 1978: 69).

mit dem Gedanken spielt, ein mustergültiger Fürst solle Italien politisch einigen.[13] Der Einfluß der *Prose* auf die Kultur des frühen Cinquecento ist also groß. Doch in dem Maße, wie das Modell der *Prose* sich in Italien durchsetzen kann, vernichtet es zugleich seine Entstehungsbedingung. Den Hintergrund der *Prose* bildet der literarische Bilinguismus Latein/Volgare, der mit dem endgültigen Durchbruch des Volgare zerstört werden wird. Das theoretische Fundament der *Prose* ist die gleichberechtigte Existenz zweier autonomer Sprachen und Literaturen von gleicher Würde.

Einen weiteren Schritt von der Literatursprache zur Wissenschaftssprache vollzieht das Volgare dann mit Sperone Speroni (1500–1588), der als Kind der Gegenreformation seine Überzeugung von der Überlegenheit der Modernen über die Alten mit Entschiedenheit formuliert. So läßt er im Streitgespräch über die Bedeutung des Volgare Bembo die klassischen Bildungssprachen als bereits leb- und wertlos klassifizieren, sie seien nichts weiter als bloßes Papier und Tinte: „La lingua greca e latina già esser giunte all'occaso, né quelle esser più lingue, ma carta solamente e inchiostro" (Speroni 1978: 611). In seinem *Dialogo delle lingue* faßt Speroni noch einmal die Argumente für und wider das Volgare zusammen. Den Ursprung der Volkssprache erkennt er zwar auch bei den Barbaren, doch habe ihre Jahrhunderte andauernde Verwendung in Italien daraus etwas Eigenes, wirklich Italienisches gemacht.[14] Auch gerade als Wissenschaftssprache sei nun das Volgare zu etablieren. Dafür nimmt er durch den Mund seines Lehrers Pomponazzi das alte Argument des Nutzens von Dante wieder auf. Durch Übersetzungen aus dem Griechischen und Lateinischen wären viel mehr Menschen in der Lage, etwa die Philosophie des Aristoteles zu lesen und zu verstehen.[15] So verwirft Speroni den Gedanken, jede Sprache enthalte ihr eigenes Konzept der Dinge und der Welt, die nur durch sie ausgedrückt werden könne und verweist vielmehr auf die Gleichwertigkeit aller Sprachen – zumindest im wissenschaftlichen Gebrauch. Auch die Vorstellung, daß es Sprachen gäbe, die von sich aus allein geeignet wären, philosophische Gedanken auszudrücken, möchte Speroni nicht länger akzeptieren. Die Qualität des Denkens

---

[13] Apel weist auf das heikle Problem hin, daß durch eine rückwärtsgewandte Normierung des Volgare diese Sprache ebenso überlebt erscheint wie das Lateinische: „Aber in seiner Programmatik der Volkssprache selbst wird er zum Verfechter eines quasi lateinischen Volgare, einer bereits fertigen Sprache, deren Gesetze nicht dem lebendigen Sprachgebrauch, sondern einer begrenzten kanonischen Literatur zu entnehmen sind" (Apel 1963: 212). Es regt sich aber auch Widerstand gegen die archaisierende Konservierung der Sprache durch Bembo. Die Befürworter der höfischen Sprache und die Verteidiger der *italianità* des literarischen Volgare verweisen auf die kulturellen Bedürfnisse der Renaissancehöfe und versuchen eine lebendige, am höfischen Sprachgebrauch orientierte Sprache anzuregen. Der Verteidiger der *italianità* ist im eigentlichen Sinn Giangiorgio Trissino, der seine Überlegungen auf eine Fehlinterpretation der *De Vulgari Eloquentia* Dantes aufbaut und an die Existenz einer *lingua comune e italiana* auf kulturellem wie literarischen Gebiet glaubt, ohne sie jedoch auffinden zu können.

[14] So läßt er Lazzaro sagen, Volgare sei nichts anderes als korruptes Latein: „perochè la volgare non è altro che la latina guasta e corrotta oggimai dalla lunghezza del tempo o dalla forza de' barbari o dalla nostra viltà" (Speroni 1978: 589). Das, was in der Regel Italienisch genannt werde, sei doch viel eher die Sprache der Franzosen und Provenzalen, die nicht nur Wörter hinterlassen hätten, sondern auch die Kunst zu reden und zu dichten: „Nominatelo come vi piace, solo che italiano non lo chiamate, essendo venuto tra noi d'oltre il mare e di là dall'Alpi, onde è chiusa l'Italia" (Speroni 1978: 596). Bembo antwortet darauf mit der Feststellung, in vier- bis fünfhundert Jahren sei aus dem barbarischen Ursprung der Sprache eine *cittadina d'Italia* geworden.

[15] „Dunque, traducendosi a' nostri giorni la filosofia, seminata dal nostro Aristotele ne' buoni campi d'Atene, di lingua greca in volgare, ciò sarebbe non gittarla tra' sassi, in mezzo a' boschi, ove sterile divenisse, ma farebbesi di lontana propinqua e di *forestiera*, che ella è, cittadina d'ogni provincia" (Speroni 1978: 624).

und Schreibens hängt allein von der Urteilskraft und dem Verstand der tätigen Personen ab. Die Angewohnheit, Philosophie allein in Griechisch und Latein zu treiben, sei nichts weiter als wissenschaftliche Tradition und nicht aus der Sache heraus zu rechtfertigen. Nur habe es in der Manier einer sich selbst bestätigenden Wahrheit dazu geführt, daß man nur einfache und alltägliche Dinge im Volgare ausdrücke.[16]

Zwar verhindern die politischen Umstände auf der Halbinsel im 16. Jahrhundert, daß Italien zu politischer Einheit gelangt, das Gefühl jedoch, einer gemeinsamen Kultur mit eigener Sprache anzugehören, wird in dieser Zeit zur allgemeinen Überzeugung. Wenn man auch noch diskutiert, welches der Kanon der Sprache sein soll, so ist doch schon klar, daß man die Sprache des eigenen Volkes als Ausdruck der nationalen Kultur verwenden muß: das Volgare.

Literaturverzeichnis

Apel, Karl Otto (1963): *Die Idee der Sprache in der Tradition des Humanismus von Dante bis Vico*. Bonn.

Auerbach, Erich (1957): *Literatursprache und Publikum in der lateinischen Spätantike und im Mittelalter*. Bern.

Biondo, Flavio (1559): *Flavii Blondi Opera omnia*. Basel.

Bembo, Pietro (1978): „Prose della volgar lingua". In: *Trattatisti del Cinquecento*, hrsg. v. Mario Pozzi. Mailand / Neapel: 51-283.

Borst, Arno (1957ff.): *Der Turmbau von Babel*. 4 Bde. Stuttgart.

Dante (1921): *Opera Omnia*, darin: *Il Convivio* und *Vita Nuova*. Leipzig.

Dante (1991a): *La Divina Commedia*. Testo critico della Società Dantesca Italiana. Mailand.

Dante (1991b): *De vulgari eloquentia*. Introduzione, traduzione e note di Vittorio Coletti. Mailand.

Goody, Jack (1990): *Die Logik der Schrift und die Organisation der Gesellschaft*. Dt. von K. Opolka. Frankfurt/Main.

Goody, Jack (Hg.) (1981): *Literalität in traditionellen Gesellschaften*. Frankfurt/Main.

Klein, Hans Wilhelm (1957): *Latein und Volgare in Italien. Ein Beitrag zur Geschichte der italienischen Nationalsprache*. München.

Migliorini, Bruno (1994): *Storia della lingua italiana*, introduzione di Ghino Ghinassi. Mailand.

Speroni, Sperone (1978): „Dialogo delle lingue." In: *Trattatisti del Cinquecento*, hrsg. v. Mario Pozzi. Mailand / Neapel: 585-633.

---

[16] „Vero è che, perchè il mondo non ha in costume di parlar di filosofia se non greco o latino, già crediamo che far non possa altramente; e quindi viene che solamente di cose vili e volgari volgarmente parla e scrive la nostra età" (Speroni 1978: 625).

Valla, Lorenzo (1952): „Elegantiarum libri." In: *Prosatori latini del Quattrocento*, hrsg. v. Eugenio Garin. Mailand / Neapel: 594-631.
Vitale, Maurizio (1960): *La questione della lingua*. Palermo.

Bodo Guthmüller

Die italienische Übersetzung der Renaissance im Bezugsfeld des Eigenen und des Fremden[1]

„Es gibt zwei Übersetzungsmaximen: die eine verlangt, daß der Autor einer fremden Nation zu uns herüber gebracht werde, dergestalt, daß wir ihn als den Unsrigen ansehen können; die andere hingegen macht an uns die Forderung, daß wir uns zu dem Fremden hinüber begeben und uns in seine Zustände, seine Sprachweise, seine Eigenheiten finden sollen".[2] So beschreibt Goethe in seiner Rede auf Wieland vom 18. Februar 1813 die Pole, zwischen denen sich die literarische Übersetzung bewegt.

Die von Goethe hier aufgezeigten Grundformen des literarischen Übersetzens – das Fremde spürbar machen, das Fremde in das Vertraute überführen – lassen sich in unterschiedlichen Ausprägungen in fast allen Epochen nachweisen. Bei dieser Beobachtung darf man es freilich nicht bewenden lassen. Es gilt zu fragen, welche Stellung die verschiedenen Übersetzungsarten im jeweiligen literarischen System innehaben, aufgrund welcher Voraussetzungen die Entscheidung für den einen oder den anderen Typ getroffen wird, wie sich

---

[1] Dieser Text basiert auf folgenden Arbeiten (dort weiterführende bibliographische Angaben): *Ovidio Metamorphoseos vulgare. Formen und Funktionen der volkssprachlichen Wiedergabe klassischer Dichtung in der italienischen Renaissance*, Boppard 1981; Zum Selbstverständnis der frühen italienischen Übersetzer, in: J. O. Fichte u. a. (Hg.), *Zusammenhänge, Einflüsse, Wirkungen. Kongreßakten zum ersten Symposium des Mediävistenverbandes in Tübingen*, 1984, Berlin / New York 1986, S. 357-369; Italienische Übersetzungen der „Metamorphosen" im Bezugsfeld Original – Leser, in: *Studien zur antiken Mythologie in der italienischen Renaissance*, Weinheim 1986, S. 47-61, 164-171; Nationalliteratur und Übersetzung. Der Beitrag der „volgarizzamenti dai classici" zur Herausbildung der italienischen Kunstprosa, in: K. Garber (Hg.), *Nation und Literatur im Europa der Frühen Neuzeit*, Tübingen 1989, S. 240-261; Die „volgarizzamenti", in: A. Buck (Hg.), *Die italienische Literatur im Zeitalter Dantes und am Übergang vom Mittelalter zur Renaissance*, Heidelberg 1989 (Grundriß der romanischen Literaturen des Mittelalters, 10), II, S. 201-254, 333-348 (mit Bibliographie); Fausto da Longiano e il problema del tradurre, in: *Quaderni veneti* 12 (1991), S. 9-152; Nationalliteratur und Übersetzung antiker Dichtung im Cinquecento, in: T. Klaniczay u. a. (Hg.), *Antikerezeption und nationale Identität in der Renaissance insbesondere in Deutschland und in Ungarn*, Budapest 1993, S. 33-51; Letteratura nazionale e traduzione dei classici nel Cinquecento, in: *Lettere Italiane* 45 (1993), S. 501-518.

[2] Zu brüderlichem Andenken Wielands, zitiert nach H. J. Störig (Hg.), *Das Problem des Übersetzens*, Darmstadt 1963, S. 35. Cf. den Berliner Akademie-Vortrag vom 24. Juni 1813, wo Schleiermacher die Alternative so formuliert: „Entweder der Uebersezer läßt den Schriftsteller möglichst in Ruhe, und bewegt den Leser ihm entgegen; oder er läßt den Leser möglichst in Ruhe und bewegt den Schriftsteller ihm entgegen": Ueber die verschiedenen Methoden des Uebersezens, zitiert nach Störig, S. 38-70: 47.

seine besondere Ausformung darstellt und erklären läßt. Die beiden polaren Möglichkeiten der literarischen Übersetzung stehen sich in neuer Form auch in unserer Zeit noch gegenüber, wenn Wolfgang Schadewaldt für die „dokumentarische" Übersetzung plädiert, die den Leser zur fremden Sprache und zur fremden Kultur hinführen soll, ihn nie vergessen lassen soll, daß er eine Übersetzung liest, Emil Staiger aber die Auffassung vertritt, der Leser dürfe nirgendwo merken, daß er eine Übersetzung vor sich hat: „Ins Deutsche übersetzen heißt", so Staiger, „in Sprache und Stil unserer großen Dichter übersetzen".[3]

Am Ende des zweiten Buches der *Metamorphosen* erzählt Ovid den Raub der Europa. Iupiter hat Merkur den Auftrag gegeben, die Rinderherde des Königs Agenor zur Küste zu treiben:

> Dixit, et expulsi iamdudum monte iuvenci
> Litora iussa petunt, ubi magni filia regis
> Ludere virginibus Tyriis comitata solebat.[4]

Um 1330 übersetzt Arrigo Simintendi aus Prato diese Verse folgendermaßen:

> Ebbe detto: e' giuvenchi, già cacciati del monte, domandano i comandati liti, ove la figliuola del grande re soleva giucare con le vergini di Tiria.[5]

Etwa zweihundert Jahre später gibt Lodovico Dolce 1553 den abschließenden Nebensatz Ovids so wieder:

> Quivi fra molte giovani e donzelle
> La figliuola del re restava a diletto,
> Che bella potea dirsi oltra le belle
> Di persona così, come d'aspetto.
> Nè depinse giamai Zeusi od Apelle,
> Rafael nè Titian si raro oggetto;
> Nè degna d'agguagliare a questa parmi
> Opera d'antichi o di moderni marmi.[6]

---

[3] Siehe die Referate Staigers und Schadewaldts in: *Artemis Symposion. Das Problem der Übersetzung antiker Dichtung*, Zürich 1963, S. 14 ff., 22 ff. Zum Problem der literarischen Übersetzung s. weiterhin u. a. G. Mounin, *Les belles infidèles*, Paris 1955; B. Terracini, *Il problema della traduzione* [zuerst 1957], Milano 1983; F. Güttinger, *Zielsprache. Theorie und Technik des Übersetzens*, Zürich 1963; R. Kloepfer, *Die Theorie der literarischen Übersetzung*, München 1967; R.-R. Wuthenow, *Das fremde Kunstwerk. Aspekte der literarischen Übersetzung*, Göttingen 1969; J. S. Holmes et alii (Hg.), *Literature and Translation*, Leuven 1978; F. M. Rener, *Interpretatio. Language and Translation from Cicero to Tytler*, Amsterdam 1989.

[4] [„Sprach's: schon strebten die Stiere, die jungen, vom Berge vertrieben,/ Nach der befohlenen Stelle der Küste; dort pflegte des großen/ Königs Tochter, begleitet von tyrischen Mädchen, zu spielen."] Publius Ovidius Naso, *Metamorphosen. Epos in 15 Büchern*, hg. u. übs. v. Hermann Breitenbach, Zürich, Artemis, 1958, II 843-845.

[5] *I primi cinque libri (Cinque altri libri ..., Gli ultimi cinque libri ...) delle Metamorfosi d'Ovidio*, volgarizzate da ser Arrigo Simintendi da Prato, hg. v. C. Basi u. C. Guasti, 3 Bde., Prato, Ranieri Guasti 1846-1850, I, S. 97.

[6] [„Dort vergnügte sich unter vielen jungen Mädchen die Tochter des Königs, von der man sagen konnte, daß sie von Gestalt und Ansehen noch schöner war als die Schönen. Weder Zeuxis, noch Apelles, weder Raffael, noch Tizian malten je ein so erlesenes Geschöpf. Und auch antike und moderne Marmorstatuen scheinen mir nicht würdig, mit ihr verglichen zu werden."] All' invittiss. e gloriosiss. Imp. Carlo Quinto. *Le Trasformazioni* di M. Lodovico Dolce, In Venetia, appresso Gabriel Giolito de' Ferrari e fratel, 1553.

Aus den beiden Wiedergaben sprechen völlig unterschiedliche Auffassungen von den Aufgaben der literarischen Übersetzung. Simintendi will seiner Vorlage sprachlich-stilistisch so nahe wie möglich kommen und wählt dementsprechend die Prosaübersetzung. Er wetteifert mit Ovid in der Kürze und Dichte des Ausdrucks. In seinem Bemühen um genaue sprachliche Nachbildung des bewunderten antiken Textes scheut er sich nicht, dem Volgare unvertraute lateinische Konstruktionen zu erproben (wie z. B. „i comandati liti" für „litora iussa"). Die Verschiedenheit des Lateinischen wird als Quelle der Bereicherung für die eigene Sprache begriffen.

Zu einem ganz anderen Ergebnis gelangen wir, wenn wir die Übersetzung Dolces mit dem Original vergleichen. Dolce ist weit davon entfernt, dessen Sprache und Stil nachbilden zu wollen; die Nennung der Königstochter, bei Ovid in einem Nebensatz, veranlaßt ihn zu einer weit ausholenden Beschreibung ihrer Schönheit, die im lateinischen Text keine Entsprechung hat. Dolces Ziel ist offensichtlich nicht die Bereicherung und Neuformung der eigenen Sprache mit Hilfe der fremden, er gießt Ovid in eine neue sprachlich-stilistische Form um und setzt neue thematische Akzente. Indiz der gewandelten Einstellung ist die Wahl der Versübersetzung, die Dolce weitaus größere Freiheit im Umgang mit dem Original läßt als die Prosawiedergabe. Wenn Dolce schließlich die Schönheit Europas mit den Gemälden Raffaels und Tizians vergleicht, so wird vollends deutlich, daß er die Metamorphosen aus der Perspektive der eigenen Zeit heraus neu erzählen will. Dolces *Trasformationi* sind ein ebenso typisches Beispiel der Wiedergabe klassischer Dichtung für die Jahre um 1550-1570, wie Simintendis *Ovidio Maggiore* für die Zeit um 1330 typisch ist.

Fragen wir nach den kulturellen Voraussetzungen, die diese so unterschiedlichen Rezeptionsformen klassisch-lateinischer Dichtung verständlich machen.

Die neue politische und ökonomische Organisation in den italienischen Stadtstaaten des Due- und Trecento hatte tiefgreifende Veränderungen in den Denk- und Lebensformen bewirkt und neue kulturelle Bedürfnisse geweckt. Es entstand eine volkssprachliche literarische Kultur, die sich in der zweiten Hälfte des 13. Jahrhunderts schnell ausbreitete und bald einen reichen Lesestoff umfaßte.[7]

Träger und Förderer der neuen volkssprachlichen literarischen Kultur war die kommunale Führungsschicht von Unternehmern, Kaufleuten und Handwerkern, die die politische und ökonomische Macht innehatten. In *Convivio*, I, ix, dem „bedeutendste[n] Zeugnis, welches wir für die Existenz eines volkssprachlichen gebildeten Publikums in der Zeit um 1300 besitzen" (Auerbach), rechnet Dante dem neuen Publikum neben den Adligen „molt'altra nobile gente" zu [d. h. Nichtadlige, die über den Geistesadel, die „bontà de l'animo", verfügen], „non solamente maschi ma femmine [Dante verweist ausdrücklich auch auf das weibliche Publikum, das dann bei Boccaccio eine so große Rolle spielen wird] che sono molti e

---

Ich zitiere nach der Ausgabe Venedig, Gabriel Giolito, 1561, der letzten von Dolce selbst betreuten (S. 60).

[7] Cf. A. von Martin, *Soziologie der Renaissance* [zuerst 1931], München ³1974; E. Auerbach, *Literatursprache und Publikum in der lateinischen Spätantike und im Mittelalter*, Bern 1958; C. Segre, M. Marti (Hg.), *La Prosa del Duecento*, Milano-Napoli 1959; C. Segre, *Lingua, stile e società. Studi sulla storia della prosa italiana*, Milano 1963; M. Marti, La prosa, in: *Storia della letteratura italiana*, I, Milano 1965, S. 511-623; A. E. Quaglio, Retorica, prosa e narrativa del Duecento, in: *La letteratura italiana. Storia e testi*, I, 2, Bari 1970, S. 257-428.

molte in questa lingua, volgari e non litterati" [die das Volgare beherrschen, aber nicht das Latein][8].

Das Zentrum dieser neuen volkssprachlichen literarischen Kultur lag in Mittelitalien und vor allem in der Toskana, wo bald Florenz, das auf den Gebieten des Handels und der Finanzen die übrigen toskanischen Kommunen überragte, die politische und kulturelle Führung übernahm. Nirgendwo nachhaltiger als hier verlangte das gebildete Publikum den Zugang zu dem in der lateinischen und französischen Literatur gespeicherten Wissen, nirgendwo begieriger als hier rezipierte und assimilierte die neue Elite, was die lateinische und französische Tradition ihr bieten konnte, um die geistigen Grundlagen der Kommunen zu festigen. Daß die Führungsschicht der Kommunen die treibende Kraft bei der Entstehung der volkssprachlichen Literatur war, darüber legen die Prologe zu den *volgarizzamenti* ein beredtes Zeugnis ab. Die Übersetzungen entstanden in der Regel auf Anregung und Bitten einflußreicher Bürger, die zu ihrem und ihrer Mitbürger Nutzen die Übertragung der ihnen unzugänglichen lateinischen Texte wünschten. Die *volgarizzatori* entstammten in den meisten Fällen dem Berufsstand der Richter und Notare, der neuen, von den Universitäten und Rechtsschulen herkommenden Bildungselite der Kommunen;[9] sie gehörten demselben sozialen Milieu an wie ihre Auftraggeber, hatten die gleichen politischen und kulturellen Interessen und fühlten sich dementsprechend verpflichtet, als Mediatoren zu fungieren.

Die *volgarizzamenti* stellten – neben Novellen, Chroniken, religiöser Literatur, lyrischer und didaktischer Dichtung – zum guten Teil den Lesestoff des neuen volkssprachlichen Publikums.[10] Es sind zum einen zahlreiche Übersetzungen aus dem Französischen, das bis weit ins Trecento hinein aufgrund der großen politischen und kulturellen Bedeutung Frankreichs eine Vormachtstellung unter den Volkssprachen und Literaturen innehatte; so übertrug man viel gelesene Romane wie den *Troiaroman* oder den *Tristanroman*, weit verbreitete historische Kompilationen wie die *Faits des Romains*, die noch vor den Übersetzungen der römischen Historiker die Geschichte Roms erschlossen, didaktisch-enzyklopädische Schriften wie den *Trésor* des Brunetto Latini, die erste umfassende nicht-lateinische Wissensenzyklopädie. Daneben standen in großer Zahl *volgarizzamenti* spätantiker und mittellateinischer philosophisch-didaktischer, historischer und religiöser Werke. Einen besonders wichtigen Beitrag zur Erweiterung der volkssprachlichen Kultur leisteten schließlich die Übersetzungen rhetorischer, historischer, poetischer Texte aus dem klassischen Latein.

Bei den Übersetzungen aus dem Französischen sind die Ausgangstexte in ihrer sprachlichen Struktur und in ihrem kulturellen Niveau in der Regel dem heimischen Volgare zu ähnlich, als daß sie dem Übersetzer entscheidende neue Impulse geben könnten; er fühlt sich seiner Vorlage gegenüber weitgehend frei, paraphrasiert, ergänzt, kürzt, wo ihm dies notwendig scheint. Anders bei lateinischen Ausgangstexten: die komplexe Periodenbildung, der Reichtum der grammatischen Formen, der differenzierte Wortschatz, die fremden Vorstellungen und Einrichtungen erfordern vom Übersetzer eine gediegene sprachliche und kulturelle Bildung und ein ernsthaftes sprachlich-stilistisches Bemühen. Dies gilt natürlich

---

[8] Ed. G. Busnelli / G. Vandelli, Firenze ²1964, I, S. 58; Auerbach, *Literatursprache und Publikum*, S. 226.

[9] Cf. F. Novati, Il notaio nella vita e nella letteratura italiana delle origini, in: Id., *Freschi e minii del Dugento*, Milano 1908, S. 299-328; G. Salvemini, *Magnati e popolani in Firenze dal 1280 al 1295*, Torino 1960, S. 81 ff.

[10] Cf. C. Segre (Hg.), *Volgarizzamenti del Due e Trecento*, Torino ²1969; G. Folena, *Volgarizzare e tradurre*, Torino ²1991; C. Dionisotti, Tradizione classica e volgarizzamenti, in: Id., *Geografia e storia della letteratura italiana*, Torino ²1977, S. 125-178.

weniger für mittellateinische Werke, die „cum domestico eloquio et communi" geschrieben sind und durch deren Latein das Volgare durchschimmert. Es gilt hingegen stärker für die gelehrten mittellateinischen Texte in „latino difficili et ornato"[11] und am ausgeprägtesten für die Übersetzungen aus dem klassischen Latein.

Respekt vor dem Original, Bemühen um die Bewahrung seiner stilistischen Integrität und parallel dazu Streben nach stilistischer Aufhöhung der eigenen Sprache sind Charakteristika, die vor allem die – erst im 14. Jahrhundert häufiger werdenden – *volgarizzamenti dai classici* kennzeichnen.[12] Nirgends tritt die Tendenz, den literarisch-stilistischen Zielsetzungen neben den divulgativ-didaktischen Bedeutung beizumessen, deutlicher hervor als hier; nirgendwo gewinnt das Volgare in der Auseinandersetzung mit der fremden Sprache eine ähnliche Ausdruckskraft und Würde. Zu Recht erkennt die moderne Kritik in diesen Texten die Anfänge der italienischen Kunstprosa. Diese Orientierung verstärkt sich von Brunetto Latinis Ciceroübersetzungen – in denen das Vorbild des Klassikers beginnt, das Vorbild der mittellateinischen *ars dictandi* zu verdrängen[13] – über die Sallust-Übersetzungen des Bartolomeo da San Concordio (um 1302)[14] zu Boccaccios Livius-Übersetzung, wo sie im bewußten Versuch Boccaccios, die eigene Sprache bis an die Grenze zu führen, wo das Italienische noch Italienisch und doch auch schon Latein ist, ihren Höhepunkt findet.[15] Boccaccio überschreitet gelegentlich auch die „feine, schwer zu treffende Mittellinie zwischen der eigenen und der fremden Sprache", die zu erreichen nach Schadewaldt höchstes Ziel des Übersetzens ist.[16] Eine bedeutende Zwischenstufe auf dem Weg zu Boccaccio sind die Übersetzungen antiker narrativer Dichtung, namentlich die *Aeneis*-Übersetzung des Ciampolo Ugurgieri aus Siena[17] und die *Metamorphosen*-Übersetzung des Arrigo Simintendi aus Prato, aus der ich eingangs zitierte. In diesen Texten bahnt sich eine neue, prähumanistische Sicht der klassischen Autoren an, ein Abrücken von der mittelalterlichen Umdeutung und Aktualisierung der Antike und eine Annäherung an die humanistische Bewußtheit der historischen und sprachlich-stilistischen Unterschiedlichkeiten (mit dem fundamentalen Unterschied freilich, daß die Humanisten auf eine Erneuerung der lateinischen Sprache und Literatur abzielen). Die literarische Übersetzung, die die architektonische und stilistische Integrität des antiken

---

[11] „Nec curavi de latino difficili et ornato sed sicut ille narrabat sic ego scribebam cum domestico eloquio et communi", [„Ich bemühte mich nicht um ein schwieriges und schmuckvolles Latein, sondern wie jener erzählte, so schrieb ich es auf, in einfacher, alltäglicher Sprache".] so erläutert der Schreiber, dem Odorico da Pordenone 1330 in Padua seine „Relatio" diktiert, sein Verfahren; zit. nach L. Monaco, I volgarizzamenti italiani della „Relazione" di Odorico da Pordenone, in: *Studi mediolatini e volgari* 26 (1978/79), S. 179-219: 180.

[12] Siehe A. Schiaffini, *Tradizione e poesia nella prosa d'arte dalla latinità medievale a G. Boccaccio*, Roma ²1943; F. Maggini, *I primi volgarizzamenti dai classici latini*, Firenze 1952; Dionisotti, *Tradizione classica e volgarizzamenti*; A. Buck / M. Pfister, *Studien zu den „volgarizzamenti" römischer Autoren in der italienischen Literatur des 13. und 14. Jahrhunderts*, München 1978.

[13] *La Rettorica di B. Latini*, ed. F. Maggini, Firenze 1915; cf. Maggini, *I primi volgarizzamenti dai classici latini*; J. Thomas, *Brunetto Latinis Übersetzung der drei Caesarianae. Ein Beitrag zur Geschichte der italienischen Sprache des Duecento*, Diss. Köln 1967.

[14] *Della Congiura Catilinaria e della Guerra Giurgurtina libri due di C. C. Sallustio volgarizzati da frate Bartolommeo da S. Concordio dell'Ordine de' Predicatori*, ed. G. Cioni, Milano 1828.

[15] *Le Deche di T. Livio. Volgarizzamento del buon secolo*, ed. F. Pizzorno, Savona 1842-1849. Cf. M. T. Casella, *Tra Boccaccio e Petrarca. I volgarizzamenti di Tito Livio e di Valerio Massimo*, Padova 1982.

[16] *Das Problem der Übersetzung antiker Dichtung*, S. 23 f.

[17] *L'Eneide di Virgilio, volgarizzata nel buon secolo della lingua da Ciampolo di Meo degli Ugurgeri Senese*, ed. A. Gotti, Firenze 1858.

Textes wahren will, stellt in der europäischen Kulturgeschichte ein Novum dar. Italien geht mit dieser Form der Rezeption antiker Autoren den anderen Ländern voraus.

Bezeichnenderweise sind die frühesten Übersetzungen aus dem klassischen Latein Übersetzungen rhetorischer Texte, die in enger Beziehung zum politischen Leben der Kommunen stehen. Fra Guidotto da Bologna und Brunetto Latini übersetzen um 1260 die *Rhetorica ad Herennium* (die damals Cicero zugeschrieben wurde)[18] und *De Inventione* des „besten Redners der Welt" (wie Brunetto Latini Cicero nennt), weil die klassische Rhetorik für die Kunst des Redens bei Gesandtschaften und in Ratssitzungen und für die Kunst des Briefeschreibens unentbehrlich sei.[19]

Solche Wertungen erfolgen nicht zuletzt im Bewußtsein von der besonderen Beziehung der italienischen Stadtstaaten zu Rom, ein Bewußtsein, das die kommunale Identität zunehmend kennzeichnet.[20] Man sah sich als Nachfolger der alten Römer, die Städte führten ihren Ursprung auf römische Gründungen zurück, Adelsfamilien stellten die Verwandtschaft mit alten römischen Familien her. Immer häufiger spielte man auf Inschriften und Siegeln, in Amtsbezeichnungen, in Chroniken auf das alte Rom an.

> Vom Rocken drehte sie ihr Fädchen
> und fabulierte mit den jungen Leuten
> von Troya und von Fiesole und Rom,

so schildert Dante die Florentinerin (*Paradiso*, XV, 124-126; Übs. K. Vossler). Die Römer sind vorbildhaft in allen Lebensbereichen: „Li Romani sono [...] regole non fallibioli in ogni virtute, in tempo di guerra e di pace; e però i lor fatti e i lor detti, sopra quelli di tutti li altri mortali, dobbiamo eleggere, conoscere e seguire", so erklärt Andrea Lancia, ein profilierter Florentiner Notar, im Prolog seiner *Aeneis*-Übersetzung.[21] Es ist so kaum ein Zufall, daß das erste römische Geschichtswerk, das ins Volgare übertragen wurde, Sallusts *Catilinarische Verschwörung* war, in der die Stadt Fiesole eine große Rolle spielt, an deren Zerstörung bekanntlich die Gründungslegende von Florenz geknüpft ist. Die Geschichte Roms wird als die eigene Geschichte begriffen. Dasselbe gilt für die Auswahl der Cicero-Reden, die Brunetto Latini übersetzt hat (*Pro Marcello*, *Pro Ligario*, *Pro rege Deiotaro*, vermutlich auch die erste *Catilinarische Rede*), Reden, in deren Mittelpunkt die Figuren Caesars und Catilinas stehen. Die Florentiner Chronisten ließen ja üblicherweise ihre Darstellung mit den Kämpfen Caesars und Catilinas und der Gründung Fiesoles beginnen,[22] und auch bei der Darstellung der Zeitgeschichte waren Rückbezüge auf die römischen Ursprünge beliebt, etwa wenn Dino Compagni in seiner *Cronica* unter Zuhilfenahme sallustischer Wendungen Corso Donati mit Catilina vergleicht.[23]

---

[18] *Il Fiore di Rettorica di frate Guidotto da Bologna*, ed. B. Gamba, Milano 1847.

[19] *La Rettorica*, S. 6.

[20] Cf. W. Goetz, *Italien im Mittelalter*, Leipzig 1942, S. 61-125; A. Buck, Dante und die Ausbildung des italienischen Nationalbewußtseins, in: *Aspekte der Nationenbildung im Mittelalter*, Sigmaringen 1978, S. 489-503; H. Münkler, Nation als politische Idee im frühzeitlichen Europa, in: K. Garber (Hg.), *Nation und Literatur*, S. 56-86.

[21] [„Die Römer sind unfehlbare Vorbilder in jeder Tugend, in Zeiten des Krieges wie des Friedens; und deshalb müssen wir ihre Worte und Taten vorrangig vor denen aller anderen Menschen wählen, kennenlernen und befolgen."] Compilazione della Eneide di Virgilio fatta volgare per Ser Andrea Lancia Notaro Fiorentino, ed. P. Fanfani, in: *L'Etruria* 1 (1851), S. 165.

[22] Siehe etwa Giovanni Villani, *Cronica* I, 38 (Ed. Firenze 1844-1845).

[23] *Cronica* II, 20 (Ed. G. Luzzato, Torino 1968, S. 98).

Die Vorbildhaftigkeit Roms wird auch im sprachlich-literarischen Bereich immer stärker empfunden und führt einerseits zu Dantes Forderung, die entstehende italienische Literatursprache solle ihr Muster bei den römischen Dichtern und Prosaautoren suchen,[24] andererseits zum Wunsch der Übersetzer, die lateinischen Klassiker möglichst unverfälscht im Italienischen wiedererstehen zu lassen.

Man geht gewiß nicht fehl, wenn man die neue Art der Übertragung klassischer Texte in Italien, den Wunsch nach möglichst getreuen Abbildern der antiken Originale auch als Reaktion der kulturbewußten Schichten der aufblühenden, sich in der Nachfolge Roms fühlenden italienischen Kommunen gegen den bis ins frühe Trecento vorherrschenden französischen Kultureinfluß versteht.[25] Die *volgarizzamenti* des Brunetto Latini, des Bartolomeo da San Concordio, des Ugurgieri, des Simintendi, des Boccaccio zeichnen sich eben auch dadurch aus, daß sie direkt auf die lateinischen Originale zurückgreifen und sich nicht mit französischen oder mittellateinischen Vermittlertexten zufriedengeben. Abneigung gegen die kulturelle Fremdherrschaft spricht aus Dantes heftiger Polemik gegen die Italiener, die die „italica loquela" zugunsten des „volgare altrui" – gemeint sind das Französische und das Provenzalische – herabsetzen (*Conv.*, I, xi). Das Bewußtsein, bei aller Vielfalt der Mundarten eine besondere Sprachgemeinschaft zu bilden, die sich von anderen Sprachgemeinschaften abgrenzt, ist wie das Bewußtsein der besonderen Beziehung zu Rom ein wesentliches Element des italienischen Selbstverständnisses der Zeit.

Mit Boccaccios Livius-Übersetzungen, in denen die latinisierende Kunstprosa der *volgarizzatori dai classici* ihren Höhepunkt erreicht, mündet die Übersetzungstätigkeit des Trecento in den Humanismus ein. Die von Boccaccio vollzogene Synthese sollte jedoch nicht die weitere Entwicklung bestimmen. Petrarca stellte sich gegen die von Dante und dem jungen Boccaccio getroffene Wahl und löste sich von der volkssprachlichen literarischen Kultur zugunsten einer humanistisch lateinischen. Nicht zufällig ist die einzige bekannte Übersetzung Petrarcas eine Übersetzung aus dem Volgare ins Latein, die Übersetzung nämlich der Griselda-Novelle, der letzten Novelle des *Decameron*. An die Stelle der Diskussion der Beziehungen zwischen dem Latein und dem Volgare tritt die über die Beziehungen zwischen den beiden klassischen Sprachen; die Übersetzung aus dem Griechischen ins Latein bekommt große Bedeutung. Das Übersetzen der 'vollkommenen' klassischen Autoren in die 'unvollkommene' Volkssprache wurde hingegen zu einer Tätigkeit, zu der sich die neue Avantgarde der Humanisten nicht gerne hergab. So ging die große Epoche der *volgarizzamenti* in Italien mit dem Triumph Petrarcas und seiner Schule zuende.[26] Eine typische Erscheinung wird in der Folgezeit der Verzicht der Übersetzer auf den unmittelbaren Kontakt mit den antiken Originalen; sie begnügen sich in der Regel mit Vermittlertexten, in denen die Distanz zwischen dem Fremden und dem Eigenen bereits weitgehend aufgehoben war.

Zu einer durchgreifenden Neuorientierung wird es – nach Anfängen im Florenz der Medici – erst im fortgeschrittenen 16. Jahrhundert kommen. Es scheint, daß das maßgebliche Publikum des späten Quattro- und frühen Cinquecento, die Hofgesellschaften der Fürstenresidenzen und *signorie*, anderen Rezeptionsformen antiker Texte gegenüber der Über-

---

[24] *De vulgari eloquentia*, II vi 7.
[25] Cf. Dionisotti, *Tradizione classica e volgarizzamenti*, S. 135 ff.
[26] „L'età dei volgarizzamenti", so urteilt Carlo Dionisotti pointiert, „si chiuse in Italia poco oltre la metà del Trecento col trionfo del magistero umanistico del Petrarca" [„Die Epoche der *volgarizzamenti* ging in Italien kurz nach der Mitte des 14. Jahrhunderts mit dem Triumph der humanistischen Lehre Petrarcas zu Ende."] (*Tradizione classica e volgarizzamenti*, S. 143).

setzung den Vorzug gab: Es ist in der Tat auffällig, daß es an keinem der tonangebenden Zentren der Zeit zu neuen Übersetzungen großer klassischer Dichtungen wie der *Aeneis* oder der *Metamorphosen* Ovids kam, ja aus alten Bibliotheksinventaren geht hervor, daß nicht einmal die *Metamorphosen*-Übersetzungen des Trecento am Hof von Ferrara, Mailand oder Mantua vorhanden waren.[27] Das auf den eigenen Geschmack und die eigenen Wertvorstellungen fixierte höfische Publikum verlangte offenbar nach einer stärkeren Modernisierung und Aktualisierung der antiken Werke, als sie die dem fremden Original verpflichtete Übersetzung, selbst wenn sie Zugeständnisse an den modernen Geschmack machte, bieten konnte. Man begehrte die beliebten antiken Stoffe in ansprechenderen und zeitgemäßeren literarischen Formen. Solche erfolgreichen neuen Formen waren etwa das mythologische Schauspiel, das in der Nachfolge der *Favola di Orfeo* des Polizian die Höfe eroberte, oder die im Rückgriff auf die klassische Literatur erneuerte heimische Turnier- und Ritterdichtung; man denke an Polizians *Stanze* und Boiardos *Orlando Innamorato*.

„Quasi tutti gli uomini da bene biasimano questo trapportare da la latina [lingua] in questa più comune", fast alle verständigen Leute tadeln die Übersetzung aus dem Latein in die Volkssprache, so liest man noch im *Dialogo de la lingua italiana* des Francesco Amadi, der um 1530 verfaßt wurde.[28] Fünfundzwanzig Jahre später schreibt Fausto da Longiano in seinem *Dialogo del modo de lo tradurre*: „ogni ragionare intorno a ciò che si facesse a mio giudicio superfluo sarebbe" (§ 15)[29] – die Diskussion über die Nützlichkeit und Notwendigkeit der Übersetzung ist überflüssig, denn kein verständiger Mensch zieht sie in Zweifel. Die beiden Zitate machen den grundsätzlichen Wandel anschaulich, der sich in der Einstellung gegenüber dem Übersetzen ins Volgare in den dreißiger und vierziger Jahren in Italien vollzieht. 1530 überwogen noch die Gegner. Amadis „uomini da bene", die die Übersetzung tadeln, sind einerseits die Humanisten, die angesichts der neuen Bedeutung, die das Volgare Anfang des 16. Jahrhunderts gewonnen hatte, den endgültigen Niedergang der lateinischen Bildung und der lateinischen literarischen Kultur befürchteten und gerade auch der Übersetzung Schuld daran zuwiesen: Sie ist verantwortlich für den Rückgang der Kenntnis der alten Sprachen, sie nimmt den klassischen Texten ihre begriffliche Präzision, ihren Glanz und ihre Würde.

Aber die „uomini da bene", die verständigen Leute, die 1530 vom Übersetzen ins Volgare nichts wissen wollen, sind eben auch die Literaten, die die italienische Sprache und Literatur auf dieselbe Stufe wie das Latein heben wollen, die die Überzeugung von der Ebenbürtigkeit des Volgare durchsetzen werden, die sog. Vulgärhumanisten. Bembo, Castiglione, Ariost, die alle über eine ausgezeichnete lateinisch-humanistische Bildung verfügten, entschieden sich für die Muttersprache als literarische Sprache. Doch sie mieden das Übersetzen.

Wie erklärt sich die subalterne Stellung der Übersetzung ins Volgare in einer Zeit, da sich die Überzeugung von der Ebenbürtigkeit, ja der Überlegenheit des Italienischen gegenüber dem Latein durchzusetzen beginnt? Offensichtlich entsprach diese Distanz dem Übersetzen gegenüber einem Bedürfnis der vulgärhumanistischen Avantgarde. Bembo, dessen Posi-

---

[27] Guthmüller, *Ovidio Metamorphoseos vulgare*, S. 166 ff.
[28] Francesco Amadi, Dialogo de la lingua italiana, ed. D. Perocco, in: *Studi e problemi di critica testuale* 26 (1983), S. 117-150: 144.
[29] Dialogo del Fausto da Longiano del modo de lo tradurre d'una in altra lingua segondo le regole mostrate da Cicerone, Venezia, Lodovico delli Avanzi, 1556. Testo critico annotato a cura di B. Guthmüller, in: *Quaderni Veneti* 12 (1991).

tionen weitgehend anerkannt wurden, ging es in den *Prose della volgar lingua* (1525) in erster Linie darum, dem Volgare mit Hilfe einer strengen Disziplinierung dieselbe Ausdrucksfähigkeit zu geben wie dem Latein. Die Mittel zu dieser Disziplinierung mußten der Struktur der modernen Sprache angemessen sein und sich aus der eigenen Tradition des Volgare herleiten lassen. Vorbild war das Toskanische des Trecento, die, wie man meinte, reine Sprache eines Petrarca und Boccaccio. Hier liegen die Ursprünge des sprachlichen Purismus in Italien, der im übrigen nicht nur gegen das Latein gerichtet war, sondern ebenso gegen Regionalsprachen und sogar gegen das moderne Toskanisch, dem Adel und Würde abgesprochen wurden. Bei diesen Zielsetzungen konnte der Übersetzung aus dem Latein, das Bembo nun anders als die Humanisten als Fremdsprache ansieht, verständlicherweise keine große Rolle zukommen. Übersetzen bedeutete, sich der Gefahr der Überfremdung preisgeben. So blieb das *volgarizzamento* in den ersten Jahrzehnten des 16. Jahrhunderts das *genus humile*, das es in der zweiten Hälfte des 14. Jahrhunderts unter dem Einfluß Petrarcas und des Humanismus geworden war.

Um 1540 sind die Sprache und Literatur des Ariost, des Bembo, des Castiglione sicherer Besitz der großen Mehrheit der italienischen Literaten geworden. Mit dem Triumph des Vulgärhumanismus änderte sich auch die Situation der Übersetzung von Grund auf. Die Übersetzung aus dem Latein ins Italienische galt jetzt nicht mehr als Risiko, sondern konnte im Gegenteil beweisen, daß die neue Hochsprache allen Aufgaben gewachsen war. Die Übersetzungstätigkeit lebte neu auf und gewann um die Jahrhundertmitte nie gesehene Ausmaße. Die Übersetzer kommen nun nicht mehr aus der literarischen Nachhut, sondern sind die Träger der zweiten Phase des Vulgärhumanismus, der Phase der Verbreitung der neuen Ideale. Zu wichtigen literarischen Zentren wurden die überall in Italien aus dem Boden schießenden literarischen Akademien, von denen sich viele die Pflege der Übersetzung ausdrücklich zur Aufgabe machten.

Die gewandelte Stellung der Übersetzung im literarischen System der Zeit spiegelt sich im Interesse, das die gelehrte Kritik ihr nun – zum ersten Mal in der Geschichte der italienischen Literatur – entgegenbringt. Hatte Bembo in den *Prose della volgar lingua* 1525 die Übersetzung völlig ignoriert, so werfen die neuen Traktate zur Sprachenfrage das Problem auf: Das gilt für Sperone Speronis *Dialogo delle lingue* von 1542 ebenso wie für Giovan Battista Gellis *Capricci del Bottaio* (1546), Claudio Tolomeis *Cesano* (1555) oder Benedetto Varchis *Ercolano* (1570).

Um die Jahrhundertmitte verliert die prinzipielle Frage, ob man übersetzen soll oder nicht, an Bedeutung zugunsten der Frage des 'Wie'. Der Titel des *Dialogo del modo de lo tradurre* des Fausto (1556), des ersten italienischen Übersetzungstraktats überhaupt, ist in dieser Hinsicht aufschlußreich. Zwei Grundpositionen stehen sich gegenüber: soll man *secondo le parole* oder *secondo il senso* übersetzen. Fast immer entscheiden sich die Literaten für die freie, sinngemäße Wiedergabe.[30] „Cambiando, come si suole dire, parola per pa-

---

[30] Eine isolierte Stimme ist die des Lodovico Castelvetro, der schon 1543 einen Freund, der ihn um seine Meinung zur Übersetzungsfrage gebeten hatte, vor der sog. sinngemäßen Übersetzung warnt, die die sprachlich-stilistische Gestalt des Originals verrät: „[non] m'accordo con coloro che, lasciate le parole, attendono al senso solo, e men con quelli altri che, lasciata una parte del senso, un'altra ve ne ripongono in suo luogo" [„ich bin nicht einverstanden mit denen, die die Worte nicht berücksichtigen und nur auf den Sinn achten, und noch weniger mit jenen, die einen Teil des Sinnes unterschlagen und an dessen Stelle etwas anderes setzen"] (Lettera di Lodovico Castelvetro scritta a M. Guasparro Calori a Roma del traslatare, ed. A. Calogierà, in: *Raccolta d'opuscoli scientifici e filologici*, Bd. 37, Venezia, Simone

rola, quel componimento il quale nella sua prima lingua era tutto vago, tutto facile e dilettevole, in questa guisa tratto nell'altrui, diventa tutto difficile e noioso e perde ogni ornamento"; „egli è forza per far opera che bella sia, in questi volgimenti d'una lingua ne l'altra, ubbidire a le forme e le stampe di quella ne la quale si trasferisce, non di quella onde l'argomento si piglia" – Vincenzo Cartari und Claudio Tolomei bringen die allgemein verbreitete Überzeugung zum Ausdruck.[31]

Die neue Freiheit gegenüber dem fremden Text zeigt sich am ausgeprägtesten in der Art der Wiedergabe antiker Dichtung. Wer lateinische Dichtung ins Italienische übersetzen will, muß nicht nur der Verschiedenheit der Sprachen, sondern auch der Verschiedenheit der Dichtungsweisen im Lateinischen und im Italienischen Rechnung tragen, „essendo molto differenti i numeri e nervi della poesia latina da quelli della volgare", so schreibt 1563 Giuseppe Orologgi.[32] Er schreibt dies in seinem Kommentar zur 1561 erschienenen Metamorphosen-Übersetzung des Giovanni Andrea dell'Anguillara, die – wie die eingangs zitierte des Lodovico Dolce – als ein typisches Beispiel der Wiedergabe klassischer narrativer Dichtung in den Jahren um 1550-1570 gelten darf. Die Übersetzer der *Aeneis*, der *Thebais*, der *Metamorphosen* sind weit davon entfernt, Sprache und Stil der Klassiker nachbilden zu wollen, vielmehr sehen sie ihre Aufgabe darin, die antiken Epen in die Sprache und den Stil der eigenen, nationalen Musterautoren umzuschreiben, sie in die italienische Nationalliteratur einzubürgern. Sie entscheiden sich demgemäß für die Versübersetzung und wählen die *ottava rima*, das durch Ariost geadelte Metrum des *Orlando Furioso*, des großen Erfolgswerks der Zeit.

Ovid hatte die *Metamorphosen* mit der stolzen Prophezeiung ihrer Unvergänglichkeit und der Unsterblichkeit seines Ruhms beschlossen. Im Epilog der *Metamorphosen*-Übersetzung Anguillaras liest sich dies so:

> Hor tu nata, opra mia, d'una si bella,
> D'una si rara e varia poesia,
> Fa noto al mondo che l'età novella
> Non invidia talhor l'età di pria:
> E mentre vive la Tosca favella,
> Fa ch'ancor viva la memoria mia,
> Fa co'l tenor de' tuoi vivaci carmi
> Ch'io non habbia a invidiar bronzi nè marmi.[33]

Occhi, 1747, S. 73-92: 83). Cf. W. Romani: Lodovico Castelvetro e il problema del tradurre, in: *Lettere italiane* 18 (1966), S. 152-179.

[31] [„Wenn jemand, wie man zu sagen pflegt, Wort für Wort übersetzt, wird das Werk, das in der Originalsprache anmutig, leicht und reizvoll war, in einer solchen Übertragung schwierig und langweilig und verliert allen Schmuck"; „um ein schönes Werk zu schaffen, muß man beim Übersetzen den Formen und Mustern der Sprache, in die man überträgt, gehorchen, nicht denen der Sprache, aus der man den Stoff übernimmt"]; Vincenzo Cartari, *Il Flavio intorno a i Fasti volgari*, Venezia, Gualtero Scotto, 1553, „A chi legge", S. 3; Claudio Tolomei, *Il Cesano de la lingua toscana*, ed. O. Castellani Pollidori, Firenze 1974, VII, 74.

[32] *Le Metamorfosi di Ovidio, ridotte da Giovanni Andrea dell'Anguillara in ottava rima, al christianissimo Re di Francia Henrico Secondo, di nuovo dal proprio auttore rivedute e corrette, con le annotationi di M. Giuseppe Horologgi*, In Venetia, appresso Francesco de' Franceschi Senese, 1563, Bl. 31r. Die erste Gesamtausgabe der „Metamorfosi" war (noch ohne den Kommentar Orologgis) 1561 in Venedig bei Giovanni Griffio erschienen.

[33] [„Nun, du, mein Werk, das du aus einer so schönen, so erlesenen und abwechslungsreichen Dichtung entstanden bist, tue der Welt kund, daß die neue Zeit die frühere Zeit manchmal nicht zu beneiden braucht:

Die italienische Übersetzung der Renaissance 161

Das Ich, das sich hier äußert, ist das Ich Anguillaras, nicht das Ovids; der Übersetzer tritt an die Stelle des Autors. Seine Übersetzung, oder vielmehr sein „Werk" („opra mia"), soll der Welt kundtun, daß die „età novella", die Moderne, die eigene Zeit, keineswegs auf die Antike neidisch sein muß, sondern mit ihr wetteifern kann. Die italienischen *Metamorfosi* sollen – gleichsam als Originalwerk – in der Tradition der „Tosca favella", in der nationalen literarischen Tradition Italiens, fortleben.

Der Epilog des Erasmo di Valvasone zur *Thebaide* kann den vom Übersetzer gewählten Standort in der Moderne, in der eigenen Zeit, noch weiter verdeutlichen. Statius beschließt die *Thebais*, indem er seinem Buch Nachruhm wünscht, ihm jedoch rät, es nie am nötigen Respekt vor Virgils *Aeneis*, dem bewunderten Vorbild, fehlen zu lassen. Hören wir nun Erasmo da Valvasone; er wendet sich zunächst an das typische Publikum des Cinquecento, an „donne e cavalieri", und fährt dann fort:

> Portiti, i' prego, la fortuna avante,
> E da Lethe ti serbi intatta e viva:
> Ma come humil chinasti già le piante
> Al pio figliuol d'Anchise e de la diva,
> Così tentar del gran signor d'Anglante
> L'alto furor tien arroganza e schiva:
> Anzi l'adora, e per l'orme di lui
> Vincer fa prova tu la 'nvidia altrui.[34]

So wie die lateinische *Thebais* sich in respektvoller Distanz zur *Aeneis* gehalten hat, so soll die italienische Thebaide den „alto furor [...] del gran signor d'Anglante" fürchten, d. h. also den *Orlando Furioso* Ariosts, der damit als der Virgil entsprechende italienische Musterautor herausgestellt wird. Deutlicher konnte Valvasone nicht zum Ausdruck bringen, daß er seinen Standort im Volgare wählt, daß sein literarisches Modell nicht der antike Autor Statius ist, den er übersetzt, sondern der moderne Autor Ariost.

Die Aktualisierung und Neuformung des Originals geht bei Anguillara so weit, daß er ovidische Sagen, die Ariost im *Orlando Furioso* imitiert hatte, nach dem Vorbild Ariosts abwandelt. So entsteht die kuriose Situation, daß der Übersetzer bis hin zum Handlungsgefüge nicht dem Original, sondern dessen modernem Nachahmer folgt. Während zum Beispiel Perseus bei Ovid mit Hilfe der geflügelten Sandalen, die Merkur ihm gegeben hat, durch die Lüfte fliegt und das Meeresungeheuer, das Andromeda bedroht, mit seinem Schwert

---

und solange die toskanische Sprache lebt, bewirke, daß auch mein Ruhm lebt, bewirke mit dem Klang deiner lebhaften Verse, daß ich Bronze- und Marmorstatuen nicht zu beneiden brauche."] *Le metamorfosi*, Schlußoktave.

[34] [„Fortuna möge dich, so bitte ich, weitertragen und dich vor Lethe unversehrt und lebendig bewahren: doch wie du dich einst demütig vor dem frommen Sohn des Anchises und der Göttin verneigtest, so sollst du es für Anmaßung halten und vermeiden, den edlen Zorn des großen Herrn von Anglante herauszufordern: Verehre ihn vielmehr, und versuche auf seinen Spuren den Neid der anderen zu besiegen."] *La Thebaide di Statio ridotta dal sig. Erasmo di Valvasone in ottava rima. Alle illustrissime et eccellentissime madama Lucretia Estense della Rovere, Principessa d'Urbino, e madama Leonora da Este*, In Venetia, appresso Francesco de' Franceschi Senese, 1570. Vgl. Statius, XII, 816-819: „Vive, precor; nec tu divinam Aeneida tempta,/ sed longe sequere et vestigia semper adora./ mox, tibi si quis adhuc praetendit nubila livor,/ occidet, et meriti post me referentur honores" [„Mögest du lange leben; doch fordere die göttliche *Aeneis* nicht heraus, sondern folge ihr von weitem und verehre immer ihre Spuren. Wenn dich jetzt noch Neid umwölkt, so wird dies bald vorüber sein, und nach meinem Tod wird dir die verdiente Ehre erwiesen werden"] (P. Papinius Statius, *Thebais*, hg. v. A. Klotz, Leipzig 1973).

erschlägt, reitet Perseus bei Anguillara, wie Ariosts Ruggiero, der Angelica retten will, auf einem Flügelroß; da sich das Ungeheuer, wie Ariosts Orca, unverwundbar zeigt, hält ihm Perseus das Medusenhaupt vor und verwandelt es in einen Felsen (so wie Ruggiero ihm den magischen Schild vorhält).[35]

Die strenge Abgrenzung von Produktion und Rezeption ist in diesen Texten tendenziell unterwandert. Es handelt sich um eine Rezeptionsform antiker Dichtung, die sich als bloße Rezeption negiert. Der noch junge Stolz auf die Größe der eigenen nationalen literarischen Tradition, die Ausrichtung auf die Vorlieben eines neuen volkssprachlichen Publikums, das seinen Geschmack an den neuen Mustern der nationalen Literatur geschult hat, ließ eine Übersetzungsform entstehen, die zur *imitatio* und *aemulatio* tendiert. Mit der wachsenden Hochschätzung des Eigenen fiel der Respekt vor den klassischen Originalen. Die Bilder, die man für das Übersetzen verwendet: die sich häutende Schlange, das neue Gewand, das der Übersetzer dem fremden Werk anlegt, der heimische Boden, in den er es verpflanzt und in dem es bessere Früchte trägt, verweisen alle auf die Notwendigkeit der Anverwandlung des Fremden. Es geht den neuen Übersetzern nicht mehr wie den „prähumanistischen" *volgarizzatori dai classici* im 14. Jahrhundert um die Bereicherung der Muttersprache und um die Schaffung einer neuen Literatur mit Hilfe antiker Muster, sondern umgekehrt sollen die als fremd empfundenen antiken Texte an die Muster der nationalen Literatur angepaßt, mit den Mitteln der eigenen Sprache und Dichtkunst verschönert werden. Diese neue Rezeptionsform antiker Texte antizipiert die *belle infidèle* der französischen Klassik. Sie bestätigt, festigt, verherrlicht die nationale Literatur, kann ihr jedoch, da das Fremde als Quelle der Innovation entfällt, – das ist die Kehrseite –, keine neuen Impulse geben.

---

[35] Anguillara, Bl. 70r ff.; Ovid, Met. IV, 663 ff., Ariost, X, 92 ff. Cf. M. Moog-Grünewald, *Metamorphosen der „Metamorphosen". Rezeptionsarten der ovidischen Verwandlungsgeschichten in Italien und Frankreich im 16. und 17. Jahrhundert*, Heidelberg 1979, S. 73 ff.

ROBERT CHARLIER

Der Jargon des Fremdlings.
Fiktive Sprechweisen als Mittel der Gesellschaftskritik im 18. Jahrhundert

1. Aufklärung, Sprache und fiktive Fremdheit

In der europäischen Literatur von Aufklärung und Vorklassik geraten Sprache und Fremdheitsbilder in eine ganz besondere Wechselwirkung. Das literarische Spiel des Aufklärers, der seine Gesellschaftskritik mit verschiedenen Fremdlingsfiguren maskiert, erfordert eine sprachliche Verfremdungstechnik: *den Jargon eines fiktiven Fremden im Eigenen.* Als Muster einer solchen scheinbar fremden Redeweise kann der 16. Brief aus Montesquieus *Lettres persanes* (1721) gelten. Der Perser Usbek wendet sich darin an einen islamischen Geistlichen. Dabei transponiert Montesquieu die Blumigkeit des persischen Stils in die französische Briefprosa. Solche künstlichen Sprechweisen sind also die satirische „Bauchrednerei" eines ernsthaften Kritikers von Zivilisation, Entfremdung und Dekadenz. Denn die polemische Spitze des pseudo-persischen Französisch richtete sich nicht gegen den Orient, sondern parodiert die Torheiten des klassizistischen „style figuré" (Weißhaupt 1979: II/1, 63). Als fingierte Redeformen sind diese Jargons nicht wirklich fremd, sondern vielmehr aus den Versatzstücken europäischer Denk- und Redeweisen montiert. Solche scheinbaren Fremdjargons nenne ich im folgenden *Pseudo-Exotismen.* Pseudo-exotische Idiolekte ermöglichen eine Fülle ironischer Effekte: Aus dem Munde oder der Feder des „reisenden Chinesers" quillt ausgerechnet das „Fach-*Chinesisch*" des deutschen Gelehrten David Faßmann (1685-1744). Dessen Ausdrucksweise strotzt nur so von Latinismen (vgl. *Reisender Chineser* 1721ff.).[1] In einem anderen Beispiel spricht ein fiktiver Europabesucher aus Afrika

---

[1] Die deutschen Beispiele dieser Teilgruppe des Briefroman-Genres folgen in der Reihenfolge ihres Erscheinens. Der Übersichtlichkeit halber beschränke ich mich auf die Kurztitel und das Erscheinungsjahr (vgl. Weißhaupt 1979: I, 149-159). Ausführliche bibliographische Angaben finden sich im Literaturverzeichnis: David Faßmann: *Der [...] reisende Chineser [...],* 1721ff.; Johann Andreas Kayser: *Menoza, ein asiatischer Prinz, welcher die Welt umher durchzogen, [...],* 1755ff.; Izouf [Pseudonym]: *[Briefe von einem] reisenden Persianer [...],* 1761; Johann Pezzl: *Marokkanische Briefe,* 1784; Hamid [Pseudonym]: *Hamids Meynungen über die Marokkanischen Briefe,* 1785; Wilhelm Friedrich Meyern: *Abdul Erzerum's neue persische Briefe,* 1787; Johann Wilhelm Tolberg und Wilhelm Friedrich Heinrich Bispink: *Briefe eines Hottentotten,* 1787f.; Anonym: *Briefe eines reisenden Punditen [...],* 1787; Philaleth [Pseudonym]: *Tuerkische Briefe [...],* 1790; Anonym [evtl. Ignaz von Brenner]: *[...] Papier[e] des Türken Hassan,* 1809f.

in der zeitgenössischen Kinder- oder Studentensprache, die ein fremdes Idiom ersetzen soll, und macht sich lustig über die Zustände im Abendland (vgl. *Briefe eines Hottentotten* 1787). In einem dritten Fall dienen Verschlüsselungstechniken wie Kryptonyme oder Anagramme dem Verfasser zu solchen Sprachsubstitutionen (vgl. *Reisender Persianer* 1761). Selbst *falsche* Übertragungen, die den fiktiven Fremdlingen unterschoben werden, entlarven die Stimme des Verfassers unter der exotischen Maske. Auch hierbei handelt es sich um Pseudo-Exotismen, wie offenbar fehlerhafte Exotisierungen aus der europäischen Perspektive des Verfassers zeigen: Der „Persianer" Izouf vergleicht Hamburger Häuser mit „japonesischen" Pagoden, was auf das Japan-Klischee des Aufklärungsautors verweist und nicht etwa auf die Länderkenntnis des „Persianers" (vgl. *Reisender Persianer* 1761: 41; zit. n. Weißhaupt 1979: II/2, 234). Die Figur des Fremden wahrt nämlich stets ihre „europäische Kompetenz" (Weißhaupt 1979: II/2, 369f.).

Es lohnt sich, die ästhetische und politische Dynamik dieser sprachlichen Pseudo-Exotismen innerhalb der fiktiven Briefsammlungen nach dem Schema Montesquieus nachzuvollziehen.[2] Der Sprachtausch mag die aufklärerische Polemik verbrämen; ihre utopische Schärfe kann er nicht verwässern. Noch der humorvollste Buffo in Gestalt des fiktiven Exoten läßt die Seria-Partie im Baß anklingen. Hinter jedem „Satyr" steckt letztlich ein Diagnostiker des Elends oder der Prophet einer besseren Welt. Das zeigt vor allem die deutsche Entwicklungslinie dieser Texte, auf die ich mich beschränken möchte.[3] Journalistische (*Reisender Chineser* 1721ff.) und satirische Bearbeitungen (*Menoza* 1755ff., *Marokkanische Briefe* 1784, *Briefe eines Hottentotten* 1787f.) wechseln mit Gestaltungen des Schemas, die irrationalistisch-revolutionäre (*Neue persische Briefe* 1787) und prophetisch-messianische Ansprüche geltend machen (*Hyperion* 1797ff.). Denn in einem weiteren Sinne kann auch Hölderlins *Hyperion* als Variante dieses Texttyps gelesen werden. Die exotische Satire in der Frühaufklärung entspricht damit der prophetischen Polemik am Jahrhundertende. Einen Scheidepunkt markiert Rousseau und seine Umwertung des Naiven, Natürlichen und Ursprünglichen in der Jahrhundertmitte. Die Technik der pseudo-exotischen Verfremdung sprengt schließlich die Grenzen des Schemas und verweist auf die ernste Figur vom „Fremdling im eigenen Land" bei Goethe (Werther) oder Moritz (Anton Reiser).[4] Auch Schillers mythische Vorstellung vom Künstler als „Fremdling"[5] gehört in diesen Zusammenhang.

---

[2] Präzise gesprochen sind die Briefsammlungen fiktiver Fremder eine Teilgruppe des übergeordneten Briefroman-Genres. Das *Genre* Briefroman wiederum ist eine Untergruppe der epischen *Gattung* des Romans (zur synonymen Verwendung der Termini Gattung und Genre vgl. Wilpert [6]1979: 290/2-292/1). Winfried Weißhaupt spricht konsequent von „Genre", wenn er Form und Gruppe dieser Texte meint (z. B. Weißhaupt 1979: I, 145f.; 207ff.; 257ff.).

[3] Immerhin beziffert Winfried Weißhaupt den Gesamtumfang aller europäischen und amerikanischen Bearbeitungen auf rund „20 000 Seiten Text" (Weißhaupt 1979: I, 279).

[4] Anton Reiser spielt mit dem Gedanken, sich in die Rolle eines Chinesen zu versetzen: „Und nun denkt man sich mit allen großen und kleinen Gegenständen, die einen jetzt umgeben, z. B. in Vorstellung eines Einwohners von Peking – dem dies nun ebenso fremd, so wunderbar deuchten müßte – und die uns umgebende wirkliche Welt bekommt durch diese Idee einen ungewohnten Schimmer, der sie uns ebenso fremd und wunderbar darstellt, als ob wir in dem Augenblick tausend Meilen gereist wären, um diesen Anblick zu haben" (Moritz [3]1981: II, 258; vgl. Weißhaupt 1979: I, 35-37).

[5] Vgl. den neunten Brief aus *Ueber die ästhetische Erziehung des Menschen, in einer Reihe von Briefen* (1795). Schiller sagt darin über den „Künstler": „Wenn er dann [unter einem fernen griechischen Himmel, R. C.] Mann geworden ist, so kehre er, *eine fremde Gestalt*, in sein Jahrhundert zurück; aber nicht, um es mit seiner Erscheinung zu erfreuen, sondern furchtbar wie Agamemnons Sohn, um es zu reinigen." (Schiller 1962ff.: XX, 333 – Hervorhebung R. C.).

Schließlich sind die messianischen Redefiguren, mit denen Meyerns Abdul Erzerum oder Hölderlins Hyperion sprechen, ebenfalls theologisch-mythologische Sprachsubstitutionen. Hölderlins Scheltrede an die Deutschen ist gewissermaßen ein biblischer Pseudo-Archaismus. Dies insofern, als Hölderlin den fiktiven Neugriechen zur Zeit der Befreiungskriege gegen die Türken in den 1770er Jahren mit einer prophetischen Diktion versieht. Dieser Zusammenhang wird sich anhand erstaunlicher Übereinstimmungen von satirischen und prophetischen Jargons bestätigen.

Ich werde die Briefsammlungen zunächst kurz vorstellen und die verschiedenen Exotismen definieren (2.). Danach möchte ich den Zusammenhang zwischen Perspektivierung und Sprachverfremdung veranschaulichen. Die Sprache der fiktiven Fremden spiegelt ihre Sichtweise, das verfremdete Wort ist Ausdruck des exotischen Blicks. Wie ein Prisma brechen die verschiedenen Redeweisen die fiktive Außenansicht des Eigenen. Die Sprache *entspricht* der Struktur der Beobachtung und umgekehrt; sprachliche und optische Metaphorik fallen in eins (3.). Deshalb betrachte ich jeweils einen perspektivischen und sprachlichen Aspekt zugleich: die Simultaneität in Sprache und Sichtweise des Exoten, der die europäische Großstadtrealität spontan und *simultan* wahrnimmt (3.1); die sprachliche Entlarvung und Verschlüsselung als Audruck seines *distanzierten* Blicks (3.2); und die Substitution einer Kinder- oder Studentensprache als Entsprechung *naiver* Sehweisen (3.3). Besondere Aufmerksamkeit verdient die Technik der Sprachverfremdung durch Anachronismen. Als *Exotismen in der Zeit* dienen solche Anachronismen der utopischen Gesellschaftskritik (4.). Schließlich ist der *komische* Exot und seine Sprache in den Gesamtzusammenhang des Vexierspiels mit *erhabenen* Rollen und Redeweisen einzuordnen: Heros und Prophet als literarische Projektionen eines epischen oder lyrischen Ichs am Beispiel von Hölderlins Hyperionfigur. Anhand analoger Redefiguren (z. B. Paradox, Chiasmus) folge ich der Entwicklung von der „Satire des Exoten" zur „Polemik des Propheten" (5.).

2. Was heißt Pseudo-Exotismus?

Kaum ein satirisches Werk der Weltliteratur kennt mehr Nachahmer, Parodien und sogar Parodien der Parodie als die *Lettres persanes* (Amsterdam 1721) von Charles-Louis de Secondat, Baron de la Montesquieu (1689-1755). Die Idee, aufklärerische Gesellschaftskritik einem fiktiven Europabesucher in den Mund zu legen, hatte Montesquieu allerdings kongenial umfunktioniert. Den briefeschreibenden Fremden übernahm er von einem der ersten Spionageromane, der rund vier Jahrzehnte zuvor in der gleichen Stadt erschienen war: Giovanni Paolo Maranas *L'Espion du Grand-Seigneur et ses relations secrètes* (Amsterdam 1684).[6] Hier war die Rolle des orientalischen Beobachters der europäischen Verhältnisse in einem buchstäblichen Sinne vorgeprägt: der türkische *Spion*, der über Politisches, Militärisches, aber auch Kurioses und Kulturelles an die Ottomanische Pforte berichtet. Diese Figur wurde zum Vorläufer des exotischen Wilden als *Agent* aufklärerischer Gesellschafts-

---

[6] Schon der Erscheinungsort der ersten Klassiker der Briefsammlungen fiktiver Exoten offenbart die politische Dimension dieser Texte: Amsterdam unterlag nicht den strengen Zensurbestimmungen wie Paris, Berlin oder Leipzig. Der Erstdruck von Montesquieus *Lettres persanes* camouflierte den wahren Erscheinungsort sogar noch mit dem Vermerk: „A Cologne, chez Pierre Marteau" (Weißhaupt 1979: II/1, 38). Zur Fingierung von Erscheinungsorten im 18. Jahrhundert vgl. auch Fußnote 19.

kritik im 18. Jahrhundert. Noch der Perser Izouf fühlt sich zuweilen „wie ein verkleideter Spion" in der europäischen Metropole (*Reisender Persianer* 1761: 88; vgl. Weißhaupt 1979: II/2, 224). Für Montesquieu sowie für seine europäischen und deutschen Epigonen stellte sich mit dieser Perspektivierung folgendes Problem: die *Repräsentation* des Fremden als Sprachrohr der Kritik am Eigenen. Wie die Haremswächter des Bassa in Mozarts *Die Entführung aus dem Serail* (1782) auf der Bühne Schnabelschuhe, Krummsäbel und Turbane trugen, verlangten die literarischen Fremdlingsfiguren nach einer Ausstattung mit sprachlichen Exotismen.

Für diese ästhetische Notwendigkeit gibt es zwei exotisierende Mittel der Gestaltung, den *Xenismus* (1) und den *Pseudo-Exotismus* (2). Zum einen konnte der Theaterpatron bzw. der Verfasser Fremdelemente in Kleidung, Wissen, Sprache oder Habitus imitieren und seine Figuren auf den Brettern bzw. im Roman originalgetreu ausrüsten. Systematisch gesprochen sind diese nachempfundenen Fremdmerkmale Xenismen.[7] Xenismen dienen dem Versuch einer mimetischen Repräsentation des Fremden.[8] Eine Steigerung der xenistischen *Imitation* des Fremden ist der unmittelbare *Import* von fremden Artefakten oder Wörtern.[9] Dabei handelt es sich im strengen Sinne nicht mehr um Exotismen, sondern um Mischtexte. Zitate und Übersetzungspartikel rücken diese Textform in die Nähe anderer Verfremdungstechniken wie Parodie, Travestie oder Kontrafaktur.[10] Auch Mozart übertrug bestimmte Motive aus der „türkisch[en] Musick" in seine Harmonien, so z. B. das „Janitscharen-Motiv" der Ouvertüre (Mozart 1982a: 8f.). Entsprechend hatten auch Kulissen und Kostüme der *Serail*-Premiere *xenistischen* Charakter, indem sie echte Merkmale der orientalischen Stadtarchitektur oder Modekultur wiedergaben und die Schauspieler sich „osmanisch" gaben.

Eine andere Gestaltungsmöglichkeit war aber literarisch wie politisch interessanter und daher viel häufiger: die Charakterisierung der gespielten oder beschriebenen Exoten mit falschen Exotismen, also „Pseudo-Exotismen". Schließlich schrieb Mozart sein Singspiel aus *seiner* Sicht für *europäische* Augen und Ohren:

„[...] der Janitscharen Chor ist für einen Janitscharen Chor alles was man verlangen kann. – kurz und lustig; – *und ganz für die Wiener* geschrieben." (Mozart 1982a: 10 – Hervorhebung R. C.)

---

[7] Den Begriff „Xenismus" habe ich aus der linguistischen Fremdheitsdiskussion übernommen, vgl. Moser 1996.

[8] Die Möglichkeiten der Imitation reichen von der Übersetzung über die lautliche Nachahmung bis zur Verballhornung. Ein berühmtes Beispiel für die Modernität pseudo-exotischer Techniken ist Hugo Balls Lautgedicht 'Karawane'. Das dadaistische Experiment versucht, das orientalische Flair einer Elefantenkarawane lautmalerisch und typographisch einzufangen (vgl. Huelsenbeck 1966 [1920]: 53). Exotisierende und pseudo-exotische Techniken sind bis heute unverzichtbar in Medien und Werbung.

[9] Das macht eine weitere Parallele aus Mozarts Verwendung von „türkischer Musik" anschaulich: „Für die in der 'türkischen Musik' charakteristische deutliche Markierung des Grundschlages durch den Tamburo turco [...] benutzte man in der Militärmusik mehrerer europäischer Fürstenhöfe seit Ende des 17. Jahrhunderts originale türkische Beute-Instrumente" (vgl. Mozart 1982b: 12, XIV).

[10] Eines der ersten experimentellen Gedichte stammt aus dem Mittelhochdeutschen: Oswald von Wolkenstein (1375-1445) ist der Erfinder der lyrischen Sprachmischung. Seine Liebesliedparodie trägt den kuriosen Titel: „Do fraig amors" (= „Ach, meine wahre Geliebte", von provenzalisch: „fraig" für „vrai"). Darin entwirft der Dichter einen bunten Flickenteppich aus verschiedenen Sprachen. Metrisch hält er sich dabei streng an die konventionelle Form des Minneliedes. In ihren jeweiligen Frühformen erklingen (Mittelhoch)Deutsch, Provenzalisch (Französisch), Wendisch (Italienisch), Magyarisch und Latein: „Do fraig amors, ach wärs mein Lieb, / adiuva me, hilf mir, / ma lot, mein Pferd, min ors, mein Roß / na moy sercce, dazu mein Herz / läuft in Gedanken, / Frau, puraty, Frau nur zu dir [...]." (Wolkenstein ²1975: 189 [KL 69]).

Der Jargon des Fremdlings 167

Gleiches gilt für die sprachliche Ebene des literarischen Exotismus. Obwohl das Erfahrungsmaterial in Form von Sprachkatalogen wie z. B. Conrad Gesners *Mithridates* (1555) als empirisches Material bereits vorlag, staffierten die Väter der fiktiven Fremdlinge ihre Geschöpfe *nicht* mit realistischen Sprachvermögen aus. Das gilt für die orientalische, chinesische oder afrikanische Fremdsprache so gut wie für den Erwerb einer europäischen Sprache durch die Perser, Hottentotten oder Tibetaner. Montesquieu erwähnt zwar, daß sein Perser Usbek die abendländische Wissenschaft mit Eifer studiert (vgl. Montesquieu 1991: 22), und David Faßmann, der Schöpfer des ersten deutschen Beispiels, spricht sogar von den europäischen Sprachkenntnissen seines Chinesen (*Reisender Chineser* 1721ff.: I/1, 5); die Möglichkeit des wirklichkeitsnahen Sprachporträts einer Fremdlingsfigur bleibt jedoch ungenutzt. Fremdheit und Fremdsprachigkeit der Exoten werden ebenso leer behauptet, wie die angeblichen Übersetzungen der jeweiligen Briefkonvolute „aus dem Dänischen" (*Menoza* 1755ff.), aus den „Asiatischen Sprachen" (*Reisender Persianer* 1761), „aus dem Arabischen" (*Marokkanische Briefe* 1784) oder „aus dem Französischen" (*Briefe eines Hottentotten* 1787f.).

Auch andere Versuche, das Exotische in Sichtweise und Sprache der fiktiven Exoten anzudeuten, repräsentieren Fremdes keineswegs in einem realistischen Sinn. Simple Übertragungen aus dem Munde des Marokkaners Sidi wie „Moschee" für Kirche, „Imam" für Kleriker oder „Sultan" für Kaiser sind lediglich Pseudo-Exotismen (vgl. *Marokkanische Briefe* 1784: 11). Denn im Gegensatz zur realistischen Repräsentation der Fremden in Kleidung, Gestus und Aussehen enthalten diese naiven Übertragungen im Grunde die europäische Wahrnehmung: ein *Europäer* übersetzt unter der Maske des Exoten die Funktionen und Dinge der westlichen Welt in das vermeintlich fremde Vokabular des Orients. Das gilt auch in umgekehrter Richtung: Wenn Rustichello da Pisa im Zusammenhang mit den Chinareisen des Marco Polo (1254-1324) in der deutschen Übersetzung von den „Beamten des Großkhans" spricht, setzt er die europäische Funktionsbezeichnung an die Stelle der echten, die ihm nicht bekannt ist. Sicher handelt es sich bei den chinesischen Amtsträgern jedoch nicht um ein „Beamtentum" im europäischen Sinne (vgl. *Il Milione* 1994 [1485]: 156f.).

Das abendländische Gelehrtenwissen, rationalistische Weltsicht, ja ganze Jargons aus dem europäischen Aufklärungsdiskurs fließen damit in die brieflichen Selbstcharakterisierungen und das vermeintliche Europabild der Reisenden ein. Gerade dieses höhere Wissen der fiktiven Fremden erscheint einem heutigen Leser so *naiv* im Blick auf das Realitätsbewußtsein ihrer Verfasser.

Die einfachste Technik des Pseudo-Exotismus ist die *Übertragung*. Übertragene Ausdrücke wie „Mufti" für Papst (*Reisender Persianer* 1761: 43-45) verfremden das Eigene zwar, haben aber nicht immer einen kritischen oder spöttischen Unterton, wie z. B. die frechen Vergleiche des Hottentotten. Tolberg und Bispink lassen ihren Afrikaner nämlich glauben, in der pompösen Damenmode afrikanische „Ohrgehänge" und „Gesichtsbemalung" wiederzuerkennen (*Briefe eines Hottentotten* 1787f, 6. Brief, zit. n. Weißhaupt 1979: II/2, 359). Anders dagegen *schiefe* Übertragungen, die das typisch Europäische ironisieren, etwa wenn der Perser Izouf einen Geistlichen „Derwis" nennt (*Reisender Persianer* 1761: 324); oder die debile Stadtwache einer deutschen Großstadt mit der Vorstellung von „Janitscharen" verknüpft wird, bei denen es sich bekanntlich um eine besonders blutrünstige und herrschertreue Elitetruppe handelte (*Reisender Persianer* 1761: 43, vgl. Weißhaupt 1979: II/1, 232).

Für eine subtile Entfremdungskritik eignen sich auch die *Fehlübertragungen* des Persers. Izouf sagt in seiner Polemik der preußischen Kriegspolitik stets „Nazareer", wenn er sich kritisch über die „Christen" äußert:

> „Du wirst erstaunen, Machmud, daß die Nazareer, und zwar die Gelehrte[n] unter denselben, solche Rechte zu behaupten sich unterwinden, derer sich die ärgsten Heiden, selbst die Hottentotten und Menschenfresser, schämen würden, [...]." (*Reisender Persianer* 1761: 324, zit. n. Weißhaupt 1979: II/2, 239).

Izouf verfehlt hier die korrekte Bezeichnung für die Religion des Abendlandes. Aber der Ausdruck, der ihm unterläuft, charakterisiert ihn nicht in einer mimetischen Weise als Fremden, wie z. B. das Klischee des Chinesen, der ein „l" für ein „r" spricht. Das Wort „Nazareer" verrät vielmehr Projektion und Intention des aufklärerischen Verfassers. Die Fehlübertragung (kein Europäer sagt „Nazareer" für Christen) verkehrt nämlich subtil die polemische Zielrichtung. Mit dem Vorwurf an die Adresse aufgeklärter Christen, sie rechtfertigen Schlimmeres, als ein „Hottentotte" oder „Menschenfresser" je tun würde, wendet der Perser unwillkürlich einen zentralen Topos aus dem philosophischen Diskurs über das Fremde gegen die Aufklärung selbst. Liest man die Kritik des Orientalen an Preußen genau, so läßt sich sogar aus der Verschiebung von „Christen" zu „Nazareer" eine Mahnung an die christlichen Ursprünge vernehmen („Nazare[n]er" = Urchristen). Das verstärkt die Kontrastprojektion. In Zeiten militaristischer Landverheerung im Zuge der „Kabinettskriege" erinnert der Perser an die friedfertigen Ideale der Urgemeinde. Die „Hottentotten= und Menschenfresser=Natur" Friedrichs II. gerät damit in ironischen Kontrast zu dessen eigener Propagandaschrift (vgl. Weißhaupt 1979: II/2, 239).[11]

An anderer Stelle vergleicht der reisende Tibetaner („Pundit") die Klausur eines Frauenklosters mit einem barbarischen „Menschenopfer" (*Briefe eines reisenden Punditen* 1787f.: 333; zit. n. Weißhaupt 1979: II/2, 337). Der Begriff „Menschenopfer" entspringt natürlich nicht dem asiatischen Horizont, sondern ist dem Aufklärungsdiskurs um das vermeintlich „Wilde" und „Barbarische" der unzivilisierten Kulturen entnommen. Auch diese Übertragung ist *gegen* ihre ursprüngliche polemische Zielrichung ironisiert.

Neben der *Übertragung* von einzelnen Begriffen ist die *Ersetzung* ganzer Sprechweisen das wichtigste Element pseudo-exotischer Gestaltung. So ist die deutsche Fraktur des Druckbildes von David Faßmanns bereits erwähntem *Reisenden Chineser* mit lateinisch gesetzten Fremdwörtern derart durchsetzt, daß sich der Eindruck eines Gelehrtenjargons aufdrängt. Schon durch seinen französischen Namen („Hérophile!") ist der Pseudo-Chinese des 5000seitigen Reisejournals als *alter ego* des Aufklärers Faßmann ausgewiesen. Im Vorwort macht der „Autor" auch gar keinen Hehl aus seiner Affinität zum gestelzten Jargon seines Kunst-Chinesen (Hervorhebungen im Original):

> „HÉROPHILE, ein edler Chineser, hatte sich, von seiner Jugend an, auf Erlernung verschiedener ausländischen, und insonderheit Europäischen Sprachen geleget, die er, nebst seiner Mutter=Sprache, ziemlich wohl redete. Das Glücke war ihm dermassen hold, daß es ihm Gelegenheit PROCURIRTE, vermittelst welcher er sich bey seinem Kayser INSINUIREN, und in ausserordentliche Gnade setzen

---

[11] Vgl. König Friedrich II. von Preußen: *Untersuchung, ob etwa die heutigen europäischen Völker Lust haben möchten, dereinst Menschenfresser oder wenigstens Hottentotten zu werden*. Philadelphia (Schwerin) 1759. Friedrich der Große verfaßte übrigens ebenfalls sechs fiktive Briefe aus der Sicht eines Chinesen, allerdings in französischer Sprache: *Relation du Phihihu, émissaire de l'empereur de la Chine en Europe, tradut du chinois*. Cologne 1760. Die Schrift diente Friedrich als Propagandaschrift gegen seine österreichischen Gegner im Siebenjährigen Krieg (vgl. Weißhaupt 1979: I, 234).

kunte. Als nun der Beherrscher des Chinesischen Reichs vor einiger Zeit RESOLVIRTE, ein HABILES SUBJECTUM von seinen Unterhanen auszusuchen, und es auff seine Kosten in der Welt, vornehmlich aber in Europa herum reisen zu lassen, damit er, von Zeit zu Zeit, wegen des Zustandes und deren Begebenheiten in so mannigfältigen Reichen und Landen, wahre Nachricht und Bericht, durch dasselbe erhalten möchte: so fiel die Wahl auf den edlen Hérophile" (Faßmann 1721ff.: I/1, 5).[12]

Mit Fremdwörtern überfrachtet, simuliert dieser Stil keineswegs einen fernöstlichen Denker und Sprecher; vielmehr inkorporiert er mit den französischen und lateinischen Fremdwörtern das „eigene" (europäische) Fremde (Latinismen, Romanismen) anstelle des Exotischen. Unter der exotischen Maske äußert sich der erste „Zeitschriftsteller" im aufklärerischen Redestil zu allen Aspekten des öffentlichen Lebens. Alle Ressorts in einem durchaus modernen Sinne werden dabei abgedeckt: politische Ereignisse, Naturkatastrophen, Verbrechen, Vertragsschlüsse und der Alltag des Großstadtlebens. Das Ziel von Faßmanns journalistischer Kritik sind aber nicht nur Hof, Staat oder Kirche als vielmehr auch die Projekte und Vertreter der Aufklärung selbst.

Gerade der Anteil an Eigenem (Wissen, Sprache und Diktion) sorgt hier für Verfremdung. Das Künstliche, Unechte, Scheinbare der vorgeblichen Fremdheit der Exoten *befremdet* den Leser von heute umso mehr. Der moderne Leser fragt: Wie konnte man einem breiten Publikum solche Sprech- und Denkweisen als chinesisch, persisch, tibetanisch oder indianisch verkaufen? Bildungshintergrund, Wissenshaushalt und Ausdrucksweise der Exoten sind doch stets die des deutschen (französischen, englischen) Kritikers! Diese *Halbierung* in einen exotischen und einen europäischen Wesensteil verfremdet die fiktiven Figuren derart, daß Fremdes und Eigenes unmittelbar in einer literarischen Figur kontrastieren. Für diese Zwitterstellung sind in einigen Fällen bereits die Namen ein Signal: „Hérophile, der Chinese"; „Kapeitsky, der Hottentotte" oder „Menoza, der Asiate".

Ich fasse zusammen: Sprachliche Pseudo-Exotismen dienen nicht der realistischen Repräsentation, sondern der perspektivischen Sprachverfremdung mit kritischer Intention. Der Oberbegriff des „Exotismus" als ästhetisches Formprinzip läßt sich unterteilen in Xenismus (Imitation, Repräsentation) und Pseudo-Exotismus (Substitution, Verfremdung). Für Exotismus und Pseudo-Exotismus sind drei Techniken wichtig, erstens Übertragung (z. B. „Mufti" für Papst), zweitens Substitution einer Sprechweise (z. B. Studentensprache) und drittens Verschlüsselung (z. B. Kryptonyme, Anagramme), wie noch zu zeigen sein wird. Der Anachronismus als „Exotismus in der Zeit" verdient eine gesonderte Betrachtung. Als *Archaismus* vergegenwärtigt er eine vergangene Sprech- oder Ausdrucksweise; als *Utopismus* fingiert er die Sprache einer zukünftigen oder utopischen Welt.

3. Perspektivierung als Sprachverfremdung

Die Exoten haben eine vorurteilslose Brille, ein ungetrübtes Fenster zur europäischen Welt, sie selektieren anders, was Spielräume schafft für ein kritisches Korrektiv. Die Forschung

---

[12] Beliebige Passagen aus den Briefen des „Chinesers" belegen die Stilkongruenz zwischen dem Herausgeber und dem briefeschreibenden Asiaten (z. B. im ersten Brief über „Teutschland", vgl. *Reisender Chineser* 1721ff.: I/1, 6ff.). Der gelehrte Stil der Briefe ist allerdings sehr schwerfällig. Nicht nur der Umfang des Buches leidet an Verfettung. Ich habe daher die pointierte Stelle aus dem Vorwort ausgewählt, obwohl sie nicht aus der Feder des Chinesen stammt.

hat diesen „fremden Blick" (Weißhaupt) des exotischen Beobachters mit drei Hauptmerkmalen charakterisiert.[13] Demnach ist die exotische Sichtweise auf die europäische Welt wie folgt strukturiert: Sie ist erstens „enthierarchisiert" und simultan (Weißhaupt 1979: I, 301), zweitens „unparteilich" und distanziert (ebd. 284ff.) und drittens vourteilslos und naiv (ebd. 298ff.). Simultaneität, Distanz und Naivität kennzeichnen auch die Sprachverwendung der fiktiven Reisenden. Denn die sprachliche Beschreibung spiegelt zwangsläufig die Struktur der fingierten sinnlichen Beobachtung. Dies unabhängig davon, ob die stilisierten Sicht- und Redeweisen realistisch motiviert sind oder nicht. Daher möchte ich diesen drei Aspekten im folgenden nachgehen.

3.1. Simultaneität der Sprache als Spiegel fremder Wahrnehmung

Das Zugleich der Geschehnisse, das Massenhafte und die Rationalität der Großstadt (Paris, London, Wien, Leipzig) prägen auch die Wahrnehmungsweise ihrer Besucher. Deren Sehweise ist visuell, parallel und spontan. Aber die Beschreibung folgt nicht nur der Beobachtung; der Beobachter *entspricht* auch dem Beobachteten.[14] Die Hektik der Großstadt wühlt den exotischen Passanten auf und treibt ihn ruhelos um. Das naive Gemüt wird betäubt vom Lärm der Stadt. Formal spiegelt sich diese sinnliche Simultaneität in der Mischung der fragmentierten Erzählformen wie Brief, Tagebuch, Notiz oder Dialogpart innerhalb der Briefsammlungen.

Von dem ungeheuren Eindruck, den das Großstadtleben auf Bewohner geruhsamerer Breiten machen mußte, spricht ein Zitat aus einem Vorläufer der fiktiven Briefsammlungen, aus Charles Rivières Du Fresnys *Amusements sérieux et comiques d'un Siamois* (Amsterdam 1702 [1699]). Der Erzähler sagt über seinen „Siamesen":

„Je suppose donc que mon Siamois tombe des nues, & qu'il se trouve dans le milieu de cette Cité vaste & tumultueuse, où le repos & le silence ont peine à règner pendant la nuit même; d'abord le cahos bruyant de la rue Saint Honoré l'étourdit & épouvante, la tête lui tourne.

Il voit une infinité de machines differentes que des homes font mouvoir: les uns sont dessus, les autres dedans, les autres derrière: ceux-cy portent, ceux-là sont portez; l'un tire, l'autre pousse; l'un frape, l'autre crie, celui-cy s'enfuit, l'autre court après. Je demande à mon Siamois ce qu'il pense de ce spectacle: J'admire & je tremble, me répond-il [...]." (Du Fresny 1702: 29-31; zit. n. Weißhaupt 1979: I, 301)[15]

---

[13] Dazu auch Kleinspehn 1989: 233-295 („Die Verdoppelung der Bilder und die Flüchtigkeit der Moderne").

[14] Das neue Sujet (die Großstadtwelt) machte auch neue Erzählhaltungen erforderlich, so z. B. den „hypostasierten Erzähler" (Klotz 1969: 19). Dazu auch Wiedemann 1987: 24ff.

[15] „Ich vermute, daß mein Chinese sich wie aus den Wolken gefallen inmitten dieser riesigen und tumultartigen Metropole wiederfindet, wo selbst in der Nacht kaum einmal Ruhe oder Stille herrscht; zunächst erschreckt ihn das lärmende Chaos der Rue St. Honoré und macht ihn fast taub; es schwirrt ihm der Kopf. // Er sieht unendlich viele verschiedene Maschinen, die von Menschen in Bewegung versetzt werden: Es gibt Menschen unter den Maschinen, in ihnen und hinter ihnen: Die einen tragen, andere werden getragen; einer zieht, ein anderer treibt an; dieser klopft, jener macht ein schrilles Geräusch, dieser hier flieht, jener läuft hinterher. Ich frage meinen Chinesen, was er von diesem Spektakel denkt: 'Ich staune und zittere', antwortet er mir [...]." (Übersetzung R. C.)

Der Jargon des Fremdlings

Die lange Kette von Konjunktionen und Doppelpunkten suggeriert die Spontaneität der Fremdwahrnehmung. Sprache und Wahrnehmung des Fremden sind in ihrer Simultaneität pseudo-exotisch perspektiviert.

3.2. Entlarvung und Verschlüsselung als Ausdruck von Distanz

Eine weitere Verfremdungstechnik besteht in der Sprechhaltung des kritischen Wilden. Dabei kommt es zu zwei Formen der Distanzierung. Zum einen entlarvt der Fremde europäische Sitten und Gebräuche, indem er sie schildert, ohne ihre rituellen und konventionellen Zusammenhänge zu kennen. Zum anderen werden Länder, Personen und Institutionen verschlüsselt, so daß der aufmerksame Leser sie erst rückübersetzen muß, um Spott und Kritik herauslesen zu können. Zunächst zur ersten Form der Distanzierung. Der Hottentotte beschreibt einen deutschen Galant, der, kaum aus Paris zurück, die neuesten Trends in Konversation, Tanz und Etikette nachmacht:

> „Er drehet sich auf de[m] Absatz, hüpfft nur und pfeifft, wenn er nicht singt oder trillert." (*Briefe eines Hottentotten* 1787f.: 142; zit. n. Weißhaupt 1979: II/2, 370)

Die rein äußerliche Beschreibung durch einen Fremden, der mit Menuett, Opernarien und Kratzfuß nicht vertraut ist, offenbart die Mechanik dieses Verhaltens. Der Deutsche, der alles Französische nachäfft, benimmt sich wie eine „Marionette" (Weißhaupt 1979: II/2, 370). Diese Entlarvung großstädtischer Affektiertheit erinnert an einen weiteren Topos „ungesitteter" Europakritik. So meint der Afrikaner das wahre Wesen der Europäer zu durchschauen, wenn er ihre Heiratsmotivation betrachtet: Mode und Materialismus machen sie zu „gesitteten Maschinen" (*Briefe eines Hottentotten* 1787f.: 66; zit. n. Weißhaupt 1979: II/2, 359). Indem der naive Fremde die konventionellen Verhaltensweisen trocken auflistet, demaskiert er die leere Mechanik des Zeremoniells. So werden umständliche Floskeln zu „Minen-Manövern" (Weißhaupt 1979: II/2, 370).

Die zweite Form der Distanzierung ist das Sprechen in Verdrehungen und Verschlüsselungen. Izouf überträgt die europäische Welt in Kryptonyme, z. B. auf der Lautebene: „Tretucheschei" (Deutsches Reich), „epauroisch" (europäisch) oder „Ferricedi in Pensures" (Friedrich II. von Preußen). Anagramme dienen hier der „verdeckten Schreibweise".[16] Kritische Aussagen sollen aus Angst vor Zensur oder Repressalien nicht direkt auf ihren Gegenstand zielen. Semantische Wortspiele ergänzen die Tarntechnik: „Tryfuß" steht für den Heiligen Stuhl (des Papstes) in Anspielung auf den Sitz des (orthodoxen) Patriarchen. Eine

---

[16] Die Verschlüsselungen im Beispiel *Reisender Persianer* 1761 und das Spiel mit den Pseudonymen der Verfasser, das für das Genre typisch ist, hängen eng zusammen. In den Varianten der *Lettres persanes* gibt es eine Fülle von solchen rhetorischen Figuren, wie Kryptonyme, Anagramme, Akrosticha, Abbreviaturen und Palindrome. Dazu gehört auch die „Technik der Gedankenstriche" in *Briefe eines Hottentotten* 1787f. (vgl. Weißhaupt 1979: II/2, 362f.). Auslassungen, markiert durch Gedankenstriche, dienen dem Afrikaner dazu, die affektierte Gesten- und Gebärdensprache des europäischen Rokoko wiederzugeben. Ein Gedankenstrich signalisiert z. B. einen Bückling, einen Handkuß usw. Die Ellipse suggeriert die Hilflosigkeit des exotischen Besuchers vor der Affektiertheit des Zeremoniells. Erwin Rotermund spricht in diesem rhetorischen Zusammenhang von der Figur der Aposiopese, der Auslassung des Wesentlichen, das eigentlich gemeint sei. Rotermund wählt als Beispiel die Literatur der „Inneren Emigration" aus der NS-Zeit (vgl. Erwin und Heidrun Ehrke-Rotermund: „Literatur im 'Dritten Reich'." In: Zmegac 1978ff.: III/1, 318-384; besonders 355-384).

realistische Motivation kommt hier nur am Rande in Frage, etwa im Sinne einer lautlichen Imitation von Fremdsprachen oder eines Kauderwelsch-Effekts („Fach-Chinesisch").

Noch eine merkwürdige Übertragungstechnik fällt ins Auge. Ich möchte dieses Phänomen *Binnenverschiebung* nennen: Izouf meint Länder, wenn er altertümelnd „Gaue" sagt oder Krieg, wenn er von der „Jagd" spricht; Soldaten gelten ihm dementsprechend als „Jäger" (*Reisender Persianer* 1761: 110f.). Hier handelt es sich um eine Synthese aus Ersetzung und Verschiebung. Das eigentlich Gemeinte (europäische Herrschaftsstruktur und Politik des Absolutismus) wird *substituiert* durch ein Eigenes, das aus einem anderen Bereich (Bauernsprache, mittelalterliche Feudalwelt) stammt. Gleichzeitig sind diese Verschiebungen verharmlosend. Die provinzielle Ausdrucksweise „idyllisiert" das Objekt der Polemik allerdings nur, um es letztlich ironisch zu entlarven.

3.3. Sprachsubstitution und die Naivität des Fremden

Eine andere Technik, um die Jugendlichkeit und naive Unverblümtheit der Exoten auszudrücken, besteht darin, sie im Jargon der Burschenschaften sprechen zu lassen. Beispiel hierfür ist der Hottentotte bei Tolberg und Bispink. Verkörpert der „hottentottische" Wilde bei Lessing, Lichtenberg und Voltaire eigentlich das Wilde und Häßliche, so spricht er in seinen Briefen in der Studentensprache. Das suggerieren Wendungen wie „sich auf die Sokken machen" (*Briefe eines Hottentotten* 1787f.: XII), „da sieht es windig aus" (ebd. 105) oder „den Braten riechen" (106). Andernorts schildert der Afrikaner, wie die arroganten Zivilisationsmenschen des christlichen Abendlandes einen schwarzen Landsmann „zum Sclaven vermöbeln" (ebd. 16). Hier wird „sprachliche Nonchalance" (Weißhaupt 1979: II/2, 371) als Ausdruck einer „Stimme der Natur" (ebd.) zum eigenständigen Jargon erhoben.[17]

Diese sprachliche und perspektivische Substitution treiben Tolberg und Bispink kunstvoll auf die Spitze. Der Hottentotte spricht so kindlich naiv und doch ironisch wissend zugleich, daß die Bewußtseinsgrenzen zwischen Erzähler und Figur subtil verschwimmen. Das veranschaulicht z. B. der naive Dingvergleich, den der Afrikaner liebt. Mit unverstelltem Blick entlarvt er die Modetorheiten der Pariser Haartracht. Die Hochfrisur einer mondänen Dame erscheint ihm als ein Gebäude mit mehreren Stockwerken, denn die europäische Bauweise ist ihm als „Hüttenbewohner" sofort aufgefallen. Der Eindruck der Großstadt strukturiert seinen Blick ebenso wie seinen sprachlichen Vergleich:

> „Man nimmt eine Unterlage von gekochtem Pferdehaar, über welche das Kopfhaar geschlagen und mit eisernen Nadeln festgemacht wird. Ist dieses in Höhe gebauet; sind an den Seiten ein paar Locken angebracht, die auf die Brust herab, oder an den Ohren herumhängen, kurz, ist das *Haargebäude* in Ordnung, so tritt der Friseur ab, und das Kammermädchen an, um die letzte Hand an das Gebäude zu legen, und die letzte Etage nebst Dach, Dachrinnen und Verzierungen in erhobener oder nicht erhobener Arbeit anzubringen. Steif und unbeweglich sitzt die Dame ihre drei bis vier Stunden, den Spiegel in der einen und einen Roman in der andern Hand, und überläßt sich den Händen ihrer Schöpferin. Aber dann solltest Du auch mahl so einen Kopf in seinem vollen Glanze sehen! Du würdest staunen und nicht wissen, wie ein so großer Kopf und eine so kleine

---

[17] Winfried Weißhaupt ist auch der Nachweis dieser Sprachebene zu verdanken (vgl. Weißhaupt 1979: II/2, 371, Anmerkung A). Mit Hilfe des Wörterbuchs *Idiotikon der Burschensprache* (Halle 1795) kann man den Jargon des Hottentotten als Jugend- und Studentensprache des 18. Jahrhunderts identifizieren (vgl. *Studentensprache und Studentenlied* 1849: 1-118).

Person zusammen gekommen wären." (*Briefe eines Hottentotten* 1787f.: 52f., zit. n. Weißhaupt 1979: II/2, 258f. – Hervorhebung R. C.)

Das „Hochhaus" aus Glitter und Pomade auf dem kleinen Haupt einer zarten Modeschönheit bringt die europäische Disproportion sehr schön ins Bild. Dem technischen und kulturellen Aufwand der westlichen Großstadtwelt und ihrem Modezirkus steht nur ein spärlicher Lustgewinn entgegen, und viel Natürlichkeit geht verloren.

4. Anachronismen als utopische Gesellschaftskritik

Ein verwandtes Kunstmittel ist der Anachronismus, wenn man ihn als einen „Exotismus in der Zeit" versteht.[18] Ein deutsches Beispiel zielt ab auf solche anachronistischen Effekte: die Türkenfigur des Autors mit dem Pseudonym Philaleth (*Tuerkische Briefe*, Gotha 1790) hat ein Wissen, das dem Bewußtsein des Lesers um viele Jahrzehnte voraus ist und für viele Pointen in Form von historischen Exotismen sorgt.

Es wäre zu klären, ob solche Anachronismen nicht literarische Muster sind, die in die utopische und phantastische Literatur eingeflossen sind (z. B. mit der Zeitreise als einem Ursprungsmotiv moderner *Science fiction*). Ein Quellenfund schafft darüber Klarheit. In den anonym publizierten *Asiatische[n] Briefen im deutschen Kleide* (Leipzig und Frankfurt 1763), die Weißhaupt (1979: I, 159) unter „nicht auffindbare (deutsche) Texte" auflistet, erfährt das Genre eine einmalige Verdichtung und Steigerung.[19] Das Werk fingiert die fragmentarische Sammlung von Briefen eines Deutschen aus einer erfundenen Fremde. Dieses Pseudo-Asien erinnert zwar stellenweise an Friedrich Wilhelm Meyerns fiktives Tibet in *Dya-Na-Sore* (Leipzig 1787-91). Im Gegensatz zu Meyerns Pseudo-Asien, das man als „französisches Tibet" lesen kann (vgl. de Bruyn 1986: 89-92), bleiben aber Länder-, Orts- und Personennamen der *Asiatischen Briefe* vieldeutig. Ein Phantasiename wie „Algema-

---

[18] Für die modernen Verarbeitungen des Motivs vom exotischen oder mythischen Fremdling sind Anachronismen zentral. Man denke nur an die Modernisierung der mythischen Fremdlingsfigur in Christoph Ransmayrs Entfremdungsepos *Die letzte Welt*, ein Roman aus einem „Ovidischen Repertoire" (vgl. Ransmayr 1988). Naso und seine neomythischen Antagonisten fahren darin Passagierschiff und Auto, rauchen Zigaretten und unterhalten sich per Telefon. Herbert Rosendorfer dagegen aktualisiert in seinem Roman *Briefe in die chinesische Vergangenheit* das bekannte Muster auf ebenfalls anachronistische Weise: Ein alter Chinese besucht das heutige München (vgl. Rosendorfer 1986).

[19] Folgendes Exemplar konnte ich dank der unermüdlichen Recherchen von Violetta Weyer, Berlin, ermitteln: *Asiatische / Briefe / im deutschen Kleide*. Frankfurt und Leipzig, 1763, ca. 167 x 98 mm, 128 Seiten, in einem Band mit der ebenfalls anonymen Erzählung *Der Bräutigam ohne Braut*, 1765. Standort: Universitätsbibliothek München, Signatur: 8 P. germ. 2102 # 4/5. Bei Winfried Weißhaupt firmiert dieses Werk unter „Asiatische Briefe, im teutschen Kleide. – Frankfurt 1763. 8°. 8 Bog." (Weißhaupt 1979: I, 159). Die genannten Messeorte Frankfurt (Main) und Leipzig dienen dem unbekannten Verfasser vermutlich als fiktive Verlagsangaben. Auch Pezzls anonym erschienene *Marokkanische Briefe* verbrämen den wahren Erscheinungsort Wien mit der Angabe „Frankfurt und Leipzig". Friedrich von Hagedorns Übersetzung der *Lettres persanes* ins Deutsche weist diese Erscheinungsorte ebenfalls aus (vgl. Montesquieu 1759 und Weißhaupt 1979: I, 146). Die Fingierung von Verfassername (Pseudonym) und Erscheinungsort (Messestädte) war im 18. Jahrhundert üblich, um religiös, politisch oder sittlich brisante Werke vor dem Zugriff der Zensoren zu schützen. Auch die anonyme Erstausgabe von Schillers *Die Räuber* (1781) fingiert die Verlagsorte „Frankfurt und Leipzig" auf dem Titelblatt (vgl. Grawe 1982: 76f.). Wie Hagedorns Übersetzung erschien auch Schillers berühmtes Stück im Eigenverlag.

lenien" (*Asiatische Briefe* 1763: 4) mischt Anklänge aus „Allemande", „Angleterre" und „Germanien". In der ominösen Weltgegend wimmelt es aber nur so von orientalisch-asiatischen „Chans" (ebd.: 11), „Vezier[en]" (24), „Mandarinen" (49) und „Fakiren" (ebd.). Die europäisch-exotische Doppelgestalt wird noch dadurch verstärkt, daß in diesem Phantasieland urdeutsche „Hofmeister" (14), „Junker" (16) und „Vögte" (60) wie selbstverständlich neben exotischen Amtsträgern auftreten. Diese Täuschungsmanöver beruhen zum Teil buchstäblich auf Techniken der *Vertauschung*. Bizarr verkehrt erscheinen z. B. die Höflichkeitsfloskeln in diesem befremdlichen Land: An die vornehmen „Algemalenierinnen" wendet man sich mit „Masire" (9), einer Mischung aus frz. „Madame" und engl. „Sir" oder „Sire" von lt. „senex, senior" als Ehrenbezeichnung für einen Älteren, der auch sozial höhergestellt ist. Die pseudo-exotische Anrede ist ein sprachlicher Hermaphrodit; dies analog zur „eurasischen" Mischung der geographischen Sphären, die sich in der scheinbar fremden Welt manifestiert.

Das pseudo-exotische Verwirrspiel setzt sich fort in einer munteren Laut- und Sinnmélange: ein fremdes Großreich heißt „Monomopolien" (16); ein „Herr von Rhinozeros" (ebd.) parliert mit einem Jüngling namens „Siegfried" (ebd.); „Absalon", „Chodabends" und „Nimrod" (alle ebd.) agieren bunt durcheinander. Den Figuren eignen die abstrusesten Rollen und Funktionen. Auch die Geographie ist ein semantisches und phonetisches Chaos: eine Provinz heißt „Zenom" (25), eine Stadt „Azurien" (77) und verschiedene Flüsse „Xantem" (29), „Rem" oder „Lysam" (beide ebd.). Die Stadt „Sinseg" erinnert von ferne an den (fiktiven) Erscheinungsort des Werkes, an das Leipzig des 18. Jahrhunderts. Die sächsische Metropole war damals ein Tummelplatz der Rokokomoden und des galanten Gesellschaftsrummels (8ff.). Beginnt man damit, die Kunst- und Tauschwörter aufzuschlüsseln, also z. B. „Sinseg" als Neologismus aus „Sinesen, sinesisch" und „Leip-zig" zu verstehen, so eröffnet sich das weite Feld einer Pseudo-Etymologie, die ins Unendliche abdriftet. Die Anagramme, Silbenspiele und Sinnrätsel liefen in diesem Sinne auf Elemente eines Schlüsselromans hinaus. Aber immer wieder werden Kryptogramme aus einer nicht weiter erklärten Sprache heraus abgeleitet, was über simple Verschlüsselungen hinausgeht. Danach soll „Algemalenien" z. B. „verdorbener Magen" oder „wilder Geschmack" bedeuten (7); der Beiname „Calzem" für eine schöne junge Frau „in unserer Sprache" so viel wie „weisse Rose" (39) heißen. Angesichts einer funktionierenden Gedanken-Gendarmerie im Europa des 18. Jahrhunderts stellt sich die Frage,[20] ob hier nicht in Ansätzen das Projekt einer satirischen Kunst-Etymologie zu erkennen ist, die analog zur politischen Allegorie und Mythologie die realen Verhältnisse tarnen sollte.[21]

Der Beziehungsreichtum wird schließlich mit dem zweiten Reiseziel des Deutschen auf die Spitze getrieben: der Briefeschreiber porträtiert ein fabulöses „Kalifornien" und macht

---

[20] Zur Zensur im 18. Jahrhundert vgl. Weißhaupt 1979: I, 315-319. Dazu auch Darnton 1982: 167-208 und Farge 1993: 21-92.

[21] Eine Nähe der (pseudo)exotischen Verbrämungen zur Mythologie als „verdeckter Schreibweise" kann man in den bocksfüßigen Satyrgestalten ausmachen, die in den Titelkupfern der Briefsammlungen häufig vorkommen (faksimiliert bei Weißhaupt 1979: II/2, 245*; 325*). Nicht etwa schlitzäugige oder schwarzhäutige Fremdlinge bilden das Markenzeichen des Genres, sondern neben den mythischen Satyrn bärtige Diogenesgestalten in weiten Gewändern (ebd.: 251*; 351*). Weißhaupt vermutet übrigens in der merkwürdigen Namenswahl Faßmanns für seinen Chinesen „Hérophile" eine mythologische Anspielung: „Der antikisierende Name „Heldenfreund" eröffnet keine Beziehung zum Fernen Osten, läßt allenfalls an den Heroenkult, die Selbststilisierung der feudalen Herrscher in der Herkules-Mimesis, denken" (Weißhaupt 1979: I, 29).

Der Jargon des Fremdlings

mit seinen Variationen dieses Ländernamens so viele Anspielungen, daß der Leser völlig ratlos bleibt: von „kalif" (arabisch für „Nachfolger") bis zu den „Galliern", „Kelten" („Gallifornien", „Celtiberonia") reicht das assoziative Durcheinander. Das ominöse Land „gegen Morgen" (also im Westen) kann fast alles verkörpern, ein asiatisches Utopia, das vorrevolutionäre Frankreich oder den amerikanischen Kontinent. Die englischen Kolonien in Nordamerika befanden sich immerhin im Erscheinungsjahr der Briefe, 1763, am Vorabend des amerikanischen Unabhängigkeitskrieges.

Nicht nur räumlich, auch zeitlich kann man dieses pseudo-exotische Nirgendwo (oder Überall) schwer einordnen, weil der reisende Briefeschreiber sich auf den „algemalenischen" Kalender mit seiner Zeitrechnung bezieht. Dieser Kalender transzendiert alle europäischen Zeitbegriffe. Dem fremdartigen Utopia entspricht eine exotische „Uchronie".[22] Einen seiner kuriosen Exkurse aus „Kalifornien" über so disparate Themen wie „Elephanten", „Religion" oder den „Ursprung warmer Bäder" beginnt der Briefeschreiber mit der Zeitangabe: „Im Jahr der Welt 9041" (*Asiatische Briefe* 1763: 69). Das kann einerseits auf andere Zeitrechnungen (wie etwa im Judentum oder Islam) verweisen. Andererseits erzielt der Verfasser mit diesem zeitlichen Pseudo-Exotismus eine Überzeitlichkeit der Geschehnisse, von denen er durch seine Figur berichtet. Dieser zeitliche Utopismus als Mittel der Gesellschaftssatire ist an dieser Stelle umso erstaunlicher, als der erste Zukunftsroman erst sieben Jahre später erscheint: Louis-Sébastian Merciers *L'an 2440* (Amsterdam, 1770). Allerdings geht es Mercier nicht primär um eine Kritik der Gegenwart, sondern vielmehr malt er ein phantasievolles Bild einer schönen neuen Aufklärungswelt, in der die *Encyclopédie* nicht nur Schul-Lektüre ist, sondern auch die Mauern der Bastille geschleift sind und allgemeines Vernunftdenken herrscht. Mercier erweitert mit seiner Paris-Beschreibung aus dem dritten Jahrtausend die herkömmlichen Staats- und Gesellschaftsutopien, die stets auf fernen Inseln angesiedelt waren (wie bei Morus, Campanella, Schnabel) oder auf fremde Planeten auswichen (wie bei Francis Godwin oder Cyrano de Bergerac). Das Werk wurde damit zum Vorläufer des modernen Zukunftsromans von Döblin bis Orwell.

Dem Verfasser der *Asiatischen Briefe* geht es mit seinem uchronisch-utopischen Entwurf dagegen nicht um das Porträt einer besseren Zukunftswelt, sondern um einen kritischen Blick auf die eigene Gegenwart. Damit gestaltet er die gegenwartsbezogene Zeitsatire rund zwanzig Jahre vor Jean Pauls „Abhandlung aus dem Jahre 3059", die 1783/84 entstand und Fragment geblieben ist. Der Inhalt dieser Schrift tut hier nichts zur Sache; bemerkenswert bleibt allein die satirische Durchschlagskraft, die die zeitliche Entrückung des kritischen Blicks mit sich bringt.[23]

---

[22] Vgl. den Begriff der „Uchronie" bei Kohl 1986: 223-238.
[23] Diesen quasi unterirdischen Zusammenhang zwischen dem Montesquieuschen Schema und Jean Pauls satirischem Genie hat Eduard Berend geahnt, wenn er die „Abhandlung aus dem Jahre 3059" kommentiert: „Hier handelt sich aber nicht um die Ausmalung eines utopischen Zukunftsbildes, sondern es wird die Gegenwart aus der Perspektive der Zukunft betrachtet und dadurch in satirische Beleuchtung gerückt, also gewissermaßen das witzige Prinzip der ,Lettres persanes' aus dem Räumlichen ins Zeitliche übersetzt." (Berend 1931: II/2: XIV)

5. Von der exotischen Satire zur prophetischen Polemik

Spricht der aufklärerische Verfasser durch das Sprachrohr eines Fremdlings im Eigenen oder eines Fremden aus der räumlichen oder zeitlichen Ferne, so steht hinter all diesen Masken die gleiche literarische Konstruktion, nämlich *die Kunstfigur eines literarischen Ichs*, das sich *polemisch* gegen die eigene Gesellschaft richtet. Damit braucht der Verfasser als Urheber der Kritik, die er durch sein exotisches *alter ego* äußert, seine wahre Identität nicht unmittelbar preiszugeben.

Ein schlichtes Beispiel aus Johann Pezzls *Marokkanischen Briefen* (1784) soll zur prophetischen und heroischen Sprachstilisierung bei Hölderlin, Schiller oder Moritz überleiten. Das Zitat verdeutlicht weniger das Prinzip der Substitution eines eigenen Jargons. Vielmehr kommt die Doppelung von pseudo exotischer *Fremd*- und unterschwelliger *Eigen*perspektive gut zum Ausdruck. Pseudo-exotisch übertragen spricht der Marokkaner Sidi, wenn er wie üblich „Sultan" sagt für König; europäisch aber spricht er, wenn er die Zersplitterung des Heiligen Römischen Reiches deutscher Nation in die Begriffe der klassischen Staatslehre faßt:

> „Hier herrscht ein Sultan, dort ein Emir, dort ein Mufti, hier ein Derwisch, weiter hin ein Dey, dort ein Nest voll Imans, nebenbei ein Divan von Pantoffelflikern; *hier ein kleingrosser Pascha, dort ein großkleiner Aga*; und so weiter. Despotien, Monarchien, Aristokratien, Oligarchien, Demagogien, Hierarchien und Anarchien, alles liegt hier durcheinander: alles drükt und drängt einander." (*Marokkanische Briefe* 1784: 11 – Hervorhebung R. C.)

Das Zitat veranschaulicht die sprachliche Doppelgestalt der Exotenfigur. Dazu muß man den Text in drei Teile zerlegen, die von der Hervorhebung des chiastischen Mittelsatzes markiert werden. Die Wendung „hier ein *klein*grosser Pascha, dort ein groß*kleiner* Aga" spaltet die literarische Figur in seine zwei sprachlichen Sphären auf. Im *oberen* Teil herrscht die scheinfremde Perspektive des Arabers vor, der die deutsche Kleinstaaterei in Exotismen überträgt; im *unteren* Teil dagegen spricht die unverbrämte Stimme des deutschen Verfassers, die an der abendländischen Staatstheorie geschult ist, wenn Sidi die vielen „-archien" aufzählt.

Der Chiasmus in der Mitte versinnlicht die Verkehrung und Verwirrung der deutschen Zustände in der rhetorischen Figur „grossklein / kleingross". Zerlegt man die Adjektive, so ergibt sich nämlich die rhetorische Figur nach dem Schema a-b-b-a. Die ironische Schelte durch chiastische Redefiguren erinnert an die Sprache der ernsten Fremdlinge im eigenen Land, zum Beispiel Hölderlins Hyperion. Die Buntscheckigkeit Deutschlands war im übrigen auch für Meyerns Abdul Erzerum Anlaß für Polemik (vgl. *Neue persische Briefe* 1787: 85f.). Eine Passage aus einem Brief Hölderlins, die in Ton und Thema die Scheltworte Hyperions evoziert, ist den Worten Sidis erstaunlich ähnlich:

> „Man kann wohl mit Gewißheit sagen, daß die Welt noch nie so bunt aussah wie jetzt. Sie ist eine ungeheure Mannigfaltigkeit von Widersprüchen und Kontrasten. Altes und Neues! Kultur und Roheit! Bosheit und Leidenschaft! Egoismus im Schafpelz, Egoismus in der Wolfshaut! Aberglauben und Unglauben! Knechtschaft und Despotism! unvernünftige Klugheit, unkluge Vernunft! geistlose Empfindung, empfindungsloser Geist! [...] Strenge ohne Menschlichkeit, Menschlichkeit ohne Strenge! heuchlerische Gefälligkeit, schamlose Unverschämtheit! altkluge Jungen, läppische Männer!" (Hölderlin 1992ff: III, 252)

Diese chiastischen Verkehrungen („*geist*lose Empfindung, empfindungsloser *Geist*"), die die Paradoxien der Zeit beschreiben, leuchten in Ton und Stil auch zwischen den Zeilen der

Der Jargon des Fremdlings

berühmten Scheltrede im *Hyperion*, in dem er von der deutschen „Zerrissenheit" spricht und damit einen Topos wählt, der im Diskurs der Aufklärung zu einem Klischee geronnen ist:

> „Es ist ein hartes Wort und dennoch sag ichs, weil es Wahrheit ist: ich kann kein Volk mir denken, das *zerrißner* wäre, wie die Deutschen. Handwerker siehst du, aber keine Menschen, Denker, aber keine Menschen, Priester, aber keine Menschen, Herrn und Knechte, Jungen und gesetzte Leute, aber keine Menschen – ist das nicht, wie ein Schlachtfeld, wo Hände und Arme und alle Glieder *zerstückelt* untereinander liegen, indessen das vergoßne Lebensblut im Sande zerrinnt?" (Hölderlin 1992ff.: II, 168 – Hervorhebungen R. C.)

Die „Zerstückelung" (Hölderlin) entspricht der hoffnungslosen „Buntheit" und „Ungeheuerlichkeit" (Pezzl) der deutschen Misere. Das Deutschland der vielen absolutistischen Ministaaten ist eine „monströse Republik". Das sagt Pezzls Marokkaner Sidi im bereits zitierten Brief (*Marokkanische Briefe* 1784: 11). Und auch der Perser Izouf vergleicht die deutschen Widersprüche mit einem Ungeheuer:

> „Man bildet sich aber Begriffe von allem, die denen *zweyköpfigten Mißgeburten* gleichen; man schanzet denen Lastern die gröste Ehre, und denen Tugenden Schande und Verachtung zu [...]." (*Reisender Persianer* 1761: 85; zit. n. Weißhaupt 1979: II/2, 231)

Damit schließt sich der Kreis: Weil die kritisierte Wirklichkeit so widersprüchlich ist (durch Zensur, Absolutismus und Partikularismus), wird ihr nur eine widersprüchliche Instanz der Kritik gerecht. Der Doppelgesichtigkeit und Doppelzüngigkeit der Gesellschaft begegnet ihr Kritiker mit einer „zweyköpfigten" literarischen Figur: dem Exoten, der beides zugleich besitzt: naive Spontaneität und Gelehrtenwissen, satirische Naivität und utopischen Aufklärungsanspruch, Nähe und Distanz. Hinter der Satire der Exoten, die von ihren geistigen Vätern buchstäblich als „Satyrn" angelegt sind, verbirgt sich stets auch die Polemik des Propheten. Die Analyse pseudo-exotischer Sprachverfremdungen macht diesen Zusammenhang zwischen „fremder" und prophetischer Redeweise offenbar. Ironie, Paradoxie und chiastische Verkehrungsfigur prägen schließlich auch das rhetorische Arsenal der großen Polemiker des Alten Testaments.[24] So entfährt es dem Perser Usbek im Namen des Propheten (Allahs!) angesichts der Ignoranz der Europäer: „Ich bin hier umgeben von einem ungläubigen Volk." (Montesquieu 1991: 39 – Hervorhebung R. C.). Erst vor diesem Hintergrund des exotistischen Sprach- und Maskenspiels erhält auch Hyperions prophetische Deutschenschelte ihre weltliterarische Kontur.

---

[24] Zu Pardoxie, Ironie und Verkehrung bei den Propheten vgl. z. B. Amos 4a-5: „Bringt eure Schlachtopfer am dritten Tage, räuchert Sauerteig zum Dankopfer und ruft freiwillige Opfer aus und verkündet sie: denn so habt ihr's gern, ihr Israeliten, spricht Gott der HERR!" Die Imperative des Propheten Amos sind hier ironisch gemeint und machen auf paradoxe Zustände im Umgang mit Ritualgesetzen und Eßvorschriften aufmerksam. Nicht satirisch, sondern utopisch spiegeln die „Friedensparadoxe bei Jesaja 11, 6ff. („Der Wolf wird beim Lamm zu Gast sein, [...]") die paradiesischen Zustände des kommenden Reiches. Diese kommende Ordnung bedeutet, daß die *verkehrte* Welt wiederum *umgekehrt* und damit erst richtig gestellt, also geheilt wird.

Literaturverzeichnis

Primärliteratur

Anonym (1787): *Briefe eines reisenden Punditen über Sclaverei, Möncherei, und Tyrannei der Europäer an seinen Freund in U-pang*, Leipzig.

Anonym [vermutlich Brenner, Ignaz von] (1809-1810*): Bruchstücke aus den Papieren des Türken Hassan*, Teil 1-3, Berlin.

Faßmann, David (1721-1733): *Der, Auf ORDRE und Kosten Seines Ka͑ysers reisende Chineser, Was er, Von dem Zustand und denen Begebnissen der Welt, insonderheit aber derer Europa͑ischen Lande, dem Beherrscher des CHINESISCHEN Reichs, vor Bericht erstattet [...]. Meistentheils in anmuthigen Gespra͑chen vorgestellet*, [in Fortsetzungen], Leipzig.

Gesner, Conrad (1555): *Mithridates. De differentiis linguarum tum veterum tum quae hodie apud diversas nationes in toto orbe terrarum in usu sunt*, Zürich (Reprint, hg. v. Manfred Peters. Aalen 1974).

Hamid [Pseudonym] (1785): *Hamids Meynungen über die Marokkanischen Briefe. An seinen Freund Sidi*, Leipzig.

Hölderlin, Friedrich (1797-1799): *Hyperion oder der Eremit in Griechenland*, Tübingen.

Hölderlin, Friedrich (1992ff.): *Sämtliche Werke und Briefe*. Hg. von Jochen Schmidt. 3 Bde., Frankfurt am Main.

Huelsenbeck, Richard, Hg. (1920): *Dada Almanach. Im Auftrag des Zentralamts der deutschen Dada-Bewegung*, Berlin (Reprint New York 1966).

Izouf [Pseudonym] (1761): *Staats=Veränderungen von Tretucheschei und andern Epauroischen Staaten, durch einen reisenden Persianer Izouf in einigen Briefen an seinen Bruder Machmud, erörtert, und übersetzet von einem Liebhaber derer Asiatischen Sprachen* [vielmehr deutsches Original], Nürnberg.

Kayser, Johann Andreas (1755-1757): *Menoza, ein asiatischer Prinz, welcher die Welt umher durchzogen, Christen zu suchen [...] aber des Gesuchten wenig gefunden [...]*. Aus dem Dänischen [vielmehr deutsches Original], Hollstein [Frankfurt?].

Meyern, Wilhelm Friedrich [eigentlich anonym] (1787): *Abdul Erzerum's neue persische Briefe*. Theil 1, Wien und Leipzig.

Meyern, Wilhelm Friedrich (1979 [1787-1791]): *Dya-Na-Sore, Oder die Wanderer. Eine Geschichte aus dem Sam-Skritt*. Hg. v. Günter de Bruyn, Frankfurt/Main.

Montesquieu, Charles Secondat, baron de (1721): *Lettres persanes*, tomes 1-2, Cologne.

Montesquieu (1759) = *Des Herrn von Montesquiou* (sic) *Persianische Briefe*. Übers. v. Friedrich von Hagedorn, Frankfurt und Leipzig.

Montesquieu, Charles-Louis de Secondat, Baron de la Brède et de (1991): *Persische Briefe*. Übers. u. hg. v. Peter Schunck, Stuttgart.

Moritz, Karl Philipp (^{3}1981): *Werke in zwei Bänden*. Ausgewählt u. eingeleitet v. Jürgen Jahn, Weimar.

Mozart, Wolfgang Amadeus (1982a): *Die Entführung aus dem Serail*. Hg. v. der dramaturgischen Abteilung der Komischen Oper, Berlin

Mozart, Wolfgang Amadeus (1982b): *Neue Ausgabe sämtlicher Werke*. In Verbindung mit den Mozartstädten Augsburg, Salzburg und Wien, hg. v. der Internationalen Stiftung Mo-

zarteum Salzburg. Serie II: Bühnenwerke. Werkgruppe 5, Band 12, Kassel, Basel und London.
Pezzl, Johann [eigentlich anonym] (1784): *Marokkanische Briefe.* Aus dem Arabischen [vielmehr deutsches Original], Frankfurt und Leipzig [Wien].
Philaleth [Pseudonym] (1790): *Tu͗rkische Briefe ueber politische und religio͗se Angelegenheiten der christlichen Regentenho͗fe und Nationen*, Gotha.
Polo, Marco [eigentlich Rustichello da Pisa] (1994 [1485]): *Il Milione. Die Wunder der Welt.* Übers. aus altfranzösischen u. lateinischen Quellen u. Nachwort v. Elise Guignard, Zürich.
Ransmayr, Christoph (1988): *Die letzte Welt.* Roman. Mit einem Ovidischen Repertoire, Nördlingen.
Rosendorfer, Herbert (1986): *Briefe in die chinesische Vergangenheit*, München.
Schiller, Friedrich (1962ff.): *Schillers Werke.* Nationalausgabe. Hg. v. Heinrich Koopmann u. Benno von Wiese, Weimar.
Studentensprache und Studentenlied in Halle vor hundert Jahren (1894) [= Neudruck des „Idiotikon der Burschensprache" von 1795 und der „Studentenlieder" von 1781]. Eine Jubiläumsausgabe für die Universität Halle-Wittenberg, dargebracht vom Deutschen Abend in Halle, Halle.
Tolberg, Johann Wilhelm und Wilhelm Friedrich Heinrich Bispink (1787-1788): *Briefe eines Hottentotten über die gesittete Welt.* Aus dem Französischen [vielmehr deutsches Original]. Pack 1-2, Halle.
Wolkenstein, Oswald von (^{2}1975): *Die Lieder Oswald von Wolkensteins.* Hg. v. Karl Kurt Klein, Tübingen.

Sekundärliteratur

Berend, Eduard, Hg. (1931): *Jean Pauls Sämtliche Werke.* Historisch-kritische Ausgabe. Zweite Abteilung. Zweiter Band. Ausgearbeitete Schriften 1783-1785, Weimar 1931.
Bruyn, Günter de (1986): *Lesefreuden. Über Bücher und Menschen*, Frankfurt am Main.
Darnton, Robert (1982): *The Literary Underground of the Old Regime.* Cambridge, Mass. und London.
Farge, Arlette (1993): *Lauffeuer in Paris. Die Stimme des Volkes im 18. Jahrhundert.* Aus dem Französischen v. Grete Oswald, Stuttgart.
Grawe, Christian (1982): *Friedrich Schiller: Die Räuber*, Stuttgart.
Kleinspehn, Thomas (1989): *Der flüchtige Blick. Sehen und Identität in der Kultur der Neuzeit*, Hamburg.
Klotz, Volker (1969): *Die erzählte Stadt*, München.
Kohl, Karl-Heinz (1986): *Entzauberter Blick. Das Bild des Guten Wilden und die Erfahrung der Zivilisation*, Frankfurt/Main.
Moser, Wolfgang (1996): *Xenismen. Die Nachahmung fremder Sprachen*, Frankfurt am Main.
Weißhaupt, Winfried (1979): *Europa sieht sich mit fremdem Blick. Werke nach dem Schema der 'Lettres persanes' in der europäischen, insbesondere der deutschen Literatur des 18. Jahrhunderts*, 3 Bde., Frankfurt/Main u. a.

Wiedemann, Conrad (1987): *Rom – Paris – London. Erfahrung und Selbsterfahrung deutscher Schriftsteller in den fremden Metropolen. Ein Symposion*, Stuttgart.
Wilpert, Gero von (^{6}1979): *Sachwörterbuch der Literatur*, Stuttgart.
Zmegac, Viktor, Hg. (1978-1984*): Geschichte der deutschen Literatur vom 18. Jahrhundert bis zur Gegenwart*, 3 in 4 Bdn., Königstein im Taunus.

HORST STENGER

Gleiche Sprache, fremder Sinn.
Zum Konzept kultureller Fremdheit
im Ost-West-Kontext

Die Deutschen aus Ost und West haben Probleme, einander zu verstehen und sich miteinander zu verständigen. Zumindest reden sie in der Form von Reportagen, Essays, Meinungsumfragen, Kommentaren, Hintergrundberichten oder wissenschaftlichen Analysen so intensiv darüber, was sie voneinander unterscheidet, daß der Beobachter auf weitreichende Verständigungsschwierigkeiten schließen muß. Da gleichzeitig keine ernstzunehmenden Zeichen für die Existenz zweier *Sprachgemeinschaften* auffindbar sind, müssen die Unterschiedlichkeiten und Verständigungsschwierigkeiten als Hinweis darauf verstanden werden, daß die deutsche Vereinigung zwei *Kommunikationsgemeinschaften* zusammengeführt hat. Entscheidend sind damit nicht die eher geringfügigen und oberflächlichen *lexikalischen* Unterschiede der Sprache, sondern *semantische* Unterschiede, die sehr eng mit den Strukturen lebensweltlicher Gewißheiten verbunden sind. Das heißt, Verständigungsschwierigkeiten beinhalten nicht nur Verstehensschwierigkeiten, sondern auch *Akzeptanz*schwierigkeiten, die sich auf die Grundüberzeugungen des jeweils anderen beziehen. Der „fremde Sinn", dem die Ost- und Westdeutschen im Kontakt miteinander immer wieder begegnen, soll in diesem Aufsatz mit Hilfe des Konzepts kultureller Fremdheit eingehender analysiert werden. Dabei greife ich auf Datenmaterial zurück, das in qualitativen Interviews und einer standardisierten Befragung ostdeutscher Wissenschaftler gewonnen wurde.[1]

Zuvor soll eine weitere Rahmenthese fomuliert werden. Ich gehe davon aus, daß Fremdheitserfahrungen zwischen Ost- und Westdeutschen seit der Wende nicht weniger geworden sind, sondern zugenommen haben. Erst mit der Wende entstanden die Möglichkeit, einander nahe zu sein, und die Notwendigkeit, miteinander umgehen zu müssen. Erst der strukturelle Zwang des Kennenlernens konnte zu der Erfahrung führen, daß die ursprünglichen Gemeinsamkeitsbilder nicht sehr tragfähig sind. Diese Argumentation kann als Konkretisierung einiger systematischer Überlegungen von Georg Simmel zur Figur des Fremden verstanden

---

[1] Die Daten wurden in einem Projekt gesammelt, das die Integration ostdeutscher Wissenschaftler in das bundesdeutsche Wissenschaftssystem im Rahmen der Arbeitsgruppe *Die Herausforderung durch das Fremde* der Berlin-Brandenburgischen Akademie der Wissenschaften untersuchte. Genauer gesagt wurde eine spezifische Gruppe ostdeutscher Wissenschaftler befragt: Jene ehemaligen Mitarbeiter der Akademie der Wissenschaften der DDR, die vom 1.1.1992 bis zum 31.12.1996 im sogenannten Wissenschaftler-Integrations-Programm (WIP) gefördert wurden und dort ein Forschungsprojekt geleitet haben. Erklärtes Ziel des vom Bund und den ostdeutschen Ländern finanzierten Programms war unter anderem die „Erhaltung des Forschungspotentials".

werden. Fremdheit als soziale Beziehung ist für Simmel durch ein spezifisches Mischungsverhältnis von Bindung und Ausgrenzung, von Nähe und Ferne gekennzeichnet: „Die Bewohner des Sirius sind uns nicht eigentlich fremd – dies wenigstens nicht in dem soziologisch in Betracht kommenden Sinne des Wortes – sondern sie existieren überhaupt nicht für uns, sie stehen jenseits von Fern und Nah. Der Fremde ist ein Element der Gruppe selbst, (...) ein Element, dessen immanente und Gliedstellung zugleich ein Außerhalb und Gegenüber einschließt" (1983: 509). Aufgrund dieser Gleichzeitigkeit von „Außerhalb" und „Gegenüber" ließe sich der Status des Fremden auch als *zugehörige Nichtzugehörigkeit* kennzeichnen.

Die Entwicklung einer Fremdheitsbeziehung zwischen Ost- und Westdeutschen wird vor diesem Hintergrund als Prozeß kollektiver Erwartungsenttäuschung verstanden, der nach der Wende einsetzte. Gegenstand der Enttäuschung war der Glaube an die *kulturelle Gemeinsamkeit und Einheit*, der eng mit der Überzeugung der *nationalen* Einheit und dem daraus resultierenden politischen Willen zur *staatlichen* Einheit verbunden war. Ein wichtiger Träger für das Konglomerat von Einheitsvorstellungen, -wünschen und -gewißheiten war die unabweisbare Evidenz einer gemeinsamen Sprache. Zwar hatte der Leipziger Sprachwissenschaftler Gottfried Lerchner 1974 die Entwicklung unterschiedlicher Sprachvarietäten in den beiden deutschen Staaten behauptet, vermochte einen fachlich soliden Beweis für seine These aber nicht zu liefern, wie er selbst in einem 1992 veröffentlichten Nachwendeaufsatz eingestand. Zudem lag es nahe – wie man dies in einem Text von Horst Dieter Schlosser aus dem Jahre 1981 nachlesen kann – die These der Sprachdivergenz in Zusammenhang mit den Bemühungen der DDR um Anerkennung zu bringen und als staatlich inspirierte Abgrenzungsideologie zu interpretieren. Noch vor der Wende haben sich die Linguisten in Ost und West darauf verständigt, daß „die deutsche Sprachgemeinschaft zwar noch bestehe, inzwischen aber verschiedene Kommunikationsgemeinschaften entstanden seien" (Schlosser 1993: 221). Die bedeutendsten sprachlichen Unterschiede wurden im lexikalischen Bereich beobachtet, also jenem Bereich der Sprache, der am stärksten „in Bewegung" ist. Aufgrund der Dynamik und Flexibilität des lexikalischen Bereichs gab es hier nicht nur die relativ größten Differenzen, sondern gleichzeitig auch die stärksten Angleichungstendenzen nach der Wende. Daß den Ostdeutschen Worte wie „Sonnenstudio", „Bio-Laden" oder „Smog" weitgehend unbekannt waren (Bauer 1993: 139f) wird kaum zu nachhaltigen Kommunikationsstörungen geführt haben. Umgekehrt erscheinen Worte wie „Broiler", „Plaste" oder „Datsche" dem Westdeutschen heute vielleicht noch als Kennzeichen einer verschwindenden DDR-Folklore, sind aber keineswegs unvertraut. Zur Wendezeit bestehende Unterschiede der Sprachverwendung konnten daher als mehr oder minder exotische Oberflächenphänomene wahrgenommen werden, die die interne Verständigung der vereinten Nation nicht ernsthaft behindern würden.

Die von der Gewißheit einer gemeinsamen Sprache getragene Erwartung, sich letztlich problemlos miteinander verständigen zu können, dem anderen Deutschen also begegnen zu können wie allen anderen Alltagsmenschen bisher, ist indessen nachhaltig enttäuscht worden. Die ursprünglich leitende Interaktionsunterstellung wechselnden Verstehenkönnens ist vielfach der Überzeugung getrennter Sinnwelten gewichen: Auf beiden Seiten hat die Kontinuität von Verständigungs- und Verstehensproblemen recht bald zu einem Umbau der kommunikativen Erwartungen geführt. Die Erwartung erfolgreicher Routineprozeduren wurde abgelöst durch die Erwartung der Möglichkeit von Verständigungsproblemen. Überspitzt formuliert: aus den jeweils „anderen" Deutschen wurden allmählich die „fremden"

Deutschen, was zum Beispiel in der medienüblichen Formel von „der Mauer in den Köpfen" seinen sprachlichen Niederschlag fand. Meine Rahmenthese kann also auch als *Wandel der Gewißheiten* beschrieben werden: Die Gewißheit, einander gleich zu sein, ist der Überzeugung gewichen, daß man sich deutlich unterscheide. Und zwar so deutlich, daß man stets damit rechnen muß, falsch oder gar nicht verstanden zu werden bzw. auf andere Weise durch das Verhalten des anderen irritiert zu sein.

Dieser Wandel ist die Grundlage für ein Exklusionsverhältnis, daß ich *kulturelle Fremdheit* nenne.[2] Wenn ich nicht routinemäßig annehmen kann, mit dem anderen in „einer Welt" zu leben, also die Selbstverständlichkeiten meiner Alltagswelt mit ihm zu teilen, rechne ich ihm eine andere Wirklichkeitsordnung zu, die mir „fremd", weil unüberschaubar ist. In der Erfahrung kultureller Fremdheit wird das zum Problem, was in routinisierten Interaktionszusammenhängen nie zum Thema wird: Die Tatsache nämlich, daß nicht nur das aktuelle Bewußtsein des Anderen, sondern auch sein lebensweltlicher Erfahrungshintergrund transzendent bleibt und nur durch Zeichen und Symbole in einer „Appräsentationsbeziehung" (Schütz 1971: 339ff) gegenwärtig ist.[3] Können die Zeichen nicht mehr erfolgreich „gelesen" werden, dann wird die routinemäßige Unterstellung einer „gemeinsamen Welt" problematisch. Die Zurechnung einer anderen Wirklichkeitsordnung bedeutet aber, den anderen hinsichtlich *meiner* Wirklichkeitsordnung als „nicht zugehörig" zu bestimmen, ihn zu exkludieren.

Der Erfahrungsmodus von kultureller Fremdheit ist *Unvertrautheit*. Immer dann, wenn wir die Erfahrung mangelnder Vertrautheit machen, befinden wir uns im Grenzbereich der eigenen Wirklichkeitsordnung. Nicht jede Unvertrautheit ist bedrohlich für die eigene Sicht auf die Welt. Im Gegenteil: Es gibt eine *alltägliche Fremdheit* (Waldenfels 1995), die im Horizont der eigenen Wirklichkeitsordnung bleibt, weil sie die grundlegenden Gewißheiten nicht in Frage stellt, sondern ihre Gültigkeit vielmehr bestätigt. Ein ausgezeichnetes Beispiel für diese Form der Fremdheit ist die Unvertrautheit mit den vielen Anderen des Alltags, die uns als Passanten, Verkehrsteilnehmer oder Supermarktkunden begegnen. Ihre Fremdheit verursacht – von Ausnahmen abgesehen – weder Schrecken noch Faszination, sondern wird routinemäßig erwartet, so daß *Indifferenz* die typisch moderne Haltung gegenüber diesen alltäglich Fremden ist (Stichweh 1997). Dem alltäglich Fremden begegnen wir mit der Grundannahme, daß er oder es Bestandteil der Ordnung jener Wirklichkeit ist, die wir als die „gegebene" erfahren. Da das Fremde hier der eigenen Ordnung zugerechnet wird, erscheint jede Unvertrautheit prinzipiell überwindbar oder aufhebbar. Insofern ist das alltäglich Fremde ein potentiell Eigenes; etwas, das durch bewußte Zuwendung transformiert werden kann. Die Fremdheit des Anderen verschwindet, wenn ich ihn kennenlerne; und wenn ich mich nur hinreichend intensiv mit einer fremden Angelegenheit beschäftige, kann ich sie mir vertraut machen. Insoweit läßt sich also sagen, daß durch „Lernen" Unvertrautheit in Vertrautheit

---

[2] Die Begriffe kulturelle und soziale Fremdheit ergänzen einander. Von *sozialer Fremdheit* als einem spezifischen Beziehungsverhältnis ist zu sprechen, wenn Personen oder Gruppen als *nicht zugehörig* behandelt werden. Die Nichtzugehörigkeit kann sich zum einen auf den verweigerten Zugang zu Positionen und Rollen beziehen (materiale Exklusion), zum anderen auf den Ausschluß aus dem moralischen Universum der Gruppe (symbolische Exklusion). Auf das Konzept sozialer Fremdheit sowie den Zusammenhang von sozialer und kultureller Fremdheit gehe ich an anderer Stelle ein (Stenger 1997).

[3] Im Zentrum jeder Appräsentation steht ein Verweisungszusammenhang: „Anzeichen, Merkzeichen, Zeichen und Symbole verweisen von einem gegenwärtig Gegebenen (um es genau festzuhalten: von einem aktuellen *Wahrnehmungs*datum) auf ein gegenwärtig Nichtgegebenes" (Schütz / Luckmann 1984: 181).

verwandelt wird; ein Prozeß, der exemplarisch am Lernen einer fremden Sprache nachvollzogen werden kann.

Andererseits läßt sich keineswegs jede Unvertrautheit durch „Lernen" zum Verschwinden bringen. Mitunter führt das Kennenlernen des Anderen gerade zu einer tieferen Erfahrung der Fremdheit, was aus der Erkenntnis resultiert, daß für den oder die Anderen die Wirklichkeit eine in wichtigen Hinsichten andere Ordnung besitzt als für mich selbst. In diesem Fall führt „Lernen" zu einer Erfahrung der *Grenze* der Aneignung und der Widerständigkeit des Fremden, das *als* Fremdes (und eben *nicht* potentiell Eigenes) seinen Ort in der Lebenswelt erhält.

Diese beiden Kategorien der Unvertrautheit, bei der das Fremde einmal als Element der *eigenen* Ordnung und zum anderen als Repräsentant und Bestandteil einer *anderen* Ordnung erscheint, möchte ich im folgenden als Endpunkte eines Kontinuums von Fremdheitserfahrungen verstehen. Im Rahmen dieses Kontinuums unterscheide ich drei Grade oder Typen der Unvertrautheit, die ich als „einfach", „ambivalent" und „reflexiv" kennzeichnen möchte. Mit Blick auf die Frage sprachlicher Fremdheit zwischen Ost- und Westdeutschen läßt sich nun die These formulieren, daß lexikalische Sprachdifferenzen in der Regel wohl kaum dem Typus reflexiver Unvertrautheit zuzurechnen sind. Die den beiden Kommunikationsgemeinschaften eigenen Sinn- und Wissensstrukturen sind dagegen Grundlage komplexerer Unterschiede und intensiverer Fremdheitserfahrungen. Kennzeichnend dafür ist vor allem der reflexive Typus der Unvertrautheit.

Einfache Unvertrautheit: Vom Know-how des Alltagslebens

Entscheidend für viele Fremdheitserfahrungen im Ost-West-Zusammenhang ist die Tatsache, daß sich im Medium einer im wesentlichen gemeinsamen Sprache in Ost und West unterschiedliche Wissensbestände über die soziale Wirklichkeit aufgebaut haben. Zum überwiegenden Teil schafft das für die *Ostdeutschen* Probleme, weil mit der Vereinigung ein beträchtlicher Teil *ihres* Alltagswissens seine Gültigkeit verloren hatte. Damit meine ich zunächst vor allem jene Wissensbestände, die das Funktionswissen über die Selbstorganisation des Alltagslebens bereitstellen, also etwa das Wissen darüber, wie ich eine Lohnsteuerkarte erhalte, wie das Gesundheitssystem funktioniert, daß die Nichtzahlung der Miete rechtliche und praktische Konsequenzen hat, wie man sich auf dem Arbeits- oder Warenmarkt orientiert usw. Hinsichtlich solcher Wissensbestände entstand spätestens mit der Vereinigung bei den Ostdeutschen ein *Bewußtsein* der Unvertrautheit sowie der Notwendigkeit, sich diese Elemente der Organisation sozialer Wirklichkeit anzueignen. Hier kommt das Fremde als das *benennbar* Neue daher, als etwas, über das man Experten befragen kann oder das in Texten staatlicher oder kommerzieller Ratgeberliteratur nachzulesen ist. Dieses fremde Wissen kann durch bewußtes „Lernen" angeeignet und in vertraute Elemente der Lebenswelt umgewandelt werden. Ich möchte in diesem Fall von kultureller Fremdheit als *einfacher Unvertrautheit* sprechen. Die analytische Kennzeichnung als „einfach" bedeutet keineswegs, daß das Lernen selbst eine „einfache" Prozedur sein muß. Einfach ist das Unvertraute, weil es mit der existierenden Wirklichkeitsordnung kompatibel und damit vollständig aneignungsfähig erscheint. Zur Illustration ein erster Interviewauszug:

Gleiche Sprache, fremder Sinn

> Also erstens lernt man ja relativ schnell. Mit dem schnell lernen meine ich, daß natürlich die neuen Strukturen, so wie sie sich dann reorganisieren, wahrgenommen werden, ganz klar. Also, von dem ersten Zustand, nicht zu wissen, wie die Fahrkarte jetzt in den Automaten geht, wie das mit den Steuern ist, mit der Autoversicherung, und, und, und. Also alles im Grunde neu bis zu dem Zustand, daß ich inzwischen mit meinen Steuern halbwegs zu Rande komme – halte ich ja wirklich für 'ne Leistung. Also, das muß man erstmal sozusagen nebenbei, neben den ganzen anderen Nachholgeschichten erst mal bewältigen. Ich glaube, das kann gar keiner nachvollziehen, der da nicht sozusagen durchmußte. Das ist jetzt nichts sozusagen gegen die anderen, das wünsch' ich nicht mal einem, aber das ist 'ne Umstellung, also wirklich im Sinne von leisten müssen, das ist schon immens. Und manchmal frag' ich mich auch, also wie das auch funktionieren konnte. Und im Sinne dieses Erlernens des Neuens identifiziert man sich auch. Also heute – das hat mich ja richtig angewidert, diese ganze Selbstverwaltung. Jetzt inzwischen sind das, weiß ich nicht, nahezu zwei Meter laufendes Regal von allen Versicherungen, von allem möglichen Zeug, was man dann selbst machen muß, was vorher einfach da war. Da hatten wir *ein* grünes Heft für die ganze Krankengeschichte. Und damit hatte sich's. (Kultur-/Sozialwissenschaftler, V 9, S. 8/9)[4]

Sehr anschaulich wird die Komplexitätssteigerung beschrieben, die mit der Veränderung vom DDR-Alltag zum bundesdeutschen Alltag verbunden ist. Aber trotz – oder wegen – der „immensen Leistung", die zu erbringen war, ist das Thema des Zitats die *Bewältigung* der „neuen Strukturen", ihre Aneignung durch Internalisierung („im Sinne des Erlernens des Neuen identifiziert man sich auch"). Insofern ist zentrales Strukturelement einfacher Unvertrautheit die ihr immanente *Möglichkeit zur Gewißheit*. Gewißheit wiederum kann entstehen durch erfolgreiche Routinisierung. Wenn ich beispielsweise einige Male geübt habe, „wie die Fahrkarte in den Automaten geht" entfällt der kurze Moment des Überlegens, ob ich den Fahrschein richtig halte. Ich beginne, den Fahrschein „automatisch" richtig zu halten und erreiche eine erste Stufe des Vertrautseins bzw. der Routinisierung. In der erfolgreichen Dauer dieses Routinisierungsprozesses wird mir die Handhabung des Fahrscheins zur Selbstverständlichkeit, zu einem absolut sicheren und zweifellosen Wissen von der Welt. Die Aneignung des einfach Unvertrauten trägt also die Kennzeichen des Abschließbaren und Überschaubaren.

Allerdings veranschaulicht der Interviewauszug auch, daß im Bereich einfacher Unvertrautheit zu differenzieren ist. Die Routinisierung in der Handhabung von Fahrkartenautomaten oder in der Verwendung neuer Wörter des Alltags wird sich schneller vollziehen als bei der Abgabe der Steuererklärung. Das Beispiel komplexer Sachverhalte wie der Steuererklärung zeigt, daß *Gewißheit* hier nicht meint, man durchschaue und überblicke das Steuerrecht, sondern daß Verfahren und Handlungsweisen erlernt werden, mittels derer das pragmatische Problem „Abgabe einer Steuererklärung" erfolgreich gelöst werden kann. Erfolgreiche Lösungsversuche werden wiederholt; Wiederholungen leiten Routinisierungsprozesse ein. Insofern ist also auch mit komplexen Sachverhalten die Möglichkeit der (vorläufigen) Gewißheit verbunden. Das Interesse zur Aneignung des Unvertrauten reicht jeweils nur bis zu dem Punkt, an dem der erreichte Grad der Aneignung hinreichend ist, um Handlungsprobleme zu lösen bzw. Handlungsfähigkeit zu sichern (Schütz / Luckmann 1979: 178).

Systematisch ist wichtig, daß es sich im Falle einfacher Unvertrautheiten in aller Regel um *leicht thematisierbare Wissensbestände* handelt, über die jedermann (im Falle des Fahr-

---

[4] Die Quellenangaben bei den Interviewtexten beziehen sich auf die Kategorien, die in der Ordnung der transkribierten Interviewtexte entwickelt wurden. Die Interviewauszüge dieses Aufsatzes sind folgenden Kategorien entnommen: *R 3* steht für „Außenseitererfahrungen", *S 4* für „Fremdheit" und *V 9* für „Vergleich von Kulturelementen".

scheins) oder zumindest ein entsprechender Experte Auskunft geben kann (im Fall der Steuererklärung). In diesem Sinne hat einfach unvertrautes Wissen einen „Ort", der den Zugriff bzw. die Zugriffsbedingungen kalkulierbar macht. Die Erwartung der jederzeitigen Zugriffsmöglichkeit auf Wissen, das zur Aneignung notwendig ist, hängt sehr eng mit der Annahme der grundsätzlichen Überschaubarkeit neuer, unbekannter Sachverhalte zusammen.

Ambivalente Unvertrautheit: Das instrumentalisierbare Fremde

Auf dem gedachten Kontinuum zwischen einfacher und reflexiver Unvertrautheit, also dem, was durch Internalisierung zu eigen gemacht werden kann und dem, was einer Aneignung widersteht und auf Dauer fremd bleibt, läßt sich ein breites Übergangsfeld denken, in dem sich Elemente einfacher und reflexiver Unvertrautheit in unterschiedlichen Anteilen mischen. Die Unvertrautheit ist hier insofern „ambivalent", weil die empirisch vorhandenen Grenzen der Überschaubarkeit durch die *Annahme der prinzipiellen Überwindbarkeit der Grenze* relativiert werden. Die Widerständigkeit des Fremden ist zwar anzuerkennen, erscheint aber als Produkt der Aneignungs*bedingungen* und nicht einer anderen Ordnung. Der Fall ambivalenter Unvertrautheit wird mithin von der impliziten Annahme begleitet, daß der Gegenstand der Fremdheit der *eigenen* Ordnung zuzurechnen sei und unter anderen Bedingungen als den gegebenen vollständig angeeignet werden könne.

Ein Beispiel gibt die Fremdheit anderer Personen. Während den vielen anderen des Alltags mit einer Haltung der Indifferenz und der Erfahrung einfacher Unvertrautheit begegnet wird (Unbekanntheit könnte jederzeit in Bekanntheit verwandelt werden), bezieht sich die Erfahrungsmöglichkeit ambivalenter Unvertrautheit auf Personen, die bereits bekannt sind. Zentrum dieser Erfahrung ist die Erkenntnis, daß ein bestimmter Grad der Vertrautheit in einer bestimmten Situation nicht hinreichend ist (ich kenne eine Person, aber offensichtlich nicht gut genug). Ich nehme aber idealisierend an, daß sich die Vertrautheit mit der anderen Person im Prinzip wieder soweit steigern ließe, daß die Erfahrung der Fremdheit verschwindet. Das Beispiel zeigt einen der grundlegenden Fälle ambivalenter Unvertrautheit: die Fremdheitserfahrung, die sich am Vertrauten festmacht.

Systematisch ist dieser Typus dadurch bestimmt, daß Vertrautes in unvertraute Kontexte gestellt wird, sich also in einem fremden Zusammenhang „verändert". Dies scheint mir im Hinblick auf die Situation des intensivierten Kontakts zwischen Angehörigen zweier Kommunikationsgemeinschaften strukturell eine notwendig häufige Situation zu sein. Dieselben Worte, Bezeichnungen oder Sinnverknüpfungen können mit dem Wechsel der Kommunikationsgemeinschaft eine mehr oder minder große Bedeutungsverschiebung erlangen (zur unterschiedlichen Wertigkeit von Begriffen in Ost- und Westdeutschland z. B. Bauer 1993). Wichtig ist dabei, daß neben einer benennbar „neuen" Bedeutung von Spracheelementen die jeweils „alten" Konnotationen eines Sprechers im Akt des Sprechens und der Sinnzuweisung erhalten bleiben. Dies wirkt sich besonders stark dann aus, wenn es „an der Oberfläche" *keine* Bedeutungsverschiebung eines Spracheelementes gibt, sondern dessen Bezogenheit auf unterschiedliche kulturelle Kontexte, soziale Ontologien und Wissensstrukturen implizit bleibt. In diesem Fall werden dieselben sprachlichen Zeichen mit systematisch differierenden Verweisungszusammenhängen benutzt.

Ein schönes Beispiel dafür, wie die Bedingungen der deutschen Vereinigung einen Erfahrungsrahmen für ambivalente Unvertrautheit geschaffen haben, enthält der folgende Interviewausschnitt:

Haben Sie denn umgekehrt auch den Eindruck, daß Sie Fremde sind für die Westdeutschen?
Ja. Selbstverständlich. Das macht sich ja schon im wissenschaftlichen Gespräch fest, wenn *ich* von Begriffen rede, die *sie* anders definieren. Daß wir uns erstmal verständigen müssen, zwar eine Sprache sprechen, aber sie unterschiedlich gebrauchen, mit Inhalten füllen.
Und Sie denken, diese Sachen sind nicht einfach auszuräumen, indem man dies Gespräch führt und sich darüber verständigt, was gemeint ist, und dann eine gemeinsame Basis hat?
Nein. Erstens wird von den Westdeutschen ja immer ewartet, daß ich nun *weiß*, wie der Begriff wirklich zu definieren ist. Es ist ja nicht ein Aufeinander-Zugehen, und jetzt versuchen wir uns mal zu treffen dabei. Sondern mir wird erklärt, das verstehen wir nicht darunter. Und da wird der Anspruch sichtbar, daß ich jetzt den Begriff in ihrer Weise zu definieren habe, damit wir uns in Zukunft verstehen. Und das kann man *mal*, wenn es einem sehr logisch erscheint, auch annehmen, also ich bin da nicht blockiert. Aber das geht nicht *immer* – ja? Und dann kann ich das zwar rein theoretisch leisten, das mache ich natürlich auch, aber ich merke dann zumindestens, weil Sie ja auch mein Gefühl angesprochen haben, daß das nicht ganz stimmig ist mit mir. Und damit ich in der Theorie und in meinem Metier was behaupten kann, muß ich das leisten jetzt, es geht nicht anders. Also schon alleine bei den Antragskonzepten, was denken Sie, wie oft ich von dem Berliner Senat belehrt worden bin, das sagt man bei uns nicht. „Jugendstrukturen? – Typisch Ossi, lassen Sie mal raus, sonst fällt das gleich auf". Ja wieso, wenn es eine Jugendstruktur für mich ist. Ich habe es rausgestrichen, weil ich wollte von denen natürlich Geld haben. Bestimmte Begriffe habe ich mir gänzlich abgewöhnt zu sagen, ja? Aber ich halte die nach wie vor nicht für falsch, deshalb, weil ich sie nun nicht mehr gebrauche. Deshalb ist das nicht eine Sache der Annäherung, die dabei stattfindet. (Kultur-/Sozialwissenschaftlerin, S 4, S. 3/4)

In zweifacher Hinsicht enthält der Text Beispiele für das Fremdwerden des Vertrauten. Zum einen werden vertraute Begriffe in einem anderen (westdeutschen) Kontext mit anderer Bedeutung versehen[5] („wenn ich von Begriffen rede, die sie anders definieren"), zum anderen werden vertraute Begriffe im anderen Kontext bedeutungslos, ihre Verwendung sogar negativ sanktioniert („das sagt man bei uns nicht, lassen Sie mal raus, sonst fällt das gleich auf"). Zwar lernt diese Wissenschaftlerin hinsichtlich der zweiten Variante, die „richtigen" Worte zu verwenden und löst damit die einfache Unvertrautheit hinsichtlich neuer, bislang unbekannter Sprachverwendungen auf. Gleichzeitig macht sie die Erfahrung, daß vertraute Begriffe in westdeutschen Kontexten der Verwaltung und Wissenschaft ihren angestammten Sinn verlieren. Die vertrauten Begriffe werden gewissermaßen „an der Oberfläche" falsch, bleiben subkutan aber wahr. Auch wenn einfache Unvertrautheiten aufgelöst werden, bleibt die wertbezogene Unvertrautheit des Neuen und die durch Entwertung hervorgerufene Befremdlichkeit des Vertrauten bestehen. In diesem Spannungsfeld wird Fremdheit reflexiv, also auf Dauer gestellt.

In der Erfahrung ambivalenter Unvertrautheit – als spezifische Mischung aus Aneignung und Fremdbleiben – erweist sich das Fremde noch *als* Fremdes handhabbar. Es kann zwar

---

[5] Colin Good (1993: 254 ff) unterscheidet in diesem Zusammenhang systematisch zwischen zu DDR-Zeiten negativ besetzen Begriffen, die für die diskreditierende Beschreibung von Westverhältnissen reserviert waren (z.B. *Profit, Konkurrenz, Manager*) und Begriffen, die in der öffentlichen Sprache zur positiven Kennzeichnung der DDR-Verhältnisse benutzt und dadurch nach der Wende zum Zeichen alter Machtverhältnisse wurden (z.B. *Solidarität, Funktionär, Fortschritt*).

nicht bis zur Selbstvergessenheit *internalisiert* werden (wie im Fall der einfachen Unvertrautheit), aber es kann – auch dies illustriert der Interviewauszug anschaulich – im Rahmen instrumenteller Ziele *angeeignet* werden. Begriffe oder Schlüsselwörter können ebenso gelernt werden wie die Situationen ihrer „angemessenen" Verwendung – und trotzdem bleibt die „Falschheit" der Worte so bewußt wie die Fremdheit der Sinnzusammenhänge, auf die die angeeigneten Worte verweisen. „Fremd" sind und bleiben also die Kontexte, die Sinnzusammenhänge, die dem westdeutschen Sprecher als selbstverständliche Bezugspunkte dienen.[6] *Instrumentelle Aneignung bei gleichzeitiger reflexiver Distanz charakterisiert daher ganz wesentlich den Erfahrungstypus ambivalenter Unvertrautheit.* Daß diese Form der Unvertrautheit unter den im WIP geförderten ostdeutschen Wissenschaftlern relativ weit verbreitet ist, läßt sich z. B. aus einem Einzelergebnis einer standardisierten Erhebung schließen, die zur Ergänzung der qualitativen Interviews bei allen Projektleitern im Wissenschaftler-Integrations-Programm durchgeführt wurde.[7] Unter anderem wurde dort das Item *Ich bin mit dem Wissenschaftssystem inzwischen ganz gut vertraut, habe aber trotzdem eine erhebliche innere Distanz dazu* mit der Bitte um eine „richtig/falsch"-Beurteilung vorgelegt. Etwa 52% der 406 Befragten stimmten der Aussage zu, ca. 25% hielten sie für falsch (19% „nicht entscheidbar", 4% keine Antwort). „Ganz gut vertraut" zu sein, heißt, auf der Ebene pragmatischer Notwendigkeiten zurechtzukommen; eine „erhebliche innere Distanz" signalisiert gleichzeitig „Fremdheit", die sich auf andere Werte oder den Eindruck kognitiver Unüberschaubarkeit bezieht.

Gerade im Bereich der Kultur- und Sozialwissenschaften war die Wende für die ostdeutschen Wissenschafler nicht nur in wissenschaftsorganisatorischer Hinsicht, sondern vor allem in bezug auf Theorien, Inhalte und Methoden vielfach ein tiefer Einschnitt. Die bisherige Wissenschaftssprache wurde schlagartig zum Ausdruck einer prekären und stigmatisierbaren Position, so daß gerade hier ein starker Druck in Richtung instrumenteller Aneignung entstand. Dazu der folgende Interviewtext:

„Wenn Sie das nachprüfen im Sinne von nachsehen wollen, dann gucken Sie sich einfach unsere Texte von vor '89 an und die Texte nach '89. Es ist im Grunde erschreckend, wie schnell das ging, daß wir uns der neuen Sprache bedient haben und solche Kategorien einfach aus der Empfindung – da hätte ich jetzt das Problem zu sagen, warum hast du sie eigentlich weggelassen – ich hab' sie nicht mehr gehört, und hab' offenbar die Wahrnehmung gemacht, wenn ich sie benutze, werde ich sofort abgestempelt und außerhalb der Kommunikation gestellt. Und natürlich wollte ich da nicht hin. Also paßt man sich sofort an, ohne daß ich mich da als 'n Überläufer empfunden habe, habe ich mich nie, weil ich mich auch nie verleugnet habe, denke ich jedenfalls. Aber wenn man in einem

---

[6] In seiner Analyse von „Wende-Parolen" und „Wende-Programmen" zeigt Horst-Dieter Schlosser (1993), daß die in der Bundesrepublik als schlichte Einheitsparolen verstandenen Formeln der DDR-Demonstrationen (*Wir sind ein Volk*) vor dem Hintergrund der programmatischen Texte der verschiedenen Bürgerbewegungen auch anders zu lesen sind. Was im Osten als Wunsch nach einem neuen politischen Miteinander im Rahmen der Reformierung der DDR gemeint war, wurde im Westen auf die eigene politische Tradition der Forderung nach staatlicher Wiedervereinigung bezogen. Die sozialisatorisch verankerten unterschiedlichen Sinnhorizonte sind nach wie vor die wesentliche Quelle ambivalenter Unvertrautheit.

[7] Im Rahmen dieser Erhebung wurden Operationalisierungen der theoretischen Konstrukte *soziale Fremdheit* und *kulturelle Fremdheit* entwickelt. Berichtenswert ist in diesem Zusammenhang, daß sich zwar ein enger Zusammenhang zwischen beiden Dimensionen der Fremdheit zeigte, daß sie andererseits aber deutlich unterscheidbare Bereiche der Erfahrung erfassen. Erfahrungen kultureller Fremdheit – ohne Differenzierung nach „Graden" – sind unter den befragten Wissenschaftlern weit verbreitet. Bei über die Hälfte der Befragten (53%) ließ sich sogar ein hoher Intensitätsgrad der Erfahrung kultureller Fremdheit feststellen. Über die Ergebnisse dieser Studie wird an anderer Stelle berichtet werden.

Diskurs einfach rein sprachlich verstanden werden will, muß man sich natürlich der Terminologie in irgendeiner Weise anschließen. Ich meine, vollständig gelingt das sowieso nicht, aber man kann sich bemühen – und offenbar ist es uns in bestimmtem Ausmaße auch gelungen, sonst wäre die Diskussion ja gar nicht zustandegekommen." (Kultur-/Sozialwissenschaftler, R 3, S. 2)

Die aneignungsfähige Seite ambivalenter Unvertrautheit betrifft offenkundig die Sprache, derer man sich „bedienen" kann. Sehr deutlich wird an diesem Beispiel noch einmal der Unterschied zwischen der *Aneignung* und der *Internalisierung* des Unvertrauten. Das Angeeignete wird zwar instrumentell verfügbar, verweist aber gleichzeitig auf den begleitenden fremden Sinnhorizont. Im Fall der Internalisierung geht das Bewußtsein ursprünglicher Fremdheit verloren, das Unvertraute wird spurenlos zu eigen. Mit der Aneignung sprachlicher Zeichen symbolischer Sinnwelten werden keineswegs „automatisch" die zugrundeliegenden Gewißheitsstrukturen jener Sinnwelten internalisiert. Im Gegenteil: Der Vorgang der Aneignung ist ein Versuch der „Übersetzung" unvertrauter Begriffe und Begriffsverwendungen in vertraute Sinnstrukturen, so daß jene Aneignung sich tendenziell unabhängig von der Auseinandersetzung mit dem fremden Sinn vollziehen kann. Diese Aspekte ambivalenter Unvertrautheit sind auch Thema von Horst-Dieter Schlosser in seinem Beitrag in diesem Buch, wenn er sich mit der Figur des „Draufhabens" von Begriffen beschäftigt.

Reflexive Unvertrautheit: Die Erfahrung der anderen Ordnung

Damit nähere ich mich dem anderen Ende des gedachten Kontinuums. Die Erfahrung reflexiver Unvertrautheit ist vor allem die Erfahrung einer *Grenze*, nämlich einer Grenze des Überschauen-Könnens, des Verstehen-Könnens und der Möglichkeiten, das Fremde zu internalisieren oder anzueignen. Was also als Fremdes erfahren wird, ist nicht die fremde Ordnung selbst, sondern sind Zeichen und Symbole als Produkte jener Ordnung. Beispielsweise kann man sich unverständliche Lautfolgen vorstellen, die ein Hörer als Elemente einer fremden Sprache identifiziert.

Auch im Fall reflexiver Unvertrautheit gibt es Aneignungsprozesse durch „Lernen", aber hier fehlt die Qualität der Abgeschlossenheit und Überschaubarkeit. Mit dem Bewußtsein mangelnder Überschaubarkeit ist die Möglichkeit zur Gewißheit stark eingeschränkt oder fehlt vollständig. Als Folge dieses Bewußtseins kann sich Fremdes *als* Fremdes in der Lebenswelt etablieren, als eine Form der Unvertrautheit, die sich selbst auf Dauer stellt. „Reflexiv" nenne ich diese Unvertrautheit, weil Erfahrung und Erwartung der Unvertrautheit zirkulär aufeinander verweisen bzw. sich wechselseitig hervorbringen. Während einfachen Unvertrautheiten mit der Annahme ihrer prinzipiellen Beherrschbarkeit begegnet wird, liegt der reflexiv gewordenen Unvertrautheit die Erfahrung einer dauerhaften Widerständigkeit in der Aneignung zugrunde. Man könnte auch sagen, daß die Formen einfacher und reflexiver Unvertrautheit mit unterschiedlichen Erwartungsstrukturen verbunden sind: Im ersten Fall wird dem Fremden mit der Erwartung des *Verschwindens* der Fremdheit begegnet, dagegen verbindet sich mit dem reflexiv Fremden die Erwartung des *Bleibens* der Fremdheit. Mit Blick auf die hier vertretene Rahmenthese, daß die strukturelle Grundlage des Ost-West-Kontextes eine allgemeine Umstellung der Erwartungen von „Ähnlichkeit" auf „Unterschiedlichkeit" ist, kann der Prozeß der kollektiven Erwartungsenttäuschung auch als Umstellung von der Erwartung einfacher Unvertrautheit hin zur Erwartung reflexiver Unvertrautheit umschrieben werden.

Der Klarheit halber sei noch einmal darauf hingewiesen, daß sich in der ambivalenten Unvertrautheit „einfache" und „reflexive" Elemente verbinden. Soweit die Erwartung besteht, bei geeigneten Lernaktivitäten lasse sich Fremdheit auflösen, wird Internalisierungsfähigkeit unterstellt. Dies verweist auf die Konstruktion einfacher Unvertrautheit. Als ergänzendes Beispiel der folgende Auszug, in dem der Fremdheit zwischen Ost- und Westdeutschen „Überwindbarkeit" zugeschrieben wird.

> Es gibt ernsthafte Barrieren des Verstehens, es ist auch schwierig, aber ich glaube, nicht unmöglich. Ich glaube, wenn man aufeinander zugeht und zumindest versucht, sich mit den Denkmodellen oder Gedanken des anderen vertraut zu machen, und vielleicht auch zu verstehen, ich glaube, dann kann diese Fremdheit oder diese Art Unwägbarkeit überwunden werden (Kultur-/Sozialwissenschaftler, V 9, S. 33)

Die Annahme der Überwindbarkeit bezieht sich auf die verstehende Aneignung kognitiver Strukturen. Ausgangspunkt dieser Annahme ist aber die Erfahrung einer Grenze („ernsthafte Barrieren des Verstehens"), also die Erfahrung einer reflexiven Unvertrautheit. Insofern kann die Figur reflexiver Unvertrautheit auch in Erfahrungen ambivalenter Unvertrautheit untersucht werden. Ganz allgemein läßt sich sagen, daß Elemente reflexiver Unvertrautheit solange beobachtet werden können, wie in Verbindung mit Aneignungsprozessen Unsicherheit in bezug auf den Gegenstand der Unvertrautheit besteht. Diese Unsicherheit ist mit einem Orientierungs- und Verhaltensproblem verbunden und stellt dementsprechend eine Bewußtheit des Unvertrautseins her. Formelhaft verkürzt: Wo Gewißheit (in den Grenzen pragmatischer Relevanzen) fehlt, bleibt Fremdheit erhalten.

Je stärker Fremdheitserfahrungen von der Erfahrung des Fremd*werdens* und der Erwartung des Fremd*bleibens* geprägt sind, um so schärfer tritt die Widerständigkeit gegenüber Aneignungsbemühungen bzw. die Erfahrung der Unüberwindlichkeit einer *Sinngrenze* hervor. Hier stößt man auf eine andere Ordnung der Wirklichkeit: auf andere Gewißheiten, auf andere axiomatische Grundüberzeugungen und Wissensstrukturen, aus denen ein „fremder Sinn" gewonnen wird, der wiederum „ernsthafte Barrieren des Verstehens" markiert.

Ein Beispiel dafür, wie eine Fremdheitserfahrung durch die Erfahrung von Aneignungs- bzw. Internalisierungsgrenzen bestimmt sein kann, liefert der folgende Text. Dabei kommt der (fremden) Sprache eine doppelte Funktion zu: Einerseits erscheint die Sprache zunächst selbst als Grenze; fremde Sprache und fremder Sinn fallen zusammen. Andererseits kommt es im Maße der Aneignung der fremden Sprache zu einer Grenz*verschiebung*: Wenn man die Sprache denn „perfekt" kann, bleibt man trotzdem „immer irgendwo fremd", denn man kann „nur verstehen, aber nicht erfühlen", wie die zitierte Wissenschaftlerin sagt. Wie weit in dieser Vorstellung die Aneignung der fremden Sprache auch immer getrieben wird: es bleibt ein „Eigenes", das durch die technische Beherrschung nicht verfügbar wird.

> Fremd ist eigentlich, ist für mich, wenn ich z. B. irgendwie in Paris bin und ich sehe, ich habe eine Distanz, kann es rational alles einschätzen und es ist trotzdem, wenn die Leute miteinander reden und handeln und agieren, ist es trotzdem fremd für mich, weil ich kann es nicht in dem Kontext nachfühlen, nachempfinden, es wird also immer das Fremde bleiben müssen, obwohl, das ist fremd, das ist was anderes, das hat mit Distanz eigentlich nicht zu tun. Fremd ist sozusagen, wenn es kulturell nicht verstehbar ist für mich, dann ist es fremd.
> *Aber gerade in Paris ist die Gefahr, daß es kulturell nicht verstehbar ist, denke ich, doch eher gering?*
> Nein, für mich ist die sehr groß. Ich denke ja –

Gleiche Sprache, fremder Sinn

Was ist der Unterschied zwischen Paris und Berlin?
Wenn man die Sprache nicht kann, kann man das Denken von anderen Menschen nicht verstehen und dann muß man sie schon perfekt können; und selbst bei den Russen würde ich sagen, daß ich nicht in alle Strukturen, Lebensstrukturen eindringen kann, daß ich immer irgendwo fremd bin, daß ich sie nur verstehen kann, aber nicht erfühlen kann. (Kultur-/Sozialwissenschaftlerin, S 4, S. 17)

In dieser Konstruktion kultureller Fremdheit markiert jede andere Sprache als die eigene eine Empathiegrenze, die unüberwindbar scheint und hinter der der fremde Sinn, die „Eigentlichkeit" des Fremden anzutreffen wäre, käme man denn „hinter" diese Grenze. Offenkundig besitzt das Fremde einer anderen Kultur einen fast substantiellen Charakter, wie auch die raumbezogene Metaphorik von der Unmöglichkeit des „Eindringens in alle Lebensstrukturen" nahelegt. Die zu eigen gemachte fremde Sprache bleibt auch im Zustand der Aneignung als Zeichen einer transzendenten Wirklichkeitsordnung lebendig. Reflexiv unvertraut bleibt in dieser Vorstellung trotz aller Bemühungen der fremde Sinn, der dem in die andere Ordnung Hineingeborenen „automatisch" verfügbar wird.

Theoretisch ist die Grenze zwischen der Zurechnung des Unbekannten oder Neuen zur eigenen oder zur fremden Ordnung völlig variabel. Das heißt, fremde Sprache und fremden Sinn zu verknüpfen ist zwar eine konventionelle Interpretationsfigur der Alltagswelt, theoretisch aber keineswegs zwingend. Empirisch wie theoretisch kann sich die Erfahrung des Fremdwerdens und die Erwartung des Fremdbleibens auf alle Gegenstände der Erfahrung beziehen, denn im Prinzip können alle (vertrauten) Gegenstände der Erfahrung durch Kontextveränderungen zu Zeichen einer fremden Ordnung werden. Insofern beziehen sich reflexive Fremdheitserfahrungen ostdeutscher Wissenschaftler *auch* auf die in Kommunikationsprozessen vermittelte *westdeutsche* Wirklichkeitsordnung, wie das nachfolgende Zitat anschaulich macht.

„[...] vorher war das klar, da hat die Partei eine Sprachregelung rausgegeben. Aber das war dann eben *wirklich* auch klar. Da wußte man: Aha, das wollen die nicht, und wenn du es jetzt trotzdem benutzt, dann weißt du, daß du dich sozusagen in die gefährdete Zone begibst und dafür in irgendeiner Weise sanktioniert werden kannst. Insofern war das – verstehen Sie das Wort richtig – ein *faires* Spiel, sozusagen zwischen Macht und Ohnmacht. Dieses Spiel läuft hier irgendwie anders. Ich habe das wirklich versucht, auch mit den westdeutschen Kollegen, Bekannten zu diskutieren, zu sagen: Wie steuert sich das, Euch sagt das doch keiner, aber Ihr wißt es trotzdem. Ich habe es bis heute nicht rausgekriegt, wie sich's steuert. Aber das hängt offensichtlich mit dieser Sozialisation zusammen: Man kann die kleinen Zeichen lesen." (Kultur-/Sozialwissenschaftler, V 9, S. 4)

Die Grenze der anderen Wirklichkeitsordnung wird also an jenem grundlegenden Wissen erfahren, das der Andere offenkundig selbstverständlich benutzt, über das er aber keine Auskunft geben kann. Der Zugang zu diesem Wissen, und die Gewißheit, es mit anderen zu teilen oder nicht zu teilen, trennt die Insider von den Outsidern, die „Einheimischen" von den „Fremden". Bezeichnenderweise verweigert sich dieses Wissen auch sehr dezidierten Aneignungsversuchen, wie der zitierte Wissenschaftler beschreibt. Während im Fall der einfachen Unvertrautheit das Fremde sich gerade durch Thematisierbarkeit auszeichnet, also durch Versprachlichung überschaubar und verfügbar erscheint, entzieht sich das reflexiv Unvertraute jeder raschen Möglichkeit, durch Benennung „gebannt", also der eigenen Verfügbarkeit zugeführt zu werden. Da das fremde Wissen offenbar nicht diskursfähig ist, wird reflexive Unvertrautheit auch nicht von der Phantasie begleitet, bei hinreichender Mühe wären „Aufklärung" und „Verstehen" möglich. Insofern verbindet sich für den Aneignungswilligen mit dieser Form des Wissens die Erfahrung der Nichtverfügbarkeit. Dieses Wissen wird nicht internalisiert, es kann nicht einmal angeeignet werden, es bleibt im tiefsten Sinne „fremd", nämlich gegenwärtig und doch „außerhalb" des eigenen Horizonts.

Der zitierte Wissenschaftler macht die unterschiedliche Sozialisation dafür verantwortlich, daß er die „kleinen Zeichen" der fremden Ordnung nicht lesen kann, jene Zeichen, die in der westdeutschen Kultur die Reproduktion der Wirklichkeitsordnung befördern. In diesem Sinne einer bleibenden lebensweltlichen Fremdheit sieht Zygmunt Bauman den Fremden charakterisiert durch die „unvergeßbare und daher unverzeihbare grundlegende Sünde des späten Eintritts: die Tatsache, daß er die Lebenswelt in einem bestimmten Zeitabschnitt betreten hat. Er gehörte nicht 'ursprünglich', 'von Anfang an', 'seit undenkbaren Zeiten' dazu. Die Erinnerung an das Ereignis seines Kommens macht seine Gegenwart zu einem geschichtlichen Ereignis, nicht zu einem 'natürlichen' Faktum" (1992: 29). Auch die Gegenwart der Ostdeutschen ist für die Westdeutschen ein geschichtliches Ereignis im Sinne Baumanns, allerdings wird die „Sünde des späten Eintritts" in die westdeutsche Kommunikationsgemeinschaft in diesem Fall gebrochen durch die normative Anforderung, die Vereinigung und damit den späten Eintritt der Ostdeutschen eben *auch* als „natürliches Faktum" zu werten. Trotzdem bestimmt der „Sündenfall" die Trennlinien zwischen Ost- und Westdeutschen, indem man sich wechselseitig vorhalten kann, das Gewordensein der eigenen Welt nicht zu teilen.

Die unterschiedliche Vergangenheit, die andersartige Sozialisation, der differente kulturelle Hintergrund: Das Ergebnis dieser Unterschiede kumuliert in verschiedenen Ordnungen des jeweiligen Wissens von der Welt. Entscheidend sind dabei nicht die inhaltlichen Differenzen, sondern die Unterschiede des strukturgebenden impliziten und wertbezogenen Wissens. Nicht das, *was* man weiß, sondern welche Bezugssysteme für das Gewußte verfügbar sind, mithin das *Wie* des Wissens macht den Unterschied. Schütz spricht in diesem Zusammenhang von *Relevanzstrukturen*, die gewissermaßen die „Topographie" der kulturellen Ordnung einer Kommunikationsgemeinschaft bestimmen und die Variation der Bedeutungen gleicher Dinge, Begriffe, Sachverhalte in Abhängigkeit vom jeweiligen kulturellen Kontext festlegen. Im Ost-West-Zusammenhang hat die Gleichheit der Sprache – jedenfalls zunächst – den Blick für die Unterschiedlichkeit der Bezugssysteme verstellt und so zu *überraschenden* Fremdheitserfahrungen geführt:

> „Herr Professor [Name] war auch sehr daran interessiert, der fand nur WIP-Programm nicht in Ordnung. Er meinte, das bringt nichts, ich sollte doch eine Professur bekommen. Er hatte sich in dieser Hinsicht auch sehr bemüht. Bloß damals habe ich das nicht so verstehen können, das war 1990, als er mit mir darüber sprach.
> *Warum haben Sie das nicht verstehen können?*
> Das war vielleicht eine hübsche Sache, weiß ich nicht, daß man es eigentlich nett miteinander meint, Ost- und West-Leute, aber es ist so wie Hund und Katze: Der eine sagt das und der andere versteht was anderes (...). Und wenn man schon erst gar nicht ahnt, daß man den anderen mißverstanden hat, sondern wirklich glaubt, daß der andere jetzt etwas Bösartiges meint, ist man schon so verschlossen, und das eigene Verhalten dem anderen gegenüber ist dann auch nicht mehr nett, und der merkt das auch, dann wird es ernsthaft nicht mehr schön." (Kultur-/Sozialwissenschaftlerin, V 9, S. 18)

Das Bild von der (scheiternden) Verständigung zwischen Hund und Katze als Metapher des Kontakts zwischen den Angehörigen zweier Kommunikationsgemeinschaften bringt das Problem des kommunikativen Verstehens bei unterschiedlichen Relevanzsystemen anschaulich auf den Punkt. Die Einsicht, im Kontakt mit dem Anderen einer fremden Ordnung zu begegnen, führt in aller Regel nicht zum Verständnis dieser Ordnung, sondern zur Bewußtheit der Unvertrautheit und der Fragilität jedes konkreten Kontaktes. Reflexive Unvertrautheit führt damit tendenziell zu einer Umkehrung der interaktionsleitenden Annahmen: Die Unterstellung problemloser Verständigung wandelt sich zum generalisierten Mißtrauen. Dementsprechend beschreibt die zitierte Wissenschaftlerin wenig später im Interview den Modus ihrer Beobachtung der „Wessis" folgendermaßen: „Ich bin mißtrauisch, ich vermute immer erstmal was Schlimmes" (V 9, S. 21).

Der abschließende Interviewauszug dokumentiert, daß die Unterscheidung von Graden auf einem Kontinuum in gewisser Weise eine idealisierende Vorstellung zu heuristischen Zwecken sein muß. Dabei darf eben nicht davon abgesehen werden, daß die Erfahrung bzw. Beobachtung von Fremdheit wohl nur in Ausnahmefällen eine statische Angelegenheit ist. Im Regelfall sind Fremdheitserfahrungen Erfahrungen kognitiver *Bewegung* bzw. Veränderung: Sei es, daß Vertrautes fremd wird oder Fremdes allmählich vertraut, sei es, daß Aneignung zu Internalisierung wird oder ein Aneignungsversuch erneut scheitert. Die Prozeßhaftigkeit von Fremdheitserfahrungen wird im folgenden deutlich:

> „Deshalb müssen wir uns noch fremdbleiben, und in diesem Deutschland prägend ist nunmal das Westdeutsche, die westdeutsche Moral, die westdeutsche Mentalität, die westdeutsch strukturierte Persönlichkeit, und die bin ich nicht. Und es gibt bequemere Menschen, die sich schneller umändern können, als ich einer bin. Und ich strebe es auch nicht unbedingt in jeder Hinsicht an, und deshalb bin ich mir bewußt, daß ich wahrscheinlich bis an mein Lebensende eine gewisse Fremdheit empfinden werde, ich niemals so zuhause sein kann, wie das vielleicht ein Westdeutscher empfindet.
> *Bezieht sich dieses Gefühl der Fremdheit denn auf die eigene Person? Sind Sie fremd in dieser Umwelt, oder sind die anderen Ihnen fremd, oder beides?*
> Beides. Das Schlimme ist, daß mir dies Fremdsein sogar noch bewußter geworden ist in den letzten Jahren, als ich das ursprünglich wahrgenommen habe. Ich gehöre wirklich zu jenen, die ausgesprochen offen und freudig all dem Neuen entgegengestanden haben, und da habe ich immer mehr die Gemeinsamkeiten gesucht und zum Teil natürlich auch gefunden, die ja oberflächlich betrachtet auch oft im Erscheinungsbild sehr schnell zu sehen sind. Aber je mehr ich über uns und über die Menschen hie und da nachdenke und je mehr ich die Probleme erfasse, die damit verbunden sind, umso mehr sehe ich natürlich auch das Fremdsein. Und insofern erlebe ich es bewußter. (Kultur-/ Sozialwissenschaftlerin, S 4, S. 3)

Zentral ist hier die Erfahrung der Verwandlung von „Fremdheit" im Ost-West-Kontext. Ausgangspunkt ist offenkundig die Erwartung einfacher Unvertrautheit, die im Rahmen einer gemeinsamen Wirklichkeitsordnung von Ost und West rasch überwunden werden kann. Mit dieser Erwartung „sucht und findet man die Gemeinsamkeiten", die sich aber ab einem bestimmten Moment des Aneignungsprozesses als „oberflächlich" erweisen. An die Stelle der „Gemeinsamkeiten" treten nun die „Probleme", die das Fremdwerden und Fremdsein immer deutlicher hervortreten lassen und bewußt machen: Eine Grenze der Aneignung ist erreicht. Mit der Distanz, die den Beobachter „mehr vom Fremdsein sehen läßt", verändert sich die Erfahrung der Fremdheit. Man sieht mehr und weil man mehr sieht, beginnen sich die Erwartungen zu verschieben: Fremdheit wird zunehmend erwartet und damit reflexiv. In der Bewährung und Bestätigung dieser Fremdheitserwartungen verdichtet sich die Überzeugung „bis zum Lebensende eine gewisse Fremdheit zu empfinden, weil man niemals so zuhause sein kann, wie das ein Westdeutscher empfindet". Mithin spiegelt der Text sowohl das Vertrautmachen wie auch das Fremdwerden, das in diesem Fall einsetzt, wenn das Vertrautmachen an eine Grenze stößt.

Das Konzept kultureller Fremdheit ist der Versuch, für die Erfahrung der Begegnung mit einer anderen Ordnung der Wirklichkeit einen analytischen Rahmen zu entwickeln. Die Unterscheidung zwischen *einfacher, ambivalenter* und *reflexiver* Unvertrautheit ermöglicht eine erste Differenzierung dieses Erfahrungszusammenhangs. Am Beispiel der deutschen Vereinigung wird sehr deutlich, daß der Zusammenhang von Fremdheit und Sprache primär in der semantischen Dimension liegt, daß also der sprachliche Ausdruck von Sinngrenzen – sei es explizit in der Form abgrenzender Formulierungen oder exkludierender Codes, sei es implizit durch den Bezug auf zentrale lebensweltliche Gewißheiten – eine wesentliche Quelle dauerhafter Fremdheitserfahrungen ist. In der Analyse wurde anschaulich, wie in konkreten Fremdheitserfahrungen die Formen einfacher und reflexiver Unvertrautheit häufig miteinander verbunden sind. Der Grund liegt in der Tatsache, daß die Erfahrungsgegenstände reflexiver Unvertrautheit in der Regel eben auch aneignungsfähige Elemente enthalten, daß also zum Beispiel einzelne Begriffe, ein Vokabular oder ein Jargon instrumentell durchaus angeeignet werden können, ohne daß damit bereits lebensweltliche Sinngrenzen überschritten würden.

Mit dieser Perspektive kommt in den Blick, daß eines der Merkmale moderner Gesellschaften trotz aller Globalisierungstendenzen auch eine Vervielfältigung der Fremdheitsmöglichkeiten ist. Ursache sind die fortschreitenden Prozesse kultureller Pluralisierung bzw. Differenzierung, die zahlreiche Milieus, Subkulturen und andere Formen symbolischer Gemeinschaften entstehen lassen, deren Identitätsstiftung und Abgrenzung wesentlich über die Kommunikation von Sinngrenzen erfolgt. Innerhalb jeder Sprachgemeinschaft im Rahmen moderner Gesellschaften existieren also zahlreiche Möglichkeiten für die Erfahrung kultureller Fremdheit. Das Verhältnis von Ost- und Westdeutschen ist insofern kein Sonderfall, sondern nur ein Beispiel, das in besonders prägnanter Weise die Tatsache bewußt macht, daß ein zivilisierter Umgang mit kultureller Fremdheit zum immanenten „Lernprogramm" der Moderne gehört.

Literatur

Bauer, Dirk (1993): *Das sprachliche Ost-West-Problem. Untersuchungen zur Sprache und Sprachwissenschaft in Deutschland seit 1945*. Frankfurt am Main: Peter Lang.

Bauman, Zygmunt (1992): Moderne und Ambivalenz, in: Uli Bielefeld (Hg.): *Das Eigene und das Fremde. Neuer Rassismus in der Alten Welt?* Hamburg: Junius: 23-49.

Good, Colin (1993): Über die „Kultur des Mißverständnisses" im vereinten Deutschland. In: *Muttersprache* 3: 249-259.

Lerchner, Gotthard (1992): *Broiler, Plast(e)* und *Datsche* machen noch nicht den Unterschied. Fremdheit und Toleranz in einer plurizentrischen deutschen Kommunikationskultur. In: Gotthard Lerchner (Hg.): *Sprachgebrauch im Wandel. Anmerkungen zur Kommunikationskultur in der DDR vor und nach der Wende*. Frankfurt am Main: Peter Lang: 297-327.

Schlosser, Horst Dieter (1981): Die Verwechselung der deutschen Nationalsprache mit einer lexikalischen Teilmenge. In: *Muttersprache* 3/4: 145-156.

Schlosser, Horst Dieter: (1993) Die ins Leere befreite Sprache. Wende-Texte zwischen Euphorie und bundesdeutscher Wirklichkeit. In: *Muttersprache* 3: 219-230.

Schütz, Alfred (1971): *Gesammelte Aufsätze*, Band I. *Das Problem der sozialen Wirklichkeit*. Den Haag: Nijhoff.

Schütz, Alfred / Thomas Luckmann (1979): *Strukturen der Lebenswelt*, Band 1. Frankfurt am Main: Suhrkamp.
Simmel, Georg (1983^6): *Soziologie. Untersuchungen über die Formen der Vergesellschaftung*. Berlin: Duncker & Humblot.
Stenger, Horst (1997): Deutungsmuster der Fremdheit. In: Herfried Münkler (Hg.): *Facetten der Fremdheit*. Berlin: Akademie Verlag: 159-221.
Stichweh, Rudolf (1997): Der Fremde – Zur Soziologie der Indifferenz. In: Herfried Münkler (Hg.): *Facetten der Fremdheit*. Berlin: Akademie Verlag: 45-64.
Waldenfels, Bernhard (1995): Das Eigene und das Fremde. In: *Deutsche Zeitschrift für Philosophie* 4: 611-620.

HORST DIETER SCHLOSSER

Fremdheit in einer scheinbar vertrauten Sprache. Sprachliche Folgen der Teilung Deutschlands

Mit Horst Stenger bin ich darin einig, daß es für die Deutschen aus Ost und West eine gemeinsame Sprache gibt. Diese Überzeugung galt nicht immer, erst recht nicht vor 1989. Tatsächlich hat es viele Jahrzehnte hindurch auf beiden Seiten der innerdeutschen Grenze durchaus zahlreiche Stimmen, sogar linguistische Argumentationen gegeben, die eine Spaltung auch der Sprache behaupteten. Diese Position ist nicht erst mit der „Wende" in der DDR unhaltbar geworden, sie wurde von Linguisten aus Ost wie West schon in den frühen achtziger Jahren zurückgewiesen. Der fachliche *common sense* besagte freilich: Die Sprachgemeinschaft war nicht gespalten, aber es hatten sich zwei verschiedene Kommunikationsgemeinschaften herausgebildet.[1]

Die widerlegte extreme Meinung wie auch die modifizierte, moderatere These von den beiden Kommunikationsgemeinschaften, die nach der Herstellung weitgehend gleicher Lebensbedingungen in Ost und West noch einmal relativiert werden muß, sind – wie ich meine – nach wie vor als Rahmenbedingungen für die Frage nach der Fremdheit in einer gemeinsamen, scheinbar vertrauten Sprache zu bedenken. Denn es ist einfach nicht auszuschließen, daß die bis 1989 zumindest in westdeutschen Medien immer wieder traktierte Meinung von der gespaltenen Sprache nicht doch bis heute unterschwellige Folgen für das Urteil zumindest vieler Altbundesbürger zeitigt. Mißverständnisse im Kontakt mit Neubundesbürgern könnten also auch dadurch hervorgerufen oder – so schon vorhanden – verschärft werden, daß ein Westpartner von vornherein Nichtverstehen unterstellt, ein Ostpartner wiederum eine solche Unterstellung einkalkuliert, auch wenn sich der „Westler" von einer solchen Unterstellung völlig frei weiß.

Ob diese Vermutung tatsächlich zutrifft, könnte wohl nur eine tiefenpsychologische Analyse erweisen. Immerhin gibt es aber genügend Belege dafür, wie lange selbst widerlegte Vorurteile noch nachwirken können. Als Beispiele allein aus meinem Fach könnte ich

---

[1] Vgl. Manfred W. Hellmann, Die doppelte Wende. Zur Verbindung von Sprache, Sprachwissenschaft und zeitgebundener politischer Bewertung am Beispiel deutsch-deutscher Sprachdifferenzierung, in: Josef Klein (Hrsg.), *Politische Semantik*, Opladen 1989, S. 297-326. – Zum Thema „Unvertrautheiten" in einer gemeinsamen Sprache seien aus der noch wachsenden Zahl von Untersuchungen exemplarisch zitiert: Hans-Werner Eroms, Die deutsche Sprache hüben und drüben drei Jahre nach der Wiedervereinigung, in: Hans Jürgen Heringer u.a. (Hrsg.), *Tendenzen der deutschen Gegenwartssprache*, Tübingen 1994, S. 23-40; Renate Baudusch, Fremdheit und Vertrautheit. Sprachliche Verhaltensweisen in Deutschland vor und nach der Wende, in: *Muttersprache* 4/1995, S. 302-314.

mehrere Fälle anführen, in denen sich „volkslinguistische" Meinungen sogar über Jahrhunderte halten können, etwa die, daß Mundarten nur defizitäre Ausprägungen einer Einheitssprache wären, worunter noch immer das Selbstbewußtsein zahlreicher Dialektsprecher leiden kann. – Um aber die Fakten nicht zu verunklären: Eine Sprachspaltung hat nicht stattgefunden. Die grammatischen Strukturen der deutschen Sprache sind zwischen 1945 und 1989/90 in Ost und West dieselben geblieben, und auch die sprachlichen Entwicklungstendenzen waren weit überwiegend identisch. Aber selbst die Wortschatzunterschiede waren quantitativ so bedeutsam nicht, wie manche Stellungnahme nahelegen wollte.

In jedem Fall aber ist die These von den verschiedenen Kommunikationsgemeinschaften ernstzunehmen, weil sie auf leicht nachweisbare Unterschiede in den Kommunikationsbedingungen zielt, die nicht ohne Folgen für das Denken, Fühlen und Sprechen bleiben konnten. Damit komme ich zu den im engeren wie im weiteren Sinne sprachwissenschaftlichen Aspekten des Themas „Fremdheit".

1. Die Typologisierung von Fremdheit und die Sprache

Zu den Unterschieden der außersprachlichen Bedingungen für die Kommunikation in Ost und West kann ich mich wohl auf Stichworte beschränken: im Osten Zentralismus nicht nur in der Administration und Ökonomie, sondern auch in der Informationspolitik – im Westen Föderalismus, marktwirtschaftliche Konkurrenz und informationelle Vielfalt; im Osten offizielle Verpflichtung auf kollektive Überzeugungen – im Westen weltanschaulicher Pluralismus. Damit sind schon die sehr verschiedenen Horizonte für Sozialisationsverläufe angedeutet, die sich auch in sechs Jahren deutscher Einheit nicht in einem gemeinsamen Horizont verschmelzen ließen, zumal die notwendige Anpassung fast ausschließlich der östlichen Seite auferlegt wurde.

Ein wesentliches Merkmal ostdeutscher Lebensbedingungen, das sich sprachlich sogar messen läßt, war – bei aller Undurchschaubarkeit der politischen Kontrollmechanismen – die Übersichtlichkeit der öffentlichen Verhältnisse. Bereits die republikeinheitlichen Terminologien für Wirtschafts-, Verwaltungs-, Finanz- oder Bildungsstrukturen machten es den DDR-Deutschen leichter als Bundesdeutschen, sich in ihrem Staat zurechtzufinden, und sei es auch nur, die Grenzen für individuelles Handeln zu erkennen. Dazu ein erhellendes Zitat aus einem Interview, das Stenger mit einem ostdeutschen Soziologen geführt hat:

„... vom Prinzip war das Leben bis ins Grab vorgezeichnet." (Soziologe, S. 46)

Die bundesdeutsche „Unübersichtlichkeit" erforderte und erfordert dagegen eine wesentlich höhere Geschicklichkeit, sich aus dem verwirrenden Angebot an „Konditionen" allein im Banken- und Versicherungswesen die individuell vorteilhaftesten auszuwählen.

Stenger hat versucht, verschiedene Typen von Unvertrautheiten zwischen Ost und West herauszuarbeiten. Man könnte nun geneigt sein, die mangelnde Vertrautheit mit bundesdeutschen Terminologien dem Typus „einfacher Unvertrautheit" zuzuordnen. Tatsächlich kann man fremde Termini zumindest soweit lernen, daß der Umgang mit ihnen „routinisiert" wird, wie Stenger sagt. Mittlerweile haben sich wohl die meisten Ostdeutschen in dieser Hinsicht vieles längst soweit angeeignet, daß sie wie die Westdeutschen formal damit umgehen können, ohne – was eben auch für die meisten Westdeutschen gilt – den ganzen Sinn etwa einer Steuererklärung und schon gar deren steuerrechtliche Hintergründe zu begreifen.

Zu den „einfachen Unvertrautheiten" zählt Stenger die (unterdessen in öffentlicher Kommunikation allerdings weitgehend obsolet gewordenen) Unterschiede bei einzelnen Wörtern und Redewendungen. Bleiben wir aber beim Beispiel des Steuerwesens, dann ist doch zu fragen, ob es nicht sogar hierbei bedeutsame Übergänge in die anderen Unvertrautheitstypen gibt, die schwerer wiegen als relativ leicht überwindbare lexikalische Differenzen. Dabei denke ich nicht nur daran, daß Begriffe „anders definiert" werden, wie Stenger nicht nur in einem seiner Interviews zu hören bekam. Denn im Steuerrecht sind die Definitionen eindeutig. Zwischen Ost und West kann es keine Definitionsunterschiede (mehr) geben: „Lohnsteuer" ist hier wie dort „Lohnsteuer", „Sonderausgaben" sind „Sonderausgaben" usw. Aber welche Assoziationen man damit verbindet, ist nicht nur von einer individuellen Kompetenz im Steuerrecht abhängig.

Ich glaube vielmehr, daß selbst im Reden über Steuern Differenzen auftreten können, deren Wurzeln bis tief in die politische Sozialisation reichen. Wer sich wie in der DDR so gut wie keine Gedanken über steuerliche Vor- und Nachteile machen mußte, wer nur einen (individuell nicht oder kaum beeinflußbaren) monatlichen Abzug von seinen Einkünften hinnehmen mußte, der brauchte sich natürlich erst ab 1990 Gedanken über seinen Beitrag zur Finanzierung des Staates zu machen. Auf westdeutscher Seite hatte man längst zumindest passiv teil an der öffentlichen Diskussion über Steuerreformen, über das Verhältnis von Abgaben und Subventionen, über Zweckbindung oder Zweckentfremdung bestimmter Steuerarten usw. Und gerade in der Rolle des Steuerzahlers offenbarte und offenbart der „gelernte Bundesdeutsche" immer wieder sein spezifisches Verhältnis zum Staat, der nicht – wie weiland in der DDR – als grundsätzlich unantastbare „Staatsmacht", sondern auch als Dienstleistungsinstanz zugunsten individueller Wohlfahrt empfunden wird. Eine im Westen häufig zu hörende Äußerung wie „Wofür zahle ich denn schließlich meine Steuern!" als Protest gegen ein tatsächliches oder vermeintliches Versagen des Staates oder einzelner staatlicher Stellen wäre in der DDR undenkbar gewesen, und zwar nicht nur wegen ihres „staatsgefährdenden" Charakters.

Auch die aufmüpfige Attitüde kann „gelernt" werden, obgleich – wie man leicht einsehen wird – hier mehr gelernt werden muß als nur die Betätigung eines flotten, aber meist folgenlosen Spruchs; denn natürlich scheut auch der Westler in der Regel davor zurück, dem Fehlverhalten eines Beamten oder einer Dienststelle, etwa mit Hilfe einer Dienstaufsichtsbeschwerde, auf den Grund zu gehen. Man weiß ja nie, ob man bei den Gescholtenen nicht doch auch einmal ein wohlwollendes Verhalten, und sei es auch nur in Form eines außerdienstlichen „Tips", in Anspruch nehmen möchte.

Damit aber wären wir in Stengers Systematik schon beim schwerstwiegenden Typus von Unvertrautheit, der „reflexiven Unvertrautheit". Wie Westdeutsche mit Ämtern und Behörden umgehen, muß einem ehemaligen DDR-Bürger noch lange fremd bleiben. Denn bei allen auch in der DDR möglichen Schleichwegen zur Beschaffung von hilfreichen Informationen, war das Selbstbewußtsein der „Staatsorgane" gegenüber den Untertanen, die nur in einer Lehnübersetzung aus dem Sowjetrussischen („graždanin") und natürlich höchst euphemistisch als „Bürger" angesprochen wurden, sehr viel autoritärer als das der stursten Behörde in der alten Bundesrepublik. Keine DDR-Dienststelle war verpflichtet und darum auch keine von sich aus bereit, einen Verwaltungsakt gegenüber dem Betroffenen zu begründen. Sogar vorbeugend konnte einem Antragsteller, etwa einem Rentner, der eine Westreise genehmigt haben wollte, bei einem ablehnenden Bescheid gesagt werden: „Glauben Sie ja nicht, daß wir Ihnen die Gründe nennen!" (mündlicher Beleg, 1986)

Entsprechend war eins der schmerzlichsten Defizite der DDR das Fehlen einer Verwaltungsgerichtsbarkeit, welche die individuellen Rechte der Bürger wirksam hätte schützen können. Diese Situation aber bedingte, daß auf der Ebene der administrativen Kommunikation in der DDR und Bundesrepublik nicht nur unterschiedliche Terminologien, sondern auch höchst verschiedene Textsortensysteme galten, deren Vereinheitlichung seit 1990 einseitig von westdeutschen Standards bestimmt wird.[2]

Die im Westen obligatorische „Rechtsmittelbelehrung" entfiel und damit die Erfahrung, daß der Staat und seine Organe („die Macht", wie der Alltagsjargon bezeichnenderweise formulierte) zumindest grundsätzlich bereit gewesen wäre, seine Entscheidungen in Frage stellen zu lassen. Ich will das DDR-Rechtsinstitut der „Eingabe" nicht unterbewerten. Mir sind Fälle bekannt, in denen einzelne und Gruppen mit einer „Eingabe" durchaus etwas bewirken konnten. Und ich bin auch weit davon entfernt, die DDR-Deutschen für die größeren Duckmäuser zu halten. Eine Eingabe erforderte nicht selten etwas, was so mancher Westdeutscher den Landsleuten im Osten gern ganz absprechen möchte: Zivilcourage. Aber schon die Benennung „Eingabe" roch ja gleichsam nach Obrigkeitsstaat und absolutistischem Gnadenerweis, der in keinem Fall gewährt wurde, wenn er der Parteilinie hätte zuwiderlaufen können. Hierzu paßt, zudem noch deutlicher auf den Aspekt der Sprachlenkung bezogen und die grundsätzliche Andersartigkeit von Erfahrungen mit der offiziellen Kommunikation betonend, die Aussage eines der Interviewpartner von Stenger (V9), die ich hierzu noch einmal zitieren möchte:

„..... vorher war das klar, da hat die Partei eine Sprachregelung rausgegeben. Aber das war dann eben <u>wirklich</u> auch klar. Da wußte man: Aha, das wollen die nicht ..."

Was ich damit zunächst einmal andeuten möchte, ist, daß es zwar schön und praktisch wäre, die Stengersche Unterscheidung von Graden der Unvertrautheit zur Folie auch sprachlicher Phänomene – von lexikalischen Differenzen aufsteigend zu komplexen Äußerungen – zu machen, daß aber die konkreten sprachlichen und kommunikativen Akte sich dieser Systematik wohl doch nur nach gründlicher Einzelanalyse fügen und daß wir damit rechnen müssen, daß auch die scheinbar „einfachen" lexikalischen Differenzen bis in den Typus der „reflexiven", also höchst komplexen und kaum auflösbaren Unvertrautheit reichen.

Allerdings hat Stenger seine Unterscheidungen wohl kaum in erster Linie als bequemes Analyseraster für Linguisten entworfen. Ihr liegt, wie der Zwischenbericht der Arbeitsgruppe zeigt, ein weit über sprachliche Einzelphänomene hinausreichendes Datenmaterial zugrunde, das wiederum allein mit linguistischen Kriterien kaum zu bändigen wäre. Ich sehe meinen Part darum auch zunächst einmal nur darin, die Sprache als Indikator für möglicherweise verschiedene Grade sozialer Vertrautheit bzw. Unvertrautheit zu sehen.

2. Das semantisch gewendete Grillhähnchen

Zu den, oberflächlich betrachtet, einfachen Beweisen, daß es in Deutschland wenn nicht zwei verschiedene Sprachen, so doch zwei verschiedene Kommunikationsgemeinschaften

---
[2] Vgl. Ulla Fix, „Gewendete Texte" – „gewendete" Textsorten, in: Heringer 1994 [Anm. 1], S. 131-146.

gegeben habe, zählte seit eh und je der ostdeutsche „Broiler", ursprünglich ein mit Beginn der Massenzucht von Grillhähnchen 1962 in Bulgarien entwickelter Pseudo-Amerikanismus („brojleri"). Mit „Broiler" (in der DDR zum „Goldbroiler" veredelt) wie mit „Datsche", „Dispatcher" oder „Kombine" hantierten all jene gern, die das Auseinanderdriften der deutschen Sprache im Gefolge der politischen Teilung ausschließlich auf lexikalischer Ebene beweisen zu können glaubten.

Im Zuge der freiwilligen Anpassung an westdeutsche Eß- und Sprachnormen 1990 ging dieses Wort in der Noch-DDR beinahe unter, weil nun fast jeder Grillhähnchenfreund lieber ein „Wienerwald-" oder „Wiesenhof-Hähnchen" bestellen wollte. Auch auf anderen Feldern des Konsums wie der Politik schien das „Westmarkenbewußtsein" unmittelbar nach der „Wende" sehr viel stärker ausgeprägt als in der Bundesrepublik. Die schnelle Gewöhnung an westdeutsche Markennamen traf also zweifellos die „einfachen Unvertrautheiten". Die „Wienerwald-" und „Wiesenhof-Hähnchen" schmeckten nicht schlechter, aber auch nicht besser als die verdrängten „Goldbroiler", der semantische Unterschied war scheinbar gleich null. Das hat sich, wie man leicht feststellen kann, inzwischen geändert. Im Gefolge eines wachsenden Widerstands gegen das tatsächliche oder vermeintliche „Überstülpen" westdeutscher Normen, gegen die „Kolonisierung" hat eine neue, nun bewußte Anhänglichkeit an DDR-traditionelle Marken Platz gegriffen. Zigarettenmarken wie „Club", „f6" und „Cabinet", die Sektmarke „Rotkäppchen" oder das Waschmittel „Spee" sind wieder begehrt.

Und auch der „Broiler" erstand wie Phönix aus der Asche. Anfangs noch zaghaft und ironisch, auf Hinweisschildern an Grillhähnchenbuden: „Sie können auch ›Broiler‹ bestellen!" Es ist ja wohl nicht eine höhere Sachqualität der wieder „DDRsch" benannten Konsumgüter, die den alten Namen eine neue Attraktion verliehen hat, sondern deren Identifikationsfunktion für eine Gesellschaft, die in aktuellen Umfragen zu einem hohen Prozentsatz darüber klagt, daß die Westdeutschen das Leben in der DDR bis 1989 für vertan und sinnlos erachten (ich übergehe die Frage, ob diese Meinung wirklich berechtigt ist oder ob sich darin nicht eine Umkehrung der 1989/90 von DDR-Deutschen selbst vielfach geäußerten Meinung spiegelt, man habe vierzig Jahre umsonst gelebt).

Daß ein einziges Wort einen ganzen Horizont unterschiedlicher Wertungen und Einstellungen aufreißen kann, zum Signalwort für unterschiedliche Identifikationsmuster werden kann, habe ich bereits 1991 in einem ironischen Beitrag der zum „Freitag" mutierten Kulturbund-Zeitschrift „Sonntag" feststellen können. Da berichtete die Journalistin Jutta Voigt über eins jener unsäglich überflüssigen „Seminare" für Spesenritter, das dem Thema „Singles und Katzen" an einem mondänen Konferenzort, in Nizza, gewidmet war. Dabei läßt sie sich auch über die Eßkultur jener Tagung aus, wobei es schließlich geradezu aus ihr herausbricht: „Bitte keine Bouillabaisse, dafür Broiler und Pommes." (Wochenzeitung „Freitag", 5.7.1991, S. 24)

Deutlicher als in dieser antithetischen Formulierung kann man wohl kaum auf eine tatsächliche oder vermeintliche Unterschiedlichkeit im Lebensgefühl hinweisen. Aber es dürfte auch deutlich geworden sein, daß „Broiler" hier wie in anderen Kontexten nicht als isoliertes Lexem die ganze Last der Abgrenzung trägt. „Broiler" ist allerdings gleichsam Platzhalter in der kommunikativen Strategie, Eigenes von Fremdem zu trennen, also eine „reflexive Unvertrautheit" mit dem mutmaßlich Westspezifischem zu markieren. Ähnliches hätte die Autorin im Zusammenhang mit diesem Seminarbericht auch mit dem Wort „Dispatcher" anstellen können, wenn sie sich über das fremde Gehabe eines westlichen Tagungsorganisators hätte lustig machen wollen.

Aus Stengers Interviews mit Teilnehmern am „Wissenschaftler-Integrations-Programm" (WIP) greife ich zur Verdeutlichung meiner These, daß Unvertrautheiten, die von ostdeutschen Gesprächspartnern selbst als „einfach" und damit als leicht überwindbar eingestuft werden, dennoch größere Nominations- und Assoziationshorizonte berühren können, die Bemerkung eines Geographen heraus, mit der er auf einen vordergründig simplen lexikalischen Unterschied zwischen Ost und West hinweist:

> „... Wenn man mit Datenbanken arbeitet und mit Karten, dann kann man in Programmen den Datengruppen bestimmte Namen geben, man labelt, man bezeichnet die mit irgendwas ..." (Geowissenschaftler, S. 38)

Der Interviewpartner hält diesen Unterschied selbst zwar für unerheblich, was er bei isolierter Betrachtung auch sicher ist; es scheint mir aber kein Zufall, daß dieses Beispiel – wenn auch mit Vorbehalt – erwähnt wird, als Stenger nach grundsätzlichen Unterschieden in der Decodierung gleicher Begriffe gefragt hatte. Denn das Beispiel gehört zur Welle einer nachgeholten Anglisierung der deutschen Sprache im Ostteil Deutschlands, über die dort immer wieder beredte Klage geführt wird, weil damit sprachliche Vertrautheiten verloren gehen. Und die bestanden nicht zuletzt darin, daß in der DDR – entgegen allen westdeutschen Unkenrufen von der kommunistischen Verhunzung der deutschen Sprache – in vielen Bereichen viel länger als in der neuerungssüchtigen BRD alte deutsche Sprachmuster bewahrt wurden, die auf westdeutsche Ohren und Augen inzwischen geradezu archaisch wirkten.[3]

3. Genügt es, einzelne Begriffe „draufzuhaben"?

In zwei von vier mir zugänglich gemachten Interviews, die Stenger geführt hat, wird die Anpassung ostdeutscher Wissenschaftler an westdeutsche Diskussionsstile auffälligerweise mit demselben Wort charakterisiert:

> „... ich suche mir die Kooperativen, [...], die einem dann ermöglichen, diese paar Nachholschritte, daß man auch die Vokabeln für diese Art Diskussion drauf hat." (Psychologin, S. 9)

> „Einer meiner Kollegen, da können Sie von der Sprache her nicht sagen, wo er herkommt, der hat nun auch all diese Begriffe drauf." (Soziologe, S. 17)

Beiden Aussagen liegt die Meinung zugrunde, daß auch und gerade im wissenschaftlichen Austausch Ostdeutsche mit dem Aneignen bestimmter „Vokabeln" und „Begriffe" eine gewisse Gleichrangigkeit mit ihren Westkollegen erzielen könnten. Aber es wird – das macht der weitere Kontext der zitierten Äußerungen deutlich – nur eine sehr partielle Gleichrangigkeit erzielt. Im ersten Fall, dem einer Psychologin, sind es die „kooperativ" eingestellten Kollegen aus dem Westen, die auch sonst „Toleranz" beweisen und sich eben nicht daran stören, wenn es mit den „paar Nachholschritten" noch nicht getan ist, weil darüber hinaus eben „manche Vokabeln und Begriffe nicht so geläufig sind", wie ausdrücklich zugegeben wird (Psychologin, S.9). – Im zweiten Fall, dem des schon einmal zitierten Soziologen, wird die lexikalische Anpassung des Ostkollegen, der seine Herkunft sprachlich zu verschleiern

---

[3] Vgl. Verf., *Die deutsche Sprache in der DDR zwischen Stalinismus und Demokratie*, Köln 1990, S. 139f.

versteht, keineswegs als positiv bewertet. Beiden Interviewpartnern Stengers ist letztlich ein ausgeprägtes Selbstbewußtsein eigen, das sogar deutliche Kritik an bestimmten Eigenarten westdeutschen Sprechens und Argumentierens beinhaltet. Man könnte sogar soweit gehen zu behaupten, daß sich in der DDR bewährte Wissenschaftler in manchen Fällen durch ein sprachliches Mimikri über westdeutsche Schwächen geradezu lustig machen können.

Was der zitierte Soziologe nämlich – sicher nicht zu Unrecht – immer wieder feststellen konnte, ist ein westdeutsches Diskussionsgehabe, das mehr der Selbstdarstellung als der Verständlichkeit oder gar Sachgerechtigkeit dient, etwa wenn er sagt:

> „Stelle dann plötzlich fest, daß er [der westliche Kollege] die Begriffe gar nicht richtig benutzt, weil die entsprechen nicht den Fremdwörtern, die er hat ..." (Soziologe, S. 17)

Daß in westdeutschen Diskussionen oft geblufft wird, brauche ich wohl nur anzudeuten; ebenso daß die spätestens seit 1990 eröffneten Möglichkeiten, westdeutsche Unarten einmal vor den Spiegel einer anderen, fremd gewordenen Kommunikationskultur zu stellen, bisher so gut wie nicht genutzt werden. Auch in der DDR hatte man manche sprachlichen Versatzstücke „drauf", aber es waren qualitativ andere als die im Westen, vor allem solche, die man zwecks Demonstration politischer Unterwerfung benutzen mußte und die man mit dem Untergang der Sprachlenkungsinstanzen relativ schnell loswerden konnte, etwa wenn das Wort „Epoche" offiziell nur in Verbindung mit der Floskel vom „weltweiten Übergang zum Sozialismus", keineswegs aber mit anderen, weniger ideologischen Appositionen zu verbinden war.

Westdeutsche Sprachhülsen dagegen folgen grundsätzlich nicht ideologischen Zwängen, sondern meist fachinternen Moden, können sich aber um so zählebiger erweisen, etwa wenn in den Philologien jahrelang das Dictum vom „Sitz im Leben" benutzt wurde oder wenn jede belanglose Diskussion zum „Diskurs" hochstilisiert wird (Derrida läßt grüßen!) oder wenn alles, was sich noch nicht in Epochenschubladen ablegen läßt, „postmodern" genannt wird usw., usf.

Welchem Grad oder Typus von Unvertrautheit soll man nun die sprachliche Maskerade zuordnen, bei welcher der Maskierte keineswegs auf seine Überzeugung verzichtet, auch die Westkollegen kochten bei allem methodischen und sprachlichen Aufwand nur mit Wasser, wie die mir vorgelegten Interviews mehrfach bezeugen? – Ich fürchte, hierfür reichen die Stengerschen Unterscheidungen noch nicht aus; es sei denn, man kehrte die Blickrichtung einmal um und wir Westdeutschen begriffen die ironische Distanzierung der ostdeutschen Seite als uns betreffende „ambivalente Unvertrautheit". Eine „reflexive Unvertrautheit" dürfte es eigentlich nicht sein, obwohl dabei sicherlich auch heilige Kühe unseres Wissenschaftsbetriebs geschlachtet werden müßten.

Tatsächlich aber bringt es das generelle westdeutsche Überlegenheitsgefühl mit sich, daß die ostdeutsche Seite sich den Usancen eines auch und nicht zuletzt im Wissenschaftsbetrieb blühenden Konkurrenzverhaltens anbequemen muß. Dies bewirkt Unsicherheit, weil Aufgaben bisher für sicher gehaltener sozialer Positionen und den Druck der Anpassung an einen wahren Kosmos kommunikativer und sprachlicher Normen.

Das aber betrifft nun doch einen sehr komplexen Sachverhalt, der wiederum unter die „reflexiven Unvertrautheiten" gezählt werden muß. Denn die Interviewpartner Stengers, die ich mit Hilfe von Gesprächsaufzeichnungen kennenlernen konnte, bestätigen einen Befund, der sich in vielen anderen Zusammenhängen ebenfalls erzielen läßt und der nicht einfach als „Klischee" verbucht werden darf: Während zu den Grundbedingungen der Sozialisation in der DDR eine relative soziale Immobilität zählte, wodurch die persönlichen Beziehungen einen hohen Rang erhalten konnten, drängt die durchschnittliche bundesdeutsche Sozialisation seit den siebziger Jahren zu permanenter Selbstinszenierung, die schon im Kindergarten, erst recht in der Schule und dann in weiteren Lebensbereichen geübt wird und vielfach zu Lasten persönlicher Beziehungen ein Klima geschaffen hat, das ich schon mehrfach als „kommunikativen Darwinismus" bezeichnet habe: Es glaubt sozial nur überleben zu können, wer am meisten, am lautesten und am schnellsten redet.[4]

4. Könnten Sie Ihre Kollegen „Kumpel" nennen?

Wie ich erst jüngst am Beispiel kommunikativen Verhaltens Ost- und Westdeutscher in Talkshows feststellen mußte, lassen sich die daraus resultierenden Unterschiede teilweise sogar exakt messen, etwa wenn Ostdeutsche grundsätzlich bedächtiger, weniger aufdringlich und langsamer sprechen als Westdeutsche, mit dem Grad ihrer Anpassung aber immer schneller werden können. Natürlich ist es mit diesem Kriterium nicht getan, es muß auf jeden Fall mit Beobachtungen zur Wortwahl und zur Körpersprache korreliert werden. Es ist auch entscheidend, in welchem Sender, mit welchen Moderatoren die Talkshowgespräche vonstatten gehen ...[5]

Im Stengerschen Interviewmaterial habe ich eine interessante Bestätigung einer meiner Beobachtungen zur kommunikativen Spezifik Ostdeutscher entdecken können, nämlich als ein Geograph zur Frage nach Mentalitätsunterschieden bemerkt:

> „... wenn Ostdeutsche zusammen sind, ... da reichen im Prinzip, ist ja normal, wenige Bemerkungen, oder eine Geste reicht häufig schon, man versteht sich." (Geowissenschaftler, S. 35)

Hierin wirken sich unmittelbar aus die Überschaubarkeit der Lebensverhältnisse in der DDR, deren relativ große Gleichförmigkeit, die geringen Möglichkeiten, außerhalb von Parteikarrieren sozial aufzusteigen, und damit die Angewiesenheit auf persönliche Kontakte auch im Berufsleben. Kein westdeutscher Wissenschaftler käme etwa auf die Idee, seine Kollegen, wie es Ostdeutsche tun können, „Kumpel" zu nennen (vgl. Soziologe, S. 43). „Kumpel" wird in Westdeutschland – abgesehen vom Sprachgebrauch in unteren sozialen Schichten[6] – überwiegend negativ konnotiert (vgl. auch „Kumpelhaftigkeit"). Aber so formuliert wiederum der Soziologe im WIP:

> „Ostwissenschaftler sind anders miteinander umgegangen ..." und „... unter Ostwissenschaftlern ist alles ein bißchen familiärer, man trifft sich auch nach Feierabend." (Soziologe, S. 15)

Oder eine Geologin äußert:

> „Also, wir haben an dem Institut, an dem wir früher gearbeitet haben, einen sehr guten zwischenmenschlichen Kontakt gehabt, sehr kollegiale Verhaltensweisen, die erst in dem Moment

---

[4] Verf., Vom Reden und Schweigen in Ost und West, in: Gesellschaft für deutsche Sprache (Hrsg.), *Wörter und Unwörter*, Niedernhausen 1993, S. 143-151 (S. 151).

[5] Vgl. meinen Beitrag „Ost und West im Talkshow-Test. Kommunikatives und sprachliches Verhalten von alten und neuen Bundesbürgern", in: *Muttersprache* 4/1996, S. 308-318.

[6] Dem widerspricht nicht, daß „Kumpel" auch unter westdeutschen Studenten üblich sein kann. Bezeichnenderweise wies ein Tagungsteilnehmer darauf hin, daß es sich dabei insbesondere um Studierende „proletarischer Herkunft" handele.

aufgehört haben, als klar war, daß das Institut eventuell abgewickelt wird." (Geowissenschaftlerin, S. 6)

Sie merken wahrscheinlich, was mir erst bei der intensiveren Beschäftigung mit dem Interviewmaterial so recht deutlich wurde, daß ich mit den anderen, leichter wiegenden Unvertrautheitstypen, der „einfachen Unvertrautheit" und der „ambivalenten Unvertrautheit", meine Schwierigkeiten habe. Natürlich kann man lexikalische und phraseologische DDR-Spezifika wie „Strecke" für eine Entwicklungslinie (vgl. Geowissenschaftlerin, S. 3) oder „sich einen Kopp machen" für „sorgfältig bedenken" (vgl. Soziologe, S. 40)[7] schnell „übersetzen"; für die Ostseite jedoch haben solche Wörter und Wendungen häufig Signalcharakter, stehen in einem anderen Referenzsystem, wodurch immer wieder „reflexive Unvertrautheiten" markiert werden. Natürlich lassen sich „anders definierte Begriffe" diskursiv vereinheitlichen; wenn dahinter aber die mehrfach belegte Überzeugung ostdeutscher Wissenschaftler sichtbar wird, es ginge mindestens genausogut mit dem DDR-spezifischen Begriffsapparat und man müsse die „westdeutsch" definierten Termini nur um des eigenen Fortkommens willen lernen, dann bleibt eine mentale Barriere, die ich durchaus als „reflexiv" in der Definition Stengers werten möchte: als Erfahrung einer Grenze des Verstehen-Könnens.

5. Schlußbemerkungen

Das bisher Vorgetragene hört sich im Hinblick auf die Überwindung der „Mauer in den Köpfen" gewiß sehr pessimistisch an. Allerdings möchte ich, was bei einer Konzentration auf Phänomene von Fremdheit notwendigerweise zu kurz kommt, doch auch auf die Tatsache hinweisen, daß in einem Projekt wie dem Ihren die gemeinsame Sprache immerhin eine gegenseitige Aufklärung über unterschiedliche Positionen zu leisten vermag. Gerade die Stengerschen Interviews bringen ja „zur Sprache", was sonst als Fremdheit nur dumpf empfunden würde.

Vielleicht stellen für meine wie für Ihre Überlegungen Teilnehmer am WIP-Programm, die sich alle in einer spezifischen, nicht eben einfachen Lebens- und Berufssituation befinden, in gewisser Weise auch nur eine „negative Auswahl" dar.[8] Manches von dem, was diese Personen als Zukunftsungewißheit oder gar als Bedrohung empfinden, ließe sich ebenso bei zahlreichen Westkollegen, die auch nur von Projekten und Zeitverträgen leben, antreffen. Nicht jedoch der biographische Knick, den die Auflösung relativ sicherer sozialer Bedingungen mit sich brachte, von Bedingungen, die bei aller Distanz zu deren politischen und ideologischen Implikationen immer noch mit dem Schlüsselwort der SED-Propaganda „Geborgenheit" umschrieben werden können.

Mit solchen Folgen höchst unterschiedlicher Sozialisationen müssen wir – so glaube ich – noch eine ganze Weile leben. Es könnte mir nur sehr recht sein, wenn ich mich darin

---

[7] Von Tagungsteilnehmern bin ich belehrt worden, daß „sich einen Kopp machen" auch in West-Berlin, lange vor der Maueröffnung, gebräuchlich war.
[8] In der Diskussion des Vortrags am 5.7.1996 wurden die in den Interviews Stengers zu Wort kommenden Wissenschaftler tatsächlich als besondere Auswahl charakterisiert, deren Einstellungen schon deswegen nicht als repräsentativ gelten könnten. Allerdings könnte ich etliches in den zitierten Aussagen mit weiteren Beobachtungen und Befunden bestätigen.

täuschte, daß es bei den nach 1945 in der DDR Geborenen in der Begegnung mit Westdeutschen und westdeutschen Lebensumständen nicht immer nur um „reflexive Unvertrautheiten" ginge. Mein Verdacht, daß deren Lebens- und Kommunikationsstile im Vergleich zu Westdeutschland grundlegend anders geprägt waren (wobei sich von einem gemeinsamen Ausgangspunkt eigentlich mehr die Westdeutschen fortentwickelt haben), bezieht sich im übrigen nicht nur auf die einstmals überzeugten Anhänger des SED-Systems und auf deren unvermeidliche Mitläufer; auch die Oppositionellen in der DDR haben sich ja keineswegs als nur „verhinderte Bundesdeutsche" verstanden. Gerade an ihnen läßt sich – wie ich in einer Analyse von programmatischen Äußerungen der „Wendezeit" nachzuweisen versucht habe[9] – darstellen, welche kommunikativen und sprachlichen Folgen die äußeren Lebensbedingungen auch und gerade für den Widerstand gegen sie hatten.

---

[9] Verf., Die ins Leere befreite Sprache. Wende-Texte zwischen Euphorie und bundesdeutscher Wirklichkeit, in: *Muttersprache* 103, 1993, S. 219-230.

JÁNOS RIESZ

„Le français sans danger" –
Zu einem Topos der kolonialen Sprachpolitik Frankreichs

In dem von Jürgen Trabant herausgegebenen Band *Die Herausforderung durch die fremde Sprache*[1] zieht sich wie ein roter Faden durch alle Beiträge die im Untertitel angesprochene *Verteidigung des Französischen*, die der Herausgeber in seiner *Einführung* so thematisiert: „Wahrscheinlich ist keine andere Kultursprache so intensiv 'verteidigt' worden wie das Französische. Gleichzeitig ist wahrscheinlich auch keine im Verlauf ihrer Geschichte so wenig bedroht gewesen wie das Französische (so daß sich fast alle 'Verteidigungs'-Aktivitäten der Vergangenheit als Offensiven herausstellten)" (15).

Die Beispiele der oft mit „sprachlicher Xenophobie" (11) einhergehenden „Verteidigungs-Aktivitäten" in dem Band stammen durchweg aus dem europäischen Bereich und richten sich in wechselnden historischen Frontstellungen einerseits gegen europäische Konkurrenten oder Feinde des Französischen: das Latein und das Italienische, heute das Englische und vor allem das Amerikanische, zum andern gegen von innen, aus dem französischen Staatsverband selbst kommende Bedrohungen (durch Minderheitensprachen, *patois* und *dialectes*), welche die 'Reinheit' oder Funktionstüchtigkeit der französischen Sprache bedrohen.

Nicht zur Sprache kommt die mit der kolonialen Eroberung (seit 1820 etwa) einhergehende Ausbreitung des Französischen, die erst zu seiner heutigen Weltgeltung in Gestalt der 'Frankophonie' geführt hat. Sprachhistorisch scheint diese Phase ohne Belang. Wolfgang Settekorn nennt als „die wichtigen Etappen des sprachnormativen Diskurses und der Sprachpolitik in Frankreich":[2]

– den Erlaß von Villers-Cotterêts durch François Ier (1539);
– Du Bellays *Deffence et illustration de la langue françoyse* (1549);
– die *Remarques sur la langue françoise* von Vaugelas (1647);
– die *Enquête* des Abbé Grégoire (1790).

Sollte seither wirklich nichts Wichtiges mehr passiert sein? Die Ausbreitung des Französischen in Afrika ganz in dem zuvor abgesteckten diskursiven Rahmen (etwa des Abbé

---

[1] Jürgen Trabant (Hg.) / Dirk Naguschewski (Mitarb.): *Die Herausforderung durch die fremde Sprache. Das Beispiel der Verteidigung des Französischen*. Berlin: Akademie Verlag, 1995 (abgekürzt: *Herausforderung*).

[2] Wolfgang Settekorn: „Bouhours, die Sprache, die Anderen und der Krieg. Betrachtungen zu den *Entretiens d'Ariste et d'Eugène*." In: *Herausforderung*, 35-75, hier 37.

Grégoire³) erfolgt sein? Andersherum: Sollte die weltweite Ausbreitung des Französischen ohne Einflüsse und Rückwirkungen auf das Sprachbewußtsein der Franzosen geblieben sein? Sollten alle „Konzepte und Argumente [...], die in der weiteren Diskussion fast topischen Charakter gewonnen haben" (Settekorn, ebd.), schon im (in den genannten Etappen sich manifestierenden) europäischen Rahmen erarbeitet und in dieser Form auch ohne Einwirkungen 'von außen' tradiert worden sein?

Ich möchte nachfolgend noch eine andere – die koloniale, afrikanische – Spur verfolgen und die Frage aufwerfen, ob man nicht den oben genannten binnen-europäischen „Etappen" vergleichbare der überseeischen Ausbreitung des Französischen und der diese begleitenden Diskurse an die Seite stellen müßte. Versuchsweise etwa: Die nach den Napoleonischen Kriegen (bei der Wieder-Inbesitznahme der westafrikanischen Küstenstützpunkte) von dem nach Senegal entsandten Lehrer Jean Dard konzipierte Pädagogik der Mehrsprachigkeit, die er „française-africaine" oder auch „wolofe-française" nannte⁴; die neue kolonialpolitische (auf Expansion bedachte) Weichenstellung durch den Gouverneur Edouard Bouët-Willaumez (1843-44), der 1843 den Abbé David Boilat (einen *Métis* aus Saint-Louis) zum Leiter des Erziehungswesens in Senegal ernannte, dessen sprachpolitische Vorstellungen u. a. in den *Esquisses Sénégalaises* (1853; Neuausg. 1984) dargelegt sind; die vom Gouverneur Faidherbe 1857 feierlich gegründete *Ecole franco-musulmane* und nachfolgend (1855; offiziell 1861) die *Ecole des Otages* (auch *Ecole des fils des chefs*); schließlich die Krise und nachfolgende Reform des französischen Schulwesens in Westafrika um die Jahrhundertwende, die an die Person des langjährigen (ersten) *Inspecteur Général de l'Enseignement en A.O.F.*, Georges Hardy, gebunden ist.⁵

Derselbe Georges Hardy schreibt 1931, in seiner Eigenschaft als *Directeur de l'Ecole Coloniale Française*, in einer gründlichen (über 200 Seiten umfassenden) Darstellung des Französisch-Unterrichts in Afrika, einleitend zum Abschnitt über „Afrique Occidentale française" (264-282): „Es ist zweifellos Westafrika, wo der Französisch-Unterricht der Eingeborenen seine längste und merkwürdigste Geschichte hat" (264).⁶

Aus dieser „kuriosen" und von vielen Widersprüchen gekennzeichneten Geschichte des Französischen soll nachfolgend ein einziger, immer wiederkehrender Topos herausgegriffen und näher befragt werden. In seiner elementarsten Form könnte man diesen Topos umschreiben mit: Wir müssen das Französische in unseren Kolonien verbreiten und durch-

---

³ Tatsächlich könnte man die Ausbreitung des Französischen in den Kolonien, wie dies L.-J. Calvet (*Linguistique et Colonialisme*, Paris: Payot, 1974) getan hat, in der Fortsetzung und Verlängerung der Sprachpolitik der Französischen Revolution sehen.

⁴ Vgl. dazu meinen [J. R.] Aufsatz: „'Le sang et la langue de la France'. Positionen französischer kolonialer Sprachpolitik im 19. Jahrhundert." In: *Le Français aujourd'hui. Mélanges offerts à Jürgen Olbert*, hg. von G. Dorion u. a. Frankfurt a. M.: Diesterweg, 1992, 379-396.

⁵ Zu Georges Hardy vgl. Hans-Jürgen Lüsebrink: „Acculturation coloniale et pédagogie interculturelle – L'œuvre de George Hardy." In: Papa Samba Diop (Hg.): *Sénégal-Forum. Littérature et Histoire*. Frankfurt a. M.: IKO-Verlag, 1995, 113-122.

⁶ „L'Enseignement aux Indigènes. Possessions Françaises d'Afrique." In: *L'Enseignement aux Indigènes / Native Education*. Hg. vom Institut Colonial International, XXIe session, Paris, 5-6-7-8 Mai. Rapports Préliminaires. Bruxelles: Ets Généraux d'Imprimerie, 1931, 239-471.
   Kürzere Zitate aus dem Französischen, bei denen es nur um die inhaltliche Aussage geht, werden von mir (J. R.) ins Deutsche übersetzt. In Klammern steht die Seitenzahl des Originalzitats. Bei längeren Zitaten bei denen es in unserm Zusammenhang auch um die sprachliche Formulierung und die 'rhetorische' Argumentation geht, stehen Original und Übersetzung untereinander. Dadurch soll eine Überprüfung der Zitate ermöglicht und gleichzeitig dem des Französischen Unkundigen ein Nachvollzug gestattet werden.

setzen, aber hüten wir uns vor den damit verbundenen 'Gefahren'! Wie sogleich ersichtlich, hängt dieser Topos aufs engste zusammen mit dem Thema der 'Verteidigung' des Französischen, das die französische Sprachgeschichte durchzieht. Verteidigung ist nötig gegen Feinde, Verteidigungs-Stellungen werden aufgebaut, wo Gefahr droht.

In Wahrheit dringen in der Regel die kolonialen Eroberer als 'Feinde' in das fremde Land; der von Jürgen Trabant angesprochene „Offensiv"-Charakter der Verteidigungs-Aktivitäten ist im kolonialhistorischen Rahmen besonders offenkundig. Um der Verteidigung (alias Eroberung) dennoch den Anschein der Rechtmäßigkeit zu geben, müssen aber die Feinde als solche identifiziert, die 'Gefahren' benannt werden. Dies geschieht nicht nur diskursiv und argumentativ, sondern auch – in dem umfangreichen Korpus fiktionaler Kolonialliteratur und afrikanischer Literatur in französischer Sprache – narrativ: in Erzählkonfigurationen und Personenkonstellationen, in Figurenrede und Autorenkommentar.[7]

Man kann die in diesem Zusammenhang beschriebenen 'Gefahren' in drei Gruppen oder Motiv-Komplexe einteilen, die nicht immer klar zu trennen sind und oft ineinander gehen, die aber um der größeren Transparenz willen nachfolgend getrennt behandelt werden sollen, wobei das erste Gefahrenbündel sich mit den in der binnen-europäischen Geschichte des Französischen gesichteten Gefahren berührt,[8] die beiden anderen spezifisch für die historische Situation (grosso modo zwischen 1880 und 1945) des französischen Kolonialismus in Afrika sind: (1) die Befürchtung, daß die französische Sprache im Munde der Eingeborenen Schaden nimmt, 'kontaminiert', gar 'degradiert' wird;[9] (2) die Angst, daß der Gebrauch der französischen Sprache die kolonialen Schutzbefohlenen auf ungemäße Gedanken politischer Emanzipation und Befreiung bringen könnte; (3) dazu komplementär die als wohlmeinende Sorge um die 'Eingeborenen' sich drapierende Befürchtung, diese könnten durch den übertriebenen Gebrauch des Französischen ihrer eigenen Kultur entfremdet, zu 'Entwurzelten' („déracinés") werden und ihrer 'Identität' verlustig gehen.

I. Die Gefahr der „Verderbnis" des Französischen

Die Angst um die Verderbnis der französischen Sprache im Munde von Menschen afrikanischer Herkunft und ihre literarische Stigmatisierung (bzw. Ridikülisierung) ist älter als die französische Ausdehnung in Westafrika; sie findet sich u. a. bereits in dem Verbot an die Sklaven in der Karibik, die „langue de maître", die „langue de blanc" zu sprechen: „notre langage, à nous, s'appelle *parler nègre*".[10] Wie Léon-François Hoffmann in seiner grundlegenden Studie über *Le Nègre romantique* (1973) gezeigt hat, sprechen die Schwarzen in

---

[7] Vgl. meinen [J. R.] Beitrag: „Die 'eigene' und die 'fremde' Sprache als Thema der frankophonen afrikanischen Literatur." In: *Dialekte und Fremdsprachen in der Literatur*, hg. von Paul Goetsch. Tübingen: Narr, 1987, 69-93.
[8] Vgl. Gabriele Beck-Busse: „Vom Fremderleben in der Sprachpflege." In: *Herausforderung*, 117-147; S. 125 das Zitat einer Korrespondentin an Jacques Lacant, wo ebenfalls von 'danger' im hier gebrauchten Sinne die Rede ist.
[9] Vgl. Jürgen Trabant: „Die Sprache der Freiheit und ihre Freunde." In: *Herausforderung*, 175-191; bes. S. 180, wo als 'Schlüsselbegriffe' der Loi Bas-Lauriol *contamination* und *dégradation* ermittelt werden.
[10] Zit. nach Léon-François Hoffmann: *Le Nègre romantique. Personnage littéraire et obsession collective*. Paris: Payot, 1973, 209.

literarischen Texten seit 1750 ein schlechtes, rudimentäres Französisch, womit zugleich ihre intellektuelle Inferiorität demonstriert und veranschaulicht wird. Umgekehrt zeichnet sich dann der positiv dargestellte haïtianische Neger Bug Jargal in Victor Hugos gleichnamigem Jugendroman durch seine exzellente Beherrschung des Französischen (und wie Victor Hugo selbst: des Spanischen) aus.[11]

Der aufklärerisch-romantische 'Rückfall' des jungen Victor Hugo in den Glauben an die Perfektibilität der Neger wird in der Epoche des beginnenden Imperialismus radikal desavouiert. Für den Grafen Gobineau gibt es in seinem *Essai sur l'inégalité des races humaines* (1853-55) eine genaue Entsprechung zwischen der Hierarchie der Rassen und jener der Sprachen: „Die Sprachen sind untereinander verschieden, und diese Verschiedenheit entspricht genau dem Wert der einzelnen Rassen." Entsprechend müssen die Vertreter der 'höheren' Rassen und Sprecher 'höherer' Sprachen nichts so sehr fürchten wie die Kontamination durch den Kontakt mit 'niederen' Rassen/Sprachen:[12]

> On peut poser en thèse générale qu'aucun idiome ne demeure pur après un contacte intime avec un idiome différent. [...]
> On aura donc souvent le singulier spectacle d'une langue noble et très cultivée, passant, par son union avec un idiome barbare, à une sorte de barbarie relative, se dépouillant par degrés de ses plus belles facultés, s'appauvrissant de mots, se desséchant de formes, et témoignant ainsi d'un irrésistible penchant à s'assimiler, de plus en plus, au compagnon de mérite inférieur que l'accouplement des races lui aura donné.
>
> Man kann allgemein die These aufstellen, daß keine Sprache rein bleibt, wenn sie mit einer anderen in engen Kontakt gekommen ist. [...]
> Man hat also oft das seltsame Schauspiel einer edlen und sehr kultivierten Sprache, die durch ihre Verbindung mit einem barbarischen Idiom selbst in einen Zustand relativer Barbarei gelangt und dabei sukzessive ihre schönsten Eigenschaften verliert; der Wortschatz verarmt, der Formenreichtum verkümmert, die höhere Sprache zeigt die unwiderstehliche Tendenz, sich mehr und mehr dem minderwertigen Gefährten anzugleichen, der ihr durch die Vermischung der Rassen gegeben wurde.

Wir haben hier schon überdeutlich die Verbindung der Furcht vor biologischer 'Mischung' der Rassen und ihrem kulturellen Korrelat, der Vermischung der Sprachen, wie sie, in variierender Bewertung, den *Métissage*-Diskurs bis heute begleiten wird. Angesichts des überragenden Einflusses von Gobineau auf die koloniale Doktrin (und auf den Rassismus insgesamt) bis weit ins 20. Jahrhundert, kann es nicht verwundern, daß die Figur „danger de contamination de la langue française" zu einem regelrechten Topos in vielfacher Abwandlung wird.

Zeitgleich mit den Bemühungen von Georges Hardy am Anfang des Jahrhunderts um den Aufbau eines Schulsystems in Westafrika und dem 'Sieg' der (wenn auch modifizierten) Assimilations-Doktrin halten sich die alten Vorurteile. Georges Deherme erinnert in seinem grundlegenden (und immer noch informativen) Werk über *L'Afrique Occidentale Française* (1908) an das Beispiel der Plantagengesellschaft auf den Antillen:[13] „Auf den Antillen ist mit

---

[11] Wobei die Gleichsetzung zwischen der Qualität des Französischen und dem (bösen) Charakter einer Romanperson so weit gehen kann, daß der sehr unsympathisch gezeichnete Neger-General Biassou wie folgt charakterisiert wird: „– Eh bien, reprit-il en assez mauvais français." (Victor Hugo: *Bug Jargal*, Paris: Presses Pocket, 1985, 109). Es bleibt das Geheimnis des Autors, wie man „Eh bien" gar so schlecht aussprechen kann.
[12] Arthur de Gobineau, *Essai sur l'inégalité des races humaines*, t. 1, Paris: Firmin Didot, 1853, 323.
[13] Georges Deherme: *L'Afrique Occidentale Française*, Paris: Libr. Bloud, 1908.

den Schwarzen das reine Französisch des 17. Jahrhunderts eine Negersprache geworden, während es sich in Kanada, mit den Weißen, kaum verändert hat" (113). Der komplexe Vorgang der Sprachen-Entwicklung, der von vielen Faktoren (u. a. der jeweiligen Ausgangssprache) determiniert wird, erscheint hier auf einen rassischen Kern reduziert. Auch sonst haben die Theorien des Grafen Gobineau die rassistischen Phantasien der Kolonial-Ideologen in vielfacher Weise stimuliert. Bei Deherme lesen wir: „Der Schwarze kann nur wiederholen. Alles was man ihm beibringt ist 'Sache der Weißen'" (112). Aus dem Hirn eines Negers („cerveau nègre") können nur sinnlos reproduzierte Wortfolgen kommen: „ohne Zusammenhang, ohne Ordnung, Verstand oder Logik" (112). Die französische Sprache selbst, mit ihrer subtilen Syntax, ihrem „Génie", wird dem Schwarzen auf ewig verschlossen bleiben: „Die Wörter sind (noch) nicht die Sprache" (113). Und wie an vielen anderen Stellen in der kolonialen Literatur[14] folgt als 'Beweis' der Abdruck eines Textes, eines Briefes, den einer der besten einheimischen *instituteurs-adjoints* an seinen Schuldirektor geschrieben hatte, in dem er ihn in einem blumig-aufgeblähten Stil um ein Geschenk bittet.

Auch die nach dem Ersten Weltkrieg (nach der Teilnahme von über 200 000 Afrikanern – *Tirailleurs Sénégalais* – auf französischer Seite) erschienene monumentale (569 Seiten) 'Summe' des Kolonialhistorikers und Professor an der *Ecole Coloniale*, Louis Vignon, *Un Programme de Politique Coloniale – Les Questions Indigènes* (1919) beruft sich auf die alte Rassenlehre[15] – „Man versteht, warum die Neger in der Geschichte unseres Planeten kein Kapitel haben" (41) –, beansprucht aber zugleich, die Lehren aus der bisherigen Praxis des Französisch-Unterrichts in Afrika und andern fernen Weltgegenden zu ziehen. Sie läßt für die Qualität des Französischen Schlimmstes befürchten:[16]

> Il faut, en outre, se faire à cette idée que les anciens élèves de nos écoles, qu'ils aient été enseignés par des instituteurs métropolitains ou indigènes, parleront en Afrique, en Asie non point notre langue mais un français 'petit-nègre', 'sabir' ou autre chose, représentant l'adaptation de cette langue au mode de penser et de prononcer des indigènes.
> Or, ils penseront (et prononceront) en ouolof, en annamite, non en français; l'homme reste toujours le prisonnier de sa grammaire. Ce que les linguistes appellent aux Antilles, en Guyane, 'langues créoles' peut donner une idée des parlers de demain. Oui; on n'en saurait douter, des parlers nouveaux se créent, – et quels parlers! S'il revenait, s'il entendait, que penserait Rivarol, l'auteur de l'*Eloge de la langue française*?

Wir müssen uns außerdem an den Gedanken gewöhnen, daß unsere ehemaligen Schüler, gleichgültig ob sie von französischen oder von einheimischen Lehrern unterrichtet wurden, in Afrika oder Asien keineswegs unser Französisch sprechen werden, sondern ein 'Petit-nègre', ein 'Sabir', oder sonst eine Mischform, welche die Anpassung unserer Sprache an die Denk- und Aussprachegewohnheiten der Einheimischen darstellt.

Das heißt sie werden nicht auf französisch, sondern auf wolof oder annamitisch denken und sprechen; der Mensch bleibt immer Gefangener seiner Grammatik. Das was die Linguisten auf den Antillen oder in Guyana 'Kreolsprachen' nennen, kann uns eine Idee dieser zukünftigen Sprachen vermitteln. Kein Zweifel, es werden sich gewiß neue Sprachen bilden – und was für Sprachen! Wenn Rivarol wiederkehrte und sie hören würde, was würde der Autor des *Eloge de la langue française* dazu sagen?

---

[14] Man könnte geradezu eine Anthologie solcher 'textes-nègres' aus der Kolonialliteratur zusammenstellen. Vgl. die Hinweise weiter unten im Zusammenhang mit J. Blache (Anm. 32).
[15] Louis Vignon: Un Programme de Politique Coloniale – Les Questions Indigènes, Paris: Plon, 1919.
[16] A. a. O., 488.

Am deutlichsten faßbar wird die 'Verunstaltung' der französischen Sprache im Munde der Afrikaner in der parodistischen Übertreibung afrikanischer Schriftsteller, die ihre eigene sprachlich-schulische Sozialisation und die Schrecken des damit verbundenen 'dressage' erzählen.[17] So versetzt sich der ivorische Schriftsteller (und langjährige Kulturminister seines Landes) Bernard Dadié scheinbar verständnisvoll in die Situation jener Kolonialfranzosen, die unter dem „sabotage collectif de la langue française" zu leiden haben:[18]

> Rien n'est aussi douloureux que d'entendre mal parler une langue maternelle, une langue qu'on entend, qu'on apprend dès le berceau, une langue supérieure à toutes les autres, une langue qui est un peu soi-même, une langue toute chargée d'histoires et qui, à elle seule, pour un peuple, atteste son existence. A l'école, dans les rues, dans les casernes, dans les magasins, c'est le même massacre de la langue française. Cela devient un supplice intolérable.
> [...] Partout l'on entend une langue aussi subtile, aérienne, féminine, une langue qui ressemble à du duvet allant au gré de la brise, lorsqu'une amie vous la chuchote à l'oreille, une langue qui semble le suave murmure d'une madone, une langue qui laisse après elle, une traînée persistante de notes joyeuses! Eh bien, tout au long des relations avec les indigènes qui s'échelonnent du boy à l'interprète, en passant par le marmiton, le cuisinier, le blanchisseur, l'ouvrier, le garde-cercle, le paysan, l'on n'entend que des énormités de ce genre:
> 'Moi y a dis, lui y a pas content.'
> 'Ma commandant, mon femme, ma fils.'
> Et des mots et des expressions dont on chercherait en vain les sources chez Littré ou Larousse:
> 'Manigolo... Foutou-moi la camp.'
> 'Alors, vous ne comprendrez jamais le français?'

> Nichts tut so weh, wie wenn man seine Muttersprache schlecht sprechen hört, eine Sprache, die man schon in der Wiege gehört und gelernt hat; eine Sprache, die allen andern überlegen ist, die ein wenig 'man selbst' ist, eine Sprache voller Geschichten, die für sich alleine schon dem Volke seine Existenz beglaubigt. In der Schule, auf der Straße, in den Kasernen, in den Läden – überall hört man, wie die französische Sprache massakriert wird. Das wird zu einer Höllenqual.
> [...] Überall hört man, wie eine so subtile, flüchtige, weibliche Sprache zu einem Kauderwelsch verkommt; eine Sprache, die einem Federflaum gleicht, den ein Windhauch fortträgt, wenn eine Freundin Ihnen etwas ins Ohr flüstert; eine Sprache, die dem süßen Murmeln einer Jungfrau gleicht, eine Sprache, die eine bleibende Spur fröhlicher Noten im Gefolge hat! Stattdessen hört man in der ganzen Zeit der Beziehungen mit den Einheimischen – vom Hausboy zum Dolmetscher, über den Küchenjungen, den Koch, Wäscher, Arbeiter, Feldhüter, Bauern – nichts als Ungeheuerlichkeiten in der Art:
> 'Ich bin gesagt, er hat nicht zufrieden.'
> 'Meine Kommandant, mein Frau, meine Sohn.'
> Und Wörter und Ausdrücke, nach denen man umsonst in den Wörterbüchern von Littré oder Larousse suchen würde: 'Manigolo... Verpiß dich!'
> 'Werdet ihr denn nie französisch verstehen?'

Mit der gleichen Virtuosität wie Dadié das 'Leiden' der Franzosen am „Massaker" ihrer Sprache mit scheinbarer Empathie psychologisch beschreibt, gibt er dem Leser Einblick in das Leid und die Ängste seines autobiographischen Protagonisten Climbié, der – wie seine Mitschüler – unter dem „Symbol" zu leiden hat, einem Gegenstand, den alle Schüler tragen müssen, die im Schulbereich dabei ertappt wurden, wie sie in ihrem afrikanischen Idiom

---

[17] Zu dem Thema vgl. meinen [J. R.] Beitrag: „Trois générations d'auteurs francophones africains devant la langue française." In: *französisch heute*, 1992, Heft 4, 403-415.
[18] Bernard Dadié: „Climbié." In: *Legendes et Poèmes*, Paris: Seghers, 1973, 97-223; 21f.

(„patois" für die Franzosen) sprechen, so lange, bis sie einen andern bei dem Vergehen erwischen: „Es ist ein Alptraum!" (21)

Die Situation erscheint ausweglos, die Inkommunikabilität total: „Wenn der Europäer seine Sprache verwendete, wie es sich gehörte, verstand der Neger nichts. Der Neger seinerseits sprach ein Französisch, das der Europäer nicht verstand." (23) Daß sich hinter der – aus der Sicht der Franzosen – „kollektiven Sabotage der französischen Sprache" gelegentlich auch eine bewußte Strategie der Verweigerung verbergen kann, eine „Art und Weise, die Aktionen der Weißen zu behindern"[19] wird u. a. von dem senegalesischen Autor Malick Fall veranschaulicht, der erzählt, wie der angeblich geistesgestörte Magamou (der tatsächlich völlig klarsichtig ist), der einheimische Dolmetscher Cheikh Sar (dessen Magamou gar nicht bedürfte, weil er französisch kann) und der (alkoholkranke) französische Arzt Bernardy über viele Seiten hinweg einen wahren „dialogue de sourds" (besser wäre: „fous") führen, bei welchem in Wahrheit der französische Arzt ridikülisiert und 'vorgeführt' wird. Als der Dolmetscher versucht, den Zustand des Kranken dem Doktor mit einem wissenschaftlichen Fachausdruck verständlich zu machen: „Wie du richtig sagst, handelt es sich um einen Nation-Abdomen und ... was noch?", ist die Antwort des französischen Arztes:

> Ne t'occupe pas des mots savants. Le français petit-nègre te suffit. Où vas-tu chercher des abdomens et des nations? Moi, je dis textuellement: c'est l'abomination de la désolation. Tu vois? Et que je ne t'entende plus parler de nation. Je répète: l'abomination de la désolation ... Bon. (115)

> Versuch dich nicht an Fremdwörtern. Das *Petit-Nègre*-Französisch ist ausreichend. Was weißt du von Abdomen und Nationen? Ich sage wörtlich: Es ist die Verabscheuung der Verzweiflung. Merkst du? Und daß ich dich nie mehr von 'Nation' reden höre! Ich wiederhole: die Verabscheuung der Verzweiflung ... Gut.

Wobei das Verbot des Arztes, von „Nation" zu sprechen, schon auf unsern nächsten Punkt, die politischen Gefahren, die sich für den Kolonisator durch das Erlernen der französischen Sprache durch die Kolonisierten ergeben, vorausweist. Daß es sich hier um eine veritable „guerre des langues" (L.-J. Calvet) im kleinen handelt, verdeutlichen andere Zeugnisse afrikanischer Autoren, die berichten, wie aus der Sabotage des Französischen gelegentlich schlichtweg auch ein Boykott wurde. So erzählt Birago Diop im ersten Band seiner *Mémoires*[20] von seinem Besuch in der zweiten Klasse der französischen Schule (wir sind im Jahr 1916), wo alle Lehrer Senegalesen waren und einer von ihnen, Abdoulaye Camara, seinen ganzen Unterricht auf Wolof hielt und erst am Ende des Vormittags (oder des Nachmittags), wenn der Schulleiter durch die Tür kam, sein erstes Wort Französisch sprach: „Enfin!" (31)

Die afrikanische 'Nachlässigkeit' im Umgang mit dem Französischen sei in der Gesellschaft der Nach-Unabhängigkeit zu einer „fast totalen Permissivität" geworden: „Afrikaner (selbst Analphabeten), die 'französisch sprechen', machen keine Fehler mehr." In der Sicht des togoisch-beninischen Literaturwissenschaftlers Guy Ossito Midiohouan ist dies der Preis dafür, den Frankreich heute zu zahlen bereit sei, um das Überleben des Französischen auf dem afrikanischen Kontinent zu sichern: „damit das Französische auf dem afrikanischen Kontinent überlebt, darf es nicht länger nur die Sprache der Elite sein" (100).[21]

---

[19] Malick Fall: *La Plaie*, Paris: Albin Michel, 1967, 82.
[20] Birago Diop: *La Plume Raboutée*, Paris / Dakar: Présence Africaine / NEA, 1978.
[21] Guy Ossito Midiohouan: *Du bon usage de la Francophonie*, Porto Novo (Bénin): Eds CNPMS, 1994.

In der Verlängerung des in der Kolonialzeit eingeübten Verhaltens sieht Midiohouan im bewußten 'Maltraitieren' („dénigrer") des Französischen eine Art 'Rache' der Afrikaner an dem lange Zeit mit der kolonialen Repression identifizierten Instrument der französischen Sprache:

> Dans presque tous les pays francophones d'Afrique, la place qu'occupe la langue française par rapport aux langues locales crée un sentiment de frustration qui se retourne de plus en plus ouvertement contre la première, même chez les intellectuels. On se venge du français, instrument de brimade des cultures locales, en le brimant, c'est-à-dire en le parlant mal, en le déformant, en l'agressant, ce qui, à la longue, risque d'aboutir à un créole impropre aux relations interafricaines et internationales et de réinstaller chaque Etat dans l'isolement que le maintien du français est censé éviter.
>
> In fast allen frankophonen Ländern Afrikas bewirkt die Stellung des Französischen gegenüber den einheimischen Sprachen ein Gefühl der Frustration, das sich immer offener auch gegen das Französische kehrt, selbst bei den Intellektuellen. Man rächt sich am Französischen, mit dem man die einheimischen Kulturen schikaniert hat, indem man es seinerseits schikaniert, d. h. indem man es schlecht ausspricht, verunstaltet, mit Agressivität behandelt. Auf lange Sicht kann das zu einer Kreolsprache führen, die sich nicht für die zwischenstaatlichen und internationalen Beziehungen eignet, wodurch die einzelnen Staaten von einander isoliert würden, was die Beibehaltung des Französischen gerade verhindern sollte (74).

Wie in der Kolonialzeit scheint die Lage fast aussichtslos: einerseits die 'Métropole' und ihre zahlreichen frankophonen Institutionen, die – trotz aller affichierten Permissivität – über die 'Rein'haltung der französischen Sprache wachen, auf der andern Seite die Französisch sprechenden Afrikaner, die zwischen einem neurotischen „francotropisme" und einer mehr oder weniger bewußten Distanznahme von der europäischen Sprache, mit den Worten des Philosophen Paulin Hountoundji, zwischen „Kauderwelsch und schlechtem Gewissen" schwanken.[22] Während das gewöhnliche Sprechen („le langage ordinaire") die Menschen zusammenführt und verbindet, die Beziehung zum Gegenüber im Vordergrund steht, sei die ganze Aufmerksamkeit des kolonisierten Intellektuellen auf das Instrument der Sprache selbst gerichtet:

> L'intellectuel colonisé vit ainsi une communication tronquée, avortée. L'Autre, pour lui, ce n'est pas l'interlocuteur, c'est le langage [...]. Il est vécu comme une opacité, comme une matière rebelle sur laquelle il faut concentrer ses efforts en les détournant de tout autre objet. Disons le mot: le comportement linguistique de l'Africain quand il s'exprime en français, a tous les caractères d'une névrose. (Zit. nach Midiohouan, 76)
>
> Der kolonisierte Intellektuelle lebt so eine unvollständige, verkürzte Kommunikations-Situation. Der Andere, das ist für ihn nicht der Gesprächspartner, sondern die Sprache. [...] Diese wird als undurchdringlich erfahren, als widerständige Materie, auf die man seine Anstrengungen richten muß, für die anderswo kein Platz mehr ist. Sprechen wir es aus: das sprachliche Verhalten des Afrikaners, der französisch spricht, hat alle Merkmale einer Neurose.

---

[22] Zuerst in: *Présence Africaine* 61, 1967, 11-31; hier zit. nach Midiohouan.

II. Die Gefahr für die politische Stabilität des kolonialen Systems

Die Gefahren, die vom Erlernen der französischen Sprache für die politische Stabilität der Kolonien ausgehen, sind weniger eindeutig zu identifizieren (im doppelten Sinn: für die Zeitgenossen der Kolonisation und für uns Heutige, aufgrund der zeitgenössischen Dokumente) als jene, welche die Sprache selbst betrafen. Aus verschiedenen Gründen: einmal, weil die Frage einer Erhebung oder gar Abtrennung der Kolonien vom Mutterland nicht aktuell schien; wenn überhaupt, erst in einer weit entfernten Zukunft gedacht werden konnte.[23] Zum andern, weil man – Opfer des eigenen Rassismus – die 'niederen' Rassen für schlicht unfähig hält, sich der Vormundschaft und Beherrschung der 'höheren' zu entziehen. Insbesondere gilt dies für das 'schwarze' Afrika, von dem der Lieutenant H. Paulhiac in seinen *Promenades Lointaines* am Anfang des Jahrhunderts meint: „Die Schwarzen werden nie auf den Gedanken kommen, sich zu emanzipieren".[24] Für die naiv-optimistischen Betrachter wie ihn ist gerade die weitestmögliche Verbreitung der französischen Sprache in Afrika der sicherste Garant für einen dauerhaften Einfluß Frankreichs auf seine Kolonien:

> [...] notre langue s'implantera par la force des choses et, ne l'oublions pas, c'est un des moyens les plus sûrs qui fera pénétrer le progrès dans nos colonies, comme ce sera le seul qui saura nous conserver à jamais les colonies mêmes. (406)

> [...] Unsere Sprache wird sich durch die Macht der Verhältnisse durchsetzen und vergessen wir nicht, es ist auch eines der wirksamsten Mittel, um unsere Kolonien am Fortschritt teilhaben zu lassen, das einzige, das uns die Kolonien auf Dauer erhalten wird.

Und etwas weiter:

> C'est dans notre langue que résidera notre force, comme elle sera, plus tard, la base de notre indestructible influence dans les pays que nous aurons façonnés à notre image. (407)

> Unsere Kraft liegt in unserer Sprache, und später einmal wird sie die Grundlage sein, um unsern Einfluß in den Ländern, die wir nach unserer Façon gestaltet haben, auf Dauer zu sichern.

Von heute, vom Ende des 20. Jahrhunderts her gesehen, ist schwer zu entscheiden, ob die Propheten des Optimismus die Zukunft genauer vorhergesagt haben (die französische Sprache ist tatsächlich eine Macht in Afrika, der französische Einfluß besteht weiter), oder ob im Gegenteil die Propheten kommenden Unheils, die wachsenden Widerstand der Kolonisierten und Auflösungstendenzen der kolonialen Herrschaft prognostizierten, der Wahrheit näher kamen (tatsächlich hat sich ja das koloniale System aufgelöst und haben die europäischen Mächte sich vom afrikanischen Kontinent zurückgezogen).

Für unser Thema ist von Bedeutung, daß man in der Krise des französischen Kolonialsystems um die Jahrhundertwende beginnt, den französischen Sprachunterricht in Afrika mit Sorgenfalten auf der Stirn zu betrachten und überall Verbotstafeln mit der Aufschrift DANGER aufzustellen. Am aussagekräftigsten ist in dieser Hinsicht das grundlegende,

---

[23] Die Frage, ob es in der Dritten Republik (bis 1914) überhaupt einen Antikolonialismus gegeben hat, ist unter französischen Historikern umstritten. Vgl. hierzu etwa Henri Brunschwig: *L'Afrique Noire au temps de l'Empire Français*, Paris: Denoël, 1988, 25-64.

[24] Lieutenant H. Paulhiac: *Promenades lointaines. Sahara, Niger, Tombouctou, Touareg*, Paris: Plon, o. J. (ca. 1905), 496.

mehrbändige, seit 1894 immer wieder überarbeitete und neu aufgelegte Standardwerk *Principes de Colonisation et de Législation Coloniale* des Professors für Politische Ökonomie an der Universität Poitiers, Arthur Girault, auf den sich ein großer Teil der kolonialen Autoren beruft.[25]

Im Band II (*Notions administratives, juridiques et financières*) werden in den Paragraphen 400 bis 412 die Probleme des „Enseignement aux colonies" nach ihren verschiedenen politischen, rechtlichen und organisatorischen Aspekten behandelt. Das Grundprinzip ist das einer klaren Trennung des Unterrichts in Frankreich selbst von dem in den Kolonien, und in den Kolonien wiederum die Trennung nach den „Individuen französischer Rasse oder Assimilierten einerseits, Individuen einheimischer Rasse andererseits" (532). Während sich der Unterricht für Franzosen und die wenigen „Assimilierten" im Grundsatz nicht von dem unterscheidet, was in Frankreich selbst gelehrt wird, wirft die „Erziehung" der Afrikaner viele Fragen auf: In welcher Sprache soll sie erfolgen? Durch welches Lehrpersonal (aus Frankreich entsandte oder einheimische Lehrer)? Welche Fächer sollen gelehrt werden? Welche Abschlüsse sind vorgesehen? Wie weit darf die Ausbildung der Einheimischen gehen? Wie weit soll das Schulsystem in Afrika ausgebaut werden? Ist es nötig, auch Gymnasien oder gar Universitäten für Afrikaner vorzusehen?

Besonders pointiert sind gerade die Aussagen zur französischen Sprache in Afrika, deren vollständige Erlernung – wie des Lateins bei uns – einer Elite vorbehalten bleiben sollte, denn:

> Ce serait puérilité que de fermer volontairement les yeux sur les *dangers* inhérents à l'enseignement du français aux indigènes. Leur apprendre notre langue, c'est leur permettre de lire tous les journaux dans lesquels le gouvernement et les hauts fonctionnaires sont attaqués chaque jour impunément avec la dernière violence, c'est mettre à leur portée les romans que nous laissons traîner et dans lesquels ils puiseront une idée singulière de la morale de la race éducatrice, c'est éveiller dans leur âme des aspirations que nous ne pouvons ni ne voulons satisfaire. (ebd.)

> Es wäre kindisch, wollte man wissentlich die Augen vor den *Gefahren* [Hervorh. J. R.] schließen, die mit dem Unterricht des Französischen für die Eingeborenen verbunden sind. Wenn wir ihnen unsere Sprache beibringen, dann ermöglichen wir ihnen auch, alle die Zeitungen zu lesen, in denen die Regierung und hohe Beamte täglich aufs heftigste angegriffen werden, ihnen Romane zugänglich zu machen, die wir unachtsam liegen lassen und aus denen sie sich allerhand Ideen über die Moral der sie erziehenden Rasse schöpfen können; wir wecken damit Ansprüche in ihnen, die wir weder erfüllen können noch wollen.

Nicht eine umfassende Ausbildung und ihr Korrelat, die gründliche Beherrschung der französischen Sprache, seien das Ziel, sondern die „éducation morale de l'indigène"[26] (549).

Die aus einer 'unkontrollierten' Lektüre (Zeitungen, Romane, historische und politische Schriften) sich ergebenden Gefahren für die politische Stabilität des kolonialen Systems kehren geradezu leitmotivisch bei den meisten kolonialen Autoren wieder: „Was hat man nicht alles von den Gefahren gefaselt, die sich daraus ergeben, daß man den Schwarzen die Erstürmung der Bastille erzählt!", ruft der Generalgouverneur Roume sichtlich genervt aus.[27] Statt den Afrikanern die europäische Geschichte und ihre Prinzipien (Revolution, Menschenrechte) beizubringen, solle man sie besser lehren, ihre eigene Geschichte und die 'Wohl-

---

[25] Arthur Girault: *Principes de Colonisation et de Législation Coloniale*; nachfolgend zitiert nach der 5ème éd., revue et augmentée, Paris: Recueil Sirey, 1929.
[26] Es handelt sich hier um ein Zitat des britischen Gouverneurs in Lagos, Sir E. Luggard.
[27] Zit. nach Abdou Moumouni: *L'éducation en Afrique*, Paris: François Maspéro, 1964, 57.

taten' der französischen Kolonisation zu verstehen und zu schätzen. Das Ergebnis – so sieht es ein afrikanischer Historiker des französischen Erziehungswesens in Afrika – ergab dann letzlich „eine Orientierung, welche die afrikanischen Völker bewußt erniedrigte"; die für sie bestimmten Lehrbücher und Programme führten, vor allem im Geschichtsunterricht dazu

> à convaincre le jeune Africain de l'infériorité 'congénitale' du Noir, de la barbarie de ses ancêtres, de la bonté et de la générosité de la nation colonisatrice qui, mettant fin à la tyrannie des chefs noirs, a apporté avec elle la paix, l'école, le dispensaire, etc. (Moumouni, 56)

> den jungen Afrikaner von der 'angeborenen' Inferiorität des Schwarzen zu überzeugen, von den barbarischen Sitten seiner Vorfahren, von der Güte und Großzügigkeit der kolonisierenden Nation, die der Tyrannei der schwarzen Herrscher ein Ende gesetzt und Frieden, schulische Ausbildung, ärztliche Versorgung und anderes gebracht hatte.

Doch trotz aller Bemühungen, den französischen Sprachunterricht nicht zu forcieren, ihn auf das Notwendigste zu beschränken, trotz aller Zensur und Beschränkung der Inhalte, die aus der kolonialen Kultur eine „sous-culture"[28] und aus ihrem Unterricht ein „Minimalprogramm" („enseignement au rabais") (Moumouni, 57) zu machen bestrebt waren, ließ es sich nicht verhindern, daß Kolonisierte aus allen Weltteilen über das enge Pensum des in der kolonialen Schule Gelehrten hinaus sich ihren Lesestoff suchten, historische Darstellungen und Autoren studierten, die ihnen eine andere Sicht ihrer Vergangenheit und der Möglichkeiten einer Befreiung vom Joch kolonialer Unterdrückung vermitteln konnten. Die verläßlichsten Zeugnisse dafür finden sich wieder unter den zeitgenössischen Kolonialautoren, so dem schon zitierten Louis Vignon:

> Un certain nombre de Musulmans, de Noirs, de Jaunes, d'Hindous, ont essayé, au sortir de l'école primaire, de saisir une instruction mi-secondaire, mi-supérieure européenne. On les a vus lire, en original ou traduction, Montesquieu, Rousseau, l'histoire de la Révolution d'Angleterre, de la Révolution française, de la révolution japonaise de 1868, l'histoire de la guerre russo-japonaise, quelques livres de politique, de science, puis les journaux européens, les débats politiques. Tout cela, retenu de seule mémoire, mal compris, mal digéré par des cerveaux dont les pères *ne l'avaient pas pensé et ne le pouvaient pas penser*, les a en quelque sorte empoisonnés. (468, Hervorh. im Text)

> Eine gewisse Anzahl von Muslimen, von Schwarzen, Gelben und Hindus haben versucht, im Anschluß an die Grundschule auch noch etwas von einer weiterführenden europäischen Sekundarschul- oder Universitätsbildung mitzubekommen. Man hat gesehen, wie sie im Original oder in Übersetzung allerhand Bücher lasen: Montesquieu, Rousseau, die Geschichte der englischen und der französischen Revolution, der japanischen von 1868, die Geschichte des russisch-japanischen Krieges, Bücher zur Politik, den Naturwissenschaften, europäische Zeitungen, politische Auseinandersetzungen. All dies, mechanisch im Gedächtnis aufbewahrt, kaum verstanden, schlecht verdaut von Köpfen, deren Väter *so etwas nicht gedacht hatten und nicht denken konnten*, war Gift für sie.

Bemerkenswert an dieser wie vielen ähnlichen Äußerungen der Zeit ist wiederum die Weigerung, sich auf irgendeine Art inhaltlicher politischer Diskussion der angesprochenen Texte und ihrer Rezeption im kolonialen Kontext einzulassen. Deren Wirkung wird schlicht in biologischen Kategorien – 'Infizierung', 'Vergiftung' – gedacht und beschrieben. Entsprechend kann dann auch Remedur nur erreicht werden, indem man das Übel an der Wurzel packt und die Kolonisierten vor der 'Ansteckung' schützt, indem ihnen das Französische nur in homöopathischen Dosen verabreicht und sie vor allem bewahrt werden, was ihr Gehirn in Verwirrung und ihren Geist in Aufregung versetzen könnte. Zustimmend wird aus einem

---

[28] So Bernard Mouralis: *Littérature et Développement*, Paris: ACCT-SILEX, 1984, 41ff.

Reisebericht (*A travers la Kabylie*) von Chavériat zitiert: „L'hostilité de l'indigène se mesure à son degré d'éducation française. Plus il est instruit, plus il y a lieu de s'en défier" (Vignon, 472: Der 'Eingeborene ist umso feindseliger, je weiter seine französische Erziehung gegangen ist.) Wiederum liest sich der gleiche Sachverhalt – Erlernen des Französischen und Lektüre 'gefährlicher' Bücher – ganz anders in den Darstellungen der 'Gegenseite', der afrikanischen Schriftsteller und Intellektuellen der ersten Generation, die in den ersten drei Jahrzehnten unseres Jahrhunderts ihre Schulbildung innerhalb des kolonialen Systems erfahren haben.

Besonders instruktiv ist in dieser Hinsicht die Autobiographie *La Savane Rouge* (1962) des malischen Politikers und Schriftstellers Fily Dabo Sissoko (1897-1964), der von 1945 bis 1958 Abgeordneter des Sudan in der französischen Nationalversammlung war und der 1964 aus politischen Gründen ermordet wurde.[29] Im Mittelpunkt seines „livre de souvenirs" (Erinnerungsbuches) stehen die Jahre von 1911 bis 1917, in denen er seine Sekundarausbildung erhielt und Zeuge wichtiger Ereignisse der kolonialen Geschichte (so des mit der Metapher der „Roten Savanne" angesprochenen Tuareg-Aufstandes von 1916) wurde. Einerseits bestätigt Sissoko zwar die repressive Grundhaltung des kolonialen Systems, das keinen Widerspruch und kein selbständiges Weiterdenken vorsah; auf der andern Seite legt er aber auch ein beredtes Zeugnis ab von jenen 'aufgeklärten' Lehrern und Kolonialbeamten, die ihm nicht nur nicht den Weg zu den 'unerwünschten' Autoren versperrten, sondern ihm die Dimensionen des Nicht-Einverständnisses („non acquiescement"), der Verweigerung und des Widerstandes der gelesenen Werke erst aufschlossen. Einem dieser Lehrer ist das Buch gewidmet: „Ich widme dieses Buch der Erinnerungen dem Gedächtnis meines unvergleichlichen Lehrers FERNAND FROGER, der meinen Horizont auf die '*Kultur*' öffnete, mich den Wert des 'Nicht-Einverständnisses' lehrte und meinen Glauben in die Beständigkeit der Traditionen bestärkte" (Hervorh. im Text). Der 'Bildungsroman' der frühen Jahre von Fily Dabo Sissoko ist geradezu gesäumt und begleitet von der Begegnung mit Bibliotheken, Büchern und Autoren. Neben den damit verbundenen Augenblicken des Glücks – des Verstehens, der Öffnung neuer Horizonte, der 'Erleuchtung' – ergeben sich daraus aber auch „Malheurs en Série" (22ff.), die man in dem hier verhandelten kolonialpolitischen Zusammenhang als Momente in der Abwehr der aus Bildung und Lektüre resultierenden 'Gefahren' (*dangers*) beschreiben kann. So wird ihm in der Schule die Liebe zu Fénélon und die Begeisterung für dessen *Télémaque* zum Verhängnis. Unter einen seiner Aufsätze schreibt der Lehrer: 'Versuchen Sie nicht, Vergil oder Fénélon nachzuahmen. Schreiben Sie einen einfachen und klaren Stil' (22). Auch seine inhaltliche Analyse des *Télémaque* ist nicht im Sinne des Lehrers:

> Mon analyse porta sur l'absolutisme des souverains; sur l'orgueil qui perd les conquérants et ruine leur puissance; pour aboutir aux conclusions suivantes: rien ne justifie la conquête de pays étrangers (Palatinat); aucun Etat, si puissant soit-il, n'a le droit d'en subjuguer un autre, quelles que soient ses intentions.
>
> Il en résulte que la colonisation n'a pas de fondement moral; que tout peuple asservi a le devoir de secouer le joug.
>
> *Dans ma candeur, je ne savais pas que ce fût sacrilège.* (ebd.) (Hervorh. im Text)
>
> Meine Analyse ging über den Absolutismus der Herrscher; den Stolz, der die Eroberer zugrunde gehen läßt und ihre Macht vernichtet; ich kam zu folgenden Schlußfolgerungen: nichts berechtigt

---

[29] Fily Dabo Sissoko: *La Savane Rouge*, Paris: Les Presses Universelles, 1962.

> zur Eroberung fremder Länder (Pfalz); kein Staat, sei er auch noch so mächtig, hat das Recht, einen andern zu unterwerfen, mit welchen Absichten auch immer.
> Daraus ergibt sich, daß dem Kolonialismus die moralische Grundlage fehlt; daß jedes unterdrückte Volk die Pflicht hat, sein Joch abzuschütteln.
> *In meiner Unschuld wußte ich nicht, daß ich damit ein Sakrileg beging.*

Historisch völlig zutreffend erfolgt die Kontextualisierung der Einstellung des Lehrers (der im Verständnis des *Télémaque* durch Sissoko ein „Sakrileg" sah) durch den Hinweis auf den Direktor der Schule, der gerade ein pädagogisches Werk zur Schule in Afrika veröffentlicht hatte, das mit den Worten („mit dieser Ungeheuerlichkeit") beginnt: 'Das Gehirn eines schwarzen Kindes ist unberührt wie eine Jungfrau' (23). Kaum einer der Lehrer aus der Kolonialzeit mag sich vorgestellt haben, daß unter den Kindern in der Klasse vor ihm zukünftige Schriftsteller sein könnten, die über seinen Unterricht einmal – literarisch – zu Gericht sitzen würden.

Wie aber das Beispiel Fily Dabo Sissokos – sein Zeugnis über Fernand Froger: 'Ich schulde ihm alles' (46) – zeigt, waren nicht alle Kolonialbeamten Rassisten und viele waren bemüht, ihren afrikanischen Schülern auf dem Wege zu einem vertieften Eindringen in die französische Sprache und ihre Literatur zur Seite zu stehen.

Es ist auch keineswegs so, daß alle Vertreter der französischen Kolonialpolitik in der unkontrollierten Ausbreitung der französischen Sprache eine Gefahr gesehen und deshalb zu Zensur- und Repressionsmaßnahmen gegriffen hätten. Für gravierender als diese Gefahr hält der damalige Kolonialminister Albert Sarraut in seinem 1923 erschienenen programmatischen Werk *La mise en valeur des colonies françaises* eine andere Gefahr, jene, daß die intellektuellen Führer der kolonialen Völker unter Frankreichs Herrschaft in anderen Ländern eine Ausbildung erhalten, damit einem anderen politischen Einfluß unterliegen und nach ihrer Rückkehr erst recht zu Propagandisten und Agitatoren gegen die werden könnten, die ihnen eine weiterreichende Ausbildung verweigert haben.[30] Sarraut bekennt hier sein (aufklärerisches) Vertrauen in die Erziehung des Volkes (auch der Kolonisierten), das umso weniger zum Opfer fremder Aufwiegler und Agitatoren werde, als es durch eine solide Bildung gelernt habe, „zu unterscheiden zwischen der Aufstachelung unüberlegter Fanatiker und den Ratschlägen ihrer vernünftigen Vertreter" (99). Erst recht sei es ganz ausgeschlossen, einer Elite von besonders begabten und besonders tüchtigen Einheimischen den Zugang zu den höheren und höchsten Stufen der Bildung und Ausbildung zu verweigern, ihnen an einem bestimmten Moment zu sagen: 'Du wirst nicht weiter als bis hierher gehen, du sollst nicht mehr wissen' (98).

Es scheint in diesen Jahren 1923/24 in führenden Kreisen der kolonialen Administration ein Umdenken hinsichtlich der Topik der 'Gefährlichkeit' der französischen Sprache zu erfolgen, wenngleich die alten Argumente noch lange neben den neuen zu hören sein werden. In einem Leitartikel der *Dépêche Coloniale et Maritime* vom 22. Februar 1923 mit der Überschrift „Le rendement indigène de la langue française" wendet sich Gaston Valran auf der Titelseite gegen einen reduktionistischen Unterricht des Französischen in den Kolonien, der ganz andere 'Gefahren' als die stets aufs neue beschworenen herbeiführen würde:

> Employée comme instrument rudimentaire dans l'enseignement, la langue française risque de n'être point comprise, c'est-à-dire mal comprise. Ce serait un *danger*; il s'aggraverait avec certaines circonstances trop favorables à une propagande folliculaire. [Hervorh. J. R.]

---

[30] Albert Sarrault: *La Mise en Valeur des Colonies Françaises*, Paris: Payot, 1923.

> Wenn man die französische Sprache nur als rudimentäres Instrument im Unterricht verwendet, riskiert man, nicht verstanden zu werden, d. h. falsch verstanden zu werden. Das wäre eine *Gefahr*, die sich unter bestimmten, für eine Hetzpropaganda günstigen Umständen noch vergrößerte.

Auf lange Sicht hätten damit letzlich doch die Anhänger der 'Assimilations'-Doktrin gesiegt, deren aufklärerisch optimistische Komponente nicht zu überhören ist und in gewisser Weise auf die Rhetorik der 'Frankophonie' vorausdeutet:

> Bien comprise par ceux qui l'apportent et par ceux qui la reçoivent, la langue française, instrument véhiculaire et circulaire de la pensée française, est un bienfait, elle crée une union dans laquelle les moins doués de la nature sont embrassés par les mieux partagés au profit de la masse; elle cimente la coopération des élites. (ebd.)

> Wenn die französische Sprache richtig verstanden wird von denen, die sie bringen und von denen, die sie empfangen, dann kann sie als Verständigungs- und Verbreitungsmittel französischen Denkens eine Wohltat sein; innerhalb der von ihr geschaffenen Verbindung werden die von Natur aus weniger Begabten von den besser Ausgestatteten eingeschlossen, zum Nutzen aller; die Zusammenarbeit der Eliten wird so befestigt.

Man könnte diese Einstellung auch als 'Sieg' von Georges Hardy betrachten, der 1913 das monatlich erscheinende *Bulletin de l'Enseignement de l'Afrique Occidentale Française* ins Leben gerufen hatte, das zum wichtigsten Forum der oft widersprüchlichen und sich widersprechenden Diskussionen um den Platz des Französischen und seine Rolle bei der Einbindung der Eingeborenen in das Netz der kolonialen Organisationen und Strukturen wurde. Es ist gewiß auch kein Zufall, daß unter den im *Bulletin* wiedergegebenen 'offiziellen' Äußerungen diejenigen dominieren, die einen optimistischen Blick auf die zukünftige Entwicklung des Französischen in Afrika haben. Als geradezu programmatisch kann man die Wiedergabe einer Rede des Generalgouverneurs William Ponty im ersten Heft ansehen, zu deren Beginn es heißt:

> J'ai toujours accordé à l'enseignement du français une place importante dans nos moyens d'action sur le milieu indigène. La diffusion de la langue française constituera un lien particulièrement souple entre nos sujets et nous. Grâce à lui, notre influence s'insinuera dans la masse, la pénétrera et l'enveloppera comme en un réseau ténu d'affinités nouvelles. (20)

> Ich habe dem Französischunterricht stets einen bedeutenden Platz im Rahmen unseres Wirkens auf die einheimische Gesellschaft eingeräumt. Die Verbreitung der französischen Sprache wird zwischen unsern Untertanen und uns eine besonders geschmeidige Verbindung herstellen. Dank ihrer wird sich unser Einfluß allmählich in der Bevölkerung ausbreiten, sie durchdringen und wie mit einem dünnmaschigen Netz neuer Gemeinsamkeiten einwickeln.

Als Formel, die diesen Erfolg glücklich umschreibt und selbst wieder zum geflügelten Wort geworden ist, darf man den Titel jenes Buches verstehen, das 1917 erschien und die (auf den Anfang des Jahrhunderts zurückgehenden) Erfahrungen und Kämpfe des *Inspecteur Général* Georges Hardy ebenso darlegt wie seine Zukunftsvisionen, die er im letzten Kapitel – „Avenir" – seines Buches *Une conquête morale – L'enseignement en A.O.F.* in poetischen Bildern beschreibt:[31]

> Joie de prendre dans les savanes ou les forêts des petits sauvageons et de greffer sur leur tige, gonflée d'une sève fraîche et vigoureuse, les meilleures pousses de notre vieux verger.

---

[31] Georges Hardy: *Une conquête morale – L'enseignement en A.O.F.*, Paris: Armand Colin, 1917, 353.

Nulle action vraiment forte ne contrarie la nôtre, nos moindres soins gardent leur effet, l'arbuste de
la brousse étend largement ses branches, s'épanouit dans le soleil, se couvre de fruits, une plante
utile et belle remplace la ronce vénéneuse. Joie de bon jardinier, joie délicate.
Joie de donner à la France des domaines heureux et des enfants dévoués, d'étendre au coeur du
continent noir le rayonnement de l'âme nationale, d'ajouter à la plus belle histoire du monde la page
la plus pure et la plus noble. Joie de Français.

Die Freude, wenn man in den Savannen oder Wäldern kleine Wildlinge findet und auf ihrem von
frischem, kräftigem Saft geschwollenen Stengel die besten Sprossen aus unserm alten Garten
aufpfropft.
Kein anderer Einfluß wirkt dem unsern entgegen, unsere geringste Mühe wird belohnt, der Strauch
im Busch breitet kräftig seine Zweige aus, wächst unter der Sonne, reich an Früchten tritt eine
schöne und nützliche Pflanze an die Stelle des giftigen Dornstrauchs. Das Glück des guten Gärtners,
ein zartes Glück.
Das Glück, dem Mutterland glückliche Besitzungen mit ihm ergebenen Kindern zu schenken, ins
Herz des dunklen Kontinents hinein die Seele unserer Nation strahlen zu lassen, der schönsten Geschichte der Welt noch eine Seite hinzuzufügen, die reinste und edelste Seite. Glück des Franzosen.

Der koloniale Erzieher, der das zarte Pflänzchen der französischen Sprache in fremdes Erd-
reich setzt, hegt und pflegt, bis es zu einem gewaltigen Baum heranwächst – das ist die eine
Seite der Medaille, die bei besonderen Anlässen wie Feiern zum 14. Juli (oder heute:
Frankophonie-Gipfeln und -Konferenzen) gezeigt wird; die andere, das sind die Sorgenfalten
angesichts der von überallher drängenden 'Gefahren', denen es mit Umsicht und Weitsicht
zu begegnen gilt.

III. Die Gefahr der 'Entwurzelung' der Afrikaner

Der dritte Komplex von 'Gefahren', welche bei der Ausbreitung des Französischen zu
vermeiden sind, die sich als Sorge um die 'Eingeborenen' darstellende Furcht, diese könnten
durch eine allzu weit getriebene Assimilation ihrer eigenen Kultur entfremdet und zu 'Entwurzelten' werden, diese 'Gefahr' ist am schwierigsten zu identifizieren und zu beschreiben,
weil sie nicht immer direkt und offen benannt wird, sondern in vielerlei Gestalt auftritt. Oft
verbindet sie sich mit der (vorstehend skizzierten) Angst vor den politischen Folgen einer zu
weitreichenden Beherrschung des Französischen, häufig drapiert sie sich als Trauer um *Das
sterbende Afrika* (wie der Titel eines sehr schön illustrierten Bandes von Leo Frobenius aus
dem Jahr 1923 lautet), dem alles Moderne ein Greuel ist und dem die städtischen Afrikaner
als „Hosenneger" (oder „-nigger"; frz. „Nègre à veston") verächtlich sind. Einer Anzahl von
Kolonialromanen mit afrikanischen Protagonisten liegt als „plot" die Idee zugrunde, daß die
Afrikaner durch allzu intensiven Kontakt mit französischer Sprache und Zivilisation nicht
nur ihrer eigenen Kultur fremd werden, sondern letzlich auch daran zugrunde gehen
(tatsächlich wird die Assimilations-Doktrin vom größeren Teil der fiktionalen Afrika-Lite-
ratur desavouiert). Und auch in vielen heutigen Tendenzen um Abwehr des 'Modernen' und
Bewahrung der 'kulturellen Identität' kann man ähnliche Argumentations- und Verhaltens-
muster erkennen.

In ihrer Untersuchung über das Bild des Schwarzen in der französischen Literatur der Zwischenkriegszeit kommt Ada Martinkus-Zemp zu dem Ergebnis, daß hier ein Grundwiderspruch des kolonialen Systems im Verhältnis zwischen Europäern und Afrikanern liegt:[32]

> Le 'bon' Noir, c'est le Noir enfant ou l'enfant noir. A partir du moment où le Noir devient adulte (par l'instruction ou par l'âge), il cesse d'être le 'bon sauvage'. Et le Blanc se trouve pris dans un cercle vicieux: il apprend au Noir la Civilisation pour qu'il sorte de l'enfance, et en lui apprenant la Civilisation, en le rendant adulte, il en fait un Noir qu'il jugera 'mauvais'. (57)

> Der 'gute' Schwarze ist der kindliche Schwarze oder das schwarze Kind. Wenn der Schwarze erwachsen wird (durch seine Ausbildung oder durch sein Alter), ist er nicht mehr der 'edle Wilde'. Und der Weiße ist ihm gegenüber in einem *circulus vitiosus*: er lehrt den Schwarzen die Zivilisation, damit er kein Kind mehr ist; indem er ihn die Zivilisation lehrt und erwachsen macht, verwandelt er ihn in einen Schwarzen, den er 'schlecht' findet.

Der Widerspruch scheint unauflöslich und rührt an die Fundamente der Legitimation der Kolonisation und ihrer zivilisatorischen 'Wohltaten' (darunter die französische Sprache): Wird der Neger zivilisiert, verliert er seinen Charme als 'edler Wilde' und authentischer Afrikaner, läßt man ihn unzivilisiert, was hat dann der Weiße in Afrika zu suchen (außer ethnologische Forschung zu betreiben)? „Wie er sich auch verhalten mag, der Weiße wird nie mit dem Ergebnis zufrieden sein." (ebd.)

Am deutlichsten ist der vorgeschobene, ideologische Charakter des Arguments bei jenen Autoren, die gleichzeitig vor den politischen Gefahren des Französischlernens warnen. So fährt A. Girault in der oben zitierten Diatribe gegen die „mit dem Französischunterricht für die Eingeborenen verbundenen Gefahren" fort: „man zerstört damit die moralischen Vorstellungen, die zu ihrer Mentalität passen, ohne sie durch die unseren zu ersetzen, die sie nicht verstehen können; so macht man allzuoft gefährliche Außenseiter" (a. a. O. 544).

Der Zusammenhang zwischen „déracinement" und politischer „révolte" wird ein paar Seiten weiter am Beispiel der Engländer verdeutlicht, die auf Betreiben von Lord Macaulay seit 1833 in Indien ihre Sprache und Literatur den Einheimischen unterrichtet haben:

> Les résultats moraux de cette campagne éducative ont été déplorables. On a complètement déséquilibré l'intelligence des jeunes Hindous ainsi élevés. [...] Mécontents et déclassés, ayant perdu tout sens moral, ils sont devenus les ennemis les plus acharnés de la domination anglaise. L'instruction et les diplômes qui la consacrent ne font, en effet, souvent qu'exaspérer la vanité de l'indigène. Il perd le contact avec sa famille et avec son milieu d'origine que désormais il méprise. Il conçoit des ambitions exagérées, irréalisables. Ne pouvant les satisfaire, il en éprouve de l'amertume et de la rancune. Ce déraciné devient un révolté. (548)

> Die moralischen Ergebnisse dieser Erziehungskampagne waren jämmerlich. Man hat den Verstand der so erzogenen jungen Inder ganz aus dem Gleichgewicht gebracht. [...] Unzufrieden und ohne feste Bindung verloren sie jegliches moralische Gefühl und wurden zu den erbittertsten Feinden der englischen Herrschaft. Die Ausbildung und die ihr entsprechenden Zeugnisse steigern den Hochmut des Eingeborenen aufs höchste. Er verliert den Kontakt zu seiner Familie und seinem Herkunfts-Milieu, das er jetzt verachtet. Sein Ehrgeiz setzt sich übertriebene, unrealistische Ziele. Da er sie nicht verwirklichen kann, empfindet er Bitterkeit und Rachlust. Aus dem Entwurzelten wird ein Revolutionär.

Auch Louis Vignon zitiert ausführlich das englische Beispiel, nicht nur in Indien, sondern auch in Westafrika; in den Berichten der Gouverneure von Nigeria sei zu lesen, daß die

---

[32] Ada Martinkus-Zemp: *Le Blanc et le Noir. Essai d'une description de la vision du Noir par le Blanc dans la littérature française de l'entre-deux-guerres*, Paris: A.-G. Nizet, 1975.

Schwarzen mit Schulbildung zu keiner manuellen Arbeit, die sie als unter ihrer Würde ansehen, mehr bereit wären, und nur noch Büro-Angestellte werden wollten. Doch ist die Lage in den französischen Kolonien nicht viel anders. Die 'Musterkarriere' des afrikanischen Assimilierten sei, einer 'boutade' in den Kolonien zufolge: Küchenjunge, Koch, Boy, Dolmetscher, dann Chef ... oder Verschwörer und Strafgefangener (493). Erstaunlicherweise entspricht dieser Lebenslauf ziemlich genau – mit einigen Variationen – der Grundstruktur zahlreicher Romane, die nach dem 'Skandalerfolg' von René Marans *Batouala* (1921), auf die 'Herausforderung' des ersten „véritable roman nègre" (Untertitel) reagieren und nun ihrerseits 'wahre' und 'authentische' Lebensgeschichten von Afrikanern zu erzählen beanspruchen.

So *Koffi – roman vrai d'un noir* (1922) von Gaston-Joseph[33], mit einem Vorwort von keinem Geringeren als dem ehemaligen Generalgouverneur G. Angoulvant, der mit seiner Autorität zusätzlich die Geschichte als 'wahr' („exacte dans ses moindres détails") und als generalisierbar zusammenfaßt:

> Le *curriculum vitae* de son héros est celui de beaucoup d'indigènes de la Côte Occidentale d'Afrique, qui, partis du village natal, conquièrent dans les villes, au service des Blancs, des situations domestiques de plus en plus élevées, entrent dans les cadres subalternes de l'Administration, obtiennent enfin de revenir diriger l'évolution de leurs congénères, et finissent généralement fort mal, sous des influences et pour des causes diverses... (7f.)

> Der Lebenslauf seines Helden ist der vieler Eingeborener der afrikanischen Westküste, die aus ihrem Heimatdorf aufbrechen, in den Städten in den Dienst der Weißen treten, als Hausangestellte allmählich aufsteigen, in die unteren Chargen der Verwaltung eintreten, schließlich in eine Position der Verantwortung über ihre Stammesfreunde kommen und in der Regel nicht gut enden, aufgrund verschiedener Einflüsse und aus verschiedenen Gründen ... .

Unter den 'verschiedenen Gründen', die für das Scheitern der assimilierten Afrikaner verantwortlich sind, nennt Angoulvant selbst die atavistischen Mächte der Vergangenheit und die Fehler, die sie sich im Umgang mit der (nur oberflächlich verstandenen) europäischen Zivilisation angeeignet haben. Für den Romanerzähler sind vor allem die guten französischen Sprachkenntnisse Koffis und seine Redegewandtheit (wie die anderer „évolués") Anlaß, das Bedenkliche seiner Entwicklung aufzuzeigen: er gründet eine Art Gewerkschaft der schwarzen Hausangestellten, die deren Rechte gegen die weißen 'Patrons' verteidigt; zahlreiche Beispiele von „discours" aus dem Munde Koffis verdeutlichen, wohin es führt, wenn die Afrikaner glauben, mit der französischen Sprache 'virtuos' umgehen zu können. Er macht zwar Karriere, wird Dolmetscher und mit 38 Jahren 'König' seines Stammes, hat sich aber inzwischen dessen Lebensweise so sehr entfremdet, daß er unfähig ist, länger das 'primitive' Leben der Seinen zu teilen. Er beginnt zu trinken, revoltiert und wird ins Exil in eine andere afrikanische Kolonie geschickt, wo er an den Folgen übertriebenen Alkoholgenusses stirbt. Einzige Erinnerung an seine früheren 'Glanzzeiten' ist eine gelegentliche Plauderei („causette") auf französisch. Zuletzt faßt der Autor die ganze Geschichte des armen Koffi („toute l'histoire du pauvre Koffi") noch einmal zusammen: „marmiton, boy, cuisinier, interprète, roi... mort en exil" (232).

Trotz ihrer miserablen literarischen Qualität müssen die zahlreichen Romane nach dem Muster 'Aufstieg und Fall eines Negers, der glaubte, allzu gut französisch zu sprechen' eine

---

[33] Gaston-Joseph: *Koffi – roman vrai d'un noir*, Paris: Aux Eds du Monde Nouveau, 1922. – Zitiert nach der zweiten Auflage.

gewisse Faszination und große Überzeugungskraft auf ihre Leser ausgeübt haben. Eine mögliche Erklärung wäre, daß diese in den assimilierten, ihrer Herkunft 'entfremdeten' Afrikanern eine Gefahr für den weiteren Bestand des kolonialen Imperiums sahen und deshalb nicht müde wurden, diese 'Gefahr' immer wieder zu beschwören.

Der konkrete Beweis für die reale Existenz dieser Gefahr sind die oft über die ganzen Lebensgeschichten verstreuten (von uns so genannten) 'textes nègres', die einerseits dazu dienen zu zeigen, wie weit die Afrikaner noch von einer richtigen Beherrschung des Französischen entfernt sind (werden sie je dahin gelangen?), andererseits aber auch die bereits vollzogene Entfremdung von ihrer eigenen Lebenswelt illustrieren, die sie in-authentisch und lächerlich macht. Das ebenfalls in polemischer Absicht gegen *Batouala* geschriebene Werk *Vrais Noirs et Vrais Blancs d'Afrique au XXe siècle* (1922) von Joseph Blache enthält geradezu ein Florileg solcher Texte.[34] Mit der Warnung vor der Gefahr des Französisch-Sprechens der Eingeborenen ist öfter auch die Aufforderung verbunden, sie nicht nach Frankreich reisen zu lassen, weil sie das noch mehr ihrer wahren Natur entfremde und zur Folge haben könnte, daß sie den Respekt vor ihren kolonialen Herren verlören. Die Wiedergabe eines Gesprächs, in dem der Koch des Autors einem Kameraden von seinen Erlebnissen in Frankreich erzählt, liest sich so:

> Ecoute, Loembé, si toi y a pas core vi France, ti as rien vi. Là-bas c'est bon pays, ti sais, pour le noir. Ici le femme blanche y fait patron, y fait malin, c'est toi qui servit elle, ça c'est pas bien. Là-bas contraire, c'est tous femmes blanches qui servit noirs, ça oui, partout où la mission y passait le femme du blanc y venait embrasser noir ... (187f.)

> Hör zu, Loembé, wenn du Frankreich nicht noch geseht hast, hast du nix geseht. Dort drüben, weißt du, ist gutes Land für Schwarze. Hier macht weiße Frau Chef, weiß besser, du bedienst ihr, das nicht gut. Dort drüben andersrum. Weiße Frauen alle dient Schwarzen, echt, wo die Truppe durchgeht, kommt Frau von Weißen und umarmt Schwarzen ...

Die Erlebnisse mit europäischen Frauen, von denen vor allem die zahlreichen heimkehrenden *Tirailleurs Sénégalais* berichten, würden das Ansehen der gesamten weißen Rasse untergraben.

Man könnte vermuten, daß sich in der Abwehr des Französischen im Munde der Schwarzen metonymisch noch eine andere Angst verbirgt, jene die der Kolonialautor Robert Randau in seinem im Kolonialmilieu Dakars spielenden Roman *Le Chef des Porte-Plume* (1922) anspricht, wenn er dem jugendlich begeisterten „chef de l'Enseignement" (hinter dem man G. Hardy vermuten darf) entgegnen läßt:[35] „Vorsicht [...], sie werden vielleicht einmal so französisch, eure Kinder, daß sie beanspruchen, die einzig wahren Franzosen zu sein" (131).

Sollte sich womöglich hinter der Befürchtung um den Verlust der 'Identität' der Afrikaner durch zu große Annäherung an das Französische noch eine tiefersitzende Angst verbergen, die des Verlustes der *eigenen* Identität? Was unterscheidet Franzosen noch von den anderen (Menschen anderer Rassen), wenn diese des Französischen genau so mächtig sind? Es ist schwierig, eine andere plausible Erklärung dafür zu finden, wie 'unbarmherzig' manche Kolonialautoren ihre afrikanischen Protagonisten so lange 'verfolgen' bis sie wieder da angelangt sind, wo sie 'hingehören', in ihrer angestammten 'Primitivität'. So jener *Pello-*

---

[34] Joseph Blache: *Vrais Noirs et Vrais Blancs d'Afrique au XXe siècle*, Orléans: Maurice Caillette, 1922. – Auch hier wird nach der zweiten Auflage zitiert.

[35] Robert Randau: *Le Chef des Porte-Plume*, Paris: Eds du Monde Nouveau, 1922.

bellé, gentilhomme soudanais (1924) von H. und Pr. Pharaud[36], der ebenfalls alle möglichen Stationen eines assimilierten Afrikaners durchlaufen hat, ehe er wieder an seinem Ausgangspunkt angelangt ist:

> Pellobellé, assis à la droite du chef, souriait béatement d'une joie sans pareille. [...] chaque coup de 'tabala' chassait de l'âme de l'ancien tirailleur les scories de la civilisation. [...] Sa vie, depuis le recrutement, se perdait dans les brumes de ses souvenirs ainsi qu'il sied à un mauvais songe. (158)

> Pellobellé saß zur Rechten des Häuptlings und lächelte glücklich in grenzenloser Freude. [...] mit jedem Trommelschlag wichen aus der Seele des ehemaligen Tirailleur die Schlacken der Zivilisation. [...] Sein ganzes Leben, seit der Rekrutierung [in die französische Armee] verlor sich im Nebel seiner Erinnerungen so wie es sich für einen bösen Traum gehört.

Die Abwehr des Fremden, das Verweigern der afrikanischen Ansprüche auf die 'Beherrschung' der französischen Sprache und ein Leben in Frankreich (gar mit französischen Frauen), die Verweigerung des (biologischen wie kulturellen) *Métissage* wird in jenen Romanen noch sinnfälliger, deren Protagonisten afrikanische Frauen sind: „die Rassen überlappen sich manchmal, aber sie werden sich nie durchdringen" (44), heißt es in dem Roman *Tam-Tam* (1927) von Julien Maigret,[37] der erzählt, wie der junge Kolonialbeamte Jean Casalou zum Opfer seiner mangelnden Zurückhaltung gegenüber der schwarzen Frau wird. Die 'Gefahr' scheint hier von der andern Seite zu kommen: „In der Einsamkeit dieser fernen Gegenden ist die naive und unterwürfige Zuneigung der Kind-Frau ein *gefährlicher* Köder für ein nach Zärtlichkeit dürstendes Herz" (100, Hervorh. J. R.). Und: „Afrika bringt die Leute auf die verschiedensten Arten um" (106). Doch erscheint das hier gezeigte Bild nur spiegelverkehrt (psychologisch darum nicht weniger wahr): der 'Normalfall' ist die Abreise des weißen Mannes und der Tod oder das Vergessen der schwarzen Frau, die umsonst alle Anstrengungen gemacht hat, sich ihrem weißen Idol anzunähern, wie jene Mambu in Louis Charbonneaus *Mambu et son amour* (1924),[38] über die eine Ordensschwester („Révérende Mère") das 'Todesurteil' spricht, das aus erzähltechnischen Gründen in die Form eines Vorwurfs an den europäischen Mann gekleidet ist: „Ach! Sie sind schuldig! sehr schuldig! ... Sie haben dieses Kind bis zu sich emporgehoben ... sie ist daran gestorben, die arme Kleine" (247). Moral: Wer eine(n) Afrikaner(in) bis zu sich (auf europäisches Niveau) emporhebt, macht sich schuldig und riskiert die Todesstrafe (für sich oder den andern).

Überleben kann nur derjenige/diejenige, der/die die eigenen Begierden zügelt und sich dem Gelübde der Keuschheit und des Gehorsams unterwirft, wie jene Titelgestalt von *Alouba* (1932), einem „Roman indigène, documentaire et colonial", wie es im Untertitel heißt, von Jane d'Arboy,[39] die in einen religiösen Orden eintritt und künftig Schwester Marie-Rose heißen wird. Ihr ist es auch erlaubt, ein „sehr gepflegtes Französisch" (163) zu sprechen und zu schreiben. Die Adoption eines Mischlingskindes, der Frucht einer 'Jugend-

---

[36] H. und Pr. Pharaud: *Pellobellé, gentilhomme soudanais*, Paris: Eds du Monde Nouveau. – Nach den Angaben in der von Roland Lebel herausgegebenen Anthologie: *Le livre du pays noir*, Paris: Eds du Monde Moderne, 1928, verbergen sich hinter dem Pseudonym Hippolyte und Prosper Pharaud die Kolonialautoren Durand-Oswald und Gaillard (229).

[37] Julien Maigret: *Tam-Tam*, Paris: Les Eds du Monde Moderne.

[38] Louis Charbonneau: *Mambu et son amour*, Paris: J. Ferenczi & Fils. – Vgl. zu diesem Roman meine [J. R.] Studie: „L'Ethnologie Coloniale ou le refus de l'Assimilation – Les 'races' dans le roman colonial." In: *L'Autre et Nous. 'Scènes et types'*, hg. v. Pascal Blanchard u. a., Paris: Syros-Achac, 1995, 209-214.

[39] Jane d'Arboy: *Alouba*, Paris: Eds de la Jeune Académie.

sünde' des Sohnes ihrer französischen Beschützerin, Pierre de Brimont, kann ebensowohl als 'Heilung' vergangener Fehler wie als Versprechen einer besseren Zukunft gelesen werden: „Sie wünschte, ihm [dem Kind] so lange zur Seite zu stehen, bis sie es eines Tages entlassen konnte und dem allgemeinen Fortschritt übergeben, dem Werk der Zivilisation" (215).

Dieses Versprechen wird auch der letzte der hier kurz vorgestellten Kolonialromane, *Fatou Cissé* (1954) des langjährigen *Secrétaire perpétuel* der *Academie Française*, Maurice Genevoix[40], nicht einlösen können. Der Roman, den man als 'Schwanengesang' der französischen Kolonialliteratur bezeichnen könnte, bleibt den alten Mustern treu: Nach der Abreise der französischen Familie, der sie seit vielen Jahren gedient hat, heiratet Fatou Cissé den Koch Francis (einen Soussou von der Küste) und zieht mit ihm auf eine kleine Insel der Kapverden. Nach zehn Jahren stirbt ihr Mann, der zuvor zu den Gebräuchen eines atavistischen Fetischismus zurückgekehrt war. Er hat ihr einen Sohn hinterlassen, den Fatou abgöttisch liebt und wie den Sohn ihrer französischen Familie *Luc* nennt. An diesen heften sich alle ihre Träume, die sich mit den Erinnerungen an die Zeit mit den Franzosen verbinden. Doch trotz aller Liebe und Zuwendung, trotz französischer (!) Erziehung mißrät der Sohn und findet ein schlimmes Ende. Die Mutter wähnt ihn aber, in halluzinatorischer Selbsttäuschung, Kapitän auf dem großen weißen Schiff, das sie sterbend von der Felsengrotte am Meer aus erblickt. Kapitän dieses Schiffes ist in Wahrheit der andere Luc, Luc Bourgeonnier, der Sohn ihrer französischen Herrschaft. Soll man kommentieren: 'Nicht jeder kann Kapitän werden' *(N'est pas capitaine qui veut)*? Oder, in unserm Zusammenhang: Eine französische Erziehung nutzt nur dem, der für sie geboren ist. Denen, die sie usurpieren, droht ein böses Ende.

Wie nicht anders zu erwarten, herrscht auch hinsichtlich der dritten der von uns identifizierten 'Gefahren', die mit dem Französischunterricht in Afrika verbunden sind, keineswegs Einigkeit unter den Kolonial-Autoren: „Das große Argument der Gegner der Eingeborenenerziehung ist die *Angst, Entwurzelte heranzubilden*. Entwurzelte wird man so lange heranziehen, solange man den Unterricht für eine sogenannte Elite reserviert" (XXII) [Hervorh. J. R.], heißt es in der Einleitung zu einem von der *Alliance Française* aus Anlaß der Pariser Weltausstellung von 1900 veröffentlichten Band *La langue française dans le monde* von Pierre Foncin.[41] Das alte Axiom des Grafen Gobineau gilt zwar noch: „Soviel das Volk wert ist, soviel ist seine Sprache wert" (VIII), doch es wird in eine sozialdarwinistische Maxime umgewandelt, nach welcher die 'überlegenen' Völker das Recht und die Pflicht haben, ihre 'überlegene' Sprache und Kultur zu verbreiten und durchzusetzen. Auf diesem Wege sei das Französische in Westafrika schon weiter als die meisten glaubten und es sei auch nicht wahr, daß die Qualität des Französischen darunter leide: „Nebenbei sei auch bemerkt, daß das Kauderwelsch, welches man die Schwarzen in phantasierten Erzählungen sprechen läßt, nicht existiert. Die Senegalesen sprechen ein korrektes Französisch, nicht das Kreol der Antillen" (XXIV).

---

[40] Maurice Genevoix: *Fatou Cissé*, Paris: Flammarion (1954), 1967. – Der Roman hat noch zahlreiche weitere Auflagen (auch als Taschenbuch) erlebt.

[41] Ein ähnlicher Bericht aus Anlaß der Weltausstellung von 1900, der vom Kolonialministerium in Auftrag gegeben wurde, stammt von H. Froidevaux: *L'œuvre scolaire de la France dans nos Colonies*, Paris: Augustin Challamel, 1900. – Auch zur Exposition Coloniale de Marseille (1906) wird ein ähnlicher Bericht vorgelegt, der von René Lemé (Redacteur au Ministère des Colonies) stammt: *L'Enseignement en Afrique Occidentale Française*, Paris: Emile Larose, 1906.

Dennoch bleibt der Grundwiderspruch, wenn in einem Erlaß (vom 3. Januar 1898) des Gouverneurs Trentinian zum Französisch-Unterricht im Sudan einerseits zwar gefordert wird, vom mechanischen Auswendiglernen (wie in der Koranschule) abzugehen und das *petit nègre* in der Kommunikation zwischen Lehrern und Schülern zu vermeiden, andererseits es aber einschränkend heißt, „es sollen nur die für den Alltagsgebrauch im Sudan nötigen Wörter gelehrt werden" (144).

Damit wird wiederum einem reduktionistischen Sprachunterricht das Wort geredet, einer Art Berlitz-School für die Kolonisierten, wie sie der *Administrateur des Services Civils de l'Indochine*, Paul Giran, in seiner (Untertitel) „Etude de Sociologie Coloniale" *De l'éducation des races* (Paris: Augustin Challamel, 1913) verlangt:[42]

> La langue du vainqueur doit être, chez les peuples élèves, un instrument pratique, utilitaire, limité à l'usage économique ou scientifique, non un véhicule d'idées inaccessibles à des cerveaux insuffisamment préparés. (317)

> Die Sprache des Siegers muß für die zu erziehenden Völker ein praktisches, utilitaristisches Instrument sein und sich auf seinen wirtschaftlichen oder naturwissenschaftlichen Gebrauch beschränken, nicht ein Vehikel für Gedanken, die den ungenügend vorbereiteten Köpfen unerreichbar bleiben.

Und etwas weiter heißt es dann: „Mit einer solchen Methode verlöre das Französische alsbald seine Gefährlichkeit in Indochina oder in Madagaskar" – „Avec une telle méthode le français deviendrait à peu près *sans danger* en Indochine ou à Madagaskar" (317f.) [Hervorh. J. R.]. Wir dürfen hinzufügen: gewiß auch in Afrika!

Die Formel vom „*Français sans danger*" faßt den Topos in seiner ganzen Widersprüchlichkeit zusammen: Die Machtausübung in den Kolonien ist an das Instrument der französischen Sprache gebunden. Um sich verständlich zu machen, um zu dem für das Funktionieren des Systems notwendigen Informationsaustausch und Kommunikationsfluß zu gelangen, müssen auch die kolonialen Untergebenen sich auf Französisch verständlich machen können. Ihre Praxis und Kenntnis des Französischen darf aber nicht zu weit gehen, weil dadurch die Sprache selbst Schaden nehmen und der Alleinverfügungsgewalt der französischen Nation entzogen werden könnte; weil mit dem Instrument der französischen Sprache auch politische Inhalte zugänglich und handhabbar werden, die das System bedrohen; weil bestehende Identitäten (der 'Eingeborenen', aber auch der Franzosen) unscharf und durchlässig werden könnten.

Zum Glück für die französische Sprache ließ sich ihr Unterricht nicht auf das von den Kolonial-Doktrinären geforderte Basic-Niveau beschränken. Die Dynamik geistiger Prozesse – zu denen auch der Spracherwerb gehört – läßt sich nicht durch Erlasse und Verordnungen eindämmen. Der Reichtum und die Weltgeltung der heutigen 'frankophonen' Literaturen sind möglich geworden, weil man sich auf beiden Seiten, auf französischer Seite wie auf Seiten der Kolonisierten, über die Warnungen vor den beschworenen 'Gefahren'

---

[42] Paul Giran: *De l'éducation des races*, Paris: Augustin Challamel, 1913.

hinweggesetzt hat. Ein anderes ist die Frage, ob man damit lediglich einer 'Elite' gedient hat oder auch den Interessen der ehemals kolonisierten Völker zu Nutzen war.[43]

---

[43] Die Frage ist natürlich umstritten. Einige Diskussionsbeiträge der letzten Jahre: Jean-Claude Blachère: *Négritures – Les écrivains d'Afrique noire et la langue française*, Paris: L'Harmattan, 1993. – Jean Capelle: *L'éducation en Afrique noire à la veille des Indépendances*, Paris: Karthala-ACCT, 1990. – Georges R. Celis: *La faillite de l'enseignement blanc en Afrique noire*, Paris: L'Harmattan, 1990. – Joseph Ki-Zerbo: *Eduquer ou Périr*, Paris: Unicef-L'Harmattan, 1990.

Dirk Naguschewski

Von der fremden Sprache zur eigenen? Einstellungen zum Französischen in Kamerun

Sprachenvielfalt in Kamerun

Kamerun gilt nicht nur seinem Präsidenten Paul Biya (1986: 109), sondern auch seinen Bewohnern stolz als „Afrique en miniature" (z. B. Chia 1983: 19): Es hat verschiedene Kolonialmächte erlebt,[1] es umfaßt die unterschiedlichsten geographischen Regionen, eine Vielzahl von Ethnien und – dem *Atlas linguistique du Cameroun (ALCAM)* von 1983 zufolge – 239 verschiedene afrikanische Sprachen, darunter das Kameruner Pidgin-Englisch, das besonders in den westlichen Provinzen, dem ehemals britischen Mandatsgebiet, aber auch in den Städten des übrigen Landes die Funktion einer Verkehrssprache besitzt. Hinzu kommen die beiden Amtssprachen Französisch und Englisch. Das läßt sich durchaus als eine „richesse linguistique", ein sprachlicher Reichtum bezeichnen (Biya 1986: 116), wenngleich unklar ist, welche materiellen Vorteile diese sprachlich-kulturelle Vielfalt birgt. Die Misere, und auch hier ist das Land nicht untypisch für weite Teile des Kontinents, besteht andererseits darin, daß es sich trotz relativ günstiger natürlicher Voraussetzungen von einer großen Wirtschaftskrise in den 80er Jahren – kurz „la crise" genannt – nicht hat erholen können.

Als Reaktion auf seine Geschichte sind in Kameruns Verfassung die beiden Sprachen der letzten Kolonialherren, Französisch und Englisch, als *langues officielles* festgeschrieben. So heißt es in Art. 3, § 3 der aktuellen *Constitution de la République du Cameroun* vom Januar 1996:

> „La république du Cameroun adopte l'anglais et le français comme langues officielles d'égale valeur.
> Elle garantit la promotion du bilinguisme sur toute l'étendue du territoire.
> Elle oeuvre pour la protection et la promotion des langues nationales."

> Die Republik Kamerun 'adoptiert'[2] das Englische und das Französische als offizielle Sprachen gleichen Wertes.

---

[1] Kamerun war von 1884 bis 1916 eine deutsche Kolonie, ab 1922 wurde das Land bis zu seiner Unabhängigkeit 1960 unter französische und britische Mandatsherrschaft gestellt. Der Name 'Kamerun' selbst geht auf ein Wort der ersten europäischen Landnehmer in Afrika zurück, das portugiesische Wort für Krebs, *camarão*.

[2] Das französische 'adopter' bezog sich ursprünglich auf den juristischen Akt des 'an Kindes Statt annehmen'. Als Folge einer Bedeutungserweiterung meint es heute auch „[f]aire sien en choisissant" (*Petit*

Sie garantiert die Förderung des Bilingualismus im ganzen Land.
Sie setzt sich für den Schutz und die Förderung der Nationalsprachen ein.[3]

Das unabhängige, 1961 vereinte Kamerun hat sich für eine ausgeprägte Bilingualismus-Politik entschieden. Faktisch bedeutet dies eine Gleichberechtigung der ehemaligen Kolonialsprachen bei gleichzeitiger Nichtberücksichtigung afrikanischer Sprachen auf allen Ebenen der staatlichen Administration. Unter Nationalsprachen, von denen bislang in der Verfassung nicht die Rede war, versteht der Gesetzgeber offenbar *alle* afrikanischen Sprachen, die innerhalb der Landesgrenzen von dort traditionell ansässigen Völkern gesprochen werden, denn die Bezeichnung wird nicht, wie in anderen Staaten Afrikas (zum Beispiel Senegal oder Guinea), spezifiziert. Diese sind nun zwar *de jure* unter einen konstitutionellen Schutz gestellt, doch wie sich eine mögliche Förderung in der sprachpolitischen Praxis gestalten ließe, bleibt nach wie vor unklar.

Dieser offiziellen Zweisprachigkeit und der ihr zugrundeliegenden Geschichte entspricht, nach langjähriger Abstinenz, die heutige Mitgliedschaft Kameruns sowohl in der Frankophonie als auch im Commonwealth. Erst seit Dezember 1991 ist Kamerun Vollmitglied der bereits 1970 auf Drängen afrikanischer Staatsmänner in Niamey gegründeten Agence Culturelle de Coopération Technique (ACCT),[4] die seit 1996 unter dem Namen Agence de la Francophonie die zentrale Instanz der institutionalisierten Frankophonie darstellt.[5] Zusätzlich ist Kamerun mittlerweile ebenfalls Mitglied des Commonwealth, jenem anderen weltumspannenden Staatenbund, dessen Existenz auf den europäischen Kolonialismus zurückzuführen ist.

Was allerdings die Gleichwertigkeit der beiden Sprachen Englisch und Französisch im Land selbst anbelangt, verhält es sich so, daß die französische Sprache aufgrund ihrer demographischen und territorialen Überlegenheit eine deutlich bessere Stellung innehat. Sowohl Yaoundé, Hauptstadt und administratives Zentrum des Landes, wie auch Douala, die wichtigste Handelsstadt, befinden sich im frankophonen Teil des Landes. Die Geschäfte der Regierung werden trotz eines anglophonen Premierministers auf französisch geführt. Anglophone Kameruner müssen immer auch Französisch sprechen, wenn sie auf nationaler Ebene Einfluß nehmen wollen, frankophone Kameruner hingegen sprechen, obwohl Englisch in den Schulen den frankophonen Provinzen des Landes ein Unterrichtsfach ist, diese andere Sprache zumeist nur unzureichend.[6] An der Universität von Yaoundé halten die Wissenschaftler entsprechend ihrer Herkunft ihre Vorträge in englischer oder französischer Sprache. Nur in ihrer Muttersprache dürfen sie selbstverständlich nicht reden. Sie würden auch von kaum

---

Robert 1988), d. h. 'sich auswählend etwas aneignen'. Diese Formulierung weist in einer Mehrdeutigkeit auf die historischen Bedingungen der Sprachenwahl zurück, wie sie in der bis dahin geltenden Verfassung noch nicht zu spüren war. Dort lautete der entsprechende Passus: „Les langues officielles du Cameroun sont: le Français et l'Anglais." (Die offiziellen Sprachen Kameruns sind: Französisch und Englisch.) Die fehlerhafte Großschreibung der Sprachen entstammt dem Original.

[3] Sämtliche Übersetzungen stammen von mir. Es wurde weniger versucht, ein stilistisch einwandfreies Deutsch zu wählen, als vielmehr möglichst getreu den Originalwortlaut verstehbar zu machen.

[4] Kamerun war von 1975 bis 1991 nur assoziiertes Mitglied.

[5] Unter Frankophonie ist in diesem Zusammenhang eine internationale Staatengemeinschaft mit (zumindest teilweise) gemeinsamen kulturellen, wirtschaftlichen und politischen Anliegen zu verstehen, deren Zusammenhalt sich traditionell vor allem über das Bekenntnis zur französischen Sprache und darauf aufbauend zur französischen Kultur definieren läßt.

[6] Vgl. zu den Spannungen zwischen Anglo- und Frankophonen Kom 1995.

jemandem verstanden werden. Die eigenen Sprachen werden im Schulsystem allenfalls in experimentellen Klassen berücksichtigt.

Diese kurze Skizze mag genügen, um zu zeigen, daß die französische Sprache, um die es mir im Rahmen dieses Beitrags gehen soll, ebenso wie die englische Sprache ein funktionaler Bestandteil des Staates Kamerun ist. Der Zweifel, ob dies allein schon ausreicht, um davon zu sprechen, daß das Französische zu einer 'eigenen Sprache' der Bevölkerung geworden ist,[7] d. h. ob die Sprache des ehemaligen Kolonialherrn von den Kamerunern als eigene Sprache akzeptiert wird, liegt diesen Bemerkungen zugrunde, in deren Verlauf sich eine imaginäre Skala mit den Endpunkten 'eigen' und 'fremd' abzeichnen wird, in deren mittlerem Bereich, d. h. einer Übergangszone, sich die im einzelnen differenzierenden Einstellungen zur französischen Sprache in Kamerun verorten lassen.

Français du Cameroun vs. *français de France*

„Parachuté dans notre pays, l'étranger ne manquera pas de remarquer immédiatement une phrase sempiternelle: 'C'est comment?'. Utilisé le plus souvent en guise de salut, elle élide un bonjour antérieur désormais obsolète. Avant, on disait: 'Bonjour, comment vont ... ta famille, tes affaires, etc.', puis: 'Bonjour, c'est comment dans ta famille, tes affaires, etc.'. A présent, l'heure n'est plus aux salamalecks, la vitesse est de rigueur; on abrège en un maigre 'C'est comment?'" (Fouda 1995: 5)

Mit diesen Sätzen beginnt *Le Franco-FauFile Illustré ou L'Art de Parler le Français au Cameroun*, eine Einführung in das Französische, wie es speziell in Yaoundé gesprochen wird. Es fällt um so schwerer, diese Passage angemessen ins Deutsche zu übersetzen, als man eine unfreiwillige Ridikülisierung der städtischen Sprecher riskiert, wenn man das Besondere dieser Rede wörtlich übersetzt. Doch eine Übertragung, die diese Eigenheiten einebnet, würde die Pointe verunmöglichen. Deshalb also ein Vorschlag:

Der mit einem Fallschirm über unserem Land abgeworfene Fremde wird nicht umhin kommen, eine immerwährende Phrase zu vernehmen: 'Es ist wie?' Zumeist als Gruß gebraucht, ist sie die Verknappung einer mittlerweile hinfällig gewordenen früheren Begrüßung: 'Guten Tag, wie geht es ... deiner Familie, deinen Geschäften usw.', dann: 'Guten Tag, es ist wie in deiner Familie, deinen Geschäften, etc. Heute hat der übertriebenen Höflichkeit die Stunde geschlagen, Schnelligkeit ist angesagt; man verkürzt zu einem knappen 'Es ist wie?'[8]

Der lautmalerische Titel dieses Breviers, *Le Franco-FauFile Illustré*, ist aufgeladen mit Konnotationen, ohne einen konkreten Sinn herzustellen: franco (im Sinne von 'französisch', 'franko-'); francophone ('französischsprachig'), Frankophonie ('Gemeinschaft der französischsprachigen Länder'), francophile ('das Französische liebend'), (se) faufiler ('sich davonschleichen'), faux ('falsch'), faux filet ('minderwertiges Rindfleisch von filetähnlicher

---

[7] Der *Atlas de la langue française* (1996: 82) gibt an, daß ca. 13% der Bevölkerung Kenntnisse des Französischen besitzen, die auf mindestens zwei Jahren Schulunterricht beruhen, ca. 27% Kenntnisse, die auf immerhin wenigstens sechs Jahren Unterricht beruhen, aber ca. 60% der Kameruner keine nennenswerten, schulisch vermittelten Kenntnisse vorweisen können.

[8] Sicher, „C'est comment?" ließe sich ins Deutsche mit einem umgangssprachlichen „Wie isses?" übertragen: Der Witz jedoch besteht gerade darin, daß die Frage von Franzosen eben nicht verstanden wird (bzw. als falsches Französisch zurückgewiesen würde); es sich also nicht allein um eine umgangssprachliche Wendung handelt, sondern vielmehr um eine andere Umgangssprache.

Beschaffenheit'). Es scheint um einen nicht näher bestimmten Zusammenhang von Sprache, Nationalität und Raum, Sprache und Zeit, Sprache in Bewegung zu gehen, auch um ein Verschieben von Normen, und zwar in dem Moment, wo präskriptive Kategorien wie *falsch* und *richtig* ins Spiel kommen. Die einleitenden Bemerkungen der jungen Autorin Mercédès Fouda (Jahrgang 1969) machen nur allzu deutlich, wie sehr Sprache im Laufe der Zeit – *avant, puis, à présent* – einem Wandel unterliegt. Mit der Sprache kann sich – wie im obigen Beispiel – auch die Bewertung des Sprechakts selbst, hier: der Begrüßung, verändern. Fouda beschreibt einen Trend: weg von 'orientalischer', gemeinschaftsstiftender Umständlichkeit, den Salamalecks, hin zu einer modernen, großstädtischen, 'europäischen' Ökonomie.

Ihr Buch führt vor, wie sehr sich das Alltagsfranzösisch junger Leute in Yaoundé (zu denen sie schließlich selbst gehört) von dem Normfranzösisch unterscheidet, wie es, obwohl es selbst auf Pariser Straßen von jungen Franzosen wohl eher selten gesprochen wird, in Kamerun als 'Französisch' an den Schulen gelehrt wird. Das in Kamerun gesprochene Französisch wird in einem Geleitwort deshalb auch als Abweichung von dieser Norm dargestellt: „Langue mutante, langue de la ville, langue des temps de crise, langue de la débrouille, le français du Cameroun n'est pas une défiguration mais un enrichissement, une poésie du quotidien"; nicht immer haben Franzosen die Veränderung ihrer Sprache so freundlich begrüßt wie Pierre Jacquemot in seinen einleitenden Bemerkungen. Das Französische in Kamerun nicht als Defiguration zu begreifen, als eine mutierte Sprache, eine Sprache der Stadt, Sprache einer Krisenzeit, Sprache, mit der man sich durchschlagen kann, sondern als eine Bereicherung bzw. Alltagspoesie, zeugt von einem Sinneswandel. Schon die Behauptung, daß es überhaupt ein *français du Cameroun* gibt, wäre noch im Geburtsjahr Foudas auf entschiedene Ablehnung gestoßen, denn ebenso wie die Staatsform der Republik wurde auch die französische Sprache von offiziellen Sprachbeobachtern unter Inanspruchnahme revolutionärer Rhetorik als „une et indivisible" empfunden. Nicht von *enrichissement*, sondern von *appauvrissement*, Verarmung, wäre damals die Rede gewesen. Was Foudas Sprachfibel allerdings auch für den französischen Leser so schmackhaft macht, daß die von ihr beschriebene Sprache als Bereicherung angesehen und die Veröffentlichung ihres Büchleins von der Mission Française de Coopération et d'Action Culturelle au Cameroun finanziell unterstützt wird, liegt wohl weniger an den Illustrationen, die ihren Konversationsführer schmücken, als vielmehr an ihrer Fähigkeit, zwischen Metasprache und Objektsprache zu diskriminieren. Sie erzählt zwar von den kamerunischen Abweichungen, aber die Sprache, die sie dazu benutzt, bleibt ein fehlerfreies Normfranzösisch. Sie ist stets in der Lage, genauestens die Grenze zwischen diesem Französisch und dem *français du Cameroun* zu ziehen. Letzteres wird deshalb stets durch An- und Abführungszeichen markiert, abgegrenzt.

In einem gewissen Sinne ist *Le Franco-FauFile Illustré* ein 'zweisprachiger' Text, denn es lassen sich hinsichtlich phonologischer, lexikalischer und stilistischer Kriterien ein *français de France* und ein *français du Cameroun* unterscheiden. Allerdings wird von der Sprachwissenschaft nur ersteres, das Standard- oder Normfranzösisch, als Hoch-Variante bewertet, bzw. bleibt allein ihm die Auszeichnung 'Sprache' vorbehalten. Das andere, das kamerunische Französisch gilt hingegen lediglich als niedere Variante, als regionale Varietät des Französischen. Ersteres ist eine Sprache der Literalität, letzteres die Sprache der Oralität, die ein Anrecht auf Schrift nur in Form der Nach-Erzählung oder des Zitats besitzt; etwa, wenn Fouda folgende Szene in einer Garküche am Straßenrand beschreibt:

> „Donc, après vous être installé sur une minuscule portion de banc, vous lancez négligemment:
> – Mamie, fais-moi les cheveux des blanches avec le beau-regard ou l'oiseau.

– Le beau-regard et l'oiseau sont finis, il ne reste que de la viande, rétorque 'mamie folong'.
Mais que signifie donc ce dialogue à connotation cannibale?
Tout simplement que vous avez demandé qu'on vous serve des spaghettis avec de la viande de porc ou du poulet." (ebd.: 17-18)

Der Kunde bittet: „Mamie, mach mir doch Haare der Weißen mit Schöner Blick oder Vogel." Die Köchin, 'mamie folong',[9] antwortet daraufhin: „Haare der Weißen und Schöner Blick sind aus, es gibt nur noch Fleisch." Die Autorin übersetzt diesen „Dialog mit kannibalischen Konnotationen" für den über jeden Kannibalismus erhabenen Leser: Der Kunde hat einfach Spaghetti mit Schweine- oder Hühnerfleisch verlangt. Fouda amüsiert sich und den Leser über die lexikalischen Unterschiede, sie zieht aber aus ihrer Beobachtung keine – schon gar nicht subversive – Schlüsse. Die Lehnübersetzungen aus den afrikanischen Sprache werden als kuriose Abweichungen von einer vorgegebenen Norm interpretiert und nicht als Beginn einer neu zu bestimmenden eigenen Norm, die sich an den lokalen Sprechgewohnheiten festmachen ließe. Insofern ist es auch überhaupt nicht verwunderlich, daß ihr Buch mit französischen Geldern gedruckt wurde. So lange wie die Regelhaftigkeiten der französischen Sprache in Afrika in Abhängigkeit von der Norm des *français de France* formuliert werden, bleibt die zentrale Position Frankreichs nicht nur auf sprachlichem Gebiet bestehen.[10]

Franco-camerounais vs. *franco-africain*

Die afrikanische Stadt im Zentrum eines mehrsprachigen Landes, in der die oben geschilderte Szene spielt, ist, anders als das traditionelle Dorf, ein Treffpunkt von einander zumeist fremden Menschen, die nicht unbedingt über die gleichen Sprachen, bzw. das gleiche sprachliche Repertoire verfügen müssen. Deshalb geben gerade die afrikanischen Großstädte mitsamt ihrer kaum zu überblickenden Sprachenvielfalt für die Soziolinguistik ein faszinierendes Betätigungsfeld ab. An ihrem Beispiel lassen sich Veränderungen im Sprachverhalten einer mehrsprachigen Bevölkerung aufgrund der Konzentration von ökonomischen und (sozio-)politischen Kräften besonders gut studieren. Und es entstehen unter diesem Druck offenkundig neue Sprachen, die sich an den veränderten kommunikativen und identitären Bedürfnissen der Stadtbewohner ausrichten. Das gilt für Yaoundé ebenso wie für Abidjan, Dakar oder Ouagadougou.[11]

Doch woher kommt überhaupt Foudas Fremder, der auch ein Ausländer sein muß, und wieso wundert er sich über die Anrede „C'est comment?". Fouda braucht für ihre Geschichte einen Fremden, der zwar Französisch versteht, aber eben ein anderes: nicht das in Yaoundé übliche, sondern das Normfranzösisch; der die Anrede „C'est comment?" normativ als unfranzösisch, als falsch zurückweisen würde. Einem anderen (einem deutschsprachigen Besucher etwa), der kein Französisch spricht oder nur ganz unzureichende Kenntnisse der

---

[9] Folong ist ein traditionelles Gemüse.
[10] Hier zeigt sich übrigens, daß die Ausrichtung eines standardisierten Vokabulars und einer normierten Grammatik am französischen Vorbild, der Abhängigkeit des *franc CFA*, des Zahlungsmittels der Communauté financière africaine, der ja ebenfalls direkt an die französische Währung gebunden ist, nicht unähnlich ist.
[11] Vgl. hierzu besonders Calvet 1994 und die Beiträge in Gouaini / Thiam, Hgg. 1993).

Sprache besitzt, würde wahrscheinlich gar nicht auffallen, daß an der Anrede „C'est comment?" irgend etwas bemerkenswert ist. Er würde sie situativ womöglich sogar richtig 'verstehen' und auf eine ihm gemäße Art darauf reagieren. Problematisch ist diese Anrede allein für denjenigen, der mit der Norm des Französischen vertraut ist.

Die Sprachwissenschaftlerin Marie-Rose Maurin-Abomo Mvondox (1992) bemüht (zufällig?) ebenfalls einen Fremden, der sich über die von ihr beschriebene Sprache, *le français au Cameroun*, wundern soll. Wie Fouda meint auch sie mit dem Fremden in erster Linie einen Franzosen, wenn sie behauptet, daß das Französische in Kamerun eine unbestreitbare linguistische Realität darstelle, die den Fremden beunruhigen würde und bei ihm einen Eindruck von Sabotage und mangelnder Beherrschung hinterließe: „Le français au Cameroun est une réalité linguistique indéniable qui déconcerte l'étranger et lui laisse une impression de sabotage et de mauvaise maîtrise" (Maurin-Abomo Mvondox 1992: 203).

Ihren Ausführungen liegt die Annahme einer Sprache zugrunde, die über eine städtische Umgangssprache hinausgeht. Sie geht von der Existenz eines *français au Cameroun* aus, das langfristig zwar von einer „vocation nationale" gekennzeichnet sein mag, sich aber vorerst noch durch regionale Akzentuierungen unterscheiden läßt, die es dem (französischen) Fremden dadurch nur um so unverständlicher, „impénétrable" (ebd.: 206), erscheinen lassen. Obwohl sich ihrer Meinung nach das Französisch der Bamileke also vom dem der Bulu, dieses sich wiederum von dem der Ewondo usw. unterscheiden läßt, geht sie trotz allem davon aus, daß sämtliche afrikanischen Varianten des Französischen – „franco-camerounais", „franco-ivoirien", „franco-sénégalais" (ebd.: 207) – etwas, von ihr allerdings nicht näher Bestimmtes, gemeinsam haben, das sie miteinander verbindet und gleichzeitig von dem Französischen Frankreichs unterscheidet. Dies mag auch einer der Gründe sein, warum sie von einem *français au Cameroun* spricht und nicht, wie Fouda, von einem *français du Cameroun*: die lokale Präposition *au* bindet die Sprache an das Land auf weitaus lockerere Weise als die den Besitzer anzeigende Präposition *du*.

Maurin-Abomo Mvondox' Aufsatz erschien in einem Band zum Thema *métissage*, in dem es den Autoren vor allem darum geht, einen wohlwollenden Blick auf Vermischungsphänomene zu werfen. Nicht mehr die (imaginierte) Reinheit ist das Ideal, dem eine Gesellschaft verpflichtet ist, sondern Valorisierung der zu beobachtenden Vermischungen lautet der gesellschaftspolitische Auftrag. Maurin-Abomo Mvondox nimmt die Wertung des Vorwortschreibers Jacquemot vorweg: Nicht von „dégénérescence" will sie reden, sondern von „transformation" (ebd.: 197). So beschreibt auch sie die Besonderheiten des Französischen, wie es in Kamerun von Schülern und auf der Straße gesprochen wird (die universitär gebildeten Französischsprecher nimmt sie bewußt aus), einer „langue-tampon faite de la fusion de tous les éléments dont on dispose" (ebd.: 197), einer 'Tamponsprache' also, die sich aus sämtlichen sprachlichen Elementen zusammensetzen läßt, die den dortigen Sprechern zur Verfügung stehen. Sie weiß, daß solche Sprachen in der traditionellen Sprachkritik oftmals auf Ablehnung stoßen, umso stärker bemüht sie sich, die der Sprachvermischung zugrundeliegende Kreativität hervorzuheben: „On peut dire que le français au Cameroun est une langue très riche" (Man kann sagen, daß das Französische in Kamerun eine sehr reiche Sprache ist), behauptet sie deshalb an einer Stelle (ebd.: 198). Offensichtlich *kann* man dies so sagen. Man sollte es aber vielleicht besser nicht, denn die Behauptung, daß dieses Französisch nun wiederum *besonders* reich (*très* riche) sei, ist insofern fragwürdig, als sie hier eine Wertung vornimmt, die sie nur zu stützen vermag, indem sie die vielfältigen Möglichkeiten aufzeigt, die Sprechern ganz allgemein im kreativen Umgang mit Sprache zur Verfügung stehen und keinesfalls auf den nationalen Kontext, von dem sie ja ausgeht, beschränkt sind: Bildung von Lehnwörtern, phonetische Deformationen, Aneignung von Wörtern aus anderen Sprachen, Ableitungen, Wortbildungen, Abkürzungen usw.

Doch ihr übergeordnetes Ziel ist die Anerkennung einer neuen Sprache, einer „langue métisse" (ebd.: 206), eines „franco-africain" (ebd.: 207), das aus dem historischen Zusammenstoß zweier sprachlich-kultureller Systeme resultiert, Frankreich und Afrika, wobei ihre Reduktion der afrikanischen Vielfalt unter keinen Umständen aufrechtzuerhalten ist.

> „On ne parle pas du jour au lendemain une langue dans laquelle on est incapable de penser, et on ne 'pense' pas pareil en France et en Afrique. Le Français est reconnu cartésien, rationnel, capable d'abstraction; l'Africain a sa propre conception de la vie, du monde, du temps fondée sur d'autres valeurs. La langue de l'un et de l'autre sera donc différente." (ebd.: 206).

> Man spricht nicht von einem Tag auf den anderen eine Sprache, in der man unfähig ist zu denken, und man 'denkt' in Frankreich und in Afrika nicht auf die gleiche Weise. Der Franzose ist bekanntermaßen kartesianisch, rational, zur Abstraktion fähig; der Afrikaner hat seine eigene Konzeption vom Leben, der Welt, der Zeit, die auf anderen Werten gründet. Die Sprache des einen wird sich deshalb von der Sprache des anderen unterscheiden.

Wenn die Sprache tatsächlich das Denken determiniert, wovon Maurin-Abomo Mvondox offenbar überzeugt ist, ist es nicht nachzuvollziehen, wie es ihr sodann gelingt, eine einheitliche Weltsicht 'des Afrikaners' zu postulieren, vernachlässigt sie doch hierbei völlig die Verschiedenheit der afrikanischen Sprachfamilien und -gruppen. Sie verfällt dadurch in einen Reduktionismus, der die grundsätzliche Sprachenvielfalt Afrikas auf der Suche nach einer gesamtkontinentalen Authentizität verkennt; eine Inkonsequenz des Denkens, die ihrem politischen Anspruch nach Valorisierung oder Gleichberechtigung der Kameruner Variante des Französischen zu verdanken ist – und ihn dadurch in hohem Maße anfechtbar macht.

Welches Französisch für Kamerun?

Nachdem sich viele Jahre lang in der wissenschaftlichen Beschreibung der französischen Sprache im post-kolonialen Afrika die Meinung gehalten hat, daß die sprachliche Norm, wie sie in Paris formuliert wird, auch in afrikanischen Metropolen zu gelten und keinerlei Abweichung zu dulden habe, ist spätestens seit Beginn der neunziger Jahre ein neuer Trend zu beobachten: *Une Francophonie différentielle* lautet zum Beispiel der Titel eines Sammelbandes (Abou / Haddad, Hgg., 1994), der, mit finanzieller Unterstützung der ACCT, die regional differenzierte Vielfalt des Französischen innerhalb der Staaten der Frankophonie beschreibt. Es kann nicht mehr das erklärte Ziel sein, allen Völkern und Sprachgemeinschaften, die in 'frankophonen Staaten' leben, das 'reine Französisch' beizubringen.[12] Statt dessen wird nunmehr verstärkt – so wie Fouda es getan hat – „dem Volk aufs Maul geschaut". Und die Beobachtungen zeigen, daß sich überall neue Varianten entwickeln, über deren Standardisierung früher oder später nachgedacht werden muß.

---

[12] Es entbehrt ja durchaus nicht einer gewissen Ironie, daß man Bewohnern eines als 'frankophon' bezeichneten Landes, was schließlich soviel wie 'französisch-sprachig' bedeutet, diese Sprache überhaupt noch beibringen muß. Für allgemeine Schätzungen der Sprecherzahlen in den Staaten der Frankophonie sei noch einmal auf den *Atlas de la langue française* (1996) verwiesen.

Auch der kamerunische Afrikanist Jean Tabi-Manga hat zu diesem Sammelband einen Aufsatz über Status, Gebrauch und Rolle des Französischen in Kamerun beigetragen. In seiner Funktion als Vertreter der ACCT (damals noch Agence de la coopération culturelle et technique), dem zentralen Organ der institutionalisierten Frankophonie, kommt er über das „français au Cameroun" zu einem Urteil, das sich radikal von den alten Positionen unterscheidet, wenn er die eingangs von mir gestellte Frage nach der Fremd- oder Eigenzugehörigkeit der französischen Sprache aufgreift und eine vielsagende Antwort findet:

> „Au total donc, l'on assiste à travers la promotion et l'expression du français commun camerounais à l'émergence d'une norme nationale qui entre immédiatement en conflit avec la norme scolaire, classique. Du coup, la question se pose: quelle est la place, quel est le rôle de ce français devenu incontournable dans la pédagogie du français au Cameroun? La réponse n'est pas simple et les avis divergent sur ce point." (Tabi-Manga 1994: 250)

> Alles in allem wohnen wir also durch die Förderung und das Sprechen eines allgemeinen kamerunischen Französisch dem Entstehen einer nationalen Norm bei, die unmittelbar in Konflikt mit der schulischen, klassischen Norm gerät. Sofort stellt sich die Frage: Welchen Platz, welche Rolle hat dieses Französisch, das sich in der Pädagogik des Französischen in Kamerun nicht mehr umgehen läßt? Die Antwort ist nicht einfach und die Meinungen über diesen Punkt gehen auseinander.

Tabi-Manga konstatiert damit in dezenter Manier das Scheitern einer Sprachpolitik, die nicht imstande ist, den gesellschaftlichen Stellenwert einer Sprache in einem Land zu bestimmen, dessen Sprachengeographie von komplexerer Natur ist als die der europäischen Nationalstaaten Europas. Er spricht bereits – anders als Maurin-Abomo Mvondox – von einer „norme nationale", mithin einem spezifischen kamerunischen Französisch, und wirft die sprach- und schulpolitisch entscheidende Frage auf, wie diese im Entstehen begriffene Norm in den Sprachenunterricht integriert werden soll, zumal sie ja bislang nirgendwo verbindlich fixiert ist. Offenbar scheint er einerseits zu fürchten, daß, wenn sich jedes frankophone Land Afrikas allein um die Entwicklung seiner eigenen Norm kümmern würde, der sprachliche Zusammenhalt gefährdet sein könnte. Andererseits scheint er aber davon auszugehen – und hier trifft er sich wieder mit Maurin-Abomo Mvondox –, daß sich, obwohl er eben noch eine eigene „norme nationale" postuliert hatte, die Entwicklung der französischen Sprache in Kamerun nicht wesentlich von der in anderen Staaten unterscheidet, weshalb er ein Umdenken fordert:

> „D'une façon générale, il est urgent que les gouvernements africains puissent se déterminer sur le choix d'une norme africaine du français (...). La définition d'une norme africaine du français implique un travail d'aménagement pédagogique qui lui-même présuppose en amont une véritable politique linguistique qui clarifierait, dans le contexte linguistique des pays africains, la place du français: langue étrangère? langue seconde? langue véhiculaire ou langue interculturelle? Aussi la notion de norme linguistique, sans toutefois qu'on l'abolisse définitivement, mériterait d'être repensée et assouplie en fonction de l'appropriation de plus en plus profonde du français. C'est à ce titre qu'il deviendra authentiquement une langue seconde en Afrique." (ebd.: 250-51)

> Ganz allgemein ist es dringend geboten, daß die afrikanischen Regierungen sich zur Wahl einer afrikanischen Norm des Französischen entschließen können (...). Die Definition einer afrikanischen Norm des Französischen beinhaltet das Erstellen einer pädagogischen Rahmenplanung, die ihrerseits übergreifend eine wirkliche Sprachpolitik voraussetzt, die im linguistischen Kontext der afrikanischen Staaten den Platz des Französischen verdeutlichen würde: Fremdsprache? Zweitsprache? Verkehrssprache oder interkulturelle Sprache? Auch der Begriff der linguistischen Norm, ohne daß man ihn endgültig abschafft, verdiente es, überdacht zu werden und gemäß der immer tiefergrei-

fenden Aneignung des Französischen angepaßt zu werden. Nur so wird es auf authentischem Wege zu einer Zweitsprache in Afrika.

Ob Fouda, Maurin-Abomo Mvondox oder Tabi-Manga, jede/r reagiert auf die auch politische Frage nach der Norm auf seine/ihre Weise. Bei Fouda kommen die afrikanischen Sprachen nur als Superstrat in den Blick, das für das landestypische *français du Cameroun* verantwortlich ist. So bleibt sie bei ihrer Darstellung des *français du Cameroun* deskriptiv, ihre unterhaltsame Stimme dient als Sprachrohr einer *voix populaire* und zeugt dadurch aber immerhin von einer gewissen, wenn auch eingeschränkten Akzeptanz dieser neuen Variante des Französischen. Ihr Text spiegelt auf besonders anschauliche Weise das Nebeneinander von Norm-Französisch und *français du Cameroun*. Einen Vorschlag, wie in Zukunft mit diesen offensichtlich divergierenden 'Sprachen' normativ verfahren werden könnte, bietet sie allerdings nicht an. (Das ist auch gar nicht ihr Anliegen, schließlich hat sie ihr Buch nicht als Sprachwissenschaftlerin verfaßt). Maurin-Abomo Mvondox hingegen versucht, ein *franco-africain* als den Afrikanern eigene Varietät zu etablieren, kann aber dabei nicht überzeugen, weil sie die Einheit der französischen Normsprache und die Vielfalt der afrikanischen Sprachen über einen viel zu groben Kamm schert. Tabi-Manga ist sich des Problems der Normdivergenz wohl am deutlichsten bewußt, kann aber auch nicht – und das mag man als Zeichen seiner Aufrichtigkeit werten – mit einer einfachen Lösung aufwarten.

Die Fortentwicklung der französischen Sprache von ihrer zentralen Norm zeigt sich aber noch an weiteren Beispielen, die in der Forschung diskutiert werden. Das *pidgin français camerounais* (CPF)[13] und das *camfranglais* sind zwei Varianten, die insbesondere in den Städten im Entstehen begriffen sind und denen Franzosen mit Befremden bzw. auch Unverständnis gegenüberstehen. Über eine sprachwissenschaftliche Bewertung dieser neuen Sprachformen herrscht indessen noch Uneinigkeit. Während Chia / Gerbault (1993: 263) davon ausgehen, daß es sich bei dem im Vergleich zum Normfranzösischen reduzierten und vereinfachten CPF, wie es zum Beispiel auf den Märkten Yaoundés von den Händlern und Bauern der Umgebung gesprochen wird, um eine Pidgin-Sprache handelt, weist Féral (1993: 211) diese Annahme zurück, da ihrer Meinung nach das Bewußtsein der betreffenden Sprecher noch durchaus von der Überzeugung geprägt ist, daß es sich bei ihren sprachlichen Hervorbringungen um Französisch handelt – auch wenn es objektiv nicht der Norm entsprechen mag.

Die Annahme der Existenz eines CPF konnte sich bislang nicht durchsetzen. Anders steht es um das *Camfranglais*, eine Mischsprache, die sich aus französischen, englischen und Elementen afrikanischer Sprachen zusammensetzt und die sich ausgehend vom Campus der Universität von Yaoundé verbreitet haben soll.[14] Hierbei handelt es sich im Gegensatz zum *CPF* um eine Sprache, die von ihren Sprechern durchaus in dem Bewußtsein gesprochen wird, daß sie sich hiermit von anderen abgrenzen; Chia / Gerbault (1993: 266) werten sie gar als eine Geheimsprache. Die identitätskonstituierende Funktion des *camfranglais* wird von vielen Seiten begrüßt als eine kreative Reaktion auf die Unübersichtlichkeit der Sprachenvielfalt und die mangelnde politische Bereitschaft, diese zum Wohle aller zu gestalten: „Parler camfranglais, c'est être un jeune citadin qui revendique une identité camerounaise (*cam*) dans un pays officiellement bilingue (*franglais*)" schreibt Féral, die die Verände-

---

[13] Die Abkürzung *CPF* ist offenbar an Anlehnung an die Bezeichnung des von de Féral (1989) beschriebenen *Cameroon Pidgin English* (CPE) gewählt.

[14] Zum *camfranglais* vgl. die jeweils sehr kurzen Ausführungen von Lobé Ewané 1989, Chia / Gerbault 1993: 266-269, Féral 1993: 212-213 und Mbah Onana / Mbah Onana 1994.

rungen am Französischen als ein Zeichen seiner Vitalität deutet (1993: 213; Camfranglais zu sprechen, bedeutet ein junger Städter zu sein, der eine kamerunische (*cam*) Identität in einem offiziell zweisprachigen Land (*franglais*) einfordert).

Doch gerade in dieser ungesteuerten Art der Aneignung sehen Kritiker eine Gefahr für eine Sprachdidaktik, deren oberstes Ziel nach wie vor die Vermittlung eines fehlerfreien Französisch ist. Labatut Mbah Onana und Marie Mbah Onana (1994), unter deren Namen sich der aufschlußreiche Zusatz „Inspecteur provincial de français, Yaoundé" findet, argumentieren im Sinne einer Normkonservierung und malen ein Bild des sprachlichen Schreckens, wenn sie die in ihren Augen fürchterlichen Konsequenzen der sprachpolitischen Hoffnungen der Befürworter des *camfranglais* an den Pranger stellen:

> „D'ici à une trentaine d'années (...), on ne communiquera plus en français. Le camfranglais, créé par les Camerounais, ne sera plus compris que par eux. Cette situation grave entraînerait à coup sûr l'isolement linguistique." (Mbah Onana / Mbah Onana 1994: 29)

> In dreißig Jahren (...) wird man nicht mehr auf französisch kommunizieren. Das Camfranglais, von den Kamerunern geschaffen, wird nur noch von ihnen verstanden werden. Diese schlimme Situation würde unweigerlich die sprachliche Isolierung zur Folge haben.

Die beiden Autoren haben zwar durchaus Verständnis für das Bedürfnis nach einer eigenen sprachlichen Identität ihrer Landsleute, die nicht auf der Sprache eines anderen Volkes basiert. Doch in der einseitigen Hinwendung gerade der jungen Menschen in den Städten zu einer neuen, von ihnen eigens kreierten Sprache sehen sie vor allem die Errichtung neuer sprachlicher Grenzen. Dieses Mal wäre von der Exklusion nicht die Masse des Volkes (gegenüber der frankophonen Elite) betroffen, sondern die älteren Generationen, die sich erst einer Vehikularisierung und später womöglich einer Vernakularisierung des für sie unverständlichen *camfranglais* ausgesetzt sähen. Diese Befürchtung scheint mir dann doch etwas übertrieben, aber die Lösung, die Mbah Onana / Mbah Onana vorschlagen, ist trotzdem interessant, denn auch sie fordern (ebd.) – ähnlich wie Tabi-Manga – eine Integration der Nationalsprachen in das formale Schulsystem, eine Anpassung der französischen Norm und eine Modernisierung der Unterrichtsmethoden; nur eben im Namen der französischen Sprache: „Y aurait-il meilleure garantie pour une langue française de qualité au Cameroun?" Gäbe es eine bessere Garantie für eine qualitativ hochwertige französische Sprache in Kamerun, als die Kinder zuerst in einer Nationalsprache, besser noch: ihrer Muttersprache zu unterrichten und ihnen erst später das Französische, vielleicht sogar gemäß einer modifizierten Norm beizubringen? Viele Linguisten und Sprachdidaktiker sind hiervon überzeugt.

Muttersprache Französisch?

Tabi-Manga hat in obigem Zitat ein Feld von möglichen Zuschreibungen eröffnet, um dem sich verändernden Status des Französischen Rechnung zu tragen. Fremdsprache, Zweitsprache, Verkehrssprache oder interkulturelle Sprache lauten seine Optionen, wobei er letzteren, in der Sprachwissenschaft kaum etablierten Begriff nicht weiter definiert. Im wesentlichen meint er wohl dasselbe wie Kontaktsprache: eine Sprache, die verschiedensprachigen Gruppen (Kulturen) als gemeinsames Verständigungsmittel dient. Bemerkenswert an dieser Aufzählung ist aber vor allem das Fehlen des Begriffs 'Muttersprache'. Die Bezeichnung *langue maternelle* behält er allein den 239 afrikanischen Sprachen vor, die der *Atlas linguistique du Cameroun* verzeichnet. Statt dessen beendet er seinen Aufsatz in einem äußerst bestimmten Tonfall mit dem Wunsch und der Erwartung, daß sich unter den von ihm genannten Bedingungen die französische Sprache *auf authentischem Wege* ('authentiquement') zur Zweitsprache entwickeln werde. Der Satz wirkt sprachlich nicht sehr glücklich, denn es ist schwer vorstellbar, wie eine Sprache auf authentischem Wege einen gesellschaftlichen Bewertungswandel erfahren soll. Umso beredter verweist diese Unstimmigkeit auf ein Dilemma. Einerseits verbirgt sich hinter dieser Äußerung das langfristige (sprach-)politische Ziel Tabi-Mangas: die Integration der einstmals fremden Sprache als Zweitsprache besonders im Rahmen des schulischen Unterrichts, was ja gleichzeitig die Garantie für eine Fortdauer der Stellung als *langue officielle* bedeutet; eine Position, die für einen Vertreter der ACCT (mittlerweile ist Tabi-Manga sogar Direktor der Ecole internationale de la Francophonie in Bordeaux) wohl grundlegend sein dürfte. Darüber hinaus aber zielt die Erwähnung der Authentizität – ein Begriff, der in den siebziger Jahren im Zaire Mobutus ein politisches Programm bezeichnete, das in weiten Teilen Afrikas großen Widerhall fand – auf ein anderes Problem, das gleichsam im Herzen dieser offensichtlich schwer zu beantwortenden Frage steckt: Kann das Französische einem Afrikaner, einem Kameruner, zu seiner eigenen Sprache werden? Die Rede von der 'Authentizität der Zweitsprache' möchte diese Möglichkeit einer eingeschränkten affektiven Aneignung erschließen. Denn es geht Tabi-Manga im wesentlichen um die Möglichkeit einer nicht nur formalen, sondern eben auch affektiven Aneignung, die der sprachlichen Aneignung des Französischen zu folgen hätte. Diese affektive Aneignung könne aber nur partiell sein, sie dürfe nicht die fremde Herkunft des Französischen vergessen lassen. Deshalb kann sie auch nur als Zweitsprache dem Eigenen angehören, nicht aber als Muttersprache. Denn dies wäre die Bezeichnung, die zu erwarten wäre, wenn in bezug auf Sprache vom Eigenen per se die Rede ist: *langue maternelle*.

Warum soll die französische Sprache in Kamerun nicht Muttersprache sein können? Einem Handbuch zur Soziolinguistik zufolge wird als Muttersprache „im Bezug auf eine soziale Gruppe die Sprache bezeichnet, die von den Mitgliedern dieser Gruppe als gemeinsamer Bestandteil ihrer Kultur angesehen, von den Kindern als erste erworben und – im Falle des Eintretens in eine Sprachkontaktsituation (...) als Kulturgut dieser Gruppe erhalten, bzw. entwickelt wird (Dietrich 1987: 355, Sp. 1). Im Kontext Kameruns wirft diese Definition, obwohl sie nicht präskriptiv gemeint sein kann, einige Probleme auf. Denn sieht man von privaten Bemühungen einmal ab – wie denen der mit amerikanischen Geldern finanzierten Société Internationale de Linguistique (SIL), die sich zum Zwecke der Bibelübersetzung um eine Verschriftlichung und Standardisierung einer Vielzahl kamerunischer Sprachen bemüht, oder der 1989 gegründeten, mit der SIL kooperierenden Association Nationale des Comités de Langues Camerounaises (ANACLAC) –, werden die afrikanischen Muttersprachen weder mit nennenswertem Aufwand erhalten und entwickelt, noch werden sie heutzutage von Eltern in jedem Fall an ihre Kinder weitergegeben.

Gerade die universitär gebildeten Elternpaare, die zudem nicht mehr, wie einst, aus dem gleichen Dorf stammen und aufgrund verschiedener Herkunft heute auch innerhalb der Familie miteinander Französisch sprechen, erziehen ihre Kinder oftmals auf französisch.[15]

---

[15] Mir liegen keine aktuellen statistischen Angaben hierüber vor, es handelt sich bei dieser Aussage um eine Beobachtung, die sich in erster Linie den Ausführungen meiner Interviewpartner verdankt (vgl. die folgende Fußnote). Es ist also möglich, daß dies in anderen Städten, in anderen Ländern Afrikas anders ist. Koenig (1983: 47) gibt an, daß in Yaoundé ca. 3% der Kinder ausschließlich Französisch sprechen. Sie

Doch nicht einmal dann kann sich ein Vater dazu durchringen, wie der folgende Interviewauszug dokumentiert, die französische Sprache als Muttersprache seiner Kinder anzunehmen:[16]

Haben Sie Kinder?
Ich habe Kinder, ja
Wie sprechen Sie mit denen?
Ich spreche mit ihnen Französisch, meistens. Die haben eine starke Resistenz gegen unsere Muttersprache. Alle Versuche, sie dazu zu bewegen, ausschließlich mit mir in meiner Muttersprache zu sprechen, sind gescheitert. Das liegt daran, daß die, wenn sie aus dem Haus sind, dann nur noch Französisch gebrauchen und sie wollen gar nicht verstehen, weswegen sie eine Spezialsprache für zu Hause haben sollen, wenn ich doch die Sprache verstehe, die sie ja draußen sprechen.
Das heißt, wenn Sie mit ihnen reden, dann verstehen sie Sie zwar, aber sie würden niemals so antworten, sondern immer Französisch?
Kaum, kaum, kaum. Sie verstehen in der Regel.
Schicken Sie Ihre Kinder manchmal auf's Dorf, damit sie die Sprache noch in einem natürlichen Kontext lernen?
Das tue ich, aber etwas Merkwürdiges geschieht, nämlich, daß, wenn Sie einmal auf dem Dorf sind, daß die Dorfbewohner denken, sich anstrengen zu müssen, um auch mit ihnen Französisch reden zu können. Und alle Versuche, sie dazu zu bewegen, doch mit ihnen unsere Muttersprache zu sprechen, sind wirklich gescheitert, weil sie ja den Eindruck haben, daß sich dadurch irgendwelche, na ja, daß ich sie dann nicht ganz voll nehme, wenn ich sie nun zwingen will, nur unsere Muttersprache zu reden.
Sie haben jetzt den Begriff Muttersprache gebraucht. Was bedeutet das genau für Sie, Muttersprache?
Ach, die Muttersprache bedeutet für mich die Sprache, mit der ich zunächst aufgewachsen bin. Erst mit sechs Jahren fing ich mit Französisch an. Also ich bin mit Französisch als Kind konfrontiert worden. Erst als ich in die Schule ging, fing ich mit Französisch an.
Und für Ihre Kinder heißt es aber, daß deren Muttersprache im Prinzip Französisch ist?
Das ist natürlich eine sehr, sehr interessante Frage, da müßte man sehen. Ist ihre Muttersprache wirklich Französisch? Da habe ich meine Zweifel. So kann man das nicht sehen. Damit Französisch wirklich die Muttersprache wird, muß sie auch spontan und, ich würde auch sagen, perfekt von den Partnern und familiären Partnern meiner Kinder gesprochen werden. Und das ist nicht der Fall, auch wenn ich sie spreche, bin ich ja nicht die einzige Bezugsperson. Es gibt andere Bezugspersonen, die zwar sich anstrengen, auch in französisch zu sprechen, die aber diese Sprache nicht meistern.
Aber hieße das dann nicht wiederum, daß die Kinder quasi keine Muttersprache haben?
Das –, ich glaube –, das vielmehr muß man sagen. Die haben keine Muttersprache, und das drückt sich in der Tatsache aus, daß sie Schwierigkeiten haben, dann Sprachen zu lernen. Ich habe es, ich habe Sprachen, ich kann viele Sprachen inzwischen, aber das habe ich auf der Grundlage meiner Muttersprache aufgebaut. Meine Kinder haben das nicht und das rächt sich.

Ein anderes Dilemma: Manche Kinder lernen bereits allein in der französischen Sprache zu sprechen, doch diese soll nach den Wünschen der Eltern nicht Muttersprache sein können. Die Sprache(n) aber, die noch für die Eltern Muttersprache(n) war(en), beherrschen diese Kinder, wenn überhaupt, nur unzureichend, und die Kompetenz wird aller Wahrschein-

---

nimmt an, daß diese Zahl weniger dem sozialen Status der Eltern, als vielmehr einer verschiedensprachigen Herkunft geschuldet ist.

[16] Das Interview ist Bestandteil einer Reihe von Interviews, die ich im Oktober/November 1996 im Auftrag und mit großzügiger Unterstützung der Berlin-Brandenburgischen Akademie der Wissenschaften im Rahmen eines Forschungsaufenthalts in Yaoundé mit *language professionals* (Professoren, Lehrern, Journalisten, Schriftstellern) über 'Sprache in Kamerun' geführt habe. Dieses Gespräch mit einem Professor der Germanistik wurde auf Wunsch des Interviewpartners auf deutsch geführt.

lichkeit nach, da afrikanische Sprachen in der Regel nicht in Kameruns Schulen unterrichtet werden, in Zukunft noch weiter abnehmen. So wird die Identifikation mit einer ursprünglich eigenen Sprache zunehmend schwierig. Aber auch die Identifikation mit der ehemals fremden Sprache wird den kommenden Generationen noch nicht gestattet, und „das rächt sich" vor allem in Hinblick auf die Sprachbeherrschung der Kinder, die nicht mehr die Sicherheit der Muttersprache besitzen. Sie werden – so zumindest diese Prognose – gleich an zwei Normen scheitern: der Norm der Muttersprache und der Norm des Französischen.

Die Geschichte der französischen Sprache in Kamerun ist noch lange nicht zu Ende. Im Moment scheint ihr Vorhandensein vor allem eine große Unsicherheit kreiert zu haben. Die extreme Sprachenvielfalt und die exoglossische Politik Kameruns, die im wesentlichen die koloniale Sprachpolitik fortsetzt, haben zwar zu einer zunehmenden Vehikularisierung des Französischen geführt, ein deutliches Indiz für den kommunikativen Nutzen des Französischen, jedoch nicht zu einer affektiven Aneignung (wobei abzuwarten bleibt, wie sich die Kinder meines Interviewpartners in zwanzig Jahren äußern werden; ob sie das Französische auch affektiv für sich als Muttersprache reklamieren). Je stärker sich aber die französische Sprache auch außerhalb der vom Staat regierten Bereiche verbreitet, desto mehr Varianten entwickeln sich. Die Sprecher ihrerseits kümmern sich zumeist nur wenig um wissenschaftliche Normen; ihnen ist es ziemlich gleichgültig, ob das, was sie sprechen, Normfranzösisch, *français du Cameroun* oder *PCF* genannt wird, solange sie von ihren unmittelbaren Gesprächspartnern verstanden werden. Für die Sprachdidaktiker aber stellt diese Unübersichtlichkeit ein großes Problem dar, denn ihnen ist selbstverständlich daran gelegen, eine Sprache so zu vermitteln, daß sie ihrem Sprecher den potentiell größtmöglichen Nutzen bringt. Ich befürchte allerdings, daß bei aller sprachdidaktischer Raffinesse die Vermittlung einer französischen Sprache, deren Norm an dem Sprachgebrauch der Franzosen orientiert bleibt, nur mäßig erfolgreich bleiben wird. Solange wird die französische Sprache wohl nicht als eigene angenommen und bleibt vielmehr das Symbol einer Geschichte sprachpolitischer Unterdrückung afrikanischer Muttersprachen. Deshalb wird auch eine Sprache wie das *camfranglais* in Zukunft eine starke Anziehungskraft auf die Jugend ausüben. Und deshalb wird dieses Thema die Kameruner noch eine Zeit lang beschäftigen.

Literaturverzeichnis

Abou, Sélim / Katia Haddad, Hgg. (1994): *Une Francophonie différentielle*. Paris: L'Harmattan.
ALCAM (1983) = *Situation linguistique en Afrique centrale. Inventaire Préliminaire. Le Cameroun.* (Atlas linguistique de l'Afrique Centrale, ALAC; Atlas linguistique du Cameroun, ALCAM). Michel Dieu / Patrick Renaud, Hgg. Paris: ACCT / Yaoundé: CERDOTOLA.
Atlas de la langue française (1996). Philippe Rossillon, Hg. Paris: Bordas.
Biya, Paul (1986): *Pour le libéralisme communautaire*. Lausanne: Pierre-Marcel Favre / Paris: ABC.
Calvet, Louis-Jean (1994): *Les voix de la ville. Introduction à la sociolinguistique urbaine*. Paris: Payot.

Chia, Emmanuel (1983): „Cameroon Home Languages." In: Koenig / Chia / Povey, Hgg.: 19-32.
Chia, Emmanuel / Jacqueline Gerbault (1993): „Les nouveaux parlers urbains: Le cas de Yaoundé." In: Gouaini / Thiam, Hgg.: 263-277.
La Constitution de la République du Cameroun. Texte de janvier 1996 / Texte de juin 1972. Ohne Ort [Yaoundé].
Dietrich, Rainer (1987): „Erstsprache – Zweitsprache – Muttersprache – Fremdsprache." In: Ulrich Ammon / Norbert Dittmar / Klaus J. Mattheier, Hgg.: *Soziolinguistik. Internationales Handbuch zur Wissenschaft von Sprache und Gesellschaft*, Bd. 1. Berlin / New York: de Gruyter: 352-358.
Féral, Carole de (1989): *Pidgin-English du Cameroun. Description linguistique et sociolinguistique.* Paris: Peeters / SELAF.
Féral, Carole de (1993): „Le français au Cameroun: approximations, vernacularisation et 'camfranglais'." In: Didier de Robillard / Michel Beniamino, Hgg.: *Le Français dans l'espace francophone. Description linguistique et sociolinguistique de la francophonie*, Bd. 1. Paris: Champion: 205-218.
Fouda, Mercédès (1995): *Le Franco-FauFile Illustré ou L'Art de Parler le Français au Cameroun.* Yaoundé: Equinoxe.
Gouaini Elhousseine / Ndiassé Thiam, Hgg. (1993): *Actes du Colloque International „Des langues et des villes."* Organisé conjointement par le CERPL (Paris V) et le CLAD (Dakar) à Dakar, du 15 au 17 décembre 1990. Paris: ACCT.
Koenig, Edna L. (1983): „Sociolinguistic Profile of the Urban Centers." In: Koenig / Chia / Povey, Hgg.: 33-53.
Koenig, Edna L. / Emmanuel Chia / John Povey, Hgg. (1983): *A Sociolinguistic Profile of Urban Centers in Cameroon.* Los Angeles: Crossroads.
Kom, Ambroise (1995): „Conflits interculturels et tentation séparatiste au Cameroun." In: *Cahiers francophones d'Europe Centre-Orientale* 5-6 (= Y a-t-il un dialogue interculturel dans les pays francophones? Actes du Colloque International de l'AEFECO, Vienne, 18-23 avril 1995), Bd. 1: 143-152.
Lobé Ewané, Michel (1989): „Transferts et interférences. Cameroun: Le camfranglais." In: *Diagonales* 10: 33-34.
Maurin-Abomo Mvondox, Marie-Rose (1992): „Le métissage linguistique, son incidence sur la pensée africaine: le choc d'une culture et d'une langue: l'exemple du Cameroun." In: *Métissages. Actes du Colloque International de Saint-Denis de La Réunion (2-7 avril 1990).* Tome II: *Linguistique et Anthropologie*, textes réunis par Jean-Luc Alber, Claudine Bavoux et Michel Watin. Paris: L'Harmattan: 198-210.
Mbah Onana, Labatut / Mbah Onana, Marie (1994): „Le camfranglais." In: *Diagonales* 32: 29-30.
Petit Robert (1988) = *Le Petit Robert par Paul Robert. Dictionnaire alphabétique et analogique de la langue française.* Rédaction dirigée par A. Rey et de J. Rey-Debove. Paris: Le Robert.
Tabi-Manga, Jean (1994): „Statut, usage et rôle du français au Cameroun." In: Abou / Haddad, Hgg.: 237-251.

IRMELA HIJIYA-KIRSCHNEREIT

Okzidentalismus
Eine Problemskizze

„Okzidentalismus" ist, soviel ich weiß, ein junger Begriff, deutlich jünger nämlich als sein Pendant, der Orientalismus. Letzterer hat sich überraschend schnell und nachhaltig in der wissenschaftlichen Diskussion, zumindest in den human- und sozialwissenschaftlichen Disziplinen, die sich mit fremden Gesellschaften und Kulturen befassen, etabliert; mehr noch, er hat sich in den westlichen Industriegesellschaften durchaus auch in den öffentlichen Diskurs eingeschlichen, wo er, etwa im Zusammenhang mit der Kritik am eigenen Ethnozentrismus und dem als falsch gebrandmarkten universalistischen Denken als Beispiel für den hegemonialen Umgang mit außereuropäischen Kulturen herangezogen wird. Dieses Orientalismusverständnis beruft sich vor allem auf eine mit Verve und Leidenschaft formulierte Studie des in den USA wissenschaftlich sozialisierten palästinensischen Literaturwissenschaftlers Edward Said, der in seinem 1978 mit dem Titel *Orientalism* erschienenen Buch vornehmlich die französischen und die britischen Projektionen des Orients, d. h. vor allem des Nahen und Mittleren Ostens, analysierte und darin zu dem Schluß kommt, daß sie einen „Kulturapparat" darstellten, der „ganz Aggression, Aktivität, Urteil, Wahrheitsanspruch und Wissen" sei. Orientalismus wird hier folglich verstanden als ein umfassendes System von reduktionistischen Annahmen und Vorurteilen, die den „Orient" zum einen auf eine absolute Andersartigkeit und Fremdheit hin definieren und die ihn zum anderen auf zeitlos-überzeitliche Züge und Wesenhaftigkeiten hin festlegen, durch die der Mensch und alle Ereignisse geprägt seien.[1]

Soweit in aller Kürze die Saidschen Kernargumente, die von ihm seither in weiteren Studien vertieft und verfeinert worden sind, etwa in seinem 1993 erschienenen Buch *Culture and Imperialism*, zu deutsch *Kultur und Imperialismus: Einbildungskraft und Politik im Zeitalter der Macht*,[2] in dem er in literarischen Werken des 19. und 20. Jahrhunderts von Dickens bis Camus imperiale Denkmuster, jene „unbewußten und bewußten Bevormundungs- und Überwältigungsstrategien" herausstellt, die der Westen zur Zügelung des ihm Fremden ausgebildet und gebraucht hat.

---

[1] Vgl. Edward W. Said, *Orientalismus*, Übers. v. Liliane Weissberg, Frankfurt/M., Berlin, Wien: Ullstein, 1981 (engl. Originalausg. 1978).
[2] New York: Knopf, 1993; Frankfurt/M.: S. Fischer, 1994.

Mit dem Hinweis auf den Autor Said sollte nun lediglich der Ursprung jener Debatte ausgewiesen werden, die sich seither breitflächig etabliert hat und die gewissermaßen eine Folie für den Okzidentalismusbegriff abgibt. Mehr noch – dieser ist, ob nun implizit oder explizit, von ihm abgeleitet und als dessen Umkehrung zu verstehen.

Mit einer Deutlichkeit, die nichts zu wünschen übrig läßt, formuliert dies der ägyptische Philosoph Hassan Hanafi in seinem 1992 erschienenen Buch *Okzidentalismus*. Sein Programm ist die Umkehrung der Verhältnisse, nach denen der „Westen" als Lehrmeister des „Ostens" fungierte und dessen Selbstbild vorgab. Erst wenn der „Osten" im „Westen" ein Objekt der Erkenntnis und nicht nur eine Quelle von Wissen sähe, könne er sich von dessen geistiger Dominanz befreien, die Geschichte neu interpretieren und die abendländischen „Götter" Descartes, Kant, Hegel und Marx vom Sockel stoßen. Okzidentalismus meint hier in der Tat die Anwendung dessen, was Said als abendländische „Gestik der zivilisatorischen Domestizierung" beschrieb, unter umgekehrten Vorzeichen, ein Vergeltungsprogramm („programme of revenge" nennt es Tonnesson), das darauf abgestellt ist, in einem welthistorischen Augenblick, den man als Moment der Schwächung und des Verfalls westlicher Gesellschaften wahrnimmt, den Spieß umzudrehen. Interessanterweise geht Hanafi auch auf die japanische Erfahrung ein, die er allerdings als Anregung und Vorbild zurückweist. Japan, so Hanafi, sei zugleich Riese und Zwerg. Philosophisch sei es ein Zwerg, denn es habe keine eigenständige Philosophie hervorgebracht und zeichne sich allenfalls dadurch aus, daß es das Land mit der höchsten Zahl an Übersetzungen sei. Es übersetze, sei aber nicht kreativ.[3]

An der Frage, ob eine bestimmte außereuropäische Kultur eine Philosophie hervorgebracht habe, entfaltet sich übrigens ein weiteres Verständnis des Okzidentalismusbegriffs. Belege hierfür bietet etwa die seit den frühen achtziger Jahren geführte Diskussion um eine Philosophie mit afrikanischen Vorzeichen, um eine „Ethnophilosophie", die sich unabhängig von den Prämissen der europäischen Philosophietradition entfalte. Eine radikale Kritik am Konzept einer Ethnophilosophie und folglich einer afrikanischen Variante übt etwa Paulin Hountondji, der sie als ein Sich-Einlassen auf eine europäisch vorgeprägte Organisation von Wissen entlarvt und den gegen ihn gerichteten Vorwurf des Okzidentalismus gegen die Vertreter der „afrikanischen Philosophie" zurückwendet: „if there is any occidentalism, there is none worse than that which consists in believing that one challenges the Western model, even when one rushes head on into the ways and avenues traced by the West during its history."[4] Hier wird unter Okzidentalismus allerdings etwas anderes verstanden, nämlich Eurozentrismus im Sinne einer ideologischen These, die Philosophie als genuin und notwendigerweise europäische Unternehmung deklariert, wie es etwa Heidegger unternähme, dem eine nichteuropäische Philosophie folglich zur *contradictio in adiecto* gerät.[5] Es erscheint mir allerdings nicht unwichtig, anhand dieses Beispiels darauf hinzuweisen, daß der Begriff durchaus in unterschiedlichen Verständnisvarianten kursiert, so daß es nötig sein wird, ihn für unsere Zwecke noch einmal festzulegen.

---

[3] Vgl. Stein Tonnesson, „Orientalism, Occidentalism and Knowing about Others", *NIASnytt* 2 (1994), S. 14-18.

[4] Paulin Hountondji, „Occidentalism, Elitism: Answer to two Critiques", *Philosophie, Ideologie und Gesellschaft in Afrika: Wien 1989*, hg. v. Christian Neugebauer, Frankfurt/M. u. a.: Lang, 1991, S. 39-59, hier S. 45. Der Beitrag ist übrigens eine offensichtlich sehr mangelhafte englische Übersetzung eines Textes, der im französischen Original bereits 1982 erschienen ist.

[5] Vgl. ebd., S. 41f.

Aufschlußreich dürfte der Hinweis jedoch auch in anderer Hinsicht sein, denn die „Ethnophilosophie" bzw. die neu etablierte „Interkulturelle Philosophie" als deren dialogisch gedachte Erweiterung gilt in der Tat als eine Art (inoffizieller) Prüfstein für die Frage: Wie hältst Du's mit dem universalistischen Anspruch abendländischen wissenschaftlichen Denkens – obgleich, wohlgemerkt, in bezug auf diese Frage die Antwort eine paradoxe Verschränkung erhält: Wenn man, wie Hountondji, die Philosophie als solche jenseits der Heideggerschen Ideologismen als abendländisches Kategoriensystem zur Beschreibung und Systematisierung indigenen Denkens zurückweist, begibt man sich auf eine andere Ebene der Argumentation. Zu den in und außerhalb Japans verbreiteten Topoi gehört dagegen die Vorstellung, die japanische Kultur habe keine philosophische Tradition herauszubilden vermocht, eine Vorstellung, die etwa auch der zuvor zitierte Hassan Hanafi reproduziert. Man kann nun, wie Hountondjis Ansatz es nahelegen würde, in einer solchen Beobachtung, sollte sie denn zutreffen, die Bestätigung dafür sehen, daß sich die japanische Tradition offenbar nicht den abendländischen Kategorien anbequemt und sich konsequenterweise auch nicht in dem entsprechenden Erkenntnisraster abbildet. Der in Japan dagegen vielfach beschrittene Weg ist ein gegenläufiger: Was im japanologischen Kontext als „Denken" in Japan *(Nihon no shisô)* zum Gegenstand der wissenschaftlichen Analyse gemacht wurde,[6] wird aus der Sicht derer, die darin ein defektives Muster erkennen wollen, zur japanischen Ausprägung von „Philosophie" ausgedeutet. So erscheint es mir bezeichnend, daß etwa in der neuesten Forschungsbibliographie zu den japanischen Humanwissenschaften, die die japanische Forschung der Jahre 1991-92 in englischsprachig kommentierten Einträgen vorstellt, der Bereich der „Geistesgeschichte" (jap. *shisôshi*) in einer Vorankündigung vom Februar 1996 zunächst als „intellectual history" firmiert, eine wörterbuchgerechte Übertragung des japanischen Terminus; im Mai 1996 wird die „intellectual history" jedoch in „philosophy" korrigiert.[7] Daß es sich bei dieser Beobachtung zu einem kuriosen Detail um eine Überinterpretation handelt, müßte meines Erachtens erst nachgewiesen werden. Fest steht jedenfalls, daß sich vieles an dem Bestreben, eine „japanische *Philosophie*" zu postulieren oder auch eine „*japanische* Philosophie" zu etablieren, auf epistemologische Prämissen mit eurozentrischer oder auch anti-eurozentrischer Färbung – je nach Betrachtungsweise – zurückführen läßt.[8] Für die eine Partei liegt der anti-eurozentrische Impetus in der Postulierung einer japanischen Philosophie, während dies auf der Ebene der Argumentation von Hountondji einer Anpassung an okzidentale Kategorien gleichkommt.[9]

---

[6] Besonders konsequent hat im deutschen Sprachraum Klaus Kracht diesen Weg beschritten, vgl. etwa seine Monographie *Studien zur Geschichte des Denkens im Japan des 17. bis 19. Jahrhunderts: Chu-Hsi-konfuzianische Geist-Diskurse*, Wiesbaden: Harrassowitz, 1986; nicht einmal im umfangreichen Index dieses 448 Seiten umfassenden Werks finden wir das Stichwort „Philosophie".

[7] Vgl. die Ankündigung der *Introductory Bibliography for Japanese Studies, Vol. IX, Part 2: Humanities 1991-92* in *The Japan Foundation Newsletter* XXIII, 5 sowie die Korrektur in *The Japan Foundation Newsletter* XXIV, 1.

[8] Zur Frage: Gibt es eine japanische Philosophie? vgl. auch Saigusa Hiroto, „Nihon tetsugaku 'Japanische Philosophie'", mit dem einleitenden Satz: „Die Frage, ob es in Japan Philosophie ... gegeben hat, wird seit der Meiji-Zeit (1868-1912) diskutiert", in *Japanische Geistesgeschichte*, bearbeitet von Klaus Kracht in Zusammenarbeit mit Gerhard Leinss, mit einer Einführung von Olof G. Lidin, Wiesbaden: Harrassowitz, 1988 (Japanische Fachtexte, hg. Bruno Lewin, Bd. 3), S. 89-105, hier S. 93.

[9] Hier ist nicht der Ort zu einer Auseinandersetzung mit Gregor Paul, der in seiner „kritischen Untersuchung" über *Philosophie in Japan* (München: Iudicium, 1993) auf die Frage der Anwendbarkeit des Philosophiebegriffs auf Japan explizit eingeht, vgl. ders., S. 1-15 sowie S. 340-343.

Natürlich geht es mir hier nicht um die Frage: Philosophie in Japan – ja oder nein, sondern um Indizien für Haltungen, die in letzter Zeit zunehmend mit den kategorialen Rahmen „Orientalismus" oder „Okzidentalismus" in Verbindung gebracht werden.

Es ist nun an der Zeit, jenen Okzidentalismusbegriff zu erläutern, der meiner Formulierung im Thema des japanbezogenen Teilprojekts zugrundeliegt, das sich mit „Okzidentalismus als japanischer Tradition im 20. Jahrhundert" befaßt. Auch ich bin dabei von einer Analog- bzw. Komplementärbildung zu dem Saidschen Orientalismusbegriff ausgegangen, wobei ich darunter zunächst einmal das Bild, die *images* fassen möchte, die Japan sich vom „Westen" macht. Es versteht sich von selbst, daß der Okzident aus japanischer Perspektive ein breites Spektrum an Funktionen, oft in einer komplexen Mischung, verkörpern kann, vom Vorbild und Lehrmeister zum abschreckenden Dekadenzmodell und Feind der eigenen Zivilisation, als Aggressor oder als gezähmte Fremde, die man sich in kontrollierter Dosierung einverleibt, als Utopie oder als Dystopie, je nach der historischen und geopolitischen Konstellation. Nicht von ungefähr klammert Said das Beispiel Japans aus seinen Betrachtungen zum Orientalismus aus, denn Japan fügt sich nicht in das bei ihm beschriebene Muster kolonialer Beziehungen ein. Dennoch kann natürlich kein Zweifel darüber bestehen, daß die Beziehungen zwischen „West" und „Ost" auch im Falle Japans hochgradig asymmetrisch sind. Die Distanz zwischen ihnen jedoch ist aus beiden Richtungen gleich. Auf diese auf den ersten Blick geradezu peinlich selbstverständlich klingende Feststellung werde ich später noch einmal zurückkommen.

Eine der zweifellos wichtigsten Funktionen des Okzidents für Japan ist seine Alterität, seine Rolle als Anderes im Prozeß der Selbstvergewisserung und Identitätsbildung, eine Rolle, die in früheren Jahrhunderten China zugefallen war.[10] In dem Augenblick, in dem der Westen machtvoll am japanischen Horizont erscheint, wird das ehedem relativ einfache antagonistische Konstrukt von „eigen" und „fremd" komplex, denn nun gilt es, Japans Position innerhalb Asiens *vis-à-vis* dem Westen neu zu definieren. Dieser Herausforderung begegnet man in Japan durch die Etablierung einer neuen geokulturellen Einheit, des „Orients" *(tôyô),* was zunächst, in der Frühzeit der japanischen Moderne im späten 19. Jahrhundert, alles Nicht-Abendländische umfaßte und im frühen 20. Jahrhundert das Gegenstück zum Okzident einschließlich der als „orientalisch" verstandenen Elemente einer sogenannten „orientalischen Zivilisation" *(tôyô no bunmei)* zu repräsentieren begann. In seiner Studie mit dem Titel *Japan's Orient* zeigt Stefan Tanaka, wie Japan im Zuge der Modernisierung mit dem neuformulierten Konzept, einem kulturell andersartigen, dem Westen jedoch nicht unterlegenen Orient, seine Geschichte so zu „erfinden" vermag, daß China darin ein anderer Stellenwert zukommt – ihm fällt die Rolle des idealisierten Raums und der idealisierten Zeit zu, von der Japans Entwicklung ihren Ausgang nahm. Ein offensichtlicher Widerspruch jedoch bleibt: Um zu beweisen, daß Japan nicht „orientalisch" im abendländischen Sinne ist, bedienen sich japanische Historiker eben jener okzidentalen Kategorien. Gleichzeitig läßt

---

[10] Vgl. hierzu etwa David Pollack, *The Fracture of Meaning: Japan's Synthesis of China from the Eighth through the Eighteenth Centuries,* Princeton: Princeton University Press, 1986, und Irmela Hijiya-Kirschnereit, „Iaponia Insula – Die verspiegelte Fremde", in *Japan und Europa 1543-1929: Essays: Zur Ausstellung der 43. Berliner Festwochen im Martin-Gropius-Bau Berlin,* Berlin: Argon, 1993, S. 9-17 sowie S. 89, hier S. 13-14.

sich mit diesem Modell jedoch Japans historische Mission einer Wiederbelebung Asiens legitimieren.[11]

Die Schwierigkeit im Umgang mit dem Begriffspaar Orientalismus–Okzidentalismus ist sicherlich, daß, wie beim vorangegangenen Beispiel, genau hingeschaut werden muß, was im Einzelfall gemeint ist. Japans neugeschaffener Orientbegriff ist natürlich mit dem des Saidschen Schemas nicht identisch, sondern er ist sowohl in geopolitischer wie in ideologischer Hinsicht dessen Gegenstück,[12] aber er ist mit Sicherheit eine Antwort auf die Herausforderung durch den Westen. Eine solche Antwort ist auch das, was neuerdings in der Forschung als japanische Selbst-Orientalisierung beschrieben wird. In meinem Essayband von 1988 *Das Ende der Exotik* nannte ich diese auf zeitgenössische Erscheinungen bezogene Beobachtung noch eine japanische Selbstexotisierung, nämlich die Betonung der Differenz, der nicht selten als absolut deklarierten Andersheit, die nicht nur das nationale Selbstwertgefühl stimuliere, sondern auch Freiräume verschaffe. So bezieht auch das außerordentlich populäre Genre der japanischen Selbstdeutungen oder Japandiskurse, der *Nihonjinron*, die entscheidenden Anstöße aus dem Bestreben, die kulturelle und nationale Identität im Muster von Oppositionen zu deuten. Das bei weitem häufigste und wichtigste Muster ist das der Gegenüberstellung von Japan und dem Westen, nicht selten ist jedoch auch die Oppositionsbildung „Japan gegen den Rest der Welt". Die japanische Selbstexotisierung mündet dort in eine Selbstorientalisierung, wo sie im Rahmen der Distanzierung vom Okzident die relative Nähe zu einer als „östlich" deklarierten Entität, etwa die Zugehörigkeit zum konfuzianischen Raum reklamiert, wobei dessen Binnendifferenzierung jedoch sorgfältig darauf abgestellt ist, Japan im Rahmen einer auch nur geringfügig veränderten Fragestellung leicht wieder aus dieser Assoziation herauslösen und als „dem Westen" kompatibel präsentieren zu können.[13]

Nun liegt die besondere Komplexität der – sagen wir einmal – asiatischen Reaktion auf den Orientalismus darin, daß sie sich oft genug genau jene Kostüme in „nativisierter", beglaubigter Form wieder anzieht, die der orientalistischen Mottenkiste entnommen sind. Wir begegnen somit erneut, in vielleicht mehrfacher Spiegelung und Brechung, dem bekannten Stereotypenrepertoire, das nun mit umgekehrten Vorzeichen, sozusagen als „inverted Orientalism" die Bühne betritt.[14] Es erübrigt sich zu erwähnen, daß an all diesen Diskursen, den orientalistischen wie den okzidentalistischen und ihren Umkehrungen, jeweils Angehörige beider Kulturkreise mitwirken.

---

[11] Vgl. Stefan Tanaka, *Japan's Orient: Rendering Pasts into History*, Berkeley, Los Angeles, Oxford: University of California Press, 1993, S. 4 sowie S. 12f. Zu berücksichtigen ist jedoch auch die sehr harsche Kritik am eklektischen und nicht immer adäquaten Umgang mit dem Material, die Joshua A. Fogel in seiner Rezension des Buches übt, vgl. *Monumenta Nipponica* 49, 1 (1994), S. 108-112. Sie zeigt die Gefahren auf, die mit einem solchen „theoriegeleiteten" Ansatz verbunden sind, wenn dieser gewissermaßen als Ersatz für methodisches Handwerk und intellektuelle Redlichkeit fungiert.

[12] Vgl. Tanaka, a. a. O., S. 4.

[13] Vgl. Irmela Hijiya-Kirschnereit: *Das Ende der Exotik: Zur japanischen Kultur und Gesellschaft der Gegenwart*, 2. Aufl., Frankfurt/M.: Suhrkamp, 1995, S. 13f.

[14] Vgl. Jorn Borup, „Zen and the Art of Inverting Orientalism", *NIASnytt* 4 (1995), S. 17-18, hier S. 17; auch bei Karatani Kôjin, *Nihon kindai bungaku no kigen*, Tôkyô: Kôdansha, 1980 (engl.: *Origins of Modern Japanese Literature*, translation edited by Brett de Bary, Durham, London: Duke University Press, 1993; dt.: *Ursprünge der modernen japanischen Literatur*, aus dem Japanischen von Nora Bierich und Kobayashi Toshiaki, Basel, Frankfurt/M.: Stroemfeld, 1996) ist ein solcher Ansatz eines „inverted Orientalism" auszumachen.

Nehmen wir als ein in den Vereinigten Staaten und Europa recht bekanntes Beispiel für eine solche Inversion des Orientalismus das Wirken des japanischen Publizisten Suzuki Daisetsu (1870-1966), der 1893 erstmals mit dem Abt eines Zen-Klosters zum internationalen Religionskongreß nach Chicago gereist war und der in den darauffolgenden Jahrzehnten durch Vorträge und zahlreiche Publikationen in englischer Sprache den Zen-Buddhismus als Ausdruck östlicher Geistigkeit international zu einem Begriff werden ließ. Die Vermarktung des „mystischen Orients", der für sich genommen eine Projektion zeitgenössischer westlicher Ideale von Geistigkeit und Rationalität darstellte, gelang ihm nicht zuletzt aufgrund seiner Kenntnis des Westens. So benutzt er die westlichen Stereotypen und die bekannten Ost-West-Dichotomien, um den Zen-Buddhismus nicht nur als Kulmination der Entwicklung dieser Religion, sondern auch als Wesen des Östlichen, insbesondere aber der japanischen Kultur und Mentalität herauszustellen. Die orientalistischen Klischees, auf den Westen angewendet, machen diesen zum Objekt. In seiner Studie zur „Topologie" des Chan bzw. Zen und den ideologischen Hintergründen der Zen-Diskurse macht Bernard Faure, ausgehend von Suzuki und dem ebenfalls sehr wirkungsmächtigen Kunsttheoretiker und Schüler Fenollosas, Okakura Tenshin (Kakuzô, 1862-1913), eine Tradition dieses „inverted and mystical Zen orientalism" aus, die, mit nationalistischem Einschlag, vom Philosophen Nishida Kitarô und der sogenannten Kyôto-Schule beerbt wird und sich im Kulturnationalismus eines Umehara Takeshi sowie in den jüngsten „neokulturalistischen" Schriften aus der Sparte der Japandiskurse *(Nihonjinron)* fortsetzt.[15] Für Faure hat Suzukis durchschlagender internationaler Erfolg weniger mit den literarischen oder philosophischen Qualitäten seiner Schriften zu tun; er sieht ihn vielmehr als „result of a historical conjuncture that prompted the emergence in the West of a positive modality of Orientalist discourse".[16] Diesem Phänomen gibt er den Namen „Suzuki Effekt", womit meines Erachtens ein sehr zentrales Muster im Diskurs dessen, was Faure auch einen „sekundären Orientalismus" nennt, beschrieben ist. Ich schlage vor, diesen als eine Variante des Okzidentalismus zu verorten.

Um das Spektrum ein wenig zu erweitern, sei hier noch kurz auf eine weitere Variante japanischer Selbstorientalisierung hingewiesen. In einem Aufsatz mit dem Titel „Mon Japon: the revue theater as a technology of Japanese imperialism"[17] erläutert Jennifer Robertson am Beispiel einer Popularkunstform, wie die imperiale japanische Ideologie in der ersten Hälfte dieses Jahrhunderts ästhetisiert und der japanischen Bevölkerung in Form orientalistischer Phantasien Japans „Mission" als Haupt der „Großostasiatischen Wohlstandssphäre" nähergebracht wurde, wobei das Theater selbst als Medium, nicht bloß als passiver Spiegel der Verhältnisse, gesehen wird, das bestimmte Formen sozialer Interaktion legitimiert oder diskreditiert. So fungiert das Revuetheater mit seinen Stücken über Thailand und Indien, Paris und die Südsee, die von westlichem Kolonialismus und von Patriotismus, von panasiatischer Geschichte und einer allgemeinen asiatischen Wohlstandssphäre handeln, als eine Art Brücke zwischen der soziopolitischen Ordnung als Ganzem und einer Idealvision jener Großostasiatischen Wohlstandssphäre. Die asiatischen Völker werden einerseits assimiliert,

---

[15] Vgl. Bernard Faure, *Chan Insights and Oversights: An Epistemological Critique of the Chan Tradition*, Princeton: Princeton University Press, 1993, sowie die Rezensionen von Martin Collcutt in *Journal of Japanese Studies* 21, 2 (Summer 1995), S. 515-521, und von Joseph O'Leary in *Monumenta Nipponica* 48, 4 (Winter 1993), S. 521-526.
[16] Vgl. Faure, a. a. O., S. 54, sowie den Kommentar bei O'Leary, a. a. O., S. 523.
[17] Erschienen in *American Ethnologist* 22, 4 (1995), S. 970-996.

andererseits aber wird Japans kulturelle Überlegenheit herausgestellt, und auch hier gilt, daß die grundlegendste Grenzziehung in diesem System nicht diejenige zwischen Japan und dem Westen, sondern die zum Rest der Welt ist.[18] Auch diese Form der Indoktrination durch das Unterhaltungsgenre Theater, das mit Exotismen und Essentialisierungen die Einstellung der japanischen Bevölkerung zu den kolonialen Untertanen entscheidend prägt, läßt sich als Orientalisierungspraxis im Dienste eines allumgreifenden Okzidentalismus betrachten, mit dem Japan in der Konfrontation mit dem Westen seinen imperialistischen Anspruch rationalisiert und ästhetisiert.

Noch ein Wort zu den Protagonisten der essentialisierenden Diskurse orientalistischer oder okzidentalistischer Prägung. Sie finden sich, wie bereits konstatiert, in beiden Lagern, und so zählen die orientalistischen Schemata der japanischen Kriegsideologen letztlich zu demselben Diskurs wie die westlichen Narrationen, von viktorianischen Reisetagebüchern bis hin zu Roland Barthes' *Reich der Zeichen*.[19]

Ein Topos des Okzidentalismus besagt, daß die Entfernung Japans zum Westen viel geringer sei als der umgekehrte Weg. Mit anderen Worten, die Schwierigkeiten der Europäer, Japan zu verstehen, seien wesentlich größer als umgekehrt. Man kann sich leicht ausmalen, wie geschickt sich dieser Topos im interkulturellen Dialog strategisch nutzbar machen läßt, und zwar, je nach Sprechersituation, zu sehr unterschiedlichen Zwecken. Ich erlaube mir, an dieser Stelle aus meinem *Ende der Exotik* zu zitieren, wo ich die Situation wie folgt verdeutliche:

„Man ist (in Japan) der Ansicht, daß das bisher vorherrschende, zweifellos riesige Informationsgefälle zwischen Japan und dem Westen dem eigenen Land in dieser Hinsicht einen uneinholbaren Vorsprung sichert, zumal die oft genug verbalisierte und durchweg vorausgesetzte Übereinkunft besteht, daß 'der Westen' für Japaner leichter zugänglich sei als umgekehrt. Während es für Japaner kein Problem bereite, europäische Philosophie oder Literatur 'richtig' zu verstehen, müsse japanische Geisteswelt dem Europäer aufgrund ihres einzigartigen Charakters weit schwerer zugänglich sein, ja letztlich ganz verschlossen bleiben. Die Distanz zwischen Europa und Japan ist mithin aus japanischer Sicht wesentlich größer als umgekehrt." (S. 140)

Ich will nicht verhehlen, daß mich der dezidierte Einspruch von deutscher Seite gegen meinen Versuch einer Dekonstruktion dessen, was ich als Element eines okzidentalistischen Mythos verstehe, ein wenig überrascht hat. So hat meine ketzerische Bemerkung eine Reihe von Japan-Apologeten auf den Plan gerufen, die sich herausgefordert fühlten, das Bild wieder zurechtzurücken. Den im Druck fixierten Anfang machte meines Wissens der Germanist und „Japankenner" Ralph Rainer Wuthenow, der in einem Essay über die Verständnisschwierigkeiten von Europäern in Bezug auf japanische Literatur insistiert: „Die Tatsache bleibt, daß der Weg nach Ostasien, speziell nach Japan (oder auch in die arabische Welt) doch immer viel weiter ist als der von dort zu uns."[20] Wuthenows Begründung überrascht indes noch mehr, denn er meint: „Liest nicht ... der gebildete Japaner die eigene Literatur

---

[18] Vgl. Robertson, a. a. O., S. 974.
[19] Eine Kritik am Orientalismus Barthesscher Prägung findet sich bei David Pollack, *Reading Against Culture: Ideology and Narrative in the Japanese Novel*, Ithaca, London: Cornell University Press, 1992, S. 1-11.
[20] Ralph-Rainer Wuthenow, „Bevor wir urteilen", *Japanische Literatur der Gegenwart*, hg. v. Siegfried Schaarschmidt und Michiko Mae, München: Hanser, 1990, S. 136-142, hier S. 138. Daß diese Bemerkung als Antwort auf meine Feststellung gemünzt ist, gibt übrigens auch der Kontext recht eindeutig zu erkennen.

sozusagen 'japanisch', indes er die Literatur der westlichen Welt gewissermaßen 'europäisch' liest, wohingegen wir auch die Werke der japanischen Literatur nur immer wie die unserer eigenen (mit leichten Zugeständnissen freilich) zu lesen vermögen?"[21] Was berechtigt, so frage ich mich natürlich, den Germanisten Wuthenow zu der Vermutung, ein Japaner läse ein europäisches Werk „europäisch"? Es mag opportun und politisch korrekt sein, den ohne Frage vorhandenen Wissensvorsprung, der in Japan in bezug auf „den Westen" und im reziproken Vergleich mit ihm auszumachen ist, mit einem qualitativen Sprung im interkulturellen Dialog gleichzusetzen, was er allerdings nur unter bestimmten Bedingungen ist. Gegen die auf Europa ausgerichtete pädagogische Absicht dieser Aussage ist sicherlich nichts einzuwenden. Möglich wird eine solche Aussage jedoch erst dadurch, daß man die gleichwohl große kulturelle Distanz, die sich gerade auch in der eben nicht „europäischen" Lektüre eines japanischen Lesers offenbart, schlichtweg ignoriert, vielleicht deshalb, weil man sie wahrzunehmen erst gar nicht in der Lage ist.

Doch Wuthenow gibt auch anderen Autoren das Stichwort, so etwa Manfred Osten, der in seinem 1996 erschienenen Büchlein *Die Erotik des Pfirsichs* durch die mit Hilfe einer Dolmetscherin geführten Gespräche mit japanischen Autorinnen und Autoren „die Einsicht (bestätigt findet), daß der Weg nach Japan 'immer sehr viel weiter ist als der von dort zu uns'." Zwar räumt er im nächsten Satz ein: „Die Gründe hierfür sind komplex und für den Europäer kaum nachvollziehbar",[22] dessenungeachtet aber beharrt er auf einem Theorem, das dem Gegenüber im interkulturellen Dialog mit dem quantitativen Vorsprung an Wissen auch eine fundamental andere Möglichkeit des Zugangs zum fremden Anderen, nämlich eine Verkürzung der Fremdheitsdistanz, zuspricht und das zugleich ein wesentliches okzidentalistisches Ideologem darstellt.[23]

Auch Bernhard Waldenfels bemüht die Wegmetapher in seinem im April 1996 beim japanisch-deutschen Kolloquium ehemaliger Humboldt-Stipendiaten in Kyôto gehaltenen Vortrag „Antwort auf das Fremde. Grundzüge einer responsiven Phänomenologie", doch ihm ist sicherlich nicht zu widersprechen, wenn er formuliert: „Der Weg von West nach Ost und der Weg von Ost nach West sind nicht ein und derselbe Weg, den wir in verschiedener Richtung durchlaufen, wie manche Weltkulturplaner meinen." (Manuskript, S. 2) Eher taucht hier Verwunderung darüber auf, welcher „Weltkulturplaner" denn wirklich eine Symmetrie im Verhältnis zwischen „West" und „Ost" unterstellen würde.[24]

Doch verlassen wir hier die Ebene der mehr oder weniger treffenden Metaphern und der kleinen polemischen Spitzen, der Beispiele für japanische Selbstorientalisierung und Spielarten wie den „sekundären" und den „umgekehrten/inverted" Orientalismus als komplementären Formen des japanischen Okzidentalismus. Was, so wäre abschließend zu fragen,

---

[21] Ebd., S. 138.
[22] Manfred Osten, *Die Erotik des Pfirsichs: 12 Porträts japanischer Schriftsteller*, Frankfurt/M.: Suhrkamp, 1996, S. 11.
[23] Die Formulierung vom Weg nach Japan, der „immer sehr viel weiter ist als der von dort zu uns", scheint die Leser derart zu packen, daß sie noch als Tertiärzitat zu finden ist, etwa in der Rezension des Buches von Osten durch Andreas von Stechow in *OAG Rundschreiben*, Juni 1996, S. 21-23, hier S. 22.
[24] Bei Waldenfels liegt der Hase woanders im Pfeffer, nämlich dort, wo er sich auf eine irreführende und falsche Übersetzung und sprachliche Erläuterung zur angeblichen „Impersonalität japanischer Satzformen" – das Gegenteil ließe sich leichter und zwingender belegen – beruft, die er den essentialistisch-kulturalistischen Thesen nach Art der Japan-Diskurse entnimmt, und zwar bezieht er sich auf S. 4f. seines Vortrags auf Bin Kimura, *Zwischen Mensch und Mensch: Strukturen japanischer Subjektivität*, übers. und hg. v. Elmar Weinmayr, Darmstadt: Wissenschaftliche Buchgesellschaft, 1995.

kann das Programm einer Erforschung des Okzidentalismus denn erbringen? Um es noch einmal zu verdeutlichen: Der Terminus bezeichnet in seinem semantischen Kern die geographische, politische oder kulturelle Region, auf die der polarisierende, essentialisierende Blick gerichtet ist. Insofern, als zur Bestimmung und Behauptung der eigenen Identität jedoch oftmals eine kategorische Eingliederung in den Gegenraum, in diesem Fall nach Asien, mitsamt einer Feinadjustierung der eigenen Stellung vorgenommen wird, bilden diese „Orientalismen" gewissermaßen Unterformen des Okzidentalismus. Bei beiden, ob Orientalismus oder Okzidentalismus, handelt es sich um jenes nicht leicht zu entwirrende Knäuel an kulturellen, historischen und sozialen, an Text- und Herrschaftspraktiken und diskursiven Formationen, die die Beziehungen zwischen Kulturen und Nationen kennzeichnen. Es genügt jedoch nicht, lediglich die Essentialisierungen und die falschen Dichotomien, die selektive Wahrnehmung und die Vorurteilsstrukturen aufzuzeigen, die sich stets und überall werden entdecken lassen. Wichtiger noch ist es wohl zu zeigen, wie sie entstehen, wie sie auf die soziale und politische Situation bezogen sind und wie sie sich im Leben und Denken einnisten.[25]

Japanischer Okzidentalismus als Tradition im 20. Jahrhundert ist erst in der allerjüngsten Zeit zum Gegenstand wissenschaftlichen Interesses avanciert, obgleich wir, ob wir es nun wahrhaben wollen oder nicht, in unserem intellektuellen Alltag gar nicht so selten mit ihm konfrontiert werden, und sei es in Form aufgeklärt klingender, Offenheit für das Fremde signalisierender Bekenntnisse einheimischer Zeitgenossen, die jeden Orientalismusverdacht voller Überzeugung von sich weisen würden. Doch nicht ums Moralisieren soll es uns gehen, sondern darum, Orientalismus wie Okzidentalismus in Frage zu stellen.[26]

---

[25] Mit diesen Bemerkungen beziehe ich mich auch auf James Carriers Einleitung zu *Occidentalism: Images of the West*, hg. v. James Carrier, Oxford: Clarendon Press, 1995, S. 1-32, hier S. 28.
[26] Vgl. Carrier, a. a. O., S. 13.

Viktoria Eschbach-Szabo

Ueda Kazutoshi und die moderne japanische Sprachwissenschaft

Einstimmen möchte ich den Leser in Ermangelung des Reisetagebuches von Ueda Kazutoshi mit einem Zitat aus den Erinnerungen des Schriftstellers und Mediziners Mori Ôgai (1862-1922), der sich in den Jahren von 1884 bis 1888 – mithin nur wenige Jahre vor Ueda – in Berlin, Leipzig, Dresden und München aufhielt. In seiner Erzählung *Môsô* ('Illusion') erinnert sich ein alter Mann am Meer an seine Jugend in Deutschland:

> „Ich war in meinen Zwanzigern, als ich den Geschehnissen dieser Welt noch völlig unbedarft wie eine Jungfrau gegenüberstand, mit einer Kraft, die das Scheitern noch nicht kannte. Ich war in Berlin. Wilhelm I., der das Gleichgewicht der Großmächte zerstört hatte und dem barbarisch klingenden Wort *Doitsu* (Deutsch) ein erdrückendes Gewicht verliehen hatte, war noch auf dem Thron. Die Sozialdemokratische Partei keuchte unter diesem natürlichen Gewicht und wurde noch nicht wie unter dem jetzigen Wilhelm II. **dämonisch** unterdrückt. Im Theater präsentierte **Ernst von Wildenbruch** ein Stück mit dem Gründungsvater des **Hohenzollern**-Hauses als Helden, welches die jungen Gemüter der Studenten beherrschte.
> Mittags mische ich mich im Vorlesungssaal und im **Laboratorium** unter die lebendigen jungen Leute und arbeite. Während ich mich den Europäern, die in allem ungeschickt und schwerfällig sind, überlegen fühle, arbeite ich schnell. Abends gehe ich ins Theater. Ich gehe in Tanzlokale. Nachdem ich einige Zeit im Kaffeehaus verbracht habe, bummele ich durch die Straßen, die nur von dem einsamen Licht der Laternen erhellt werden, um die Zeit, als die Straßenkehrer mit ihren Pferdewagen mit der Arbeit beginnen, zurück. Manchmal gehe ich nicht direkt nach Hause.
> Und dann gehe ich nach Hause in meine Wohnung. Obwohl ich es meine Wohnung nenne, so ist es doch so, daß ich sie durch die Eingangstür eines großen Hauses erreiche, die ich mit einem lästigen Schlüssel öffne, drei oder vier Treppen hochsteige, wobei ich Streichholz nach Streichholz anzünde und schließlich mein **chambre garnie**-Dachzimmer erreiche.
> Es gibt einen hohen Tisch und zwei bis drei Stühle. Ein Bett, eine Kommode und einen Toilettentisch. Darüber hinaus gibt es nichts. Ich mache das Licht aus und lege mich sofort aufs Bett. Besonders um diese Zeit fühle ich die Einsamkeit des Herzens. Wenn sich meine Nerven beruhigt haben, so bedeutet das nur, daß die Bilder aus meiner Heimat vor meinen Augen erscheinen. Während ich diese Vision sehe, schlafe ich ein. Die **Nostalgie** ist kein tiefer Schmerz im Leben." (in Mori 1969; meine Übersetzung, Hervorhebungen im Original)

Mori Ôgai, dessen Text von der Rezeption der fremden Gegenstände, fremder Wörter und Kozepte eines japanischen Stipendiaten in Berlin erzählt, macht durch seine typographischen Hervorhebungen deutlich, wie sehr die Stadt und der Staat damals auf die jungen Studenten gewirkt haben und das japanische Deutschlandbild bis heute prägen.

1. Die Begründung der modernen japanischen Sprachwissenschaft

Ohne näher auf die Frage einzugehen, ob es eine Kluft zwischen der abendländischen und japanischen Kultur in bezug auf die Sprachbetrachtung und Sprachwissenschaft gegeben hat, möchte ich lediglich konstatieren, daß die Gesamtordnung der modernen Sprachwissenschaft durch die direkte Einwirkung abendländischer Ideen neu entstanden ist. Und ohne an dieser Stelle die Vielzahl der japanischen Sprachwissenschaftler und deren Einstellung zu fremden linguistischen Systemen im einzelnen behandeln zu können, sollen doch anhand von Uedas Beispiel zwei wesentliche Fragen angesprochen werden, die zum Verständnis der lang anhaltenden Wirkung der deutschen Philologie und besonders des Wirkens der Junggrammatiker (*seinenbunpô-gakuha, seinenbunpô-gakuto*) in Japan beitragen können: erstens die linguistischen Bedingungen der Schaffung der modernen Literatur- und Umgangssprache; zweitens die Historiographie in der Linguistik. Die erste Frage betrifft vor allem die Sprachnormdiskussion sowie das Problem der Übernahme fremder Denksysteme und Begriffe, während die zweite Frage damit eng verbunden diskutiert werden kann, da man dabei die Fremdheit der fremden Sprachen und das Bewußtsein für die Fremdheit der ausländischen Linguistik erörtern kann.

Die Herausbildung der modernen japanischen Sprachwissenschaft ist mittlerweile hinlänglich untersucht worden, ich erinnere hier nur an die Studien von Doi Toshio, Bruno Lewin und die lexikologischen Werke zur Geschichte der japanischen Sprachwissenschaft. Weniger zufriedenstellend steht es um die genaue Klärung der Frage, inwiefern die junggrammatische Schule den Werdegang der Sprachwissenschaft in Japan geprägt hat. Über die Rolle der japanischen Studenten, die wie Ueda Kazutoshi seinerzeit in Leipzig studierten, bei der Vermittlung der damals aktuellen deutschen Wissenschaft und Kultur, liegen zwar knappe und informative Abhandlungen vor, doch fehlt bislang eine gründliche problemgeschichtliche Studie.

In der Darstellung der Meiji-Zeit (1868-1912), einer Zeit des politischen Umbruchs, in der sich Japan nach Jahrhunderten der Abschottung erstmalig wieder dem Westen hinwendet, wird Ueda einhellig als einer der wichtigsten Begründer der damaligen japanischen Sprachwissenschaft im allgemeinen und der Phonologie im besonderen genannt. Bevor wir zur Diskussion der inhaltlichen Positionen von Uedas Werk kommen, soll in dem folgenden Abschnitt eine kurze Darstellung der äußeren Lebensumstände vor dem Hintergrund der intellektuellen Entwicklung dieses Autors gegeben werden.

2. Leben und Werk von Ueda Kazutoshi

Ueda Kazutoshi, oder sinojapanisch Mannen,[1] wurde am 11. Februar 1867 in Edo als ältester Sohn von Ueda Toranosuke, eines Samurai aus Nagoya, geboren. 1885 schrieb er sich an der

---

[1] Gemäß der Möglichkeit, chinesische Schriftzeichen sowohl japanisch als auch chinesisch lesen zu können, hat Udea eigentlich zwei Vornamen: Kazutoshi (japanisch) oder Mannen (sinojapanisch).

literaturwissenschaftlichen Fakultät der Kaiserlichen Universität in Tôkyô ein und absolvierte bis 1888 das Fach Japanische Literatur. In dem anschließenden Doktorkurs wurde er von Tsubouchi Shôyô (1859-1935; Literaturwissenschaftler), Toyama Masakazu (1848-1900; Philosoph) und von dem englischen Gelehrten Basil Hall Chamberlain (1850-1916; Englischlehrer und Linguist, erster Ordinarius für Philologie an der Kaiserlichen Universität in Tôkyô) unterrichtet. Nach seiner Entscheidung für das Fach Sprachwissenschaft wurde er auf Empfehlung des damaligen Rektors der Kaiserlichen Universität, Katô Hiroyuki (1836-1916), auf Studienreise nach Europa geschickt. Er verbrachte zwischen 1890-94 die überwiegende Zeit in Berlin und Leipzig und etwa ein halbes Jahr in Paris. In Berlin hat er u. a. bei Georg von der Gabelentz (1840-1891) gehört, der sicherlich einen idealen Einstieg für einen japanischen Studenten in die Sprachwissenschaft bot: Da von der Gabelentz im Chinesischen und Japanischen gut bewandert war, konnte er die Studenten scharfsinnig in Sprachen der mannigfaltigsten Bauformen und in die theoretische Sprachwissenschaft einführen.[2] In der Leipziger Zeit hatte Ueda Gelegenheit, u. a. folgende Sprachwissenschaftler kennenzulernen: August Leskien (1840-1916), Karl Brugmann (1849-1919), Eduard Sievers (1850-1932), Hermann Osthoff (1847-1909) und Wilhelm Wundt (1832-1920). Er knüpfte ebenfalls Beziehungen zu Hermann Paul (1846-1921), dessen Denken Ueda entscheidend geprägt hat.[3]

Nach seiner Rückkehr wurde er 1894, im Alter von 27 Jahren, zum Professor der Philologie (*hakugengaku*) an der Kaiserlichen Universität ernannt. Ende 1895 heiratete er Murakami Tsuruko; Enchi Fumiko, eine Tochter aus dieser Ehe, wurde eine bekannte Schriftstellerin. 1898 wurde er Leiter des von ihm mitbegründeten sprachwissenschaftlichen Instituts der Universität, betreute die Gebiete japanische Sprachwissenschaft, japanische Literatur und japanische Geschichte, die später in verschiedene Disziplinen geteilt wurden. Durch seine sprachpolitischen Petitionen an das Parlament gewann er immer größere Bedeutung und bekam diverse Funktionen übertragen: 1898 wurde er Mitglied des Prüfungsausschusses für Lehrmaterialien der allgemeinen Mittelschulen, des Prüfungsausschusses für Beamte sowie Abteilungsleiter für Angelegenheiten der Fachschulen des Kultusministeriums. Ebenso sichtbarer Ausdruck der Verknüpfung von Forschung und Sprachpolitik ist die auf Uedas Anregung 1900 ins Leben gerufene *Kokugo chôsa iinkai* ('Kommission zur Untersuchung der Landessprache') beim Kultusministerium (Lewin 1989: 18). Diese Kommission befaßte sich mit Untersuchungen zur Schriftreform, Sprachreform, Schulmaterialien, Umgangssprache und Dialekten. Ueda wurde darüber hinaus zum stellvertretenden Schuldirektor der Tôkyôter Fremdsprachenschule ernannt und in den Prüfungsausschuß für Lehrer berufen. 1900 erfolgte die Umbenennung seines Lehrstuhls in *Gengogaku* ('Sprachwissenschaft') und

---

Letzterer gilt dank des chinesischen Klangs als wissenschaftlicher und eleganter. In Bibliographien wird Ueda mit beiden Namen geführt.

[2] Siehe das Vorwort in von der Gabelentz' *Sprachwissenschaft*: „Und so wurde es mir zugleich Bedürfniss und Pflicht, mir und Anderen über meinen Standpunkt Rechenschaft zu geben. Schon die Lehrvorträge über vier uns so fremdartige und untereinander so verschiedene Sprachen, wie Chinesisch, Japanisch, Mandschu und Malaisch, nöthigten mich immer wieder, in's sprachphilosophische Gebiet hinüberzuschweifen. Dabei konnte ich beobachten, wie schwer sich oft die besten Köpfe von den muttersprachlichen Vorurteilen losringen, wie aber dann, wenn dies gelungen, aus den entlegensten Gebieten herüber auf heimische Spracherscheinungen Licht fallen kann" (Gabelentz 1972: III).

[3] Eine interessante Beschreibung der Zusammenarbeit zwischen den deutschen und japanischen Gelehrten dieser Zeit bietet die unlängst erschienene Arbeit von Satô Masako, *Karl Florenz in Japan*, in denen auch von Ueda und seinen Schülern mehrfach die Rede ist.

die Gründung der ersten fachwissenschaftlichen Zeitschrift *Gengogaku zasshi* ('Zeitschrift für Sprachwissenschaft'). Weitere schulische Funktionen nahm er an der Höheren Schule für das Studium der Shintô-Klassiker in Uji-Yamada (1919-1926) als Schulleiter wahr. Im Jahr 1924 wurde er Vorstandsmitglied der Tôyô bunko, einer einzigartigen Asien-Bibliothek und Forschungsstelle. Ueda Kazutoshi hatte mit anderen den Baron Iwasaki Hisaya (1865-1955) zum Ankauf der Bibliothek des britischen Korrespondenten der *Times of London* in China, George Ernest Morrison (1862-1920), ermuntert und damit den Grundstein für diese bedeutende Sammlung gelegt. Mit seinem Schüler Shinmura Izuru gründete er 1926 die Japanische Gesellschaft für Phonetik (*Nihon onseigaku kyôkai*). Von der Japanischen Akademie der Wissenschaften wurde er 1926 zum Abgeordneten des Oberhauses gewählt. 1927 wurde er emeritiert und war anschließend als Leiter der Kokugakuin-Universität tätig. Als höchste Auszeichnung stieg er bis in den 3. Richtigen Hofrang auf. Er verstarb am 26. Oktober 1937.

Ich möchte vor der Darstellung seiner Ideen wenigstens einige kurze Hinweise auf die persönliche Wirkung Uedas als Lehrer und als Verwirklicher der 'organisierten Forschung' geben. Ueda bildete eine ganze Generation japanischer Linguisten aus, die bis auf die Indogermanistik breit gefächert vertreten sind. Als direkte Schüler gelten Fujioka Katsuji (1872-1935; Altaische Sprachen), Shinmura Izuru (1876-1967; Lexikologie und historische Sprachwissenschaft, Nachfolger Uedas), die Sprachhistoriker Yuzawa Kôkichirô (1887-1963), Andô Masatsugu (1878-1952) und Yoshizawa Yoshinori (1876-1954), Hashimoto Shinkichi (1882-1945; Grammatiktheorie), Tôjô Misao (1884-1966; Dialektologie), Ogura Shinpei (1882-1944; Erforschung des Koreanischen), Iha Fuyû (1876-1947; Ryûkyû-Studien), Kindaichi Kyôsuke (1882-1971; Lexikologie, Ainu), Tokieda Motoki (1900-1967; Grammatik und Sprachtheorie), Hoshina Kôichi (1872-1955; Geschichte der Sprachwissenschaft). Eine besonders intensive Beziehung zu den Ideen der junggrammatischen Schule besteht bei Hashimoto Shinkichi und Tokieda Motoki. Mit dieser Namensliste soll gezeigt werden, daß Ueda wissenschaftspolitisch weitblickend die Disziplinenbildung und Professionalisierung der Sprachwissenschaft gefördert und somit bis in die dreißiger Jahre unseres Jahrhunderts und in mancher Beziehung bis heute das Gesicht der japanischen Linguistik geprägt hat.

Uedas Erstlingswerk ist die Übersetzung eines Märchens der Gebrüder Grimm, *Der Wolf und die sieben jungen Geißlein*, ins Japanische, *Ohokami*, das als historisches Dokument für die Schaffung der neuen Literatursprache sprachlich sehr interessant ist. Die für die sprachpolitische Arbeit wichtigsten Werke sind diejenigen, die konkrete Untersuchungen auf dem Gebiet der Erforschung der modernen japanischen Sprache, Dialekte und Schrift initiierten und dann in späteren Jahren als Abschlußberichte der Kommissionsarbeit vorgelegt wurden. Die Berichte *On'in chôsa-hôkokusho* (1905, 'Bericht über die Aussprache in den einzelnen Landesteilen') und *Kôgohô chôsa hôkokusho* (1906, 'Bestandsaufnahme der Umgangssprache des Landes') konnten für die Phonologie, Orthographie und Sprachnormentwicklung benutzt werden. Die Feldstudien orientierten sich an den Vorschlägen von Georg von der Gabelentz: Aufnahme der fremden Sprachen (Doi 1976: 180). Die Anfangsetappen und die Entwicklung der japanischen Sprachwissenschaft wurden besonders in seiner von seinen Schülern veröffentlichten Universitätsvorlesung (*Kokugogakushi*, 'Geschichte der Kokugaku')[4] und in Aufsätzen wie *Gengogakusha to shite no Arai Hakuseki* ('Arai Hakuseki als

---

[4] Siehe Doi 1976: 175.

Sprachwissenschaftler')[5] sowie in den historischen Editionen der *Kokugakusha* ('Philologen der nationalen Schule') nachgezeichnet. Schließlich wandte sich Ueda nach dem Vorbild Hermann Pauls intensiv dem Gebiet der Lexikologie zu, und gab mehrere Lexika heraus.[6] Seine erfolgreichsten Wörterbücher der japanischen Sprache wurden mehrfach aufgelegt und werden bis heute benutzt: das *Daijiten* wurde bis 1935 1780mal nachgedruckt, das *Dai Nihon kokugo jiten* erlebte bis 1937 2090 Neuauflagen.[7]

3. Die linguistischen Bedingungen der Schaffung der modernen Literatur- und Umgangssprache

Wenn wir einen Blick auf die Geschichte der Normierung der japanischen Sprache werfen, so stellen wir zunächst fest, daß in den grundlegenden Auffassungen über das Wesen der Sprache und über die Struktur des Japanischen besonders in den letzten Jahrzehnten des 19. Jahrhunderts ein Wandel eingetreten ist. Dieser Wandel wurde durch die Rolle der Ausländer in der japanischen Philologie wesentlich beschleunigt. Man hat sich im großen und ganzen von dem Vorurteil befreit, daß die klassische japanische Sprache sozusagen eine ideale Urstruktur aufweist. Wesentlicher jedoch als diese Wandlung der Grundeinstellung in der Sprachwissenschaft ist die Bewegung, die von der gesamten Sprachgemeinschaft (*genbun itchi*, 'Vereinheitlichung der gesprochenen und geschriebenen Sprache') getragen wurde. Durch die eindeutige Verlegung der Hauptstadt in den Osten kam es zu der Aufwertung der gebildeten Stadtsprache von Edo. Sie zwang auch den normierenden Sprachkundler zu Zugeständnissen, zu weitgehender Berücksichtigung dessen, was tatsächlich gesprochen wurde.

Der Terminus für Standardsprache *hyôjungo* 標準語 'Gemeinsprache' ist als Übersetzung des Paulschen Terminus 1895 von Ueda Kazutoshi eingeführt worden.[8] Die Vermeidung der bisherigen Bezeichnung *zokugo* ('vulgäre Umgangssprache'), die in der bisherigen *Kokugaku*-Tradition als im wesentlichen verdorbene, von der idealen klassischen Schriftsprache abweichende Form betrachtet wurde, zeigt die geistige Einstellung Uedas. Der Terminus *hyôjungo* ist auch im Vergleich zur Bezeichnung *kôgo* ('gesprochene Sprache') aufwertend gemeint. Der Terminus *hyôjungo* wurde mit der Paulschen Konzeption zur Sprachnorm verbunden; so wurden auch Begriffe wie 'usuelle Bedeutung' (*kanyôteki imi* 慣用的意味), 'lexikalische Bedeutung' (*goiteki imi* 語意的意味) und 'Sprachwandel' (*gengo henka* 言語変化) direkt übernommen. Der wirkliche Usus der Sprachgemeinschaft soll als Norm für die Landessprache *Kokugo* oder des Japanischen *Nihongo* gelten. Die Festlegung einer anderen als der klassischen Norm wurde bereits in der „härtesten" Phase der Nationalen

---

[5] Dieser erfolgreiche Vortrag Uedas von 1894 hat mehrere junge Studenten zum Studium der Linguistik motivieren können, vgl. Lewin 1966.
[6] In Zusammenarbeit mit Matsui Kanji: *Dai Nihon kokugo jiten* ('Großes Wörterbuch der japanischen Landessprache', 1915), mit Takakusu Junjiô: *Nihon gairago jiten* ('Wörterbuch der Fremdwörter im Japanischen', 1915) sowie das *Daijiten* ('Das große Wörterbuch', 1917).
[7] Vgl. Miller 1975: 1254, Yamagiwa 1961: 38.
[8] In: *Hyôjungo ni tsukite*, Teikoku bungaku 1895 1/1.

Schule im 18. Jahrhundert vorbereitet. Motoori Norinaga (1730-1801), der ein glühender Vertreter der klassischen Schriftsprache gewesen war, hatte die dringliche Aufgabe erkannt, die klassische Poesie durch moderne Übersetzungen zu vermitteln. Es war allerdings für die Linguisten der Meiji-Zeit nicht leicht, bei der Schaffung der neuen Norm der Umgangssprachlichkeit und den dialektalen Unterschieden Rechnung zu tragen. Der sprachhistorische Sprung in die Gegenwartssprache implizierte, daß man sich von dem etwa 500 Jahre alten Ideal der klassischen Schriftsprache trennen mußte.

In der Aufsatzsammlung *Kokugo no tame* ('Für unsere Landessprache'), Tôkyô 1895, 1903, ist der Vortrag *Kokugo to kokka to* ('Landessprache und Staat') enthalten, den Ueda am 8. Oktober 1894 im Haus der japanischen Philosophie vorgetragen hat. Der Zusammenhang zwischen Sprache und Staat beeinflußt seines Erachtens entscheidend das politische Schicksal des Landes. Eine der wichtigsten Vorbedingungen für den Erfolg liegt in der Einheit der Sprache, wie man es auch in Europa beobachten kann. Der Nationalgeist (*kokutai*) kann durch das „geistige Blut" (*seishinteki ketsueki*) aufrechterhalten werden. Sprache vermittelt dabei die nationale Denkweise (*kokuminteki shikôryoku*) und die nationalen Empfindungen (*kokuminteki kandôryoku*). Die Tatsache, daß das japanische Volk so erfolgreich ist, führt er auf die Existenz eines japanischen Loyalitätsgefühls und Patriotismus (*chûkun aikoku no yamato damashii*) und einer gemeinsamen Sprache zurück. Eine weitere Überlegung betrifft die Möglichkeit, Japanisch als Verkehrssprache in Asien zu verbreiten. Ueda ist der Ansicht, daß das Japanische zwar phonologisch relativ einfach, jedoch orthographisch ziemlich schwer ist. Das Englische hat seiner Ansicht nach viel größere Chancen, allgemein benutzt zu werden.[9]

Ueda kritisiert die Tendenz, sich den fremden Sprachen bedingungslos zuzuwenden (Sinologie und westliche Sprachen) und die konfuzianische Kindespflicht (*kôkô*) gegenüber der eigenen Mutter zu vernachlässigen. Die japanische Sprache der modernen Zeit kann nicht mehr die Sprache einer gebildeten Minderheit sein, sondern die alltägliche Sprache des Volkes. Als Standard wurde die gesprochene Umgangssprache der gebildeten Oberschicht bestimmt (Twine 1991: 221-223). Für die Entwicklung der Sprachwissenschaft seien vor allem folgende Bereiche zu bearbeiten: historische und vergleichende Grammatik, die Phonetik, die Sprachgeschichte, die Erforschung der Schriftzeichen und der Fremdwörter, der Homonyme und Synonyme, die Unterrichtsmethoden der Sprachausbildung und die Beschäftigung mit den Forschungsmethoden ausländischer Sprachen.

Uedas Bekenntnis läßt sich mit den beiden Garvin-Mathiotschen Funktionen der Standardsprache charakterisieren: Vereinigung der Sprecher zu einer Sprachgemeinschaft und Trennung von anderen Sprachen als Konstituierung des Nationalstolzes (*jikokugo* 'eigene Landessprache'). Dennoch kann man keinesfalls von einer kritischen Reflexion der Ideen der junggrammatischen Schule oder auch nur einzelner Vertreter dieser Schule reden. Die „hermeneutisch-pragmatische Unschuld" (Hijiya-Kirschnereit 1988: 32), die hier zu erkennen ist, erschwert uns heute das Verständnis dafür, was in das Begriffsfeld der einzelnen Termini fällt. Ueda äußert sich nicht zu den Termini Paulscher Prägung wie *Usus*, *Analogie*, *stoffliche* oder *formale Gruppen*; *Sprache* und *Sprachgemeinschaft* erscheinen bei ihm nicht als linguistische Faktoren, sondern als Mittel zur nationalen Entwicklung. Weder das Problem der Sprache als *langue* oder als *parole* noch das Verstehen und der Wandel in der Sprache hatten für ihn irgendwelche theoretische Bedeutung. Sein Interesse galt eher der praktischen Anwendbarkeit linguistischer Erkenntnisse. In dem Vortrag von 1900, *Gengojô*

---

[9] Siehe *Kokugo ni okite Nihon kokumin no shissurubeki daihôshin* von 1903, in: Ueda 1968: 159-160.

no henka o ronjite kokugo kyôiku ni oyobu ('Die Diskussion des Sprachwandels führt zum Unterricht der Muttersprache', in Hisamatsu 1968: 170-179) schlägt Ueda vor, die Ergebnisse der historischen Sprachforschung fester an den Sprachunterricht zu binden. Als wichtiges Charakteristikum des Sprachwandels werden die konservativen und revolutionären Kräfte genannt und mit vielen japanischen Beispielen aus der Morphologie und Phonologie illustriert. Die Betrachtung historischer Phänomene wird zwar durch den Mangel an Materialien behindert, dennoch sind die Hauptlinien der Sprachentwicklung für Ueda klar. Das Sammeln moderner Fakten erfolgt wiederum innerhalb des soziokulturellen Kontextes der modernen Staatsgründung. Er ruft zur gemeinsamen Aufgabe auf, denn die zentrale Aufgabe ist die Reformierung des Sprachunterrichtes. In diesem Vortrag führt er zwar die Punkte dieser Reform nicht genau aus, dennoch ist sie durch die Empfehlungen der Sprachkommission und der Sprachlehrbücher der Zeit zu rekonstruieren. Die Beschäftigung mit der Muttersprache konzentrierte sich nun tatsächlich auf das moderne Japanisch (genauer gesagt das Spät-Neujapanische[10]) während man früher das Ideal der klassischen Schriftsprache pflegte. Das Chinesische als Sprache der Bildung, das seit Jahrhunderten den Anfang des Sprachunterrichtes gebildet hatte, und das klassische Japanisch wurden in den Hintergrund gedrängt.

Wie Ueda an anderer Stelle ausführt, kann man Sprache auf zweierlei Weise untersuchen, nämlich für sich selbst oder als Mittel. Hier geschieht letzteres.

Für die Schaffung der modernen Standardsprache sind bestimmte Schritte im linguistischen Denken erforderlich, die auch in der Phonologie verwirklicht werden mußten. Für den Sprachforscher war es wichtig, von den allgemeinen Gesetzen der Lautphysiologie überzeugt zu sein, und sich von alten Vorurteilen über die speziellen Lauteigenschaften des Japanischen freizumachen. Die *Kokugaku*-Tradition, und dabei vor allem Motoori Norinaga prägten die Vorstellung, daß das japanische Lautsystem im Gegensatz zu anderen Sprachen „natürlich" und „richtig" sei. Ueda Kazutoshi hat zu der Überwindung dieses Denkens wesentlich beigetragen. So geschah es zum Beispiel im konkreten Fall des altjapanischen stimmlosen Labials *p*, der später spirantisch wurde und sich über *h>f* weiterentwickelt hatte. Während dieses Problem in der *Kokugaku*-Philologie des 18. Jahrhunderts Anlaß zu erbitterten Debatten bot, da man die stimmlosen Labiale nicht zu dem Phoneminventar des Altjapanischen rechnen wollte, scheint dieses Problem durch die „Aufhellung der Gesetze und Prinzipien" der Phonologie der Neugrammatiker einfach lösbar. In dem Aufsatz *P-onkô* ('Abhandlung zu dem Laut *p*')[11] weist Ueda zwar noch kurz auf die sture Überzeugung Motoori Norinagas hin, daß die halbgetrübten Laute wie *p* keine „richtigen" Laute des Altjapanischen seien;[12] dennoch sprechen die Gesetzmäßigkeiten im Wortzusammenhang, die Transkription der Lehnwörter aus dem Sanskrit, die Phonemstruktur der Onomatopoetika und die japanischen Lehnwörter im Ainu für die Annahme eines japanischen *p*-Phonems.

Der Einblick in den Bau jedes zu behandelnden Lautsystems konnte also nach den Prinzipien der modernen Linguistik vorurteilsfrei ausgeführt werden. Die historischen Fakten wurden neu interpretiert. Ein weiterer Mißstand, nämlich die Konzentration auf die geschriebene Sprache, die durch die Übernahme der chinesischen Schrift im Japanischen die tatsächlich gesprochene Lautform noch zusätzlich verdunkelt hat, wurde durch den Einfluß der junggrammatischen Philologie gänzlich aufgehoben. Die natürliche, unverbildete gesprochene Sprache rückte in den Berichten der Sprachkommissionen in den Vordergrund.

---

[10] Zur Geschichte der japanischen Sprache vgl. Schneider 1989.
[11] Siehe *P-onkô* in der Aufsatzsammlung *Ueda Kazutoshi-shû*, 1968: 142-145.
[12] Vgl. hierzu Mc Evan 1949.

4. Die Historiographie in der japanischen Linguistik

Die Universitätsvorlesung, mit der Ueda seit 1894 eine ganze Generation von Linguisten in die Sprachwissenschaft eingeführt hatte, ist als Vorlesungsmitschrift erhalten und von Shinmura Izuru ediert worden. Der Titel heißt zwar *Kokugogakushi*, ('Geschichte der japanischen Sprachwissenschaft'),[13] dennoch ist hier keine Trennung von der anderen, abendländischen Sprachwissenschaft *Gengogaku* zu erkennen. Im wesentlichen geht es Ueda darum, die Übersetzung von der *Kokugaku* ('Philologie der nationalen Schule') und *Kokugogaku* ('japanische Sprachwissenschaft'), also japanischen Kategorien, ins westliche System zu vollziehen. Methoden und Kategorien sind für ihn also allgemeingültig und unabhängig von Ost oder West, ohne „Fremdheit" und „Entfremdung" zu parallelisieren. Die Geschichte der japanischen Sprachwissenschaft ist eingebettet in die Fortentwicklung der linguistischen Systeme der Welt. Raum, Zeit und Ideen scheinen, wie man es auch schon anhand der Zeittafel der Geschichte der Sprachwissenschaft in der Vorlesung erkennen kann, in einem Kontinuum zu existieren. Sogar die Übersetzung der einfachsten englischen und deutschen Wörter ins Japanische schien für seinen Vortragsstil nicht besonders wesentlich zu sein. Von ihm empfohlene Werke der europäischen Linguistik, wie Pauls *Prinzipien*, konnten zu dieser Zeit noch nicht in japanischer Übersetzung gelesen werden; die erste Übersetzung der *Prinzipien* erschien erst 1965. Zu Uedas Zeit wurde meistens die englische Übersetzung rezipiert, so könnte der gemischte Sprachgebrauch vielleicht auch dafür gedacht gewesen sein, die Studenten auf die Lektüre vorzubereiten. Der folgende Ausschnitt über Motoori Norinaga soll Uedas Vortragsweise sprachlich illustrieren (Ueda 1984: 75):

本 居 宣 長

白石ガ many sided 〔ノ学者ナリシ如ク,〕彼モ〔亦〕many sided ナリキ。

1 神道ヲ初メテ真ニ説明セリ。

2 漢意（カラココロ）ヲ排斥シ，日本風ノ学問ヲ挙ゲタル猛烈ナル essayist ナリ。

3 Philolog〔文献学者〕トシテ古代ノ文化ヲ研究セリ。

4 ソノ傍ラ, specially ニ Sprachwissenschaft〔言語学〕ニ多キヲ費ヤセリ。

【左ページ注記】

Biography：○『鈴屋翁年譜』文政九年〔(1826)〕〔伴〕信友，堤朝風ノ調査ヲ補成ス。

---

[13] Siehe Lewin: „Ein reflektierendes Interesse an der jap. Sprachforschung wurde von Ueda Kazutoshi durch seine erstmals 1894 an der Universität Tôkyô gehaltene Vorlesung über die Geschichte der japanischen Sprachwissenschaft geweckt" (1989: 42).

Die Archäologie des Wissens wird jedoch nicht nur für den östlichen Betrachter durchgeführt, denn Ueda ist ebenso daran interessiert, dem westlichen Betrachter die japanische Sprachwissenschaft näherzubringen. Er erwähnt dabei mehrmals von der Gabelentz, dessen hohe Meinung über die japanische Sprachwissenschaft ihn dazu angeregt hatte, die eigene Tradition aufzuarbeiten. Von der Gabelentz schreibt dazu in seiner *Sprachwissenschaft*:

„Die *Japaner* haben vielleicht auf keinem Gebiete selbständigen geistigen Schaffens glänzendere Erfolge aufzuweisen, als in der Sprachforschung" (Gabelentz 1972: 24).

Ueda gelangt in seinem berühmten Vortrag *Arai Hakuseki als Sprachwissenschaftler* zu dem Ergebnis, daß Arai Hakuseki (1657-1725) nicht nur in bezug auf Leistung und Bedeutung auf der gleichen Ebene zu sehen ist wie sein Zeitgenosse Leibniz. Durch seine Geburt auf einer kleinen Insel benachteiligt, werde er allerdings nicht wie Wilhelm von Humboldt, Jacob Grimm oder Franz Bopp allgemein in der Entwicklungsgeschichte der Linguistik diskutiert. Diese Auffassung begründet er mit der kurzen Darstellung von Arai Hakusekis Ideen zur Geschichte der japanischen Sprache und Schrift. Er zitiert mehrere Passagen aus Hakusekis Werk *Tôga*, ('Japanisches Erh-ya', geschrieben 1719, erstmals publiziert 1903), einem der ältesten etymologischen Wörterbücher.[14] Ihn interessieren besonders die Stellen, an denen Hakuseki allgemeine Prinzipen der Sprachbeschreibung formuliert, wie die Möglichkeit verschiedener Typen von Sprachen, Prinzipien der Etymologie und der Lautentwicklung, der fremde Einfluß auf das Japanische, die Wortkategorien und die historischen Prinzipien der Sprachentwicklung. Hakusekis Ideen zu dem historischen Prinzip nennt Ueda „epoque-making und bahnbrechend", versäumt es aber leider, sie genauer mit europäischen Ideen zu vergleichen. Dennoch konnte seine Abhandlung eine Renaissance der Arai Hakuseki-Forschung bewirken und es konnten die ersten wichtigen Editionen der linguistischen Arbeiten erscheinen.

Die Darstellung von Hakusekis Ideen in der Universitätsvorlesung Uedas zeugt von großem Scharfsinn und Belesenheit. Zu dieser Zeit existierte ja keine umfassende Geschichte der japanischen Sprachwissenschaft, denn die ersten dieser Gattung sind erst gut zehn Jahre später erschienen. Uedas Skizze mag zwar bruchstückhaft erscheinen, die Auswahl und Analyse der wichtigsten Autoren ist jedoch umfassend und treffend. Die Darstellung der Forschungsergebnisse der meisten Linguisten könnte man heute auch als Grundlage für Lexikonartikel benutzen. Manchen Fakten, die uns heute interessieren, schenkt Ueda jedoch gar keine Aufmerksamkeit. Hakuseki befaßte sich in der Einleitung zu *Tôga* zum Beispiel mit dem Phänomen und den Vorteilen der Buchstabenschrift und der Lautzerlegung in den phonetischen Schriftarten. Dies schien Ueda als Sprachreformer überhaupt nicht zu interessieren, und so stellte er eher Hakusekis Zusammenfassung der altbekannten sechs Typen der chinesischen Schriftzeichen dar.[15] Andere, kritische Meinungen zum chinesischen und japanischen Schriftsystem wie die von Kamo no Mabuchi (1697-1737) werden von ihm äußerst knapp wiedergegeben. Die Übernahme des Fremden erstreckte sich eben nicht auf die Konzeption anderer Schriftarten.[16]

Von der Gabelentz problematisierte mit großer Skepsis die mißlungenen Versuche, die japanische Grammatik über den europäischen Leisten zu spannen. Genau an dieser Stelle zeigen sich die größten Probleme in Uedas Arbeit. Vieles, was in die eigene Sprachauf-

---

[14] Siehe die Übersetzung der Einleitung in Lewin 1966.
[15] Siehe Ueda 1984: 40-41.
[16] Siehe Ueda 1984: 58.

fassung integriert werden sollte, wird von Ueda zwar als fremd oder unpassend erkannt, jedoch nicht konsequent weitergedacht. So schreibt er zwar, daß die japanischen Personalpronomina anders funktionieren als die Personalpronomina der arischen (indoeuropäischen) Sprachen (er bezieht sich hierbei auf die häufige Ellipse und Vielfältigkeit der Personalpronomina), doch zieht er daraus keine Konsequenzen für die Sprachbeschreibung.[17] An anderer Stelle habe ich mich mit dem Zeitgenossen Uedas, Yamada Yoshio (1873-1958), befaßt, der – wie auch einige Schüler Uedas – den Weg, den Ueda nur angedeutet hatte, viel konsequenter beschritt. Yamada, der lange Zeit als unabhängiger Gelehrter geforscht hatte, konnte sich vermutlich mehr in theoretische Fragen vertiefen als der politisch engagierte Ueda. Er unterzog die übernommenen Kategorien einer sprachphilosophischen, grammatiktheoretischen Reflexion. Dennoch ist die Frage zu stellen, ob man in der Meiji-Zeit in Japan überhaupt eine Chance gehabt hätte, ein vollständig eigenständiges, japanisches Kategorien- und Grammatiksystem zu entwickeln.

Einen weiteren Gesichtspunkt, der sich wiederum auf die Fremderfahrung beziehen läßt, könnte man in die Frage kleiden, was um alles in der Welt dafür spricht, fortwährend Erkenntnisse anzuwenden, die in Europa entwickelt worden sind. Wir wollen uns hier nicht fragen, ob es sehr sinnvoll ist, über eine eigenständige japanischen Entwicklung in der Linguistik zu spekulieren; festhalten sollte man jedoch, daß die Übernahme der junggrammatischen Sprachkonzeption nahezu reibungslos verlief; Linguistik und Philologie stellten sich auf die neuen Aufgabengebiete bereitwillig ein. Ich möchte nun abschließend den bisher entfalteten Gedankengang in einigen Thesen zum Verhältnis von der junggrammatischen Linguistik und der japanischen *Kokugaku*-Tradition als Forschungshypothese formulieren.[18]

5. Thesen zum Auftritt des Fremden in der Sprachwissenschaft der Meiji-Zeit (1868-1912)

1. Die japanische Philologie des späten 19. Jahrhunderts reflektiert das Problem der Übernahme fremder Kategorien kaum. Dafür sind mehrere Gründe anzuführen, die genauer erforscht werden sollten:
    1. Das Fremde wurde in dieser Zeit vorwiegend als positiver Impuls begriffen und durch Umsetzung aufgenommen. Die positive Aufnahme, die Aneignung des Fremden, kann man unter Umständen als die wirksamste Form der Abwehr betrachten.
    2. Da die europäische grammatische Tradition bei der offiziellen Öffnung Japans bereits durch die Hollandwissenschaften lange bekannt ist und teilweise durch die *Kokugakusha* ('Nationale Schule') gedanklich vorbereitet wurde, entsteht keine offenkundige Fremdheit. Die Eingliederung des Eigenen und Fremden in ein allgemeines System wurde schon früher begonnen.
    3. Die Idee der Bestimmung der Linguistik als historische Sprachwissenschaft und Textphilologie läßt sich mit der philologischen Denkungsart der *Kokugaku*-Tradition, vor allem in der Prägung von Motoori Norinaga, leicht verknüpfen. Die Erklärung empirischer Fakten und Beobachtungen durch entwicklungsgeschichtliche Zusammenhänge

---

[17] *Nihongochû no jindaimeishi ni okite*, in Ueda 1968. 188-191.
[18] Inspirierend hierzu Jäger 1987.

kann Synchronie und Diachronie verbinden; dies ist ein großer Vorteil des junggrammatischen Systems Paulscher Prägung (Reis 1978: 183). Der Ort des Fremden erweist sich zudem als Ort vertrauter Art. Das Fremde wird auf Eigenes zurückgeführt.

4. Da das Vergangene der Bezugspunkt der Fremdheitskonstitution geworden ist, hat vermutlich die Diachronie auch die Funktion, Vertrautheit zu erzeugen.

2. Die sprachlichen Erfordernisse des modernen Staates werden besonders durch die europäische Philologie reflektiert. Die germanische Philologie als Philologie einer 'Vulgärsprache' bewirkt auch in Japan die Revolution der philologischen Denkart. Die für das Japanische so prägende Schriftsprachen des Chinesischen und des klassischen Japanischs werden zugunsten der lebendigen Umgangssprache und einer neuen schriftlichen Variante des Japanischen langsam zurückgedrängt.

3. Trotz vielfacher Beteuerung der Notwendigkeit der kritischen Auseinandersetzung mit den sprachtheoretischen Grundlagen ist die empirische Ausprägung stärker. Die empirische Sammlung von Fakten wird historisch durchgeführt, wobei eine vollständige, detaillierte Erfassung angestrebt wird. In den grammatischen Kategorien entsteht ein Mischsystem aus der lateinischen und der japanischen Grammatik, die viele Fragen des Japanischen, als einer nicht-indoeuropäischen Sprache, offenläßt. Die Doppelgestaltigkeit der Strukturen bleibt bis heute erhalten.

4. Aussagen über fremde Sprachen sind pragmatische Begründungen für die Beschreibung der eigenen Sprache. Vergleiche können dadurch leicht einseitig werden. Dem Fremdwerden kann man langfristig nicht ausweichen.

5. Fremdheit wird erst zum Schutze der eigenen Identität konstituiert. Das, was man meint, vergessen zu haben, sprudelt vergrößert und vertraut hervor. Dies ist besonders in der heutigen *Nihonjinron* ('Theorie des Japanischseins') in der Linguistik zu beobachten.

6. Das Fehlen einer harten Auseinandersetzung mit fremden Kategorien in der Anfangszeit führt zu der gelegentlich unbändig hervorbrechenden nationalistischen Einstellung – mitunter zur Ablehnung des Fremden schlechthin. Eurozentrismus und Europhobie sind aus der sprachwissenschaftlichen *Nihonjinron*-Gattung hinlänglich bekannt.

7. Die aktuelle Bedeutung der deutschen Ursprünge der modernen japanischen Sprachwissenschaft zeigt sich in Projekten wie der Edition des von Kawashima Sunao, Iwasaki Eijirô, Ikegami Yoshihiko und Franz Hundsnurscher herausgegeben *Lexikons der deutschen Sprachwissenschaft/Doitsu gengogaku jiten*. Die Bedeutung der Geschichte wie des lebendigen Austausches zwischen Germanisten und Japanologen lassen sich aus einer historischen Perspektive genauer bestimmen.

8. Die besondere Beschaffenheit des heutigen Verhältnisses zwischen Sprachwissenschaft und Philologie, das von einem Kommilitonen Uedas, von Haga Yaichi (1867-1927), ausführlich thematisiert wurde, müßte vor dem historischen Hintergrund des Einflusses der deutschen Philologie und Sprachwissenschaft erneut diskutiert werden. Denn Doi (1976) behauptet in seinem Werk zur Geschichte der japanischen Sprachwissenschaft, daß die neuen strukturalistischen Theorien zwar vordergründig Pauls Theorie verdrängt hätten, das ganze Gebiet aber substanziell von Pauls *Prinzipien* geprägt sei und diese Ideen jetzt und in Zukunft immer wieder zurückkehren und die Forscher vor der Konfusion durch die Vielfältigkeit bewahren würden.

Bibliographie

Amirova, T. A, B. A. Ol'chovikov, Ju. V. Rozdestvenskij (1980): *Abriß der Geschichte der Linguistik*. Transl. B. Meier, G. F. Meier. Leipzig: VEB.

Doi, Toshio (1976): *The Study of Language in Japan. A Historical Survey*. Tôkyô: Shinozaki shorin.

Eschbach-Szabo, Viktoria (1989): „Wilhelm Wundt und Yamada Yoshio über die Definition des Satzes." In: I. Hijiya-Kirschnereit, J. Stalph (eds).: *Bruno Lewin zu Ehren*. Bochum: Brockmeyer, pp. 67-79.

Ezawa, Kennosuke (1985): *Sprachsystem und Sprechnorm*. Tübingen: Niemeyer.

Gabelentz, Georg von der (1972): *Die Sprachwissenschaft, ihre Aufgaben, Methoden und bisherigen Ergebnisse*. Tübingen: Narr.

Garvin, Paul / Madeleine Mathiot (1972): „The Urbanization of the Guarani Language: A Problem in Language and Culture." In: Joshua Fishman (ed.): *Readings in the Sociology of Language*. The Hague: Mouton, pp. 365-375.

Hijiya-Kirschnereit, Irmela (1983): „Das Schweigen der Wörter. Einige Bemerkungen zur Diskussion um übersetzte Begriffe als Eurozentrismus-Indikatoren in den japanischen Sozialwissenschaften." In: *NOAG* 143, pp. 29-35.

Hijiya-Kirschnereit, Irmela (1988): „Sprache und Nation. Zur aktuellen Diskussion um die sozialen Funktionen des Japanischen." In: Dies.: *Das Ende der Exotik. Zur japanischen Kultur und Gesellschaft der Gegenwart*. Frankfurt: Suhrkamp, pp. 62-96.

Hisamatsu, Senichi (ed.) (1968): *Ochiai, Naobumi, Ueda, Kazutoshi, Haga, Yaichi, Fujioka, Sakutarô-shû*. Tôkyô: Chikuma (= Meiji bungaku zenshû, 44).

Hültenschmidt, Erika (1987): „Paris oder Berlin?" Institutionalisierung, Professionalisierung und Entwicklung der vergleichenden Sprachwissenschaft im 19. Jahrhundert." In: Peter Schmitter (ed.): *Geschichte der Sprachtheorie*. Tübingen: Narr, pp.178-198.

Jäger, Ludwig (1987): „Philologie und Linguistik. Historische Notizen zu einem gestörten Verhältnis." In: Peter Schmitter (ed.): *Geschichte der Sprachtheorie*. Tübingen: Narr, pp. 198-224.

Kawashima, Sunao / Eijirô Iwasaki / Yoshihiko Ikegami /, Franz Hundsnurscher (eds.) (1994): *Doitsu gengogaku jiten. Lexikon der deutschen Sprachwissenschaft*. Tôkyô: Kinokuniya.

Kokugo Chôsa Iinkai (1906): *Kôgohô chôsa hôkokusho; kôgohô bunpuzu*. 3 vols. Tôkyô: Kokutei kyôkasho kyôdô hanbaisho.

Lewin, Bruno (1966): „Arai Hakuseki als Sprachgelehrter." In: *Oriens Extremus* 13, pp. 191-241.

Lewin, Bruno et al. (1989): *Japanische Sprachwissenschaft*. Wiesbaden: Harrassowitz.

McEvan, J. R. (1949): „Motoori's View on Phonetics and Linguistics in the Mojigoe no kanazukai and Kanji San-on-ko." In: *Asia Major* 1, pp. 109-118.

Miller, R. A. (1975): „The Far East." In: Thomas A. Seboek (ed.): *Current Trends in Linguistics. Historiography of Linguistics*, vol. 13. Paris: Mouton, pp.1213-1264.

Paul, Hermann (1886): *Prinzipien der Sprachgeschichte*. Tübingen: Niemeyer 1960^6.

Paul, Hermann (1888): *Principles of History of the Language*. Ed. by H. A. Strong. London: Sonnenschein.

Paul, Hermann (1918): *Mittelhochdeutsche Grammatik*. Halle: Niemeyer.

Paul, Hermann (1965): *Gengoshi no genri*. Transl. Kinosuke Fukumoto. Tôkyô: Taishûkan.

Reis, Marga (1978): „Hermann Paul." In: *Beiträge zur Geschichte der Deutschen Sprache und Literatur* 100, pp. 159-204.

Satô, Masako (1995): *Karl Florenz in Japan. Auf den Spuren einer vergessenen Quelle der modernen japanischen Geistesgeschichte und Poetik.* Hamburg: MOAG (= MOAG, 124).

Schneider, Roland (1989): „Sprachgeschichte." In: Bruno Lewin et al. (eds.): *Sprache und Schrift Japans.* Brill: Leiden, pp. 152-159.

Shinmura, Izuru (1937): „Ueda sensei wo shinobu." In: *Kokugo to kokubungaku* 12, pp. 136-141.

Shinmura, Izuru, Tôsaku Furuta (eds.) (1984): *Ueda Kazutoshi. Kokugogakushi.* Tôkyô: Kyôiku shuppansha.

Sugimoto, Tsutomu (1989): *Seiyôjin no Nihongo hakken. The Discovery of the Japanese Language by Western People.* Tôkyô: Sôtakusha.

Tsukishima, Hiroshi et al. (1982) *Bunpôshi.* Tôkyô: Taishûkan (= Kôza Kokugogakushi, 4).

Twine, Nanette (1991): *Language and the Modern State. The reform of written Japanese.* London, New York: Routledge.

Ueda, Kazutoshi (1968): „Ueda Kazutoshi-shû." In: Seinichi Hisamatsu (ed.): *Meiji bungaku zenshû*, vol. 44. Tôkyô: Chikuma shobô.

Ueda, Kazutoshi (1984): *Kokugogakushi.* Eds. Izuru Shinmura, Tôsaku Furuta. Tôkyô: Kyôiku shuppansha.

Ueda, Kazutoshi et al. (eds.) (1917): *Daijiten.* Tôkyô: Keiseisha.

Ueda, Kazutoshi / Kanji Matsui (1939-41): *Dai Nihon kokugo jiten.* 2. verb. Auflage, 5 vols. Tôkyô: Fuzanbô [zuerst 1915].

Ueda, Kazutoshi et. al. (1915): Nihon gairago jiten. Tôkyô: Sanseidô.

Yamagiwa, Joseph K. (1961): *Japanese Language Studies in the Shôwa Perio. A Guide to Japanese Reference and Research Materials.* Ann Arbor: University of Michigan Press.

Yamamoto, Masahide (1972): *Genbun itchi no rekishi ronkô.* Tôkyô: Ôfûsha.